Teubner Studienbücher Wirtschaftswissenschaften

Michael Keilus, Helmut Maltry

Managementorientierte Kosten- und Leistungsrechnung

Teubner Studienbücher Wirtschaftswissenschaften

Herausgegeben von

Prof. Dr. Ulrich Blum, Technische Universität Dresden
Prof. Dr. Stephan Zelewski, Universität Duisburg-Essen

Michael Keilus, Helmut Maltry

Managementorientierte Kosten- und Leistungsrechnung

mit begleitender Großfallstudie und Klausuraufgaben

2., überarbeitete und erweiterte Auflage

Teubner

Bibliografische Information Der Deutschen Bibliothek
Die Deutsche Bibliothek verzeichnet diese Publikation in der Deutschen Nationalbibliografie;
detaillierte bibliografische Daten sind im Internet über <http://dnb.ddb.de> abrufbar.

Prof. Dr. Michael Keilus

Geboren 1961 in Leverkusen-Opladen. Studium der Betriebswirtschaftslehre an der Universität zu Köln (Abschluss: Dipl.-Kfm.), Promotion 1993 an der Universität zu Köln (Lehrstuhl für Allgemeine Betriebswirtschaftslehre und Unternehmensrechnung, Prof. Dr. Dr. h.c. Dr. h.c. Josef Kloock). Zwischen 1993 und 1996 Controller bei Mannesmann Mobilfunk und Vebacom. Seit 1996 Professur für Allgemeine Betriebswirtschaftslehre und Rechnungswesen an der Fachhochschule Trier. Autor verschiedener Beiträge zur Produktions- und Kostentheorie, Entscheidungstheorie und Unternehmensrechnung.

Dr. Helmut Maltry

Geboren 1956 in Köln. Studium der Mathematik und der Betriebswirtschaftslehre an der Universität zu Köln (Abschluss: Dipl.-Math.), Promotion 1989 am Lehrstuhl für Allgemeine Betriebswirtschaftslehre und Unternehmensrechnung der Universität zu Köln. Seit 1990 am Lehrstuhl für Allgemeine Betriebswirtschaftslehre und für Wirtschaftsprüfung, derzeit Akademischer Oberrat. Dozententätigkeit im Bereich des Rechnungswesens an verschiedenen Weiterbildungseinrichtungen. Autor verschiedener Beiträge zu Themen des internen und externen Rechnungswesens sowie zur Unternehmensbewertung.

1. Auflage 2000
2., überarbeitete und erweiterte Auflage Mai 2006

Alle Rechte vorbehalten
© B.G. Teubner Verlag / GWV Fachverlage GmbH, Wiesbaden 2006

Lektorat: Ulrich Sandten / Kerstin Hoffmann

Der B.G. Teubner Verlag ist ein Unternehmen von Springer Science+Business Media.
www.teubner.de

Umschlaggestaltung: Ulrike Weigel, www.CorporateDesignGroup.de
Druck und buchbinderische Verarbeitung: Strauss Offsetdruck, Mörlenbach
Gedruckt auf säurefreiem und chlorfrei gebleichtem Papier.

ISBN-10 3-8351-0084-X
ISBN-13 978-3-8351-0084-8

Vorwort zur 2. Auflage

In der 2. Auflage bleibt der Aufbau des Lehrbuchs in seinen Grundzügen unverändert. Neben der Beseitigung misslicher Tippfehler wurde das Buch inhaltlich überarbeitet und in einigen Abschnitten erweitert.

Eine wesentliche Änderung gegenüber der 1. Auflage stellt die noch konsequentere Orientierung der Darstellung an der Komplexität der Kalkulationsmethoden der Kosten- und Leistungsrechnung dar. Wir haben uns – nicht zuletzt auch wegen diesbezüglicher Hinweise aus dem Leserkreis – entschieden, die Gruppe der dreistufigen Kalkulationsmethoden in zwei Teilmengen zu zerlegen, die einfachen dreistufigen und die komplexen dreistufigen Kalkulationsmethoden. Wir erhoffen uns von dieser Differenzierung eine größere Klarheit der Darstellung und daraus resultierend ein leichtere Verständlichkeit des Stoffs für unsere Leser.

Die Literatur wurde ergänzt und auf den neuesten Stand gebracht, Abbildungen wurden hinzugefügt oder umgestaltet. Das Abkürzungsverzeichnis wurde vervollständigt und ein Symbolverzeichnis hinzugefügt.

Für wertvolle Hinweise danken wir Herrn Prof. Dr. Ralf Diedrich, Herrn Prof. Dr. Stefan Dierkes, Herrn Prof. Dr. Dr. h.c. Dr. h.c. Josef Kloock, Herrn Prof. Dr. Dominik Kramer und Herrn Prof. Dr. Horst-G. Lippold. Für seine Unterstützung bei der Erstellung des Layouts danken wir Herrn Dipl.-Vw. Holger Obst. Verbleibende Fehler und Unzulänglichkeiten gehen zu unseren Lasten.

Trier/Köln, im April 2006   *Michael Keilus*
                                                   Helmut Maltry

Vorwort zur 1. Auflage

Schon wieder ein neues Buch zur Kosten- und Leistungsrechnung, wird der potentielle Leser denken. Was mag die Autoren dazu bewogen haben, der Menge an einschlägigen Lehrbüchern ein weiteres Exemplar hinzuzufügen? Zu diesem Tun hat uns ein Eindruck veranlasst, den wir mit Dietrich Adam (Vorwort zu: Philosophie der Kostenrechnung oder der Erfolg des F.S. Felix, Stuttgart 1997) teilen:

„Die langjährigen Prüfungserfahrungen zeigen mir: Es gelingt den Studenten in der Regel nicht, die Kostenrechnung richtig in den betriebswirtschaftlichen Gesamtzusammenhang einzuordnen. Vielleicht ist es aber auch viel schlimmer, und die Lehrenden vermitteln diese Einsichten nicht oder unzulänglich. Die Studierenden lernen jedenfalls mechanisch Verfahren, ohne sich über deren Sinn und Unsinn ein Bild zu machen."

Die Grundlagen der Kosten- und Leistungsrechnung scheinen aber schwer verdaulich zu sein oder in unbekömmlicher Weise serviert zu werden. Im Bestreben, einen kleinen Beitrag zur Verbesserung dieser unbefriedigenden Situation zu leisten, haben wir unserem Buch eine Struktur gegeben, die von der großen Masse der Bücher zur Kosten- und Leistungsrechnung abweicht. Im Gegensatz zur „klassischen" Vorgehensweise beschreiben wir nicht die einzelnen Bausteine einer Kosten- und Leistungsrechnung (Arten-, Stellen- und Trägerrechnung) voneinander separiert und jeweils in der ganzen Breite ihrer rechnungstechnischen Finessen. Stattdessen werden die gängigen Kalkulationsmethoden auf der Basis einer Istkosten- und Istleistungsrechnung in aufsteigender Komplexität dargestellt. Nach der Anzahl der Stufen einer Kalkulationsmethode werden ein- bis vierstufige Kalkulationen unterschieden und auf der Grundlage einer durchgehenden praxisorientierten Fallstudie analysiert und beurteilt. Der Einsteiger hat damit die Chance, sich Schritt für Schritt in die Materie einzuarbeiten. Übungsaufgaben nebst Lösungsskizzen aus Abschlussklausuren des Grundstudiums sollen zur Vertiefung des Stoffs beitragen.

Für die kritische Durchsicht des Manuskripts danken wir den Herren Wolfgang Schurr und Andreas Blum sowie Frau Dipl.-Kff. Sabine Wahlers, vor allem aber Herrn Markus Lemmert, der in akribischer Feinarbeit vielfach überlesene Fehler fand und zudem wertvolle inhaltliche Anmerkungen machte. Verbleibende Fehler gehen zu Lasten de Autoren. Zu Dank verpflichtet sind wir auch Herrn Dipl.-Kfm. Thomas Kern, Abteilungsleiter Operatives Controlling der Heidelberger Zement AG, und seinem Mitarbeiter, Herrn Dipl.-Kfm. Hartmut Drescher, für wertvolle praxisorientierte Hinweise zu unserer Fallstudie. Besonderer Dank gilt unserem akademischen Lehrer, Herrn Prof. Dr. Dr. h.c. Dr. h.c. Josef Kloock. Schließlich danken wir Herrn Prof. Dr. Stefan Zelewski für die Aufnahme in diese Reihe.

Trier/Köln, im September 1999   *Michael Keilus*
                                                                 Helmut Maltry

Inhaltsverzeichnis

VIII

1 Management und Kosten- und Leistungsrechnung

1.1 Management und Abbildung von Unternehmensprozessen

1.1.1 Einführende Beschreibung der Zementherstellung als beispielhafter Produktionsprozess

In diesem Buch soll beispielhaft der Prozess der Zementherstellung in einer fortlaufenden Fallstudie betrachtet werden. Zunächst erfolgt deshalb die Beschreibung des Zementherstellungsprozesses im fiktiven Zementwerk Idelsdorf der imaginären Baustoff AG.[1]

Zement wird zur Herstellung von Mörtel und Beton benötigt und stellt ein hydraulisches Bindemittel dar, d.h., Zement erhärtet sowohl an der Luft als auch unter Wasser und ist nach seiner Erhärtung wasserbeständig. Zur Herstellung von Zement werden die unterschiedlichsten Produktionsfaktoren (z.B. Kalkstein, Ton, Steinkohle, maschinelle Anlagen und Arbeitskräfte) von den Beschaffungsmärkten bezogen. Der Produktionsprozess vollzieht gemäß Abbildung 1 sich in fünf Stufen: Brechen des Rohmaterials, Mahlung des Rohmaterials, Herstellung des Zementklinkers, Mahlung des Zementklinkers sowie Zementverpackung und –versand.[2] An den Absatzmärkten werden drei Zementsorten (Portlandzement (CEM I), Portlandkompositzement (CEM II) und Hochofenzement (CEM III)) sowie das Zwischenprodukt Zementklinker verkauft.

Produktionsstufe 1: Brechen des Rohmaterials

Auf der ersten Produktionsstufe werden die in groben Stücken angelieferten Rohstoffe Kalkstein und Ton in einem Brecher zu Schotter zerkleinert. Über Fördereinrichtungen gelangt der Schotter zu einem so genannten Mischbett, wo schichtenweise bis zu 50.000 t abgelagert werden. Um aus der heterogenen Materialmischung ein homogenes Zwischenprodukt zu erhalten (Homogenisierung), mischen Abbaukratzer das Rohmaterial.

Produktionsstufe 2: Mahlung des Rohmaterials

Über Fördereinrichtungen gelangt der homogenisierte Schotter in der zweiten Produktionsstufe zur Rohmühle. Hier wird der Schotter zunächst getrocknet und nachfolgend durch die Rohmühle zermahlen. Fördereinrichtungen bringen das erzeugte Rohmehl zu Siloanlagen, wo es gelagert wird. Um ein homogenes Zwischenpro-

---

[1] Detaillierte Ausführungen zur Zementherstellung finden sich z.B. bei van Amerongen (1986).

[2] In vielen Zementwerken kommt mit der Gewinnung von Kalkstein und/oder Ton in Steinbrüchen oder Gruben eine weitere Produktionsstufe hinzu. Im Zementwerk Idelsdorf werden die Produktionsfaktoren ausschließlich von externen Unternehmen bezogen.

dukt zu erhalten, werden die einzelnen Silos systematisch befüllt und entleert.

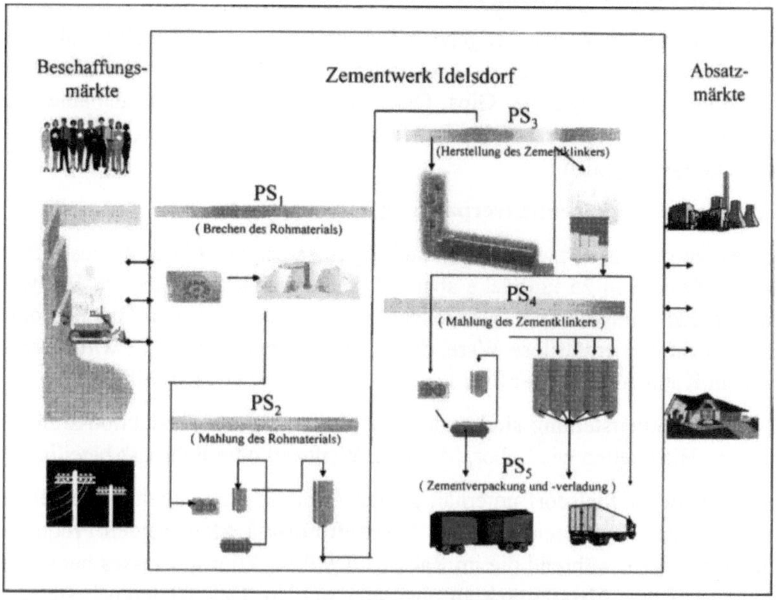

Abbildung 1: Darstellung der Zementherstellung

Produktionsstufe 3: Herstellung des Zementklinkers

Das homogenisierte Rohmehl wird auf der dritten Produktionsstufe bei ca. 1.450 °C zu Zementklinker gebrannt. Hierzu durchläuft das Rohmehl zunächst eine Vorwärmeranlage, wo es mittels heißer Ofenabgase auf ca. 800 °C erhitzt wird. Der eigentliche Brennvorgang erfolgt in Drehrohröfen. Drehrohröfen bestehen aus einem leicht geneigten, mit feuerfesten Materialien ausgemauerten Stahlrohr, das sich langsam dreht. Am Ende des Stahlrohrs befindet sich der Brenner, der das Rohmehl auf die Zieltemperatur erhitzt. Die Befeuerung des Ofens erfolgt mit Steinkohle, die zuvor in einer Kohlenmühle zu Kohlenstaub gemahlen wurde.[1] Anschließend wird der entstandene körnige Zementklinker in einem Kühler abgekühlt. Fördereinrichtungen bringen den Zementklinker zu Silos oder Lagerhallen, wo er gelagert und wiederum homogenisiert wird.

---

[1] Zur Energieerzeugung können auch schweres und leichtes Heizöl, Gas sowie Sekundärrohstoffe wie Altreifen und Altöl eingesetzt werden.

Produktionsstufe 4: Mahlung des Zementklinkers

In Abhängigkeit von der zu fertigenden Zementsorte wird der Zementklinker in der vierten Produktionsstufe alleine oder unter Beimischung von Zusatzmaterialien (z.B. Hüttensand, Flugasche, Gips, Ölschiefer) in Kugelmühlen gemahlen. Über Fördereinrichtungen gelangen die Zementsorten zu Silos, in denen sie getrennt und trocken gelagert werden.

Produktionsstufe 5: Zementverpackung und –versand

Der Zement gelangt in zwei Formen auf den Absatzmarkt. Für den Baustoffhandel wird der Zement in 25 kg-Säcke abgefüllt und auf Paletten verpackt. Die weiterverarbeitende Industrie (z.B. Hersteller von Transportbeton und Betonprodukten, Bauunternehmen) erhält lose Ware, die in Transportsilos abgefüllt wird. Der Versand zum Kunden erfolgt per Silo-Lastkraftwagen, Bahn oder Schiff.

An der Zementherstellung sind zudem auf den einzelnen Produktionsstufen verschiedene Hilfsstellen wie Labor, Magazin, Werkstatt oder Fuhrpark beteiligt.

Das Zementwerk Idelsdorf unterhält gemäß Abbildung 2 zahlreiche Beziehungen zu verschiedenen Märkten. Von den **Beschaffungsmärkten** werden Produktionsfaktoren bezogen, während die im Rahmen des Produktionsprozesses hergestellten Produkte auf den **Absatzmärkten** abgesetzt werden. Des Weiteren bestehen Beziehungen zu **Kapitalmarkt** und **Staat**. Gemeinhin fallen die Auszahlungen zeitlich vor den Einzahlungen an. Daher benötigt jedes Unternehmen als Voraussetzung für die Gütererstellung Kapital, das von den Eigentümern (Eigenkapital) und den Gläubigern (Fremdkapital) zur Verfügung gestellt wird. Im Gegenzug schüttet das Unternehmen an die Eigentümer Gewinne aus und leistet an die Gläubiger Zins- und Tilgungszahlungen. Erwirtschaftet das Unternehmen darüber hinaus liquide Mittel, erfolgen Finanzinvestitionen am Kapitalmarkt, die später zu Einzahlungen durch die Schuldner führen. Der **Staat** schließlich stellt dem Unternehmen materielle (z.B. Verkehrswege), immaterielle (z.B. Rechtsordnung, Ausbildungssystem) oder monetäre Güter (z.B. Subventionen) zur Verfügung. Im Gegenzug erhält der Staat Gebühren und Steuern.

In diesem Beziehungsgeflecht muss sich das Unternehmen behaupten. Damit ihm dieses gelingt, bedarf es einer zielorientierten Steuerung durch das Management.

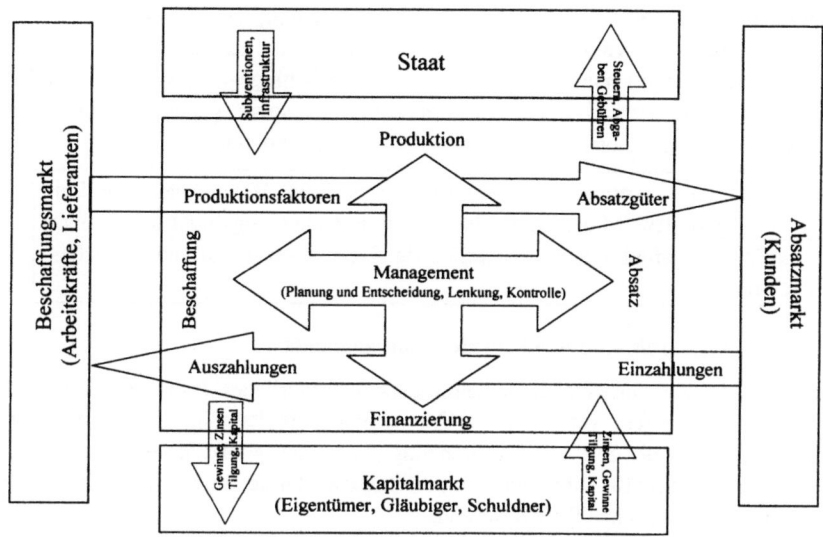

Abbildung 2: Unternehmen und Umwelt[1]

1.1.2 Management von Unternehmensprozessen

1.1.2.1 Managementbegriff

Im Folgenden sollen Begriff und Funktionen des Managements dargestellt werden. Innerhalb eines Unternehmens lassen sich Leitungs- und Ausführungsstellen unterscheiden:[2] **Leitungsstellen** besitzen Entscheidungs- und Weisungsbefugnisse gegenüber untergeordneten Leitungs- und Ausführungsstellen. **Entscheidungsbefugnis** beinhaltet, angesichts eines Entscheidungsbedarfs eine Handlungsalternative aus einer Menge zur Verfügung stehender Handlungsalternativen auszuwählen oder bei ihrer Auswahl mitzuwirken. **Weisungsbefugnis** bedeutet, die Umsetzung der getroffenen Entscheidung an untergeordnete Stellen zu delegieren. Hierbei wird

---

[1] Busse von Colbe/Lassmann (1991), S. 21.

[2] Detaillierte Ausführungen hierzu finden sich z.B. bei: Frese (2005); Hill/Fehlbaum/Ulrich (1994), S. 125 ff.; Kosiol (1976); Picot (2005), S. 67 f.

den mit der Ausführung Beauftragten entweder ein Handlungsrahmen oder die Maßnahme selbst vorgegeben, wodurch eine Verhaltensbeeinflussung beabsichtigt wird. Im Zementwerk Idelsdorf stellt die Werksleitung das Management dar. Die Zuständigkeit von **Ausführungsstellen**, im Zementwerk Idelsdorf die fünf Produktionsstufen und diverse Hilfsstellen, erstreckt sich hingegen vornehmlich auf die **Durchführung** der an sie **delegierten Aufgaben** sowie gegebenenfalls auf die Disposition hierzu notwendiger Einsatzfaktoren aus anderen Stellen.

In einer *institutionellen Abgrenzung* umfasst *Management* die Leitungsstellen. Management hat damit Entscheidungsfunktionen sowie Weisungsfunktionen hinsichtlich der Delegation getroffener Entscheidungen.

1.1.2.2 Hierarchische Struktur des Managements

Sowohl die zur Gütererstellung unmittelbar erforderlichen Prozesse als auch der Managementprozess verlaufen im Unternehmen arbeitsteilig. Häufig wird nach dem Kriterium der zeitlichen Abgrenzung strategisches, taktisches und operatives Management gemäß Abbildung 3 unterschieden.[1] Diese Einteilung führt zugleich zu einer hierarchischen Strukturierung.

Unter Strategie wird die Erstellung und Verfolgung eines langfristigen zielorientierten Gesamtkonzeptes verstanden. **Strategisches Management** bezieht sich damit auf das gesamte Unternehmen und ist langfristig ausgelegt. Vornehmlich gilt es, Erfolgspotenziale zu erschließen. Hierzu sind Produkt/Markt-Bereiche (strategische Geschäftseinheiten) zu definieren und Entscheidungen über die zu verfolgenden Wettbewerbsstrategien und die benötigten Erfolgspotenziale zu treffen sowie diese zu lenken und zu kontrollieren. Die Handlungskonsequenzen unterschiedlicher Strategien entziehen sich vielfach einer Quantifizierung und müssen daher qualitativ beschrieben werden.[2] Strategisches Management ist der höchsten hierarchischen Ebene des Unternehmens vorbehalten. So beschäftigt sich z.B. der Vorstand der Baustoff AG im Rahmen des strategischen Managements mit folgenden Fragen:[3]

---

[1] Vgl. zu den Ebenen der Planungs- und Steuerungshierarchie eines Unternehmens etwa Schweitzer/Küpper (2003), S. 64 f., S. 206 ff.

[2] Detaillierte Ausführungen hierzu finden sich z.B. bei Baum/Coenenberg/Günther (2004); Hinterhuber (2004a); Hinterhuber (2004b); Schreyögg/Steinmann (1985); Ziegenbein (2004).

[3] Daneben lassen sich zeitlich zunächst unbefristete Grundsatzfragen wie die Wahl der Rechtsform, Standorte oder Organisationsform unter das strategische Management subsumieren.

- Soll das Unternehmen zukünftig seine Aktivitäten auf die Märkte Osteuropas ausdehnen, und wie ist hierbei vorzugehen?
- Soll das Unternehmen seine Produktpalette um die Zementweiterverarbeitung erweitern (z.B. Beton, Betonprodukte), und wie soll dies geschehen?

Der geringe Detaillierungsgrad strategischer Entscheidungen und Vorgaben erfordert deren Konkretisierung auf der taktischen Ebene. **Taktisches Management** ist bereichsbezogen und knüpft an eine sparten- (z.b. Geschäftsbereiche Baustoffe, Zement und Beton), regionen- (z.b. Deutschland, restliches Westeuropa, Osteuropa, Südamerika) oder/und funktionsbezogene (z.b. Forschung und Entwicklung, Beschaffung, Produktion, Absatz und Finanzierung) Struktur an. Es weist eine mittelfristige Reichweite auf.[1] Zur Umsetzung der Strategien werden Produkte entwickelt, notwendige Potenziale (Investitionsprojekte und Personal) und erforderliche Finanzierungsmaßnahmen konkretisiert sowie deren Realisierung gesteuert. Z.B. stellen sich der Werksleitung des Zementwerks Idelsdorf im Rahmen des taktischen Managements vor dem Hintergrund einer Strategie der Kostenführerschaft folgende Fragen:

- Soll ein Drehrohrofen durch eine Großreparatur instand gesetzt werden oder soll ein neuer, technisch verbesserter Ofen angeschafft werden?
- Soll für die Produktionsstufe 4 eine Rollenpresse zur Reduktion der Energiekosten erworben werden?[2]

Operatives Management erfolgt angesichts der durch das taktische Management spezifizierten Produkte, Kapazitäten und Finanzierungsmaßnahmen. Gegenstand des operativen Managements ist die Nutzung der zur Verfügung stehenden Kapazitäten. Die zeitliche Reichweite beträgt bis zu einem Jahr. Häufig dargestellte Managementprobleme betreffen z.B. Bestell- und Produktionsmengen, Beschaffungspreisober- und Absatzpreisuntergrenzen, einzusetzendes Produktionsverfahren und Personal, sofern mehrere Alternativen vorhanden sind.[3] Operatives Management erfolgt auf Abteilungsebene. Hier können beispielsweise folgende Probleme zu lösen sein:

- Soll ein Zusatzauftrag im Exportgeschäft bei unausgelasteten Kapazitäten ange-

---

[1]   Detaillierte Ausführungen hierzu finden sich z.B. bei Adam (2000); Blohm/Lüder (2006).

[2]   Dieses Aggregat presst vor der Zermahlung den Zementklinker, wodurch im nachfolgenden Mahlvorgang der Stromverbrauch in erheblichem Umfang gesenkt wird.

[3]   Detaillierte Ausführungen hierzu finden sich z.B. bei Adam (1998); Ewert/Wagenhofer (2005); Günther/Tempelmeier (2004); Kilger (1973); zur Problematik kurzfristiger Wirksamkeit operativen Managements: Ewert/Wagenhofer (2005), S. 57 ff.

nommen werden?

• Soll eine defekte Anlage durch eigenes Personal oder Fremdfirmen repariert werden („Make or buy")?

• Welche Brennstoffe (z.B. Steinkohle, Altreifen, Altöl) sollen bei Einsatz multivalenter Brenner in Produktionsstufe 3 eingesetzt werden?

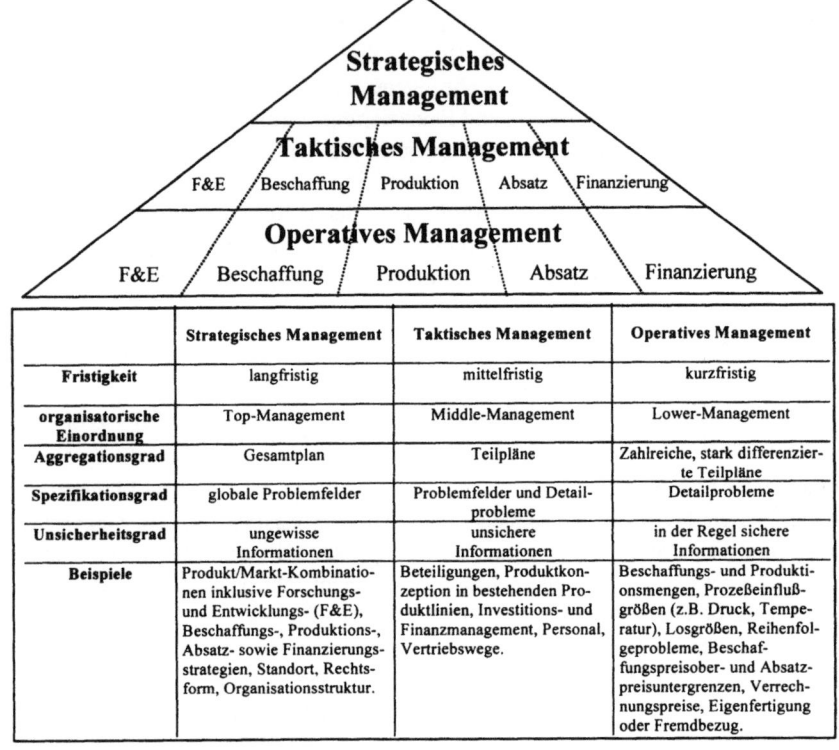

	Strategisches Management	Taktisches Management	Operatives Management
Fristigkeit	langfristig	mittelfristig	kurzfristig
organisatorische Einordnung	Top-Management	Middle-Management	Lower-Management
Aggregationsgrad	Gesamtplan	Teilpläne	Zahlreiche, stark differenzierte Teilpläne
Spezifikationsgrad	globale Problemfelder	Problemfelder und Detailprobleme	Detailprobleme
Unsicherheitsgrad	ungewisse Informationen	unsichere Informationen	in der Regel sichere Informationen
Beispiele	Produkt/Markt-Kombinationen inklusive Forschungs- und Entwicklungs- (F&E), Beschaffungs-, Produktions-, Absatz- sowie Finanzierungsstrategien, Standort, Rechtsform, Organisationsstruktur.	Beteiligungen, Produktkonzeption in bestehenden Produktlinien, Investitions- und Finanzmanagement, Personal, Vertriebswege.	Beschaffungs- und Produktionsmengen, Prozeßeinflußgrößen (z.B. Druck, Temperatur), Losgrößen, Reihenfolgeprobleme, Beschaffungspreisober- und Absatzpreisuntergrenzen, Verrechnungspreise, Eigenfertigung oder Fremdbezug.

Abbildung 3: Hierarchische Struktur des Managements[1]

1.1.2.3 Funktionale Struktur des Managements

Zunächst sollen die internorientierten Managementtätigkeiten der Inhaber von Leitungsstellen gemäß Abbildung 4 näher betrachtet werden.

---

[1] In Anlehnung an: Mag (1995), S. 155 ff.

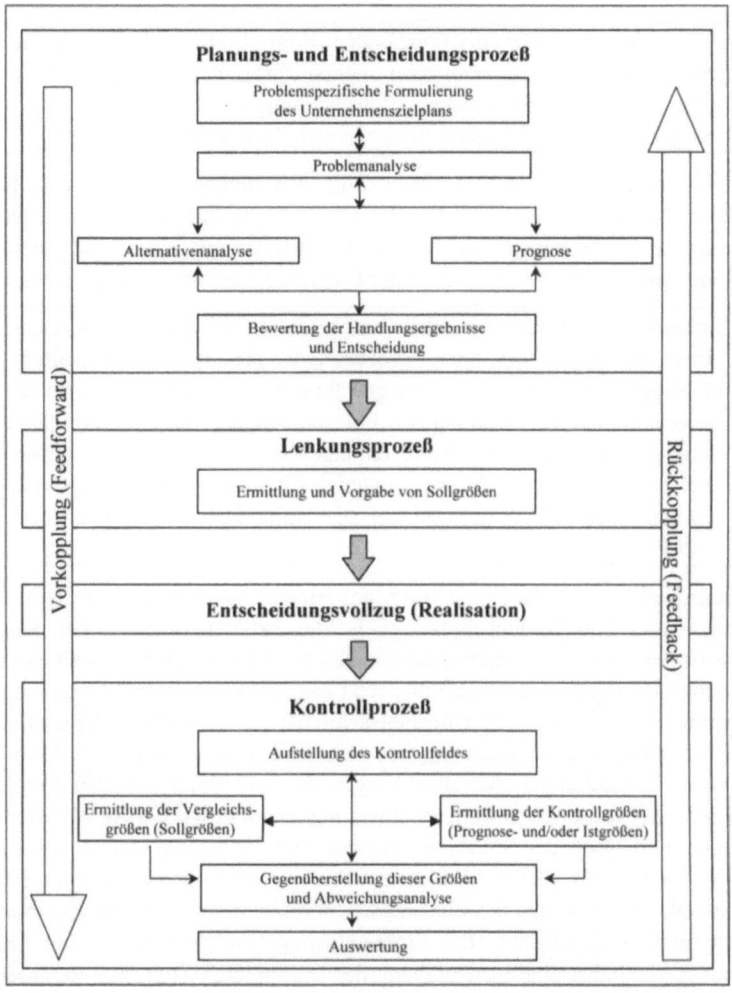

Abbildung 4: Prozessuale oder funktionale Abgrenzung des Managementprozesses[1]

---

[1]   Geringfügig angepasst aus: Kloock (1997), S. 6; Wild (1982), S. 37.

> In einer *prozessualen* oder *funktionalen Abgrenzung* bezeichnet das in-
> ternorientierte *Management* einen mehrstufigen, zielorientierten Steue-
> rungsprozess, der die Planung (Entscheidungsvorbereitung), Entschei-
> dung, Lenkung sowie Kontrolle der Unternehmensprozesse umfasst.

Sollen Unternehmensprozesse nicht zufällig mit möglicherweise mangelhaftem
Ergebnis ablaufen („Politik des Durchwurstelns"), bedarf es zielgerichteter Entscheidungen des Managements. Diesen Entscheidungen geht in der Regel eine
mehr oder minder intensive Planung oder Entscheidungsvorbereitung voraus.

> Internorientierte *Planung oder Entscheidungsvorbereitung* bezeichnet
> einen Informationsgewinnungsprozess[1], der eine rationale Gestaltung
> künftiger Unternehmensprozesse gewährleisten soll. Sie dient dabei der
> zielorientierten Vorbereitung von Entscheidungen, indem sie Probleme
> definiert und analysiert, Zielvorstellungen für Problemlösungen entwi-
> ckelt sowie die zur Verfügung stehenden Alternativen als Lösungswege
> ermittelt und ihre Wirkungen auf die Unternehmensziele prognosti-
> ziert.[2]

Ausgangspunkt der Vorbereitung von Managemententscheidungen im Rahmen des
Planungs- und Entscheidungsprozesses ist die **Problemanalyse**. Voraussetzung
hierfür ist bei gegebenen Unternehmenszielen zunächst das Bewusstsein eines Entscheidungsbedarfs. Problemerkenntnis setzt das Erkennen einer Abweichung zwischen einem gewünschten und einem tatsächlichen oder erwarteten Zustand voraus.
Anstöße zur Problemerkenntnis ergeben sich daher unter anderem aus Kontrollen,
bei denen Abweichungen zwischen Vergleichs- und Kontrollgrößen festgestellt,
analysiert und ausgewertet werden, sowie aus einer Prognose der Abweichungs-
konsequenzen. Nach der Strukturierung des Entscheidungsproblems sowie einer
Analyse der Zusammenhänge zwischen Problemursachen und -wirkungen erfolgen
die explizite Formulierung des Entscheidungsproblems sowie die Beschreibung der
angestrebten Problemlösung. Die Problemlösung beinhaltet dabei nicht den Lösungsweg, wohl aber eine Beschreibung des angestrebten Ziels. Zur Veranschaulichung dieser Ausführungen wird auf das Zementwerk Idelsdorf zurückgegriffen.

---

[1] Vgl. zum Informationsbegriff: Bode (1997), zur Informationsgewinnung: Bode (1993).

[2] Detaillierte Ausführungen hierzu finden sich z.B. bei: Mag (1995), S. 46 ff.; Pfohl/Stölzle
(1997); Wild (1982). Der Planungsbegriff wird in der Literatur unterschiedlich weit gefasst. In
seiner engsten Auslegung umfasst Planung lediglich die Entscheidungsvorbereitung. Andere
Autoren subsumieren auch die Entscheidung selbst unter Planung. Bisweilen wird sogar der
gesamte Managementprozess als Planung bezeichnet: Vgl. Mag (1995), S. 8 f.

Angesichts nicht ausgelasteter Kapazitäten bemüht sich der Vertrieb des Unternehmens verstärkt um Zusatzaufträge. Erstes Ergebnis dieser Bemühungen ist die Anfrage eines großen deutschen Bauunternehmens nach einer zusätzlichen Lieferung von 50.000 t CEM I zu einem Festpreis von 6 Mio. €, das sind 120 €/t. Zwar bestehen im Zement Idelsdorf genügend freie Kapazitäten, um den Auftrag annehmen zu können, jedoch ist es unklar, ob sich die Annahme des Zusatzauftrags lohnt. Es ist fraglich, ob das Management den Zusatzauftrag annehmen soll.

In der nachfolgenden Phase der **Alternativenanalyse** gilt es im ersten Schritt, generelle Ideen für potenzielle Lösungswege zu entwickeln. Realisierbare Alternativen werden im nächsten Schritt konzeptionell entwickelt und ausformuliert. Am Ende der Alternativenanalyse steht schließlich ein Katalog von sich gegenseitig ausschließenden Handlungsmöglichkeiten, den Alternativen.

Im letzten Schritt der Entscheidungsvorbereitung erfolgt die **Prognose**. Prognosen im Rahmen der Entscheidungsvorbereitung beinhalten fundierte Voraussagen über

- die möglichen Entwicklungen der Unternehmensumwelt,
- die Wahrscheinlichkeiten ihres Eintritts sowie
- die Auswirkungen jeder Alternative bei Eintritt einer prognostizierten Entwicklung der Unternehmensumwelt (Ergebnisse).[1]

Um zu einer Entscheidung zu gelangen, sind die einzelnen Alternativen anhand ihrer Auswirkungen zu bewerten. Die Ermittlung des Zielerfüllungsgrades und abschließende Auswahl einer Alternative (Entscheidung) erfolgt generell durch das Management im institutionellen Sinne. Im Gegensatz hierzu wird die Entscheidungsvorbereitung im Unternehmen häufig durch hierfür eigens eingerichtete Stabsstellen wahrgenommen. **Stabsstellen** stellen derivative Ausführungsstellen dar, die Entscheidungen und Weisungen des Managements vorbereiten, koordinieren und kontrollieren (z.B. Controlling als Stabsstelle).[2]

Im Beispiel beauftragt die Geschäftsführung des Zementwerks Idelsdorf das Controlling eine Entscheidungsvorlage für die nächste Geschäftsführersitzung zu erstellen. Zwar betrugen im letzten Jahr die insgesamt anfallenden Kosten je Tonne CEM I 123,99 €. Für die Entscheidungsfindung sind jedoch nur die **zukünftigen, zusätzlich anfallenden** Kosten relevant. Hierzu prognostiziert das Controlling mittels einer Plankostenrechnung diese entscheidungsrelevanten Kosten der Alternati-

---

[1]   Im Gegensatz zur Prognose beinhaltet der Begriff der Planung die Absicht, auf die Zukunft gestalterisch einwirken zu wollen.

[2]   Picot (2005), S. 68.

ve „Zusatzauftrag annehmen" mit 59,92 € je Tonne CEM I.[1] Das Controlling empfiehlt daher der Geschäftsführung in der Entscheidungsvorlage den Zusatzauftrag
anzunehmen.

Das Management delegiert die Umsetzung getroffener Entscheidungen an untergeordnete Stellen. Um eine entscheidungskonforme Realisierung der Unternehmensprozesse zu erzielen, erfolgt die Delegation auf der Basis von Vorgaben an die jeweiligen Mitarbeiter. Dabei können die **Vorgaben** zum einen genau bezeichnen,
wie Entscheidungen auszuführen sind. Zum anderen ist es auch möglich, dass Vorgaben lediglich die nichtmonetären oder monetären[2] Ergebnisse beinhalten, so dass
Freiheitsgrade bei der Umsetzung der Entscheidung bestehen. Mit diesen Vorgaben
lenkt das Management den Entscheidungsvollzug.

> Die unternehmensinterne *Lenkung* stellt einen Informationsprozess dar,
> der in der Ermittlung und anschließenden Vorgabe von Sollvorstellun-
> gen gegenüber untergeordneten Leitungs- oder Ausführungsstellen be-
> steht. Sie bezeichnet damit eine verhaltensbeeinflussende, auf Motiva-
> tion und Koordination abstellende Steuerung.

Das Management wird in diesem Zusammenhang auch als Prinzipal bezeichnet,
während die mit der Umsetzung der Entscheidung Beauftragten Agenten genannt
werden. Der Agent besitzt gegenüber dem Prinzipal aufgrund seiner Nähe zum
Geschehen einen Informationsvorsprung, den er angesichts eigener Ziele zum
Nachteil des Prinzipals ausnutzen könnte. Die neo-institutionalistische Betriebswirtschaftslehre beschäftigt sich vor dem Hintergrund derartiger Informationsa-
symmetrien und Zieldivergenzen mit der Gestaltung von Anreizsystemen im Rahmen der Lenkung und Kontrolle. Diese Systeme sollen den Agenten dazu veranlas-
sen, im Sinne des Prinzipals zu agieren.[3]

Die Verhaltensbeeinflussung durch Vorgabe erfüllt im Rahmen der Lenkung[4] zwei
Funktionen:[5] Da mit der Umsetzung von Managemententscheidungen oftmals
mehrere Mitarbeiter in unterschiedlichen Unternehmensbereichen beauftragt wer-

---

[1]   Die Differenz resultiert einerseits aus Kosten, die unabhängig von der Annahme des Zusatzauf-
      trags ohnehin anfallen (z.B. Abschreibungskosten für Maschinen und Gebäude), andererseits
      aus geänderten Einflussgrößen gegenüber dem Vorjahr: Vgl. 5.

[2]   Z.B. Kosten- und Investitionsbudgets, Rentabilitäts- und Umsatzkennzahlen.

[3]   Vgl. zu Ansätzen z.B. Ewert/Wagenhofer (2005); Neus (2005); Schweitzer/Küpper (2003).

[4]   Die Lenkungsphase des Managementprozesses wird in der Literatur auch als Steuerung be-
      zeichnet: z.B. Brühl (1996); Schoenfeld/Möller (1995); Schweitzer/Küpper (2003).

[5]   Kloock (1997), S. 7.

den, erfüllen Vorgaben oder Sollgrößen eine **Koordinationsfunktion**. Das Verhalten unterschiedlicher Mitarbeiter und Stellen wird im Sinne der getroffenen Entscheidung aufeinander abgestimmt. Daneben erfüllen Sollgrößen als Vorgaben auch eine **Motivationsfunktion**, wenn diese einen Maßstab für die persönliche Leistung darstellen. Bei Erreichen der Sollgrößen entstehen Erfolgsgefühle, während bei Verfehlungen Unzufriedenheit aufkommt.[1]

Die Ermittlung von Sollgrößen erfordert häufig eine Änderung der Planungsdaten:[2]

• **Disaggregation**: Planungsdaten weisen oftmals einen hohen Aggregationsgrad auf. Um für die Delegation geeignete Vorgaben zu erhalten, sind die Planungsdaten deshalb zu disaggregieren. So gilt es z.B., jahresbezogene Planungsdaten auf Monate oder Wochen „herunterzubrechen", während gesamtunternehmensbezogene Informationen für Unternehmensbereiche oder andere Organisationseinheiten zu spezifizieren sind.

• **Motivation**: Planungsdaten können auf die mit der Umsetzung von Entscheidungen beauftragten Stellen anreiz- und leistungsmindernd wirken. So ist Kennzeichen einer realistischen Planung, dass die Planungsdaten zu erwartende vermeidbare und unvermeidbare Unwirtschaftlichkeiten beinhalten. Als Vorgabegrößen sind solche Daten deshalb ungeeignet, da sie keinen Ansporn zur wirtschaftlichen Gütererstellung bieten.

• **Entscheidungsrelevanz**: Im Rahmen von Entscheidungsrechnungen werden je Handlungsalternative im Allgemeinen nur diejenigen Handlungskonsequenzen ermittelt, die das Ergreifen der Handlungsalternative **zusätzlich** auslöst. Diese entscheidungsrelevanten Informationen müssen aber nicht unbedingt mit lenkungsrelevanten Informationen identisch sein. Sind z.B. unabhängig von der Entscheidung für eine Handlungsalternative im Rahmen der Problemlösung ohnehin bestimmte Maßnahmen zu realisieren, gilt es diese zusätzlich innerhalb der Vorgaben zu berücksichtigen. So mag sich die Werksleitung des Zementwerks Idelsdorf grundsätzlich dazu entschlossen haben, in der Produktionsstufe 4 eine Rollenpresse anzuschaffen. Unabhängig von der Entscheidung über den Typ der Rollenpresse könnten bestimmte Lärmschutzvorrichtungen zu installieren sein. Deren Auswirkungen bleiben bei der Investitionsentscheidung über den Typ der Rollenpresse außer Betracht. Bei der Ermittlung eines Investitionsbudgets (Lenkung) sind die Anschaffungsauszahlungen der Lärmschutzvorrichtungen jedoch unbedingt zu berücksichtigen.

---

[1]   Jehle (1982), S. 206; vgl. auch: Coenenberg (1970), S. 1137 ff.
[2]   Vgl. hierzu Brühl (1996).

Aus Gründen der Transparenz und der Steigerung des Kostenbewusstseins könnte es sich auch empfehlen, Vorgaben um solche Daten zu ergänzen, die einer Stelle zwar zurechenbar, aber nicht von ihr beeinflussbar sind. So erfahren Mitarbeiter, welche Belastung insgesamt ihrer Stelle zuzurechnen ist (z.B. im Produktionsbereich Zinsen oder Versicherungsbeiträge).[1]

Während Vorgaben als Anordnungen durch das Management selbst erfolgen, wird die Ableitung der Sollgrößen aus den Planungsdaten häufig auch durch Stabsstellen vorgenommen.

Im Beispiel hat die Geschäftsführung auf Empfehlung des Controlling den Zusatzauftrag angenommen und hierfür eine Budgeterhöhung um 2,9 Mio. € beschlossen. Dabei hat die Geschäftsführung die von ihr erwarteten vermeidbaren Unwirtschaftlichkeiten in Höhe von 96.000 € unberücksichtigt gelassen (**Motivation**).[2] Da die Jahresbudgets bereits sämtliche ohnehin anfallenden sowie zurechenbaren Kosten berücksichtigen, entfällt eine separate Budgeterhöhung (**Entscheidungsrelevanz**). Das Controlling hat nun dieses zusätzliche Budget auf die an der Erstellung des Zusatzauftrags beteiligten Stellen aufzuteilen (**Disaggregation**).

Neben den aus den Entscheidungen abgeleiteten Vorgaben des Managements wirken auch interne und externe Störgrößen auf die Unternehmensprozesse ein. Störgrößen können einen zielorientierten Ablauf verhindern.[3] Um rechtzeitig Umsetzungsprobleme erkennen und Anpassungsmaßnahmen ergreifen zu können, benötigt das Management Informationen über Störgrößen und ihre Auswirkungen. Derartige Informationen werden durch Kontrollprozesse gewonnen.

> Internorientierte *Kontrollen* beinhalten einen Informationsgewinnungsprozess, der nach Festlegung eines Kontrollfelds Vergleichs- und Kontrollgrößen generiert, einander gegenüberstellt und festgestellte Abweichungen eventuell einer Analyse und Auswertung unterzieht.[4]

Kontrollen sind daher für die Problemerkenntnis innerhalb des Planungsprozesses unverzichtbar und bereiten künftige Managemententscheidungen vor. Neben dieser

---

[1] Gleicher Ansicht: Kilger (1993), S. 421 sowie Brühl (1996), S. 130, der auf Kilger verweist. So sind auch die später noch zu diskutierenden Opportunitätskosten entscheidungs-, aber nicht lenkungsrelevant: Vgl. Brühl (1996), S. 59.

[2] 59,92 €/t • 50.000 t = 2.996.000 €.

[3] Z.B. nicht prognostizierte Maßnahmen der Konkurrenz (externe Störgrößen) oder Qualitätsmängel aufgrund fehlerhafter Rohstoffmischungen (interne Störgrößen).

[4] Vgl. hierzu ausführlich: Kloock (1994), S. 607 ff.; Kloock (1997), S. 7 ff. sowie S. 104; Kloock/Sieben/Schildbach (1993), S. 226 ff.

Entscheidungsfunktion besitzt die Kontrolle zugleich eine **Verhaltensbeeinflussungsfunktion.**[1] Die mit der Umsetzung von Managemententscheidungen betrauten Mitarbeiter werden zunächst im Bewusstsein künftiger Kontrollen wesentlich sorgfältiger agieren als bei Verzicht auf Überwachungsmaßnahmen. Die Kontrolle entfaltet somit prophylaktische Wirkungen. Des Weiteren können durch Kontrollergebnisse, unter Umständen verbunden mit negativen oder positiven Sanktionen (z.B. Prämien), Motivations- und Lernwirkungen erzielt werden, so dass Mitarbeiter in die Lage versetzt werden, künftig gesetzte Ziele zu erreichen.

Planung und Entscheidung sowie Lenkung und Kontrolle verlaufen im Managementprozess nicht unbedingt chronologisch. Vielmehr kommt es zu Zyklen im Managementprozess: Auch wenn Entscheidungen des Managements bereits getroffen und im Rahmen der Lenkung Jahresbudgets vorgegeben wurden, müssen im laufenden Geschäftsjahr wiederum Detailentscheidungen getroffen werden. Auf die Lenkungsphase folgen hierbei Planung sowie anschließende Entscheidung. Auch erfordert die Umsetzung von Managemententscheidungen oftmals einen längeren Zeitraum (bei der Baustoff AG z.B. der Aufbau eines Zementwerkes im osteuropäischen Raum). Da taktische Managemententscheidungen auf unsicheren Prognosen basieren (z.B. Nachfragemengen), empfiehlt es sich, vor und während der Umsetzung von Entscheidungen die prognostizierten Daten einer Planungskontrolle zu unterziehen. Hierzu werden diesen Daten auf der Basis aktueller Prognosen neu geplante Daten (Prognose- oder kombinierte Ist-Prognosegrößen) gegenübergestellt und deren Abweichungen analysiert und ausgewertet. So lässt sich feststellen, ob Anpassungsmaßnahmen erforderlich werden oder gar eine Revision der getroffenen Entscheidung notwendig ist. Da nicht auf eine Einwirkung von Störgrößen gewartet wird, wird auch vom **Feedforward-Konzept der Kontrolle** gesprochen.[2] Auf die Entscheidung folgen in diesem Fall eine oder mehrere Kontrollphasen. Im Gegensatz hierzu wird beim **Feedback-Konzept der Kontrolle** auf die Störgrößeneinwirkung gewartet, indem nach Realisierung der Managemententscheidungen den Vergleichsgrößen Istgrößen als realisierte Kontrollgrößen gegenübergestellt werden.[3]

---

[1] Ewert/Wagenhofer (2005), S. 318 ff.

[2] Vgl. z.B. bei Schreyögg/Steinmann (1985), S. 391 ff.; Kloock (1994), S. 607 ff.; Kloock/Sieben/Schildbach (1993), S. 219 ff.; Ziegenbein (2004), S. 140 f.

[3] Während beim Feedback-Konzept festgestellt wird, „das Kind ist in den Brunnen gefallen", kann im Rahmen des Feedforward-Konzeptes von Kontrollen ermittelt werden, „das Kind könnte in den Brunnen fallen": Für eine vertiefte Darstellung vgl. Baum/Coenenberg/Günther (2004).

Neben der Steuerung der in einem Unternehmen ablaufenden Prozesse ist der Managementprozess auch auf die Beziehungen des Unternehmens zu seiner Umwelt ausgerichtet.[1] Der **externorientierte Managementprozess** steuert zielorientiert die Güter- und Zahlungsströme zwischen Unternehmen und Umwelt. Die Gestaltung dieser Beziehungen ist von existentieller Bedeutung für das Unternehmen.

Neben den Beziehungen zu Staat, Lieferanten und Arbeitnehmern ist in den letzten Jahrzehnten insbesondere die Bedeutung der Kommunikation zu Kunden und Kapitalgebern gewachsen. Bedingt durch den Wandel von Verkäufer- zu Käufermärkten verkaufen sich Produkte nicht mehr „von selbst". Zur Förderung des Absatzes ergreift das Unternehmen unterschiedliche Marketingmaßnahmen. Die Kommunikationspolitik ist ein Instrument des Marketings.[2] Durch Werbung, Verkaufsförderung, Öffentlichkeitsarbeit und Sponsoring gestaltet das Unternehmen aktiv die Informationsbeziehungen zu seinen aktuellen und potenziellen Kunden. Die unter anderem durch die Globalisierung der Kapitalmärkte bedingte Mobilität und Knappheit des Kapitals rückt zunehmend auch die Beziehung des Unternehmens zu den Kapitalgebern in den Vordergrund. Um künftigen Kapitalbedarf günstig und komplikationslos decken zu können, pflegt das Management die Beziehungen zu bestehenden und potenziellen Kapitalgebern durch aktive und intensive Kommunikation (Investor Relations).

Das Management gibt im Rahmen seiner **Kommunikationspolitik** Informationen an seine Umwelt. Ein wesentlicher Teil der weitergegebenen Informationen bezieht sich auf ökonomische Belange sowie die wirtschaftliche Lage des Unternehmens. Diese Informationen erfolgen

- freiwillig (z.B. Informationen an Analysten, Aktionäre, Verbände, Informationsdienste),
- aufgrund vertraglicher Vereinbarungen (z.B. Informationen an Kreditinstitute, Versicherungsgesellschaften) sowie
- aufgrund gesetzlicher Bestimmungen (z.B. Informationen an Finanzämter, Statistisches Bundesamt, Behörden, Öffentlichkeit).

Der gemäß handels- oder steuerrechtlichen Bestimmungen erstellte Jahresabschluss stellt hierbei ein zentrales externorientiertes Informationsinstrument dar.

Damit wird deutlich: Das Management im institutionellen Sinne erfüllt

---

[1] Vgl. Abbildung 2.
[2] Vgl. zu den Instrumenten des Marketings z.B. Meffert (2000); Nieschlag/Dichtl/Hörschgen (2002).

- internorientierte Planungs- und Entscheidungsaufgaben,
- internorientierte Lenkungsaufgaben,
- internorientierte Kontrollaufgaben sowie
- externorientierte Informationsaufgaben.

Zur Erfüllung dieser Aufgaben müssen zweckadäquate Informationen gewonnen, transformiert und weitergegeben werden.

1.1.3 Management und Unternehmensziele

Management wurde als zielorientierte Steuerung von Unternehmensprozessen definiert. Für den Managementprozess ist die Existenz beziehungsweise die Ermittlung eines Zielplans unentbehrlich. Ohne Vorstellungen über Ziele ist weder die Auswahl einer Alternative noch die Ableitung von Vorgaben oder die Durchführung einer Kontrolle möglich.

Unter einem **Ziel** wird gemeinhin ein angestrebter zukünftiger Zustand verstanden: Als Zielarten werden nach dem Zielobjekt Sach- und Formalziele unterschieden. Das **Sachziel** beinhaltet, welche Produktarten in welchen Qualitäten zu welchen Zeitpunkten in welchen Mengen produziert und abgesetzt werden sollen. Für das Zementwerk Idelsdorf entspricht das Sachziel mithin der Produktion und dem Absatz bestimmter Mengen der drei Zementsorten und des Zwischenprodukts Zementklinker in definierten Produktqualitäten in bestimmten Perioden. **Formalziele** geben darüber Auskunft, mit welchem Ergebnis das unternehmerische Sachziel realisiert werden soll. Im Zementwerk Idelsdorf könnte z.b. festgelegt werden, dass die Einzahlungen des laufenden Jahres die Einzahlungen des vergangenen Jahres übersteigen sollen. Geht man von einer Dominanz der Formalziele über die Sachziele aus, so sind Sachziele lediglich Instrumente zur Erreichung von Formalzielen. Formalziele sind dabei in den unterschiedlichsten Ausprägungen vorstellbar (Umweltschutz, Arbeitsplätze, Image, Macht). Zentrales Formalziel erwerbswirtschaftlicher Unternehmen ist die Erzielung von ökonomischem Erfolg. Die Art der Erfolgsgröße gilt es im konkreten Einzelfall zu bestimmen. **Zielorientiertes Management** soll daher im Folgenden als **erfolgsorientierte Steuerung**[1] der Unternehmensprozesse verstanden werden.

---

[1]   Andere systembezogene Formalziele stellen nach Gutenberg neben dem erwerbswirtschaftlichen Prinzip (Erfolgsziel) das Prinzip plandeterminierter Leistungserstellung sowie das Angemessenheitsprinzip dar: Gutenberg (1983), S. 464 ff.

1.1.4 Abbildung von Unternehmensprozessen als Managementinformationen

Die Durchführung des Managementprozesses erfordert und generiert Informationen. Welcher Art sind die Informationen, die gewonnen werden beziehungsweise von Informationssystemen als Informationen für das intern- und externorientierte Management zur Verfügung gestellt werden? Ein zielorientiertes Management erfordert die Abbildung der Unternehmensprozesse. Diese Abbildung wird sich alleine aus wirtschaftlichen und praktischen Gründen auf die für das Management relevanten Gesichtspunkte beschränken.[1] Eine erfolgsorientierte Modellierung der Unternehmensprozesse erfolgt daher vorwiegend zahlenmäßig in Mengen- und Geldeinheiten. Eine vereinfachte Abbildung der Realität wird dabei als **Modell** bezeichnet. Das Modell muss über die Erreichung des Erfolgszieles sowie die Einhaltung von Restriktionen in Vergangenheit, Gegenwart und Zukunft Auskunft geben. Das auf diesem Modell aufbauende erfolgsorientierte Informationssystem des Managements wird Rechnungswesen genannt.

> „Unter *Rechnungswesen* versteht man ... die Abbildung des Unternehmensprozesses (oder bestimmter Teilprozesse) auf Zahlenreihen. Diese Zahlenreihen haben bei ökonomisch relevanten Rechnungen meist die Dimension Geld, so dass das Rechnungswesen auch als Abbildung des Unternehmensprozesses in Geld bestimmt werden kann."[2]

1.2 Operative Kalkulation als Informationsgewinnungsprozess

1.2.1 Kalkulationsbegriff und Kalkulationsobjekte

Der Managementprozess knüpft immer an bestimmten Objekten an, die es erfolgsorientiert zu steuern gilt. So bezieht sich das strategische Entscheidungsproblem „Ausweitung des Produktionsprogramms auf die Weiterverarbeitung von Zement" auf das Sachziel, also die Gesamtheit der zu fertigenden **Produkte** als Steuerungsobjekt. Gibt der Vorstand des Weiteren im Rahmen der Lenkung den verschiedenen Betriebsstätten oder Tochterunternehmen jährlich Investitionsbudgets vor, knüpft der Managementprozess in diesem Fall an **organisatorischen Teileinheiten** des Unternehmens an (z.B. Unternehmen, Fachbereiche, Abteilungen). Die erfolgsorientierte Kontrolle der Kostensenkungsmaßnahme „Verringerung der Ener-

---

[1]   Vgl. für eine grundlegende Darstellung zur Gestaltung von „Unternehmensrechnungen" Schweitzer (2002), Sp. 2018 ff.

[2]   Schweitzer (1993), Sp. 115.

giekosten durch Einsatz von Sekundärbrennstoffen" bezieht sich schließlich auf ein **Projekt**. Im Folgenden sollen zunächst die Steuerungsobjekte des Managements beschrieben werden. Dann wird hergeleitet, dass diese Steuerung objektspezifische Informationen erforderlich macht, die durch Kalkulation gewonnen werden müssen.

Es lassen sich allgemein folgende Arten von Steuerungsobjekten des Managementprozesses unterscheiden, die sich hierarchisch strukturieren lassen:[1]

- Produktorientierte Steuerungsobjekte (z.B. Produktgruppen, Produktmarken, Produkte, Produktvarianten, Produktkomponenten).
- Absatzmarktorientierte Steuerungsobjekte (auf der Basis von Segmentierungskriterien wie geographische Regionen, Kundengruppen, Absatzwege).
- Beschaffungsmarktorientierte Steuerungsobjekte (auf der Basis von Segmentierungskriterien wie geographische Regionen, Lieferantengruppen, Beschaffungswege).
- Ressourcenorientierte Steuerungsobjekte (z.B. einzelne Repetier- und Potenzialfaktoren).
- Aufbauorganisatorische Steuerungsobjekte (z.B. Arbeitsplätze, Abteilungen, Fach- und Funktionsbereiche, Unternehmen sowie die Muttergesellschaft).
- Ablauforganisatorische Steuerungsobjekte (z.B. Haupt- und Teilprozesse, Aktivitäten).
- Projektorientierte Steuerungsobjekte (z.B. Projekte, Teilprojekte).

Auf jeder Produktionsstufe oder in den unterschiedlichen Hilfsstellen werden aus den Produktionsfaktoren verschiedene materielle und immaterielle Güter (Dienstleistungen) hergestellt. Sie stellen die **Produkte** (Output) des Unternehmens dar und entsprechen dem Sachziel. Zu unterscheiden sind rein innerbetriebliche, rein absatzmarktorientierte sowie sowohl innerbetriebliche als auch absatzmarktorientierte Produkte. Im Zementwerk Idelsdorf sind die drei Zementsorten der Produktionsstufe 5 rein absatzmarktorientierte Produkte, der homogenisierte Schotter als Output der Produktionsstufe 1 ein rein innerbetriebliches Produkt und der Zementklinker der Produktionsstufe 3 ein sowohl innerbetriebliches als auch absatzmarktorientiertes Produkt. Produkte stellen ein Standard-Steuerungsobjekt des Managementprozesses dar, da ihr Absatz zu Einzahlungen in Gestalt von Umsatzerlösen führt. Produktorientierte Steuerungsobjekte lassen sich hierarchisch strukturieren. Beispielsweise können Produktgruppen, -marken, -arten, -varianten (-sorten) und

---

[1]   Vgl. Schoenfeld/Möller (1995), S. 42 f. sowie im Folgenden Dellmann (1998), S. 608 ff., der Verantwortungsbereiche, Produkte, Prozesse und Projekte als Steuerungsobjekte unterscheidet.

eventuell –komponenten unterschieden werden. Danach ergibt sich für die Baustoff AG ausschnittsweise die in Abbildung 5 angegebene Produkthierarchie.

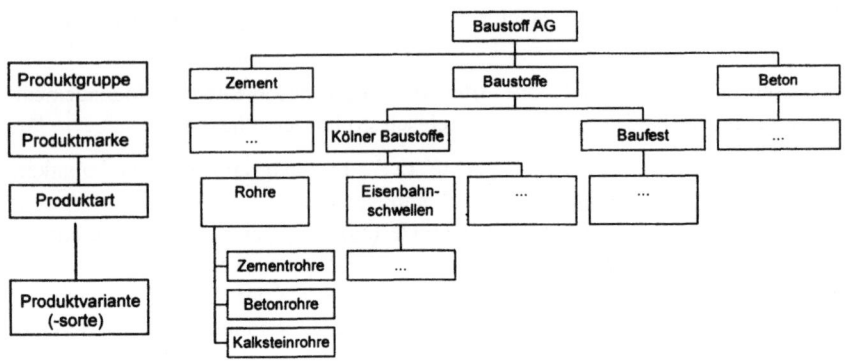

Abbildung 5: Produkthierarchie der Baustoff AG

Die Produkte des Unternehmens werden auf verschiedenen Märkten abgesetzt. **Märkte** lassen sich auf der Basis unterschiedlicher Kriterien abgrenzen. Erstreckt sich der Absatz des Unternehmens auf unterschiedliche **Regionen,** können Märkte geographisch abgegrenzt werden. Regionale Märkte der Baustoff AG sind beispielsweise Deutschland, restliches Westeuropa, Osteuropa und Südamerika, die tiefer untergliedert werden können. Weiterhin ist eine Abgrenzung nach **Kundengruppen** möglich. So lassen sich als Kundengruppen Industrie, Mittelstand und Handel unterscheiden, wobei eine tiefere Untergliederung nach einzelnen Kunden möglich ist. Als weiteres Abgrenzungskriterium dient oftmals der **Absatzweg.** Der Absatzweg bezeichnet die Stufen, die ein Produkt auf dem Absatzmarkt vom Hersteller bis zum Verbraucher durchläuft. Beim direkten Vertrieb veräußert der Hersteller unmittelbar an den Verbraucher. Erfolgt der Vertrieb über Groß- oder Einzelhandel, wird vom indirekten Vertrieb gesprochen. Im Beispiel werden die Zementprodukte im direkten Vertrieb an die weiterverarbeitende Industrie veräußert, der indirekte Vertrieb verläuft über den Baustoffhandel. Die einzelnen zur Anwendung kommenden marktorientierten Steuerungsobjekte lassen sich zu mehrdimensionalen Kalkulationsobjektgruppen verknüpfen.[1] Beispielsweise ergibt sich für die Baustoff AG die Steuerungsobjekthierarchie der Abbildung 6.

---

[1]   Vgl. Riebel (1994), S. 402 ff.; Schweitzer/Küpper (2003), S. 465 ff.

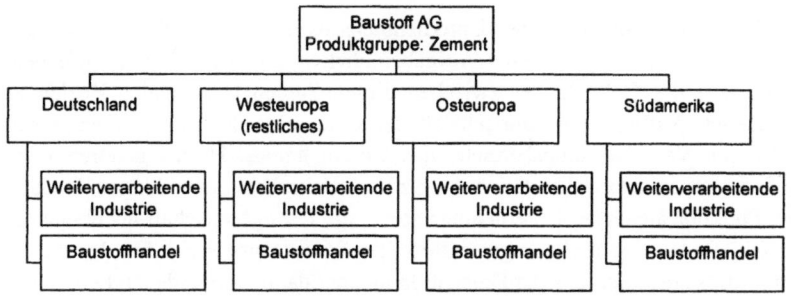

Abbildung 6: Mehrdimensionale Markthierarchie der Baustoff AG

Analog zu den absatzmarktorientierten Segmentierungen lassen sich **Beschaffungsmärkte** als Steuerungsobjekte differenzieren. Die in den letzten Jahren gewachsene Bedeutung marktorientierter Steuerungsobjekte resultiert unter anderem aus der fortschreitenden Globalisierung der Märkte sowie zunehmendem Wettbewerb und gestiegenen Ansprüchen, da sich Verkäufer- in Käufermärkte gewandelt haben.

Als Produktionsfaktoren (Inputs) werden diejenigen **Ressourcen** bezeichnet, die zur Erreichung des unternehmerischen Sachziels eingesetzt werden. **Repetierfaktoren** (Verbrauchsfaktoren) sind durch ihren vollständigen Verbrauch im Produktionsprozess gekennzeichnet. Ist der Produktionsprozess vollzogen, sind sie (z.b. Ton, Kalkstein, Strom, Kohle) bei einer Wiederholung erneut zu beschaffen. **Potenzialfaktoren** (Gebrauchsfaktoren) werden im Gegensatz hierzu nicht verbraucht, sondern mehrperiodisch genutzt. Das dem Potenzialfaktor innewohnende Nutzungspotenzial wird sukzessive im Produktionsprozess verbraucht (z.b. Fabrikgebäude, Transportmittel und maschinelle Anlagen). Zudem lassen sich primäre und sekundäre Produktionsfaktoren abgrenzen. **Primäre Produktionsfaktoren** werden von externen Lieferanten bezogen (z.B. Arbeitskräfte, Strom, Kalkstein, Drehrohrofen). Die unterschiedlichen Produktionsstufen liefern hingegen innerbetriebliche **sekundäre Produktionsfaktoren**. So bezieht z.B. die Produktionsstufe 2 von Produktionsstufe 1 homogenisierten Schotter, Produktionsstufe 3 von Produktionsstufe 2 homogenisiertes Rohmehl. Sekundäre Produktionsfaktoren setzen sich letztlich immer aus primären Produktionsfaktoren zusammen. Produktionsfaktoren stellen Standard-Steuerungsobjekte des Managementprozesses dar, da ihr Einsatz zu Erfolgsschmälerungen führt. Insbesondere die Beschaffung von Potenzialfaktoren (Investitionen) ist für das Unternehmen oftmals von existentieller Bedeutung, denn Korrekturen von Investitionsentscheidungen, die sich als Fehlinvestitionen herausstellten, bringen als Desinvestitionen in der Regel Kapitalverluste mit sich.

Als **Aufbauorganisation** eines Unternehmens wird die Gesamtheit der vorhandenen Stellen nebst zugeordneten Aufgabeninhalten, Ressourcen und Aufgabenträgern sowie das Geflecht der zwischen diesen Stellen bestehenden Beziehungen bezeichnet. Aufbauorganisatorische Steuerungsobjekte des Managementprozesses bilden die Verantwortungsbereiche des Unternehmens. Hierzu gehören je nach Tiefe der organisatorischen Gliederung z.B. Arbeitsplätze, Abteilungen, Fachbereiche, Funktionsbereiche, Unternehmen sowie die Dachgesellschaft als oberste Ebene. Die Bedeutung aufbauorganisatorischer Steuerungsobjekte für den Managementprozess resultiert aus der Delegation und der damit verbundenen Lenkung.

Die räumliche und zeitliche Anordnung von Ressourcen, Aufgabenträgern und Aufgabeninhalten wird als **Ablauforganisation** bezeichnet. Steuerungselement des Managements ist unter diesem Gesichtspunkt eine einzelne Aktivität oder eine zu einem Prozess zusammengefasste Abfolge von Aktivitäten. Mit Aktivität wird eine zur Erfüllung einer Aufgabe erforderliche elementare Handlung bezeichnet. Hierarchisch lassen sich die zu Prozessen zusammengefassten Aktivitäten zu Hauptprozessen aggregieren. Z.B. könnte sich der Prozess „Verladung lose Ware" gemäß Abbildung 7 untergliedern.

Prozess „Verladung lose Ware"

∀ Anmeldung Werkstor/Pforte

∀ Auswiegen des Lkws auf Waage

∀ Anbringung der Füllvorrichtung

∀ Befüllung des Lkws

∀ Entfernung der Füllvorrichtung

∀ Entnahme von Proben

∀ Auswiegen des Lkws auf Waage

∀ Dokumentation Verladung

∀ Abmeldung Werkstor/Pforte

Abbildung 7: Aktivitäten des Prozesses „Verladung lose Ware" im Zementwerk Idelsdorf

Im letzten Jahrzehnt rückte die Steuerung von stellen- und unter Umständen funktionsübergreifenden **Prozessen**, die in den so genannten indirekten Bereichen eines Unternehmens ablaufen, als Managementaufgabe zunehmend in den Vordergrund. Diese beinhalten derivative Aufgaben mit vornehmlich administrativem Charakter, die durch Beschaffungs-, Produktions- und Absatzprozesse induziert werden (z.B.

Forschung und Entwicklung, Marketing, Kundenbetreuung, Entsorgung).[1] Die gestiegene Bedeutung dieser Prozesse resultiert aus Änderungen der ökonomischen, rechtlichen und ökologischen Rahmenbedingungen der Unternehmensumwelt.

Projekte stellen abteilungs- und unter Umständen unternehmensübergreifende, zeitlich befristete, einmalige Sonderaufgaben dar, die sich durch Neuartigkeit und Komplexität auszeichnen. Sie gliedern sich in eine Vielzahl voneinander abhängiger Aufgaben. Bei Einzelfertigung stellt häufig jeder Auftrag ein Projekt dar, da bei diesem Fertigungstyp im Gegensatz zur Produktion von Standardprodukten in Massen-, Serien- oder Sortenfertigung nur eine Mengeneinheit von jedem Produkt gefertigt wird (z.b. bei Werften, Maschinenbau, Bauwirtschaft). Aufgrund des tendenziell hohen inhärenten Risikos und der damit häufig existentiellen Bedeutung sind Projekte wichtige Steuerungsobjekte des Managementprozesses. In der hierarchischen Struktur ergeben sich sowohl Teilprojekte als auch das Gesamtprojekt als Steuerungsobjekte des Managements. Typische Beispiele für Projekte sind Vorhaben im Bereich Forschung und Entwicklung, die Einführung neuer Produkte und Systeme, eine Änderung der Organisationsstruktur des Unternehmens oder die Errichtung eines neuen Zementwerkes.

Erfolgsorientiertes Management der beschriebenen Steuerungsobjekte erfordert **objektspezifische**, erfolgsorientierte, zeitlich abgegrenzte **Informationen**. Diese Informationen sind inhaltlich auf die jeweilige Managementaufgabe abzustimmen.

Unter *Kalkulation* wird die Ermittlung von Erfolgsgrößen einzelner Steuerungsobjekte verstanden, die im Folgenden als Kalkulationsobjekte bezeichnet werden.[2] Kalkulation dient somit durch die Generierung von Informationen der Unterstützung des Managementprozesses.

Kalkulation beinhaltet immer eine Zuordnung und Aufteilung von Erfolgsgrößen auf Kalkulationsobjekte. Deren technische Umsetzung erfolgt durch **Kalkulationsverfahren**. Kalkulation lässt sich nach Abbildung 8 auf der Basis unterschiedlicher Kriterien strukturieren.

---

[1] Vgl. zur Ermittlung von Managementinformationen im Allgemeinen: z.B. Albach (1988); zum Umweltschutz: Kloock (1990), Keilus (1993); zur Qualitätssicherung: Weidner (1993); zum Risikomanagement: Koch (1991); zur Logistik: Pfohl (2003); zur Forschung und Entwicklung: Brockhoff (1999); zur Konstruktion: Friedl (2002); zum Marketing: Köhler (1993); zum Vertrieb: Weigand (1989).

[2] Sofern die Ermittlung der Erfolgsbeiträge in mehreren Stufen erfolgt, wird in der Literatur oftmals lediglich die letzte Stufe als Kalkulation bezeichnet (z.B. Kostenträgerstückrechnung): Vgl. z.B. Chmielewicz/Schweitzer (1993); Kilger/Pampel/Vikas (2002), S. 467 ff.; Männel (1993).

Strategische Kalkulation		Taktische Kalkulation	Operative Kalkulation
Prospektive Kalkulation			Retrospektive Kalkulation
Vorkalkulation		Mitlaufende Kalkulation	Nachkalkulation oder Ist-Kalkulation
Angebotsvorkalkulation	Auftragsvorkalkulation		
Planungs- und entscheidungsorientierte Kalkulation oder Prognose-/Plan-Kalkulation	Lenkungsorientierte Kalkulation oder Vorgabe-/Soll-Kalkulation	Kontrollorientierte Kalkulation	

Abbildung 8: Kalkulationsformen

Zunächst werden gemäß dem **Kriterium der zu unterstützenden Managementebene** strategische, taktische und operative Kalkulationen unterschieden. Strategische Kalkulationen bilden die Basis zur Lösung strategischer Managementprobleme. Aufgrund deren langfristigen Zeithorizonts sind oftmals quantitative Kalküle nicht möglich. Stattdessen begnügt man sich im Rahmen der strategischen Kalkulation mit der Formulierung qualitativer Aussagen zum Erfolgsbeitrag der Kalkulationsobjekte (z.B. in Gestalt graphisch gestützter Produktportfolioanalysen). Taktische Kalkulationen unterstützen das taktische Management bei mittelfristig ausgerichteten Managementproblemen. Sie werden in der Literatur als Investitionsrechnungen bezeichnet. Sie ermitteln mehrjährige Erfolgsbeiträge von Investitionsobjekten zur Lösung von mittelfristigen Entscheidungs-, Lenkungs- und Kontrollproblemen. Operative Kalkulationen bilden die Informationsgrundlage für die Lösung operativer Managementprobleme. Aufgrund der kurzfristigen Wirkung von Maßnahmen des operativen Managements sind lediglich die Erfolgsbeiträge der betreffenden Kalkulationsobjekte für eine einzige Periode (Jahr, Halbjahr, Quartal, Monat, Woche) zu bestimmen.

Gemäß dem **Kriterium des Zeitbezugs** lassen sich retrospektive und prospektive Kalkulationen unterscheiden. Während die Kalkulationsobjekte prospektiver Kalkulationen noch nicht realisiert sind, werden bei retrospektiven Kalkulationen die Ist-Erfolgsbeiträge realisierter Kalkulationsobjekte ermittelt. Bei in Massen-, Sorten- (z.B. Zementindustrie) oder Serienfertigung hergestellten Standardprodukten lassen sich in Abhängigkeit von der jeweiligen Phase des Managementprozesses Plan- beziehungsweise Prognose-Kalkulationen sowie Soll-Kalkulationen als prospektive Kalkulationen unterscheiden. Plan- beziehungsweise Prognose-Kalkulationen erfüllen Planungs- und Entscheidungsaufgaben, Soll-Kalkulationen hingegen Lenkungsaufgaben im Rahmen der Delegation.[1] Retrospektive Kalkulationen ermitteln bei feedbackorientierten Kontrollen schließlich die Kontrollgrößen. Damit lassen sich nach dem **Kriterium der spezifischen Phase im internorientierten Managementprozess** planungs- und entscheidungs-, lenkungs- sowie kontrollorientierte Kalkulationen unterscheiden.

Im Rahmen der Einzel- oder Auftragsfertigung hat sich eine etwas andere Terminologie eingebürgert.[2] Hier werden Vorkalkulation, mitlaufende Kalkulation sowie Nachkalkulation unterschieden, wobei die Vorkalkulation noch in eine Angebots- sowie eine Auftragsvorkalkulation gegliedert werden kann. Da selten Marktpreise vorliegen, basiert die Auftragsvergabe und Preisfindung häufig auf Ausschreibungen sowie Verhandlungen. Auf der Basis einer Angebotsvorkalkulation prüfen interessierte Anbieter daher die Vorteilhaftigkeit einer möglichen Produktion und ermitteln einen Angebotspreis. Sofern eine Auftragserteilung erfolgt, werden die eventuell groben Daten der Angebotsvorkalkulation in einer Auftragsvorkalkulation detailliert. Diese dient der Ermittlung von Budgets im Rahmen der Lenkungsphase. Vorkalkulationen bestimmen damit die Erfolgsbeiträge des (noch) nicht realisierten Kalkulationsobjektes (prospektive Kalkulation). Zur Durchführung feedforwardorientierter Kontrollen werden während der Auftragsdurchführung so genannte mitlaufende Kalkulationen durchgeführt. Für bereits realisierte Auftragsbestandteile werden die tatsächlichen Ist-Erfolgsbeiträge bestimmt, während für die noch erforderlichen Maßnahmen die Daten der Auftragsvorkalkulation einer Revision unterzogen werden (gemischte retrospektive und prospektive Kalkulation). Im Rahmen feedbackorientierter Kontrollen gilt es schließlich in einer Nachkalkulation die gesamten Ist-Erfolgsbeiträge zu bestimmen (retrospektive Kalkulation).

Gegenstand der weiteren Betrachtungen ist die **operative** erfolgsorientierte **Kalkulation**. Zum Zwecke der Informationsversorgung des operativen Managements sind im Rahmen einer objektspezifischen Kalkulation daher nur kurzfristig ausgerichtete Informationen zu ermitteln (Woche, Monat, Quartal, Halbjahr, Jahr).

1.2.2 Informationsgehalt der operativen Kalkulation

1.2.2.1 Konzeptionelle Grundlagen zur Ermittlung von Überschussgrößen

Für die Abbildung der Unternehmensprozesse haben sich im Rahmen des Rechnungswesens in Abhängigkeit von der jeweiligen Zielsetzung zwei Gruppen von

---

[1]   Zum Unterschied von Entscheidung und Lenkung: 1.1.2.3.

[2]   Vgl. z.B. Haberlandt (1993), Siepert (1993).

Rechnungssystemen entwickelt: **Mengenrechnungen** und **Wertrechnungen**. Während das Rechnen mit Mengengrößen in beliebiger Vielfalt (z.B. Gewicht, Zeit, elektrische Leistung, Volumen, Mitarbeiterzahl) gestaltet werden kann, haben sich in Theorie und Praxis fünf Typen von Rechnungssystemen auf der Basis von Wertgrößen etabliert, die so genannten **monetären Basisrechnungssysteme**. Ihnen liegen die folgenden Begriffspaare zugrunde:

- Auszahlungen und Einzahlungen,
- Ausgaben und Einnahmen,
- Aufwendungen und Erträge,
- Kosten und Leistungen (Erlöse),
- Betriebsausgaben und Betriebseinnahmen[1].

Jedes Begriffspaar weist einen wohl zu unterscheidenden spezifischen Informationsgehalt auf, was umgangssprachlich nicht genügend beachtet wird und deshalb häufig zu einer leichtfertigen Gleichsetzung mancher Begriffe führt.

Trotz ihres noch genauer zu untersuchenden unterschiedlichen Sinngehalts haben die genannten Wertgrößen eines gemeinsam: Sie beschreiben monetäre, das heißt in Geld bezifferte Bewegungen in Form von Zu- oder Abgängen (bzw. Zu- oder Abflüsse) bestimmter Bestandsgrößen, weshalb sie auch als monetäre **Stromgrößen** bezeichnet werden. Durch die rechnerische Zusammenfassung dieser Stromgrößen ergibt sich je Basisrechnungssystem ein Stromgrößensaldo als Überschussgröße.[2] Bildet man z.B. für ein ausgewähltes Basisrechnungssystem den Saldo aller in einer Periode stattfindenden monetären Zu- und Abgänge, so erhält man den **Periodenüberschuss** dieses Basisrechnungssystems. Interpretation, Aussagekraft und Höhe dieser Saldogrößen sind dabei vom gewählten Basisrechnungssystem abhängig.

Ausgangsbasis für die Definition der verschiedenen monetären Stromgrößen sind monetäre **Bestandsgrößen**, als deren Veränderungen sich die Stromgrößen ergeben. Diese sind:

- Geldbestand,
- Geld- und Kreditbestand,
- gesetzlich definierter (Vermögens- oder) Kapitalbestand,

---

[1] Von der Darstellung dieses ausschließlich für Zwecke der steuerlichen Gewinnermittlung entwickelten Begriffspaars wird im Folgenden abgesehen. Für eine ausführliche Darstellung der vier erstgenannten Basisrechnungssysteme (mit durchgehender Fallstudie) vgl. Kloock/Groeneveld/Maltry (2005).

[2] Z.B. im Sinne eines Erfolgs.

• frei definierbarer (kalkulatorischer) (Vermögens- oder) Kapitalbestand.

Auch auf der Basis von Bestandsgrößen lässt sich ein Überschuss als Differenz von End- und Anfangsbestand ermitteln. Die – gleichermaßen für Mengen- und Wertrechnungen geltende – Übereinstimmung einer strom- und bestandsgrößenorientierten Überschussermittlung für eine Periode wird im **Bilanzaxiom**, auch **Badewannen- oder Lagerhaltungsaxiom** genannt, formuliert:[1)]

Aufgrund des definitorischen Zusammenhangs	
Endbestand einer Periode	= Anfangsbestand einer Periode
	+ Bestandszugänge einer Periode
	– Bestandsabgänge einer Periode
gilt:	
Überschuss einer Periode	= Endbestand einer Periode
	– Anfangsbestand einer Periode
	= Bestandszugänge einer Periode
	– Bestandsabgänge einer Periode

Die Vorgehensweise bei der Ermittlung einer monetären Überschussgröße mit Strom- und Bestandsgrößen sei an einem kleinen **Beispiel** demonstriert: Angenommen, der Mitarbeiter der Baustoff AG, Herr Kohr, verlässt am Morgen seine Wohnung mit 10 € im Portemonnaie. Auf dem Weg zur Arbeit hebt er 100 € von seinem Konto ab. In der Kantine bezahlt er 12 € für sein Mittagessen. Am Nachmittag erhält er von einem Kollegen 30 € zurück, die er ihm am Vortag geliehen hatte. Auf dem Heimweg kauft er schließlich ein Buch für 34 €. Am Abend ermittelt Herr Kohr mittels einer stromgrößenorientierten, d.h. explizit an den Zugängen und Abgängen in seinem Portemonnaie ausgerichteten Betrachtung folgenden Überschuss: 100 – 12 + 30 – 34 = 84 €. Seine Frau, die allabendlich sein Portemonnaie inspiziert, gelangt mit einer bestandsorientierten Vorgehensweise zu demselben Ergebnis: Endbestand – Anfangsbestand = 94 – 10 = 84 €.

Offensichtlich liegt der Überschussermittlung mit Bestandsgrößen eine **zeitpunktbezogene**, der Überschussermittlung mit Stromgrößen hingegen eine **zeitraumbezogene Betrachtung** zu Grunde. **Ein Vorteil** der stromgrößenorientierten Betrachtung besteht darin, dass sie einen direkten Einblick in das Zustandekommen eines Überschusses erlaubt. Auf das obige Beispiel bezogen kann Frau Kohr durch den von ihr durchgeführten Bestandsvergleich nicht erkennen, ob ihr Ehemann nicht

---

[1)]   Vgl. Kloock (1996), S. 15 f.

vielleicht entgegen seinen Darstellungen in seiner Mittagspause einen vor ihr geheim gehaltenen Lottogewinn in Höhe von 30.284 € abgeholt und am Spätnachmittag bis auf 84 € in einer zwielichtigen Spelunke beim Pokern wieder verloren hat. Auch für das Management eines Unternehmens ist es zum einen von Bedeutung, in einer **Bruttobetrachtung** nicht nur den Saldo, sondern auch die Höhe der einzelnen Ein- und Auszahlungen zu kennen. So wird trotz übereinstimmenden Zahlungssaldos etwa ein Zementunternehmen mit wenigen großen Kunden, die für Zementlieferungen jeweils Rechnungen in Millionenhöhe zu zahlen haben, wesentlich mehr Wert auf Bonitätsprüfungen legen als ein Zementunternehmen mit vielen Kleinabnehmern. Denn im ersten Fall könnte bereits der Ausfall eines „faulen" Kunden die Existenz des Unternehmens gefährden. **Ein weiterer Vorteil** der stromgrößenorientierten Betrachtung ist zum anderen darin zu sehen, dass Stromgrößen unmittelbar bei ihrer Entstehung erfasst und – unter Umständen nach Aufspaltung – einzelnen Kalkulationsobjekten zugerechnet werden können. So ist es z.B. möglich, Auszahlungen für spezifische Rohstoffbeimischungen direkt der damit gefertigten Zementsorte zuzurechnen. Eine möglichst umfassende Zurechnung der Stromgrößen zu Kalkulationsobjekten erlaubt dem Management deren Beurteilung als Quellen der Überschusserzielung.

Im Folgenden werden die monetären Basisrechnungssysteme erläutert und ihre Eignung als Informationsbasis für ein operatives, erfolgsorientiertes Management analysiert.

1.2.2.2 Quantitative Basisgrößen zur Ermittlung operativer Erfolgskennzahlen

1.2.2.2.1 Mengengrößen

Bei den im Rahmen von Mengenrechnungen ausgewiesenen Größen handelt es sich um Informationen unterschiedlicher Dimension. Bei Bestandsrechnungen werden etwa die Bestandsmengen an Anlagegütern und Rohstoffen oder der Personalbestand ermittelt und ausgewiesen. Mengengrößen unterschiedlichen Inhalts sind wegen ihrer Dimensionsverschiedenheit („Äpfel und Birnen") im Allgemeinen nicht sinnvoll zu aggregieren. Zudem sind auf ihrer Basis ermittelte Überschüsse grundsätzlich nur schwer als Erfolgskennzahlen zu interpretieren. Die **Aggregation** von inhaltsgleichen nichtmonetären Größen, wie z.B. eine Rohstoffmenge als Differenz der Zu- und Abgänge, ist zwar durchaus von Bedeutung für die Lagerbuchhaltung. Sie stellt aber keine Erfolgsgröße dar, wenn man von dem unwahrscheinlichen Fall absieht, dass das Formalziel eines Unternehmens in der Anhäufung dieses Rohstoffs besteht. Als **Grundlagen für die Bestimmung von Wertgrößen** sind Mengengrößen aber häufig unverzichtbar, etwa bei der Ermittlung des Wertes einer eingesetzten Materialmenge. Auch für die **Aufteilung von Wertgrößen auf verschiedene Unternehmensbereiche** können Mengengrößen herangezogen werden, z.B. bei Verteilung des Beschaffungspreises einer zentralen EDV-Anlage auf die nutzenden Unternehmensbereiche nach Maßgabe der zeitlichen Inanspruchnahme. Nicht zuletzt nehmen in bestimmten Fällen Mengengrößen als **Kapazitätsgrenzen** Einfluss auf die Höhe von Wertgrößen, z.B. bei der Gestaltung des Produktionsprogramms in Engpasssituationen.[1]

Mengengrößen haben daher zumindest mittelbar Einfluss auf die Ausprägung monetärer Größen und daraus abgeleiteter Erfolgsgrößen. Ein aussagefähiges Informationssystem auf der Grundlage mengenorientierter Bestands- und Stromgrößen ist damit unverzichtbarer Bestandteil des internen Rechnungswesens (z.B. Personal-, Absatz- und Lagerstatistik).

1.2.2.2.2 Auszahlungen und Einzahlungen

Aus- und Einzahlungen liegen stets Geldbewegungen zugrunde, man spricht daher von **pagatorischen**[2] **Wertgrößen.** Aus- und Einzahlungen lassen sich sowohl bestands- als auch stromgrößenorientiert definieren:

Aus-/Einzahlungen =	Verminderungen/Erhöhungen des Bestands an liquiden Mittel, das heißt des Bestandes an Bargeld und kurzfristig verfügbarem Buchgeld (Sichtguthaben).
Aus-/Einzahlungen =	Abgänge/Eingänge von Bargeld oder kurzfristig verfügbarem Buchgeld (Sichtguthaben).

Der **Bestand an liquiden Mitteln** wird auch als **Zahlungsmittelbestand** bezeichnet.

Beispiele für Auszahlungen sind der Barkauf von Rohstoffen oder Maschinen, die Tilgungszahlung im Rahmen eines Finanzkredits oder die Dividendenzahlung an einen Aktionär. Auch Sonderfälle wie Diebstahl, Vernichtung oder Veruntreuung von Bargeld (Verlust von Bargeld) sowie Konkurs der Hausbank oder negative Währungskursschwankungen bei vorgehaltenen Devisen (Verlust von Buchgeld) sind damit entgegen dem umgangssprachlichen Gebrauch einbezogen.[3] Beispiele

---

[1] Vgl. dazu den wertmäßigen Kostenbegriff in 1.2.2.2.5.

[2] Aus dem lateinischen pagare = zahlen.

[3] Davon abweichende Abgrenzung bei Weber (1998), S. 318 f.

für Einzahlungen sind der Barverkauf von Produkten, erhaltene Anzahlungen auf spätere Lieferungen, die Barausleihung im Rahmen eines Finanzkredits oder die Bareinlage eines GmbH-Gesellschafters.

Im Folgenden ist zu untersuchen, welche Aufgaben ein monetäres Basisrechnungssystem auf der Basis von Aus- und Einzahlungen nebst Ausweis des Geldbestandes erfüllen kann. Die erfolgsorientierte Steuerung des Unternehmensprozesses erfolgt unter Restriktionen. Die wohl bedeutendste Restriktion stellt die Erhaltung des finanziellen Gleichgewichts beziehungsweise der Liquidität eines Unternehmens dar. In einer Minimalforderung bezeichnet **Liquidität** die Fähigkeit, sämtlichen fälligen Zahlungsverpflichtungen rechtzeitig und vollständig nachkommen zu können. Die enorme Bedeutung der Liquiditätsnebenbedingung für das Management resultiert aus den Folgen einer Verletzung dieser Restriktion. Schon die drohende Zahlungsunfähigkeit zwingt das Management einer Kapitalgesellschaft, einen Antrag auf Eröffnung eines Insolvenzverfahrens zu stellen. Unter dem Gesichtspunkt der Liquiditätserhaltung eines Unternehmens ist eine Gegenüberstellung aller (zukünftigen) Aus- und Einzahlungen notwendig, um eine potenzielle **Zahlungsunfähigkeit** rechtzeitig erkennen und vermeiden zu können. Aus- und Einzahlungen sind damit eine wesentliche Grundlage für finanzwirtschaftliche Dispositionen.

Mit der Erhaltung der Liquidität ist die Erfüllung aller vertraglich oder gesetzlich fixierten monetären Ansprüche von Dritten an das Unternehmen sichergestellt. Darüber hinaus ist es grundsätzlich auch vorstellbar, eine **zahlungsorientierte Überschussgröße**, d.h. den Saldo von Einzahlungen und Auszahlungen, zur **Ermittlung des Erfolgs** von Managementmaßnahmen heranzuziehen. Denn neben Ansprüchen von Unternehmensbeteiligten auf vertraglich fixierte Zahlungen (z.B. Rechnungen von Lieferanten, Kreditzinsen von Banken, Gehältern von Angestellten) bestehen auch monetäre Ansprüche oder Erwartungen, deren Befriedigung sich an der Wertentwicklung (Performance) eines Unternehmens orientiert, d.h. deren Erfüllung also erfolgsabhängig ist. So erwarten die Aktionäre der Baustoff AG periodische Dividendenzahlungen oder Kurssteigerungen. Potenzielle wie aktuelle Aktionäre treffen die Entscheidung, einem bestimmten Unternehmen Kapital zur Verfügung zu stellen, auf der Basis der auf sie entfallenden, prognostizierten, künftigen Zahlungen aus dieser Investition in eine Unternehmensbeteiligung. Diese erfolgsabhängigen Ansprüche oder Erwartungen basieren auf einer Rest- oder Residualgröße, die nach Abzug aller gesetzlich und vertraglich fixierten Auszahlungen (z.B. Zinsen, Lieferantenentgelte, Löhne, Gehälter und Steuern) von Einzahlungen (z.B. Umsatzerlöse und Subventionen im Unternehmen) verbleibt. Ein erfolgsorientiertes Management, das auf die Steigerung des Wertes der Ausschüttungen an die Aktionäre ausgerichtet ist, wird auch als Shareholder-Value-orientiertes oder unternehmenswertorientiertes Management bezeichnet. Sofern das Eigenkapital das knappe Gut darstellt, steht das Management unter dem Primat der Erfüllung der Eigentümerinteressen. Aus- und Einzahlungen sind aus dieser Sicht eine wesentliche Grundlage für ein erfolgs- im Sinne eines unternehmenswertorientierten Managements.[1]

Für Zwecke der Erfolgsermittlung sind gemäß Abbildung 9 die Zahlungsgrößen des Unternehmens in **Eignerzahlungen** (Zahlungen zwischen Unternehmen und Eignern) und **Erfolgszahlungen** (Zahlungen zwischen Unternehmen und allen Unternehmensbeteiligten unter Ausschluss der Eigner) zu differenzieren.

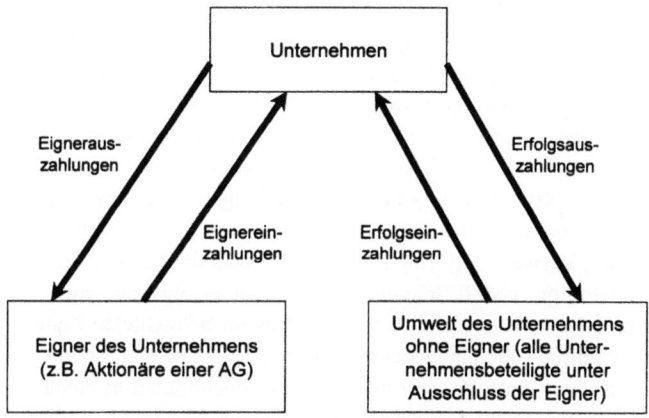

Abbildung 9:Zahlungsströme eines Unternehmens aus Unternehmenssicht[2]

Für die Beurteilung der Vorteilhaftigkeit der Beteiligung an einem Unternehmen werden sich die Unternehmenseigner an der Zahlungsüberschussreihe orientieren, die sich aus den periodischen Eigneraus- und Eignereinzahlungen zusammensetzt. Aus dieser Zahlungsüberschussreihe lässt sich der Wert des Eigenkapitals bzw. der Shareholder–Value eines Unternehmens ableiten.

Positive Zahlungsüberschüsse in der Unternehmen-Eigner-Sphäre speisen sich of-

---

[1] Den Versuch einer rein zahlungsorientierten Beurteilung operativer Probleme unternimmt Küpper mit seinem investitionstheoretischen Ansatz der Kostenrechnung, vgl. dazu Schweitzer/Küpper (2003), S. 235 ff.; zur Beurteilung vgl. Ewert/Wagenhofer (2005), S. 43 f.

[2] Kloock/Groeneveld/Maltry (2005), S. 22.

fensichtlich aus Zahlungsüberschüssen der Unternehmen-Umwelt ohne Eigner-Sphäre. Einfach ausgedrückt: Die Eigner eines Unternehmens „verdienen" nur dann Geld, wenn das Unternehmen seinerseits Geld mit fremden Dritten, d.h. auf den Märkten, verdient. Für die Beurteilung des Erfolgs einer Entscheidung oder einer Maßnahme ist daher auf den daraus resultierenden Überschuss der Erfolgszahlungen abzustellen, d.h., es sind die erzielten Erfolgsaus- und -einzahlungen zu betrachten.

Es ist offensichtlich, dass – im Gegensatz zur Ermittlung des Liquiditätsstatus eines Unternehmens – eine zahlungsorientiert ermittelte Erfolgsgröße aus der Sicht der Unternehmenseigner nur dann gehaltvoll und entscheidungsnützlich ist, wenn sie entweder auf Eignerzahlungen oder auf Erfolgszahlungen beruht.[1]

Im Rahmen des operativen Managements, dessen Aufgabe in der Lösung von Detailproblemen des Tagesgeschäfts besteht, ist es aber wenig realitätsnah, die durch eine Entscheidung ausgelösten Ströme von Erfolgszahlungsüberschüssen mit allen denkbaren Zahlungsmodalitäten über einen längeren Zeitraum verfolgen oder prognostizieren zu wollen. Diese Erkenntnis führt dazu, aus Gründen der Vereinfachung (**Komplexitätsreduktion**) nur die Handlungskonsequenzen des operativen Managements innerhalb eines kurzen Zeitabschnitts zu berücksichtigen und zu erfassen. Bei der Verwendung von Aus- und Einzahlungen bereitet diese Vorgehensweise allerdings schnell Schwierigkeiten. Die Erfolgsmessung auf Zahlungsbasis wird im Allgemeinen daran scheitern, dass im betrachteten Zeitabschnitt nur einige, im Extremfall überhaupt keine Aus- und Einzahlungen anfallen, die mit in diesem Zeitabschnitt getroffenen operativen Entscheidungen in einem unmittelbaren Zusammenhang stehen. Ursache ist das zeitliche Auseinanderfallen von Güter- und zugehörigem Zahlungsstrom. Ein einfaches Beispiel hierfür ist das Entscheidungsproblem über Annahme oder Ablehnung eines Zusatzauftrags im Monat März in Abbildung 10. Hier wird unterstellt, dass die zur Auftragserfüllung benötigten Einsatzfaktoren (Rohstoffe, Maschine) bereits in früheren Zeitpunkten beschafft, bezahlt und gelagert wurden. Die gefertigten Produkte werden hingegen auf Ziel verkauft und erst in einer späteren Periode bezahlt.

---

[1] Ebenda, S. 20 ff., denn die Differenz aller Ein- und Auszahlungen eines Unternehmens in der gesamten Lebensdauer ist stets gleich Null.

Abrechnungsperiode Güter	Januar	Februar	März	April
Rohstoffe		Beschafft und bezahlt (100 €)	Verbraucht	Wiederbeschafft und bezahlt (für 115 €)
Maschine (gesetzlich zulässiger Abschreibungs- zeitraum 2 Jahre)	Beschafft und be- zahlt (2.400 €), eingesetzt	Eingesetzt	Eingesetzt	Durch Feuer vernichtet
Produkte			Erstellt und verkauft	Bezahlt (300 €)

Abbildung 10: Beispiel zur Kalkulation eines Zusatzauftrags

Aus Abbildung 10 ist ersichtlich, dass in der betrachteten Periode, dem Monat März, weder Erfolgsaus- noch Erfolgseinzahlungen anfallen, so dass auf deren Basis keine erfolgsorientierte Beurteilung der Vorteilhaftigkeit des Zusatzauftrags möglich ist. Unter der obigen Prämisse der Komplexitätsreduktion können daher im Allgemeinen keine adäquaten Erfolgsgrößen auf Zahlungsbasis gebildet werden, die zur Beurteilung des Erfolgs von Entscheidungen des operativen Managements dienen könnten.

1.2.2.2.3 Ausgaben und Einnahmen

Ausgaben und Einnahmen stellen eine Erweiterung der Begriffe Auszahlungen und Einzahlungen dar. In der betriebswirtschaftlichen Literatur wird der hier vorgenommenen Differenzierung nicht uneingeschränkt gefolgt, so dass sich bei zahlreichen Autoren die Begriffe Ausgaben und Einnahmen gar nicht finden.[1]

Es ist nahe liegend, dass die Betrachtung einer rein zahlungsorientierten Erfolgsgröße in zweifacher Weise zu Fehlinterpretationen **hinsichtlich der Erfolgserzielung** eines Unternehmens führen kann.

Zum einen können **Auszahlungen mit gleichzeitigen Forderungszu- oder Schuldenabnahmen** bzw. **Einzahlungen mit gleichzeitigen Schuldenzu- oder Forderungsabnahmen** einhergehen (reine Kreditgeschäfte). Unter der Forderung eines Unternehmens versteht man dabei eine Zahlungsverpflichtung eines Dritten gegenüber dem Unternehmen, unter Schulden eine Zahlungsverpflichtung des Unternehmens gegenüber einem Dritten; die Zahlungsverpflichtungen sind dabei zu einem späteren Zeitpunkt zu erfüllen. Betrachtet man hierzu passende Beispiele, wird der Defekt einer rein zahlungsorientierten Erfolgsermittlung offenkundig: Eine

---

[1]   Z.B. Schweitzer/Küpper (2003), S. 739, Fn. 74.

Einzahlung, die auf der Aufnahme eines Kredits beruht, oder eine Auszahlung, die durch die Tilgung eines Kredits bedingt ist, trägt offensichtlich nicht unmittelbar zur Erfolgsgenerierung[1] eines Unternehmens bei; die mit diesen Zahlungen korrespondierenden Kreditgeschäfte stellen letztlich nur den Austausch identischer Geldbeträge zu verschiedenen Zeitpunkten dar.

Zum anderen vernachlässigt eine rein zahlungsorientierte Betrachtung „zahlungsersetzende" Vorgänge, die bei der Ermittlung einer Erfolgsgröße Berücksichtigung finden sollten. Zu nennen ist hier z.b. der Zielkauf von Rohstoffen als Waren-Kredit-Geschäft, bei dem eine unmittelbar erfolgswirksame Verbindlichkeit entsteht, die aber erst später zahlungswirksam wird.

Eine diesbezügliche Erweiterung der Bestandsgröße der Auszahlungs-/Einzahlungs-Rechnung um diese beiden Aspekte ergibt die folgende Definition:[2]

> *Ausgaben/Einnahmen* = Verminderungen/Erhöhungen des Bestands an liquiden Mitteln (d.h. Bargeld und Sichtguthaben) zuzüglich Forderungsbestand abzüglich Schuldenbestand.

Die damit definierte Bestandsgröße wird als **Geld-Kredit-Bestand** oder als **Geldvermögen** bezeichnet. Auch Ausgaben und Einnahmen werden als pagatorische Größen bezeichnet.

Vergleicht man auf der Basis dieser Definition Aus-/Einzahlungen und Ausgaben/Einnahmen, so stellt man fest, dass es Geschäftsvorfälle gibt,

*   bei denen Aus- bzw. Einzahlungen nie korrespondierende Einnahmen bzw. Ausgaben gegenüberstehen oder

*   bei denen Aus-/Einzahlungen mit Ausgaben/Einnahmen der Periode übereinstimmen oder

*   bei denen Aus-/Einzahlungen Ausgaben/Einnahmen einer anderen Periode gegenüberstehen.[3]

Für jeden dieser Fälle sei nachfolgend ein Beispiel angeführt:

---

[1] Anders ist dies mit den für Kredite zu zahlenden Zinsen: diese stellen selbstverständlich eine Erfolgskomponente dar und werden sowohl in einer Einzahlungs-/Auszahlungs-Rechnung als auch in einer Ausgaben/Einnahme-Rechnung erfolgswirksam erfasst.

[2] Vgl. dazu und einer weiteren Definition Weber (1998), S. 319 f.

[3] Vgl. Kloock/Groeneveld/Maltry (2005), S. 64 ff.

Tilgt die Baustoff AG einen Restkredit in Höhe von 500.000 €, der von der Hausbank gewährt wurde, durch Überweisung vom Girokonto, so liegt wegen der Verminderung des Buchgeldbestands eine **Auszahlung** der Periode vor. Um eine **Ausgabe** handelt es sich jedoch **nicht** (i.S.v. **nie**): der Abnahme des Buchgelds (– 500.000 €) steht eine gleich große Abnahme des Schuldenbestands (–500.000 €) gegenüber; die Änderung des Gesamtbestands an Geld, Buchgeld sowie Forderungen abzüglich Schulden (Saldo: –500.000 + 0 – (–500.000)) ist damit 0 (reines Kreditgeschäft).

Überweist die Baustoff AG am Ende einer Periode die fälligen Löhne und Gehälter, so liegt sowohl eine Auszahlung als auch eine Ausgabe der Periode in übereinstimmender Höhe vor, da nur der Bestand an liquiden Mitteln angesprochen wird.

Der Zielverkauf einer Zementlieferung an einen Kunden zum Preis von 1.000 € begründet eine Forderung der Baustoff AG aus Lieferung und Leistung. Da der Forderungsbestand des Unternehmens damit erhöht wird, liegt eine **Einnahme** (1.000 €) der Periode vor, die – mangels Barzahlung – **keine Einzahlung** der Periode ist. Die anschließende bare Begleichung des Forderungsbetrags durch den Kunden in der Folgeperiode führt dann zu einer Erhöhung des Geldbestands des Unternehmens (+1.000 €), zugleich aber zu einer Verminderung seines Forderungsbestands (–1.000 €). Da sich somit der Gesamtbestand an Geld, Buchgeld sowie Forderungen abzüglich Schulden nicht ändert (Saldo: 1.000 – 1.000 – 0 = 0), liegt zwar eine **Einzahlung** (1.000 €) der Folgeperiode, jedoch **keine Einnahme** dieser Periode vor. Einzahlung und Einnahme sind damit in diesem Beispiel zwar betragsgleich, fallen aber zeitlich auseinander (Waren-Kredit-Geschäft).

Wie bei den Zahlungsgrößen beschrieben, erfordert die Ermittlung des aus einer Entscheidung oder einer Maßnahme resultierenden Erfolgsbeitrags die Beschränkung auf die Betrachtung von **Erfolgs**ausgaben und **Erfolgs**einnahmen, das sind alle Ausgaben und Einnahmen eines Unternehmens, die ohne die Beteiligung der Unternehmenseigner zustande kommen. Während (Erfolgs-)Auszahlungen und (Erfolgs-)Einzahlungen den **Zahlungsverkehr** des Unternehmens mit „fremden Dritten" (d.h. ohne Einbeziehung der Unternehmenseigner) abbilden, stellen (Erfolgs-)Ausgaben und (Erfolgs-)Einnahmen auf den korrespondierenden **Güterverkehr** des Unternehmens ab. Eine Einnahme-/Ausgabe-Rechnung erfasst somit Erfolgsbeiträge von Geschäftsvorfällen in Abkehr von den Zahlungszeitpunkten auf der Basis der Güterzugangs- und Güterabgangszeitpunkte. Ausgaben (Einnahmen) erfassen demnach grundsätzlich zwar alle Auszahlungen (Einzahlungen) eines Unternehmens (definitionsgemäß unter Ausschluss des reinen Kreditgeschäfts), nehmen aber bei der Ermittlung der Erfolgsgröße einer Periode eine Korrektur in der Weise vor, als ob sämtliche entgeltlich erworbenen Güterzugänge (entgeltlich veräußerten Güterabgänge) der Periode auch tatsächlich in dieser Periode bezahlt worden wären.[1] Man kann sagen: (Erfolgs-)**Ausgaben/Einnahmen-Rechnungen periodisieren** (Erfolgs-)**Auszahlungen/Einzahlungen** unter Ausschluss des reinen Kreditgeschäfts. Auf der Basis von Ausgaben und Einnahmen lässt sich der gesamte Güterverkehr eines Unternehmens mit seiner Außenwelt jeweils in den **Zeitpunkten des Zugangs oder des Abgangs der Güter** abbilden. Anders ausgedrückt: immer dann, wenn dem Unternehmen ein Gut (Realgut, Nominalgut, Dienstleistung, Arbeitskraft) zugeht oder zur Verfügung gestellt wird, fällt eine Ausgabe an; immer dann, wenn ein Gut das Unternehmen verlässt, wird eine Einnahme verbucht.

Für die Ermittlung eines Erfolgsbeitrags für Zwecke der operativen Unternehmenssteuerung stellt die Erfassung von Ausgaben und Einnahmen zwar eine Verbesserung gegenüber einer rein zahlungsorientierten Betrachtungsweise dar, bietet aber letztlich immer noch **keine geeignete Grundlage zur erfolgsorientierten Beurteilung** von Maßnahmen der operativen Ebene. Im Beispiel der Abbildung 10 fallen in der betrachteten Periode, dem Monat März, keine Ausgaben an, da kein Güterzugang in diesem Monat erfolgt. Die Einnahmen belaufen sich aufgrund des Absatzes der erstellten Produkte (Güterabgang) auf 300 €. Der Saldo beträgt damit $300 - 0 = 300$ €. Als Erfolgsgröße hat dieses Ergebnis aber deshalb keine Bedeutung, weil der Einsatz von Rohstoffen und Maschine, die durch ihre Verwendung im Produktionsprozess unzweifelhaft Wertänderungen (i.d.R. Wertminderungen) ausgesetzt sind, bei den bisher definierten Rechnungssystemen (noch) keine Aufnahme ins ökonomische Kalkül gefunden hat.

Das Beispiel macht deutlich, dass für Zwecke der Erfolgsermittlung ein Übergang auf solche Wertgrößen notwendig ist, die statt auf den Zeitpunkt des Güterzugangs auf den Zeitpunkt der Gütererstellung sowie statt auf den Zeitpunkt des Güterabgangs auf den Zeitpunkt der Güternutzung oder des -verbrauchs abstellen. Verkürzend und plakativ lässt sich formulieren: für eine ökonomisch aussagefähige Erfolgsermittlung ist nach dem Übergang von der Zahlungsverkehrsrechnung zur Güterverkehrsrechnung noch der **Übergang von der Güterverkehrsrechnung zur Güterverbrauchsrechnung** (respektive Gütererstellungsrechnung) vorzunehmen.

1.2.2.2.4 Aufwendungen und Erträge

Die vorstehenden Überlegungen legen es nahe, zum Zwecke der Erfolgsermittlung neben Änderungen des Bestandes an Zahlungsmitteln sowie Forderungen abzüg-

---

[1]   Vgl. Schneider (1997), S. 48.

lich Schulden auch – kompensierende oder zusätzliche – Wertänderungen bei anderen Vermögensgegenständen eines Unternehmens zu berücksichtigen. So steht z.B. den Einnahmen der Baustoff AG, die sie durch den Verkauf ihrer Produkte erzielt, der Verbrauch der zuvor beschafften Rohstoffe sowie der verschleißbedingte Güterverbrauch der zu ihrer Erstellung erforderlichen maschinellen Anlagen gegenüber. Nach den bisherigen Ausführungen ist es offensichtlich, dass diese Gütereinsätze erfolgsmindernde Wirkung haben, da sie die Produktivkraft eines Unternehmens schwächen; solche bewerteten Verbräuche werden aber im Rahmen einer Ausgabenrechnung nicht in der betrachteten Periode erfasst.[1]

Dieser Nachteil lässt sich dadurch beheben, dass die **Bestandsgröße** der Ausgaben/Einnahmen-Rechnung durch die vollständige **Einbeziehung aller Gegenstände aus Anlage- und Umlaufvermögen** (d.h. über die bisher berücksichtigten Positionen „Zahlungsmittelbestand" und „Forderungen" hinaus) eines Unternehmens erweitert wird. Das Anlagevermögen umfasst dabei alle Positionen, die dem Unternehmen auf Dauer dienen sollen; hingegen sind Gegenstände, die nur vorübergehend im Unternehmen genutzt werden (sollen) oder deren baldiger Verkauf beabsichtigt ist, dem Umlaufvermögen zuzurechnen. Die Erweiterung der Bestandsgröße führt zur folgenden Stromgrößendefinition:

Aufwendungen/Erträge = Verminderungen/Erhöhungen des (bewerteten) Bestands an Anlage- und Umlaufvermögen abzüglich des Schuldenbestands, soweit die Bestandsänderungen nicht durch die Unternehmenseigner hervorgerufen werden.

Der Bestand an Anlage- und Umlaufvermögen abzüglich des Schuldenbestands wird als **Eigenkapitalbestand** oder als **Reinvermögen** eines Unternehmens bezeichnet.

Bei der Formulierung handels- und steuerrechtlicher[2] Vorschriften zur Erfolgsermittlung einer Abrechnungsperiode (im Allgemeinen eines Wirtschaftsjahres) hat der (deutsche) Gesetzgeber die obige Definition der Bestandsgröße in verschiedenen Punkten modifiziert. Aus dem zuvor definierten **Basis-Eigenkapitalbestand** wird damit die gesetzlich kodifizierte Bestandsgröße des **HGB-Eigenkapitalbe-**

---

[1] Vgl. Abbildung 10.

[2] Die steuerrechtliche Erfolgs- und Vermögensrechnung wird hier nicht weiter problematisiert.

stands[1]. Mit der Bestandsgröße sind damit auch die Stromgrößen Aufwand und Ertrag gesetzlich festgelegt:

Aufwendungen =	Verminderungen des HGB-Eigenkapitals, soweit nicht durch die Unternehmenseigner hervorgerufen.
Erträge =	Erhöhungen des HGB-Eigenkapitals, soweit nicht durch die Unternehmenseigner hervorgerufen.

Ausgehend von dieser bestandsgrößenorientierten Definition gelangt man zur folgenden eingängigeren stromgrößen- und güterwirtschaftlich orientierten Fassung des Aufwands-/Ertragsbegriffs:

Aufwendungen =	gemäß gesetzlichen Regeln bewertete Güterverbräuche eines Unternehmens einer Periode.
Erträge =	gemäß gesetzlichen Regeln bewertete Gütererstellungen eines Unternehmens einer Periode.

Aufwendungen und Erträge bilden die Grundlage der stromgrößenbasierten Aufwands- und Ertragsrechnung beziehungsweise der handelsrechtlichen **Gewinn- und Verlustrechnung** (GuV). Die korrespondierenden Vermögenswerte finden sich in der **Bilanz**. GuV und Bilanz bilden zusammen mit dem Anhang den auf Grund gesetzlicher Vorschriften geschäftsjährlich zu erstellenden **handelsrechtlichen Jahresabschluss**. Handelsrechtliche Jahresabschlüsse, insbesondere solche, die zu veröffentlichen sind, müssen nach dem Willen des Gesetzgebers mehrere Zwecke erfüllen.[2] Zu nennen sind neben der Dokumentation und der Rechenschaftslegung insbesondere die Schaffung einer Bemessungsgrundlage für die Ermittlung der Ausschüttungen wie z.B. Dividenden (**Zahlungsbemessungsfunktion**) sowie die Deckung des Informationsbedarfs externer Unternehmensbeteiligter

---

[1] Als zugehörige Bestandsgröße hat der Handelsgesetzgeber das HGB-Eigenkapital oder Reinvermögen eines Unternehmens als Differenz des gesamten HGB-Vermögens und der gesamten HGB-Schulden bestimmt (vgl. Kloock (1996), S. 21). Hier ist zu beachten, dass über die Werte der gemäß § 240 HGB (Inventar) anzuführenden Gegenstände des Anlage- und Umlaufvermögens hinaus auch die Werte von Bilanzierungshilfen (z.B. Aufwendungen für die Ingangsetzung und Erweiterung des Geschäftsbetriebs gemäß § 269 HGB, derivativer Geschäfts- oder Firmenwert gemäß § 255 Abs. 4 HGB) und aktiven Rechnungsabgrenzungsposten in das gesamte HGB-Vermögen eines Unternehmens einzubeziehen sind. Als HGB-Schulden im Sinne des HGB gelten Verbindlichkeiten und Verbindlichkeitsrückstellungen, passive Rechnungsabgrenzungsposten sowie Bilanzierungshilfen (wie Aufwandsrückstellungen gemäß § 249 HGB). Zu weiteren Ausführungen vgl. Kloock/Groeneveld/Maltry (2005), S. 78 ff.

[2] Vgl. z.B. Wagenhofer (2005), S. 453 ff.

zur Beurteilung der wirtschaftlichen Lage eines Unternehmens (**Informations-funktion**).[1] Überlagert werden diese Zwecksetzungen zum einen maßgeblich vom Gläubigerschutzprinzip, das vorrangig eine Ausschüttung von Unternehmenssubstanz verhindern helfen soll (**Funktion des Gläubigerschutzes und der Unternehmenserhaltung**). Zum anderen nehmen in wesentlichem Umfang steuerlich motivierte Überlegungen zur Minimierung der Steuerbelastung sowie steuerrechtliche Vorschriften, die aufgrund des (umgekehrten) **Maßgeblichkeitsprinzips** Eingang in den handelsrechtlichen Jahresabschluss finden, Einfluss auf die Gestaltung des handelsrechtlichen Jahresabschlusses.

Die angeführten Zwecke eines handelsrechtlichen Jahresabschlusses machen deutlich, dass das auf Aufwendungen und Erträgen basierende Rechnungssystem explizit nicht für Belange des internen Managements von Unternehmen konzipiert worden ist. Es kann daher auch nicht erwartet werden, dass eine Aufwands- und Ertragsrechnung eine zentrale Bedeutung als Informationsspeicher für Zwecke der internen Unternehmenssteuerung haben könnte. Operative Managementprobleme müssen nach Kriterien gelöst werden, die mit der zweckpluralistischen Gemengelage einer handelsrechtlich fundierten Aufwands- und Ertragsrechnung in der Regel nicht vereinbar sind.[2] Die unzureichende Eignung des Aufwands-/Ertragsbegriffs lässt sich unter Rückgriff auf das Beispiel nach Abbildung 10 verdeutlichen.

Gemäß Abbildung 10 erzielt die Baustoff AG einen Ertrag aus dem Absatz der Produkte in Höhe von 300 €. Dem stehen Aufwendungen in Höhe von 100 € für den Rohstoffverbrauch sowie 100 € für den Güterverbrauch der eingesetzten Maschine gegenüber. Der letztgenannte Güterverbrauch ist im Werteverlust der Maschine begründet, der bei einer bilanziellen Abschreibungsdauer von 24 Monaten und einem Anschaffungspreis von 2.400 € 100 € im Monat beträgt. Dabei ist unterstellt, dass die Maschine in diesem Monat zu keinem anderen Zweck eingesetzt wird. Der handelsrechtliche Erfolg der Periode als Differenz der Erträge und Aufwendungen beläuft sich damit auf 300 − 100 − 100 = 100 €.

Bei dieser Art der Erfolgsermittlung auf der Basis von Aufwendungen und Erträgen bleiben jedoch immer noch verschiedene Aspekte mit potenziell erfolgswirksamen Auswirkungen unberücksichtigt:

---

[1] Allerdings kommt im internationalen Vergleich der Informationsfunktion im deutschen Handelsrecht eine geringere Bedeutung zu.

[2] Damit soll Bestrebungen, die sich auf eine Angleichung von internem und externem Rechungswesen richten, nicht die Berechtigung abgesprochen werden, solange die Bemühungen auf eine möglichst weitgehende Harmonisierung gewisser Basisdaten zur Vermeidung von Doppelarbeiten gerichtet sind.

- Können die eingesetzten Produktionsfaktoren zum historischen Anschaffungspreis wiederbeschafft werden?
- Beträgt die tatsächliche Nutzungsdauer der Maschine wirklich zwei Jahre?
- Ist der unproduktive Güterverbrauch durch die Vernichtung der Maschine im Monat April für die Kalkulation von Bedeutung?

Es ist offensichtlich, dass die Berücksichtigung derartiger Aspekte für die Beurteilung der Vorteilhaftigkeit operativer Managementmaßnahmen von entscheidender Bedeutung sein kann.

1.2.2.2.5 Kosten und Leistungen

Die zuletzt genannten Punkte geben Anlass zu einer weiteren Modifizierung der güterwirtschaftlichen Begriffsfassung, deren Informationsinhalte den Bedürfnissen des internorientierten operativen Managements besser gerecht werden. Wie bei den Begriffsfassungen von Aufwendungen und Erträgen erfolgt die **Ermittlung von Periodenerfolgen** in Orientierung an den Zeitpunkten von **Gütererstellungen und -verbräuchen**. Es werden aber lediglich solche Güterverbräuche und -erstellungen betrachtet, die in direktem Zusammenhang mit einem bestimmten Zweck sowie einem bestimmten Objekt stehen.[1] Die Kosten- und Leistungsrechnung besitzt die Funktion bzw. den **Zweck**, das interne operative Management zu unterstützen, d.h. die Kosten- und Leistungsrechnung erfüllt **Entscheidungs-, Lenkungs- oder Kontrollfunktionen**. Sofern dies der jeweilige Zweck der Kosten- und Leistungsrechnung erfordert, wird die Bewertung von Güterverbräuchen und -erstellungen von gesetzlichen Vorschriften gelöst. Auch können unterschiedliche Zwecke einer Kostenrechung zu unterschiedlichen Wertansätzen führen. So unterscheiden sich grundsätzlich die Abschreibungskosten einer Maschine, wenn über die Annahme eines Zusatzauftrags befunden wird oder ein Preis bzw. ein Kostenbudget kalkuliert wird. Diese Zweckabhängigkeit beinhaltet auch, dass Kosten und Leistungen – insbesondere im Gegensatz zu Aus- und Einzahlungen – keine beobachtbaren Größen sind. Häufig stellt die Kosten- und Leistungsrechnung auf die **Produkte als Kalkulationsobjekte** ab und beschränkt sich daher auf die Erfassung nur solcher Güterverbräuche und -erstellungen, die in direktem Zusammenhang mit der Erfüllung des unternehmerischen **Sachziels** stehen.

Neben der Festlegung des konkreten Kalkulationszwecks sowie des jeweiligen Kal-

---

[1] Vgl. hierzu Maltry (1989), S. 124 ff. sowie auch die Ausführungen von Ewert/Wagenhofer (2005), S. 30 ff.

kulationsobjekts[1] benötigt jede Kosten- und Leistungsrechnung vorab eine konkrete **Erfolgsdefinition**. D.h., das Management muss spezifizieren, was es unter Erfolg versteht bzw. ab wann ein Erfolg vorliegt. Hierzu ist zu beantworten, ob

a) die Verzinsungsanforderungen der Eigenkapitalgeber sowie die Vergütung ihrer eingesetzten Arbeitskraft (Bruttoerfolg versus Nettoerfolg) sowie

b) Kaufkraftänderungen des eingesetzten Eigenkapitals bzw. Preisänderungen künftiger Ersatzinvestitionen[2]

erfolgs- und damit kalkulationsrelevant sind.

Als kalkulatorischer Erfolg wird überwiegend derjenige Betrag ausgewiesen, der für die Eigentümer **nach** der Verzinsung des von ihnen zur Verfügung gestellten Kapitals sowie der Vergütung ihrer eingesetzten Arbeitskraft verbleibt (Netto- bzw. **Residualerfolg**). In diesem Fall werden handelsrechtliche Gewinnbestandteile als Kosten ausgewiesen.

In der Literatur finden sich zum Problemkreis Erfolg und Kaufkraftänderungen mit der Kapitalerhaltungs- sowie der Substanzerhaltungskonzeption zwei Basisansätze:[3] Nach der **Kapitalerhaltungskonzeption** erwirtschaftet ein Unternehmen Gewinn, wenn das Eigenkapital innerhalb einer Periode nominal (nominale Kapitalerhaltung) bzw. real (reale Kapitalerhaltung) erhalten ist. So könnte die Kostenrechnung analog zur handels- und steuerrechtlichen Aufwandsrechnung auf der **nominellen Kapitalerhaltungskonzeption** basieren. Das hierin zum Ausdruck kommende Nominalwertprinzip sieht von Geldwertschwankungen ab. Es unterstellt einen Gewinn, wenn das Eigenkapital in der Periode nominell erhalten wird. Der kalkulatorische Erfolg im Rahmen der Kosten- und Leistungsrechnung ist dann derjenige Betrag, der sich aus der Differenz von Leistungen und Kosten ergibt, wobei der Bewertung der Güterverbräuche historische Anschaffungspreise zugrunde liegen. In Zeiten steigender Faktorpreise wird dann aber ein kalkulatorischer Erfolg ausgewiesen, der teilweise für die Ersatzbeschaffung der Produktionsfaktoren zu verwenden ist. Es entsteht ein so genannter **Scheingewinn**. Umgekehrt ist in Zeiten fallender Preise der ermittelte kalkulatorische Erfolg zu niedrig. Sofern zwischen Anschaffung und Wiederbeschaffung lediglich ein kurzer Zeitraum liegt (z.B. bei Rohstoffen), mag das Bewertungsproblem außer in Zeiten der Hyperinfla-

---

[1]   bzw. der Kalkulationsobjekte.

[2]   Schneider (1997), S. 46; Brühl (1996), S. 32.

[3]   Vgl. zu den Bilanztheorien insbesondere Kloock (1996), S. 124 ff.; zur Berücksichtigung der Substanzerhaltung in der Kostenrechnung insbesondere: Schneider (1984), S. 2523 ff.; Zimmermann (2001), S. 54 ff.

tion vernachlässigbar sein.[1] Jedoch erscheint eine derartige **Bewertung bei mehrperiodig nutzbaren Wirtschaftgütern problematisch.** Wird z.B. im Zementwerk Idelsdorf ein Drehrohrofen 15 Jahre lang genutzt, liegt der Wiederbeschaffungspreis bei einer allgemeinen jährlichen Preissteigerungsrate von 2,5% um rund 45 % (= $1,025^{15}$) über den historischen Anschaffungskosten. Eine Kostenrechnung auf der Basis der nominellen Kapitalerhaltungskonzeption verrechnet in dem Nutzungszeitraum nur die historischen Anschaffungskosten. Die Ersatzbeschaffung nach 15 Jahren ist dann durch erwirtschaftete Gewinne, zusätzliches Eigenkapital und/oder Fremdkapital zu finanzieren. Da die Kostenrechnung aber nicht an gesetzliche Bewertungsvorschriften gebunden ist, kann das Management auch andere Erhaltungskonzeptionen zugrunde legen. Dann lässt sich im kalkulatorischen Erfolg einer Periode bereits a priori die notwendige Ersatzbeschaffung verbrauchter Güter berücksichtigen. Die **reale Kapitalerhaltungskonzeption** berücksichtigt die Geldentwertung des eingesetzten Eigenkapitals auf der Basis eines allgemeinen Kaufkraftindexes erfolgsmindernd. Nach der **Substanzerhaltungskonzeption** liegt ein Gewinn erst dann vor, wenn das mit dem Kapital finanzierte Vermögen erhalten bleibt. Diese Konzeption verlangt zumindest in einer Hinsicht eine weitere Präzisierung. Es stellt sich die Frage, ob die Substanz schon als erhalten gilt, wenn das Vermögen ausschließlich kapazitätsmäßig erhalten ist (reproduktive Substanzerhaltung) oder ob zusätzlich die jeweilige technische und wirtschaftliche Entwicklung zu berücksichtigen ist (leistungs- bzw. entwicklungsäquivalente Substanzerhaltung). Dabei genügt es, wenn am Ende der Periode die monetären Mittel im Unternehmen vorhanden sind, um die Nutzungspotenzialverbräuche der Periode ausgleichen zu können. Auch Kaufkraftänderungen werden in der Praxis häufig in der Erfolgsdefinition der kalkulatorischen Erfolgsrechnung berücksichtigt und sind dann kalkulationsrelevant.

Damit lässt sich festhalten: Jede Kosten- und Leistungsrechnung[2] benötigt neben einer Erfolgsdefinition sowie einem Kalkulationszweck zumindest ein Kalkulationsobjekt.

Als **kalkulatorisches Vermögen** wird derjenige Teil des Vermögens eines Unternehmens bezeichnet, der der Herstellung und dem Absatz von Produkten im Rahmen des unternehmerischen Sachziels einschließlich des Lagerbestands an Zwischen- und Endprodukten dient. In Analogie dazu wird als **kalkulatorisches Kapital** derjenige Teil des Kapitals eines Unternehmens bezeichnet, der der Finanzie-

---

[1]   Schoenfeld/Möller (1995), S. 110.
[2]   Dies gilt für jede andere Periodenerfolgsrechnung auch.

rung des kalkulatorischen Vermögens dient.[1] Im Gegensatz zur Bestandsgrößenrechnung im Rahmen der handelsrechtlichen Rechnungslegung (Bilanz) hat eine kalkulatorische Bestandsrechnung in der betrieblichen Praxis – sieht man vom Zweck der Zinskostenermittlung ab – keine Verbreitung gefunden. Ausgehend von einer bestandsgrößenorientierten Definition von Kosten und Leistungen

> Kosten   = Abnahmen des kalkulatorischen Kapitals,[2]
>
> Leistungen = Zunahmen des kalkulatorischen Kapitals.

ergibt sich zunächst in der weiten Fassung der eingängigere stromgrößenorientierte Kosten-/Leistungs-Begriff[3]:

> Kosten   = bewertete, zweckorientierte und objektspezifische Güterverbräuche eines Unternehmens in einer Periode.
>
> Leistungen = bewertete, zweckorientierte und objektspezifische Gütererstellungen eines Unternehmens in einer Periode.

Die traditionelle Beschränkung der Kosten- und Leistungsrechnung auf das Sachziel des Unternehmens, d.h. die Produkte, führt zur engeren Begriffsfassung:[4]

> Kosten   = bewertete (zweckorientierte), sachzielbezogene Güterverbräuche eines Unternehmens in einer Periode.
>
> Leistungen = bewertete (zweckorientierte), sachzielbezogene Gütererstellungen eines Unternehmens in einer Periode.

Begriffsbestimmende Elemente des engeren Kosten- und Leistungsbegriffs sind nach der stromgrößenorientierten Definition die noch inhaltlich zu bestimmenden Merkmale:

- Kosten: mengenmäßige Güterverbräuche, Sachzielbezogenheit der Güterverbräuche, Bewertung der Güterverbräuche sowie

---

[1] Vgl. Krökel (1992), S. 31 f.

[2] Anstelle des Adjektivs „kalkulatorisch" finden auch die Adjektive „betriebsnotwendig" und „sachzielorientiert" Verwendung.

[3] Vgl. hiermit übereinstimmend die Kosten-Leistungs-Konzeption I von Ewert/Wagenhofer (2005), S. 37.

[4] Vgl. hiermit übereinstimmend die Kosten-Leistungs-Konzeption III von Ewert/Wagenhofer (2005), S. 56; zur historischen Entwicklung des verbrauchsorientierten Kostenbegriffs vgl. Kosiol (1953), S. 16; Mellerowicz (1951), S. 4 f.; Schmalenbach (1963), S. 138; Schwantag (1949), S. 27.

• Leistungen: mengenmäßige Gütererstellungen, Sachzielbezogenheit der Gütererstellungen, Bewertung der Gütererstellungen.

Zunächst werden die bestimmenden Merkmale des Kostenbegriffs dargestellt:

Güterverbräuche liegen vor, wenn Güter einen Teil ihrer ökonomischen Eignung verlieren.[1] Bei Repetierfaktoren geht der Eignungsverlust sehr weit: sie gehen im Produktionsprozess unter, indem sie physischer Bestandteil des Produkts werden (z.B. Kalkstein und Ton) oder mittelbar für dessen Herstellung verbraucht werden (z.B. Kohle zum Beheizen des Drehrohrofens). Ein Güterverbrauch kann sich aber auch über mehrere Perioden erstrecken (bei einer Produktionshalle oder einer langlebigen Maschine). In diesen Fällen ist der Güterverbrauch als fortschreitende Verringerung des jeweiligen Nutzungspotenzials anzusehen. Güterverbrauch muss nicht physischer Natur oder durch Verschleiß hervorgerufen sein. Auch die Nutzung von Nominalgütern wie das in einem Unternehmen eingesetzte Kapital, die Rechtsordnung eines Staates oder eine Lizenz ist als potenziell kostenwirksamer Güterverbrauch anzusehen. Er kann auch durch technologischen Fortschritt oder aufgrund der Unmöglichkeit, den Nutzen von Gütern zu lagern (Arbeitszeit von Angestellten, zeitlich befristete Lizenzvergabe), bedingt sein.

Nicht jeder Güterverbrauch ist kostenwirksam. Gemäß dem Kriterium der **Sachzielbezogenheit** entstehen bei der Kalkulation der Produkteinheiten Kosten nur dann, wenn die Güterverbräuche in einem engen Zusammenhang mit der Erfüllung des unternehmerischen Sachziels stehen. Eng genug ist der Zusammenhang dann, wenn ohne die jeweiligen Güterverbräuche die Realisierung des Sachziels nicht möglich ist. Die Sachzielbezogenheit der Güterverbräuche muss dabei nicht hinreichend dafür sein, dass die Verbräuche in voller Höhe zu Kosten der Periode führen. In Fällen eines vom gewöhnlichen Betriebsablauf abweichenden, außerordentlichen Güterverbrauchs könnte daher nur ein Teil dieses Verbrauchs als in der Periode kostenwirksam angesehen werden. Beispiele eines außerordentlichen Güterverbrauchs sind die katastrophenbedingte Vernichtung von Gebäuden und Maschinen oder der Diebstahl von Lagerbeständen. Derartige Güterverbräuche sind zweifellos sachzielbezogen, da sie mit der Produktion verbunden sind. Damit lässt sich festhalten: Ordentliche sachzielbezogene Güterverbräuche sind in voller Höhe kostenwirksam, außerordentliche sachzielbezogene Güterverbräuche können kostenwirksam sein.[2]

Der **Bewertung** kommt die Aufgabe zu, die als kostenwirksam erkannten Güter-

---

[1] Vgl. Schweitzer/Küpper (2003), S. 13.
[2] Vgl. 2.2.1.1.

verbräuche durch geeignete Bepreisung in monetäre Größen zu überführen. In Abhängigkeit von der Art des verwendeten Preissystems unterscheidet man zwei Varianten des Kostenbegriffs:

Pagatorische Kosten =	bewertete sachzielbezogene Güterverbräuche eines Unternehmens in einer Periode, wobei der Wertansatz auf Preisen des Beschaffungsmarkts beruht.[1]
Wertmäßige Kosten =	bewertete sachzielbezogene Güterverbräuche eines Unternehmens in einer Periode, wobei der Wertansatz unter Opportunitätsgesichtspunkten hergeleitet wird.

Die Bewertung im Rahmen der Ermittlung der wertmäßigen Kosten trägt dem Gedanken Rechnung, dass bei knappen Produktionsfaktoren (Vorliegen eines Engpasses) das Ergreifen einer Handlungsmöglichkeit automatisch den Verzicht auf andere Alternativen bedeutet, insbesondere auch den Verzicht auf die alternativ mögliche Gewinnerzielung. Für derartige erzwungene Gewinnverzichte hat sich der Begriff der Schattenpreise oder Opportunitätskosten[2] durchgesetzt (Kosten der entgangenen Gelegenheit).[3] Die Bewertung der sachzielbezogenen Güterverbräuche erfolgt dann mittels Wertkomponenten, die sich als Summe aus Beschaffungspreisen und Opportunitätskosten ergeben. Trotz der augenscheinlichen Unterschiedlichkeit der beiden Kostenbegriffe lässt sich zeigen, dass sie bei der Lösung operativer Probleme zu übereinstimmenden Ergebnissen oder Handlungsempfehlungen führen.[4]

---

[1]   Unter die pagatorischen Kosten werden häufig auch die kalkulatorischen Kosten (vgl. Abbildung 10 und im Einzelnen Abschnitt 2.2) subsumiert, denen kein Aufwand in identischer Höhe gegenübersteht (z.B. kalkulatorische Miete, Unternehmerlohn, Zinsen, Abschreibungen), die also unmittelbar gar keinen pagatorischen Charakter haben. Ihre Berücksichtigung erfolgt, wenn der jeweilige Zweck der Kostenrechnung dies erfordert. So können z.B. bei Betriebsvergleichen durch die Einbeziehung des kalkulatorischen Unternehmerlohns Unternehmen mit angestellten Managern solchen Unternehmen gegenüber gestellt werden, die von ihren Eigentümern geleitet werden. In anderen Fällen wird durch die Einbeziehung kalkulatorischer Eigenkapitalzinskosten die Vergleichbarkeit überwiegend fremdfinanzierter Unternehmen und überwiegend eigenfinanzierter Unternehmen hergestellt. (**Kontrolle als Zweck der Kostenrechnung**). Im Gegensatz zum wertmäßigen Kostenbegriff werden aber bei den kalkulatorischen Kosten keine Opportunitätskosten berücksichtigt, die aus der Existenz knapper Kapazitäten im Unternehmen resultieren.

[2]   Vgl. Adam (1970), S. 35 ff.

[3]   Vgl. Brühl (1996), S. 76 ff.; Schmalenbach (1963), S. 176 f.

[4]   Vgl. zu einem Beispiel Adam (1970), S. 44 ff.

In der Literatur wurden noch weitere Kostenbegriffe entwickelt. Hervorgehoben seien der modifizierte pagatorische Kostenbegriff [1], der entscheidungsorientierte Kostenbegriff [2], der investitionstheoretisch fundierte Kostenbegriff [3] sowie der „Prospektiv"kostenbegriff [4]. Aus Vereinfachungsgründen wird in diesem Rahmen auf deren Darstellung verzichtet.

Der Wortlaut der Definitionen der Kostenbegriffe könnte suggerieren, dass Wert- und Mengenkomponente stets trennbar sind und sich die Kosten als mathematisches Produkt beider Größen ergeben. Dies mag oft der Fall sein (z.b. bei der Ermittlung von Materialkosten als Produkt von Einstandspreisen und Verbrauchsmengen), es ist aber nicht die Regel. So ist etwa bei vertraglichen Bindungen (z.B. Versicherungsverträgen) keine Mengenkomponente festlegbar, die den „Vertragsverbrauch" in einer Periode wiedergeben würde. Ähnliches gilt offensichtlich für andere langlebige Vermögensgegenstände (z.B. Gebäude). In diesen Fällen müssen die Kosten dann direkt als Geldbetrag angegeben werden. Diesbezügliche Ermittlungsmethoden werden im Rahmen von 2.2.1 dargestellt.

Zur abschließenden Veranschaulichung sind in Abbildung 11 exemplarisch Unterschiede und Gemeinsamkeiten des Kostenbegriffs mit den korrespondierenden Stromgrößen der übrigen monetären Basisrechnungssysteme dargestellt.

In analoger Weise sollen nun die **bestimmenden Merkmale des Leistungsbegriffs** dargestellt werden.

Gütererstellungen liegen vor, wenn im Rahmen eines Produktionsprozesses wirtschaftlich verwertbare Ergebnisse hervorgebracht werden.[5] Als Ergebnisse kommen dabei sowohl materielle und immaterielle Realgüter (z.B. Produkte eines industriellen Produktionsbetriebs, die Erteilung eines Patents, Dienstleistungen, Informationen) als auch Nominalgüter (z.B. die Bereitstellung von Kapital durch ein Kreditinstitut) in Betracht. Erstellte Güter müssen nicht notwendigerweise eine physikalische oder chemische Umwandlung erfahren haben, denn auch Kommissionierung und Distribution von Produkten durch Handelshäuser sind als Gütererstellungen anzusehen. Der Begriff der Gütererstellung beinhaltet nicht, dass das in einem Zeitpunkt vorliegende Ergebnis einer Tätigkeit bereits seinen vorgesehenen Endzustand angenommen haben muss. So sind auch unfertige sowie fertige, aber

---

[1]   Vgl. Koch (1966), S. 14 f.

[2]   Vgl. Riebel (1994), S. 409 ff.

[3]   Vgl. Schweitzer/Küpper (2003), S. 235 ff.

[4]   Vgl. Maltry (1989), S. 124 ff.; Ewert/Wagenhofer (2005), S. 38 f.

[5]   Vgl. Schweitzer/Küpper (2003), S. 22.

noch nicht abgesetzte Produkte als Gütererstellungen anzusehen. Ein Ergebnis eines Produktionsprozesses kann auch dann verwertbar sein, das heißt einen Wert besitzen, wenn keine Möglichkeit oder Absicht besteht, es jemals abzusetzen. So sind selbst erstellte und unmittelbar verbrauchte innerbetriebliche Güter (z.B. die im Zementwerk Idelsdorf nur für eigene Zwecke erzeugte, nicht lagerfähige Energie) genauso unter den Begriff der Gütererstellungen zu fassen wie die Produktion von Gütern, die über mehrere Perioden im eigenen Unternehmen verbleiben (z.B. die von einem Maschinenbauunternehmen für eigene Zwecke gefertigte Drehbank).

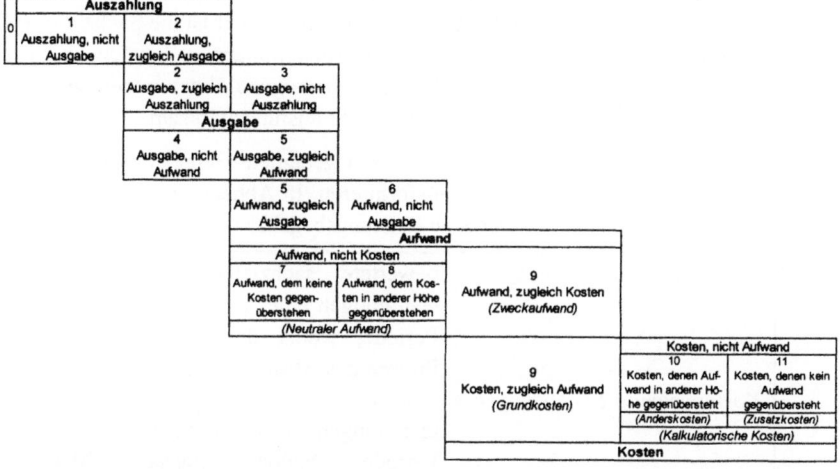

0: Zahlungsmittelabnahmen, die in keinem Basisrechnungssystem erfaßt werden, z.B. Schwarzgeldzahlungen.
1: Barzahlung zur Begleichung von Verbindlichkeiten gegenüber einem Lieferanten.
2: Barzahlung von Löhnen.
3: Zielkauf von Rohstoffen.
4: Ausschüttung von Dividenden, Kauf eines Grundstücks.
5: Kauf von Rohstoffen, die in der Abrechnungsperiode verbraucht werden.
6: Verbrauch von in früheren Perioden beschafften Rohstoffen.
7: Spende an das Rote Kreuz (sachzielfremd); Gewerbesteuernachzahlungen für eine vergangene Periode (periodenfremd).
8: unterschiedliche Abschreibungen für interne und steuerlich motiviert externe Zwecke.
9: Lohnzahlungen.
10: wie 8.
11: Tätigkeit des Inhabers einer Personengesellschaft (kalkulatorischer Unternehmerlohn); betriebliche Nutzung privater Räumlichkeiten (kalkulatorische Miete); Nutzung von im Unternehmen eingesetztem Eigenkapital (kalkulatorische Zinsen).

Abbildung 11: Abgrenzung Auszahlung, Ausgabe, Aufwand und Kosten[1]

---

[1]   Vgl. Schoenfeld/Möller (1995).

Nicht jede Gütererstellung ist leistungswirksam. Gemäß dem Kriterium der **Sach-zielbezogenheit** entstehen Leistungen bei der Kalkulation von Produkteinheiten nur dann, wenn das Ergebnis eines Produktionsprozesses in einem engen Zusammenhang mit der Erfüllung des unternehmerischen Sachziels steht oder in Verfolgung des Sachziels entstanden ist. Die Ergebnisse des Wertpapierdepots eines Produktionsunternehmens sind daher bei der Kalkulation von Produkteinheiten nicht als Leistungen anzusehen, es sei denn, es handelt sich um Beteiligungen und Anteilsscheine, die das Unternehmen z.b. braucht, um sich seine Rohstoffzufuhr durch eine entsprechende Einflussnahme auf die Lieferanten zu sichern. In Analogie zu den diesbezüglichen Ausführungen beim Kostenbegriff ist die Sachzielbezogenheit allein nicht hinreichend dafür, dass Gütererstellungen zu Leistungen einer Periode führen. So sind periodenfremde sachzielbezogene Gütererstellungen wie Gewerbesteuererstattungen früherer Perioden nicht leistungswirksam.

Der **Bewertung** kommt die Aufgabe zu, durch geeignete Bepreisung die Gütererstellungen in monetäre Größen zu transformieren. In Abhängigkeit von der Herkunft der Preise lassen sich verschiedene Leistungsbegriffe unterscheiden:

Pagatorische Leistungen	= bewertete sachzielbezogene Gütererstellungen eines Unternehmens einer Periode, wobei der Wertansatz auf Preisen des Absatzmarktes beruht.
Kostenorientierte Leistungen	= bewertete sachzielbezogene Gütererstellungen eines Unternehmens einer Periode, wobei der Wertansatz auf den für die Gütererstellungen angefallenen Kosten, die wiederum pagatorischer oder wertmäßiger Natur sein können, beruht.[1]

Pagatorische Leistungen werden von vielen Autoren auch als Erlöse bezeichnet.[2] Diese rein absatzmarktorientierte Bewertung lässt sich nicht nur für End-, sondern auch für Zwischenprodukte vornehmen. So ergibt sich die pagatorische Leistung, die einem zwar absatzbestimmten, aber noch unfertigen Produkt zuzuordnen ist, aus dem für das Endprodukt erzielbaren Absatzpreis abzüglich aller bis zur Marktreife noch anfallenden Kosten. Die aus einem erstellten Gut resultierende **kostenorientierte Leistung** ergibt sich aus der Summe der (pagatorischen oder wertmä-

---

[1] Vgl. Kloock/Sieben/Schildbach/Homburg (2005), S. 41.
[2] Vgl. stellvertretend Schweitzer/Küpper (2003), S. 21.

ßigen) Kosten, die durch die zu seiner Herstellung angefallenen Güterverbräuche entstanden ist. Da sich pagatorische und wertmäßige Kosten bei der Verwendung knapper Güter im Produktionsprozess unterscheiden, kann die kostenorientierte Leistung ein und derselben Gütererstellung verschiedene betragliche Ausprägungen annehmen. Pagatorischer und kostenorientierter Leistungsbegriff stehen grundsätzlich gleichberechtigt nebeneinander. Welcher Auffassung der Vorzug gegeben wird, hängt von der jeweiligen Aufgabenstellung ab. In der Mehrzahl der Fälle genießt der pagatorische Leistungsbegriff aber den Vorrang.

Zur abschließenden Veranschaulichung werden in der Abbildung 12 exemplarisch Unterschiede und Gemeinsamkeiten des Leistungsbegriffs mit den korrespondierenden Stromgrößen der übrigen monetären Basisrechnungssysteme dargestellt.

Die Differenz von Leistungen und Kosten bezeichnet man als *kalkulatorischen Erfolg*.

Die Ermittlung des kalkulatorischen Erfolgs des Zusatzauftrags im Monat März für das Beispiel nach Abbildung 10 wird nachfolgend unter der Prämisse der Substanzerhaltung veranschaulicht. Aus der Herstellung und dem Absatz des Zusatzauftrags erzielt das Zementwerk Idelsdorf eine Leistung in Höhe von 300 €. Dem stehen Kosten in Höhe von 115 € für den Rohstoffverbrauch gegenüber. Hinzu kommen Kosten in Höhe von 75 €, die den Güterverbrauch der eingesetzten Maschine wiedergeben, deren tatsächliche Nutzungsdauer bei einem aktuellen Wiederbeschaffungspreis von 2.700 € 3 Jahre beträgt (2.700 €/36 Monate = 75 €/-Monat). Dabei sei unterstellt, dass die Rohstoffe und die Maschine in diesem Monat zu keinem anderen Zweck eingesetzt werden können. Unterstellt man weiterhin, dass sich die katastrophenbedingte Vernichtung einer Maschine nach statistischen Gesetzmäßigkeiten nur alle 15 Jahre ereignet, könnten 15 € monatlich für durchschnittlichen katastrophenbedingten Verschleiß anzusetzen sein.[1] Der kalkulatorische Periodenerfolg beliefe sich dann auf $300 - 115 - 75 - 15 = 95$ €.

Die vorstehenden Ausführungen zur Relevanz der monetären Basisrechnungssysteme haben die herausgehobene Bedeutung einer Kosten- und Leistungsrechnung für Zwecke eines operativen intern- und erfolgsorientierten Managements belegt. Damit lässt sich festhalten: Kalkulationen auf der Grundlage von Kosten und Leistungen liefern eine geeignete Informationsbasis für das operative Management eines Unternehmens.

---

[1]   Vgl. zur Berücksichtigung von Wagniskosten in der Istkostenrechnung 2.2.1.1.

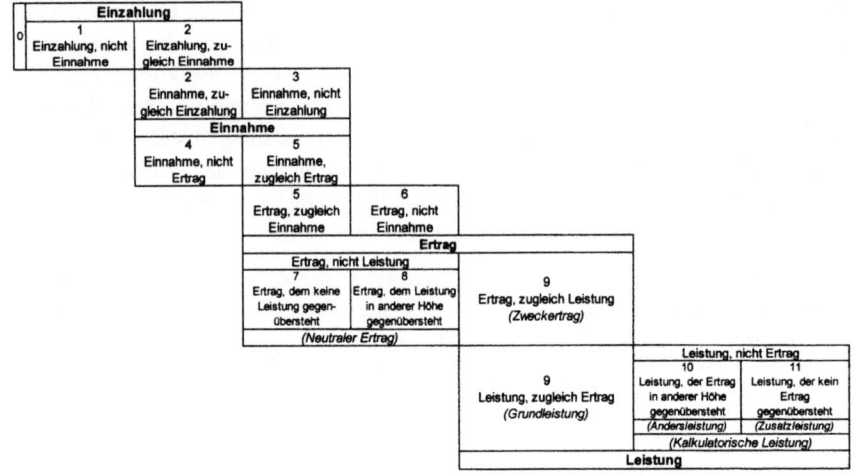

<table>
<tr><td colspan="2">Einzahlung</td></tr>
<tr><td>1
Einzahlung, nicht
Einnahme</td><td>2
Einzahlung, zu-
gleich Einnahme</td></tr>
</table>

0: Zahlungsmittelzunahmen, die in keinem Basisrechnungssystem erfaßt werden, z.B. der Erhalt von Schwarz-geldzahlung.

1: Begleichung der Verbindlichkeiten durch einen Kunden in bar.

2: Barverkauf von Produkten.

3: Zielverkauf von Produkten.

4: Eigenkapitaleinzahlungen im Rahmen einer Kapitalerhöhung.

5: Verkauf von Produkten.

6: Erstellung unfertiger absatzbestimmter Produkte.

7: Einkünfte aus Finanzaktivitäten eines Produktionsunternehmens (sachzielfremd); Gewerbesteuererstattungen für eine vergangene Periode (periodenfremd), Verkauf einer Maschine über dem Restwert (außerordentlich).

8: Produktion auf Lager bei unterschiedlichem handelsrechtlichem (nach §§ 253 - 255 HGB) und internem Wertansatz.

9: Verkauf der in einer Periode gefertigten Produkte.

10: wie 8, zudem alle kostenorientierten Leistungen auf der Basis des wertmäßigen Kostenbegriffs bei Verwen-dung knapper Einsatzgüter.

11: Im Rahmen des gewöhnlichen Betriebsablaufs eines forschungsintensiven Unternehmens selbsterstelltes, nicht abgesetztes Patent (kein Ertrag nach § 248 HGB Abs. 2).

Abbildung 12: Abgrenzung Einzahlung, Einnahme, Ertrag und Leistung[1]

1.2.3 Kalkulationsprobleme und Zurechnungsprinzipien

1.2.3.1 Kalkulationsprobleme und deren Lösung

Die Lösung interner und externer Aufgaben des operativen Managements erfordert Kosten- und Leistungsinformationen über die jeweiligen Kalkulationsobjekte.

---

[1]   Vgl. Schoenfeld/Möller (1995).

Hierzu gilt es gemäß Abbildung 13,

1. die innerhalb einer Periode angefallenen Kosten und Leistungen **zu erfassen** oder anfallenden Kosten und Leistungen **zu planen** und
2. diese den jeweiligen Kalkulationsobjekten **zuzurechnen.**

Bevor Ermittlung (im Sinne von Erfassung oder Planung) und Zurechnung in den folgenden Kapiteln detailliert behandelt werden, erfolgen zunächst noch einige grundsätzliche Überlegungen zur Zurechnung. Für die Zurechnung im Rahmen der Kalkulation bedarf es generell präziser Zurechnungsprinzipien.

> *Zurechnungsprinzipien* regeln, in welchem Umfang einzelne Kosten und Leistungen dem einzelnen Kalkulationsobjekt zuzurechnen sind.

Es lassen sich nach dem **Kriterium der Einzelerfassbarkeit** zwei Arten von Zurechnungsprinzipien unterscheiden: Das **Zuordnungsprinzip** rechnet Kalkulationsobjekten lediglich diejenigen Kosten/Leistungen zu, deren Mengenkomponente bezüglich einer Mengeneinheit des Kalkulationsobjekts isoliert physikalisch messbar ist (z.B. der Verbrauch an Zementklinker je Tonne CEM I) (**direkte Zurechnung**). Die nicht nach dem Zuordnungsprinzip zurechenbaren Kosten/Leistungen können nur auf der Basis des **Verteilungsprinzips anteilig** den einzelnen Kalkulationsobjekten **zugerechnet** werden (z.B. die Abschreibungskosten der Kugelmühlen in Produktionsstufe 4) (**indirekte Zurechnung**). Die indirekte Zurechnung erfordert eine vorherige Aufspaltung mittels Division. Die Wahl des Zurechnungsprinzips ist dabei stets von der jeweilig zu lösenden Managementaufgabe abhängig.

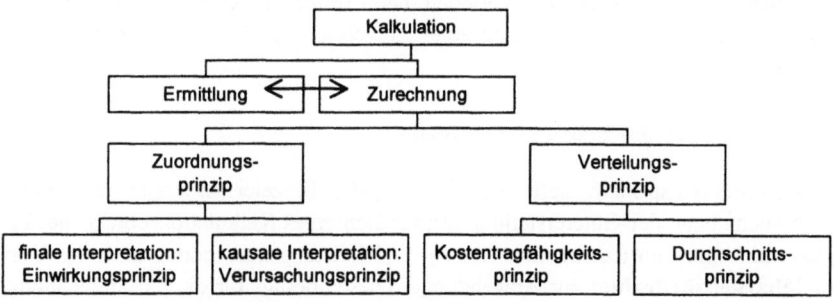

Abbildung 13: Zurechnungsprinzipien[1)]

[1)]   Vgl. Schoenfeld/Möller (1995), S. 46.

> *Einzelkosten (Direkte Kosten)* sind diejenigen Kosten, die sich einem Kalkulationsobjekt auf der Basis des Zuordnungsprinzips zurechnen lassen. *Gemeinkosten (Indirekte Kosten)* sind diejenigen Kosten, die keine Einzelkosten sind. Sie fallen für mehrere Kalkulationsobjekte gemeinsam an.

Die Wahl des Kalkulationsobjektes bestimmt dabei, ob Kosten Einzel- oder Gemeinkosten sind. Die Begriffe sind mithin relativ.

Unechte Gemeinkosten sind solche Gemeinkosten, die theoretisch als Einzelkosten erfassbar wären, worauf aber aus Wirtschaftlichkeitserwägungen verzichtet wird. Ein Beispiel für unechte Gemeinkosten sind die Stromkosten für den Betrieb aller Maschinen einer Produktionsstufe, die sich nur bei Einbau und Ablesung von Stromzählern an jeder Maschine als Einzelkosten der Maschine erfassen ließen.

Analog lassen sich Einzel- und Gemeinleistungen unterscheiden.

Die Strukturierung einer Kalkulation in Ermittlung (1. Schritt) und Zurechnung (2. Schritt) täuscht vor, dass Zurechnungsprobleme ausschließlich im zweiten Schritt der Kalkulation zu lösen sind. Jedoch ist bereits im Rahmen der Ermittlung der Kosten und Leistungen eines Unternehmens **ein** Zurechnungsproblem zu lösen. Denn zur Herstellung des Produktionsprogramms werden neben Repetierfaktoren auch Potenzialfaktoren eingesetzt, die mehrperiodisch nutzbar sind. Um die Kosten der Nutzung dieser Potenzialfaktoren für eine Periode zu ermitteln (**Periodengemeinkosten**), sind die mit der Anschaffung verbundenen Auszahlungen auf die einzelnen Nutzungsperioden zu verteilen. Die Ermittlung der Kosten einer Periode erfordert daher bereits die Lösung eines Zurechnungsproblems, des **Periodenzurechnungsproblems**.

1.2.3.2 Formen des Zuordnungsprinzips

Das Zuordnungsprinzip stellt lediglich auf die Einzelerfassbarkeit des Güterverbrauchs bzw. der Gütererstellung hinsichtlich eines Kalkulationsobjekts ab. Ergänzend kommt im Rahmen der Kosten- und Leistungszurechnung auch das **Vermeidbarkeitskriterium** zur Anwendung.[1] Dieses besagt für die Kostenrechnung, dass Kosten nur dann einem Kalkulationsobjekt als Einzelkosten zugerechnet werden, wenn bei Verzicht auf das Kalkulationsobjekt die Kosten gar nicht erst entstehen. Die Realisierung bzw. Existenz des Kalkulationsobjekts verursacht mithin

---

[1] Vgl. Schneider (1997), S. 417 f.

einen Güterverbrauch, der zu zusätzlichen Kosten führt. Unter Berücksichtigung des Vermeidbarkeitskriteriums lässt sich eine kausale und eine finale Auslegung des allgemeinen Zuordnungsprinzips unterscheiden.[1]

Bei **kausaler Auslegung** berücksichtigt das Zuordnungsprinzip zusätzlich das Vermeidbarkeitskriterium. Einem Kalkulationsobjekt werden nur dann Kosten als Einzelkosten zugerechnet, wenn eine Ursache-Wirkungs-Beziehung zwischen Kosten sowie Kalkulationsobjekt besteht. In dieser strengen Auslegung stehen das Kalkulationsobjekt und die zugehörigen Kosten in einer Ursache-Wirkungs-Beziehung. Da die Realisierung des Kalkulationsobjektes letztlich auf Entscheidungen des Managements zurückgeht, bilden Managementscheidungen nach Abbildung 14 die eigentliche Ursache für das Entstehen von Kosten und Leistungen.

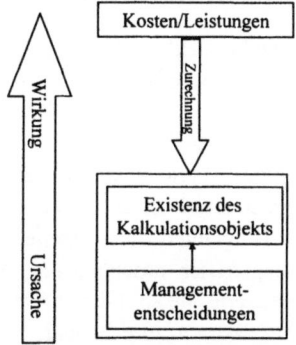

Abbildung 14: Zuordnungsprinzip als Kausalprinzip (Verursachungsprinzip)

Das Zuordnungsprinzip als Kausalprinzip (*Verursachungsprinzip*) rechnet ausschließlich solche Kosten einem Kalkulationsobjekt zu, die dessen Realisierung zusätzlich verursacht. Das heißt im Umkehrschluss, dass die nach dem Verursachungsprinzip zugerechneten Kosten nicht anfallen, wenn auf das Kalkulationsobjekt verzichtet wird.[2] Kosten müssen bei Zuordnung daher das Einzelerfassbarkeits- sowie das Vermeidbarkeitskriterium erfüllen.

Die **finale Auslegung** verzichtet auf die zusätzliche Berücksichtigung des Ver-

---

[1]   Vgl. Dierkes/Kloock (2002) mit weiteren Nachweisen.

[2]   Nicht eingegangen werden soll auf das Identitätsprinzip: Vgl. Riebel (1994), S. 75 ff. Letztlich entspricht das Identitätsprinzip dem dargestellten Verursachungsprinzip: Haberstock (2004), S. 50 f.; Kilger (1993), S. 4.

meidbarkeitskriterium. Sie unterstellt daher nur eine wenn auch enge Mittel-Zweck-Beziehung. Kosten stellen ein Mittel zum Zwecke der Realisierung (z.B. Produkt) oder der Funktionsfähigkeit (z.B. Produktionsstufe) eines Kalkulationsobjektes dar.

> Das Zuordnungsprinzip als Finalprinzip (*Einwirkungsprinzip*) fordert, dass einem Kalkulationsobjekt Kosten direkt zugeordnet werden können. Im Gegensatz zum Verursachungsprinzip fallen Einzelkosten nach dem Einwirkungsprinzip aber auch dann an, wenn auf das Kalkulationsobjekt verzichtet wird.[1] Kosten erfüllen bei Zuordnung daher nur das Einzelerfassbarkeits-, aber nicht das Vermeidbarkeitskriterium.

In ähnlicher Weise lässt sich für die Leistungszurechnung argumentieren.

Werden die Kosten einer einzelnen Hilfsstelle kalkuliert, so lassen sich ihr kausal nur die primären Kosten für Betriebsstoffe sowie Wartung und Instandhaltung nach Abbildung 15 zurechnen, die sowohl der Hilfsstelle direkt zugeordnet werden können als auch bei Outsourcing unmittelbar entfallen. Abschreibungskosten für Aggregate dieser Hilfsstelle sowie Personalkosten für ausschließlich in dieser Stelle eingesetzte Mitarbeiter können dieser zwar direkt zugeordnet werden, entfallen aber nicht sofort, wenn die Tätigkeiten dieser Stelle ausgelagert werden. Arbeitnehmer sind durch Kündigungsfristen geschützt und Aggregate lassen sich nicht sofort deinstallieren und veräußern. Sie sind damit nur auf der Basis finaler Auslegung der Hilfsstelle als Einzelkosten zurechenbar. Miet- und Zinskosten sowie IHK-Abgaben fallen für mehrere Stellen an und stellen nach beiden Auslegungen des Zuordnungsprinzips für die Hilfsstelle Gemeinkosten dar.

Gilt es die Kosten der Produktion eines 25 kg-Sacks Portlandzement CEM I zu kalkulieren, so lassen sich nach Abbildung 15 auf der Basis des Verursachungsprinzips diesem Kalkulationsobjekt z.B. die hierfür entstandenen Kosten für Kalkstein, Ton oder Strom, der für den Betrieb der unterschiedlichen Aggregate notwendig ist, zurechnen. Diese Kosten sind direkt dem Kalkulationsobjekt zuzuordnen und fallen nicht an, sofern auf die Produktion dieses Kalkulationsobjektes verzichtet wird. Sie stellen damit Einzelkosten dar. Zeitlöhne im Produktionsbereich, Abschreibungs-, Miet- und Zinskosten sind hingegen weder kausal noch final dem Kalkulationsobjekt zurechenbar. So ist z.B. die zur Produktion eines 25 kg-Sacks Portlandzement eingesetzte Arbeitszeit in Minuten zwar physikalisch messbar, sie ist aber nicht isoliert verfügbar. Vielmehr ist sie als untrennbarer Teil eines größe-

---

[1] Kosiol (1972), S. 27 f.

ren Ganzen, hier der Tagesarbeitszeit, zur Aufrechterhaltung der Betriebsbereitschaft in Kauf zu nehmen. Daher sind Zeitlöhne einem 25 kg-Portlandzement nicht als Einzelkosten zurechenbar.

Kalkulationsobjekt: Hilfsstelle	Kausalprinzip (Verursachungsprinzip)	Finalprinzip (Einwirkungsprinzip)
Betriebsstoffkosten [1]	(EK)	EK
Primäre Wartungs- und Instandhaltungskosten	(EK)	EK
Personalkosten [2]	GK	EK
Abschreibungskosten	GK	EK
Mietkosten	GK	GK
Zinskosten	GK	GK
IHK-Abgaben	GK	GK

Kalkulationsobjekt: 25 kg Sack Portlandzement	Kausalprinzip (Verursachungsprinzip)	Finalprinzip (Einwirkungsprinzip)
Kosten für Kalkstein, Ton	EK	EK
Aggregatbezogene Stromkosten	(EK)	(EK)
Verpackungskosten (Papiersack)	EK	EK
Zeitlöhne als Personalkosten	GK	GK
Zeitablaufbedingte Abschreibungkosten	GK	GK
Mietkosten	GK	GK
Zinskosten	GK	GK

EK	Einzelkosten
(EK)	unter Umständen Einzelkosten
GK	Gemeinkosten
1) z.B. für Strom, Schmiermittel.	
2) sofern die Mitarbeiter ausschließlich in dieser Hilfsstelle beschäftigt sind.	

Abbildung 15: Beispielhafte Anwendung des Verursachungs- und Einwirkungsprinzips

1.2.3.3 Formen des Verteilungsprinzips

Die Anwendung des Verteilungsprinzips behandelt die Verteilung von Gemeinkosten KG, die für mehrere Kalkulationsobjekte gemeinsam anfallen. Hierzu werden die Gemeinkosten zunächst durch eine Division auf der Basis einer **Bezugsgröße s** aufgespalten und dann dem einzelnen Kalkulationsobjekt zugerechnet (indirekte Zurechnung).[1] Der Gemeinkostenanteil KG_k des k-ten Kalkulationsobjektes ergibt sich im Rahmen der Verteilung wie folgt:[2]

---

[1] Börner (1993), Sp. 1281, Dierkes/ Kloock (2002), Sp. 1180 f.

[2] Chmielewicz (1981), S. 126 ff.; Schweitzer/Küpper (2003), S. 128 f.: Die Gemeinkosten sollten sich im Rahmen der Verteilung möglichst proportional zur gewählten Bezugsgröße verhalten.

$$KG_k = \frac{s_k}{\sum\limits_{k=1}^{K} s_k} \cdot KG = s_k \cdot \frac{KG}{\sum\limits_{k=1}^{K} s_k} \qquad (1\text{-}1)$$

mit: k   Laufindex der Kalkulationsobjekte
          KG   Gemeinkosten
          KG_k Gemeinkostenanteil des k-ten Kalkulationsobjektes
                   (k=1,...,K)
          s_k Bezugsgrößenausprägung des k-ten Kalkulationsobjektes
                   (k=1,...,K)

Die betreffenden Gemeinkosten KG werden entweder mit dem Anteil multipliziert, den das Kalkulationsobjekt k an der Gesamtheit aller Bezugsgrößeneinheiten besitzt, oder die auf das Kalkulationsobjekt entfallenden Bezugsgrößeneinheiten s_k werden mit den Kosten je Bezugsgrößeneinheit multipliziert. Analog lässt sich die Verteilung von Gemeinleistungen darstellen (z.B. für mehrere Produkte gewährte Rabatte).

Zu unterscheiden sind nach Abbildung 16 mengen- und wertorientierte Bezugsgrößen:

Bezugsgrößen im Rahmen der Gemeinkostenverteilung	
Mengenorientierte Bezugsgrößen	**Wertorientierte Bezugsgrößen**

• Beschäftigung als Bezugsgröße (z.b. erstellte Mengeneinheiten, Fertigungs- und Maschinenstunden, Anzahl der Abfüllungen und Reklamationen)
• Kalenderzeiten als Bezugsgröße
• Technische Bezugsgrößen (z.b. Abmaße von Flächen und Rauminhalten, Entfernungen, Gewichte, Heizwerte, Leistungsgrößen)
	• Stromgrößen als Bezugsgrößen
	  - erlösorientierte Bezugsgrößen
	  - kostenorientierte Bezugsgrößen (z.B. Materialkosten, Lohn- und Gehaltskosten, Herstellkosten)
	  - erfolgsorientierte Bezugsgrößen
	• Bestandsgrößen als Bezugsgrößen (z.b. bewertete Bestände an Produktionsfaktoren oder Zwischen- und Endprodukten)

Abbildung 16: Bezugsgrößen im Rahmen der Gemeinkostenverteilung[1]

Eine verursachungsgerechte Zurechnung von echten Gemeinkosten auf ein einzelnes Kalkulationsobjekt aus der Gesamtheit derer, für die die Gemeinkosten angefallen sind, ist per definitionem unmöglich.[2] Damit ist jede Verteilung von echten Gemeinkosten trotz oftmals plausibel klingender Begründungen letztlich willkür-

---

[1]   Schweitzer/Küpper (2003), S. 129.
[2]   Rummel (1949), S. 17 ff.

lich und kann euphemistisch als Kostenpolitik benannt werden. ADAM bezeichnet sie treffenderweise als das Umlügen von Gemeinkosten.[1] Welche Bezugsgrößen im Einzelnen angewendet werden, richtet sich nach Zweckmäßigkeitserwägungen (z.b. bei der Verhaltenssteuerung im Rahmen der Lenkung).

Basieren die Bezugsgrößen auf Preisen des Absatzmarktes (z.B. Umsatzerlöse oder Erfolgsbeiträge), so wird auch vom **Kostentragfähigkeitsprinzip** gesprochen. Sofern andere Bezugsgrößen benutzt werden, steht das Ausmaß der Beanspruchung durch das Kalkulationsobjekt im Vordergrund. Diese Form des Verteilungsprinzips wird als **Durchschnittsprinzip** bezeichnet. Abbildung 17 verdeutlicht die Vorgehensweise bei der Verteilung echter Gemeinkosten auf verschiedene Kalkulationsobjekte. Bei den gewählten Bezugsgrößen „Löhne und Gehälter" sowie „m^2" steht das Ausmaß der Beanspruchung einer Stelle im Vordergrund. In analoger Weise lässt sich die Verteilung von Gemeinleistungen vornehmen.

Verteilung von Mieten auf Stellen		Verteilung von Zuschüssen für Kantinenessen auf Stellen	
Mengenschlüsselgröße:	m^2	Wertschlüsselgröße:	€ Löhne und Gehälter
gemietete Gesamtfläche in m^2:	5.000	Löhne und Gehälter des Unternehmens in €:	525.000
Fläche der Stelle in m^2:	200	Löhne und Gehälter der Stelle in €:	18.000
Mieten p.a. (GK) in €:	1.200.000	Zuschüsse zum Kantinenessen (GK) in €:	15.000
Mieten der Stelle:		Kantinenzuschuß der Stelle:	

$$1.200.000\,€ \cdot \frac{200\,m^2}{5.000\,m^2} \cdot 100$$
$$= 1.200.000\,€ \cdot 4\,\% = 48.000\,€\ \text{bzw.}$$
$$\frac{1.200.000\,€}{5.000\,m^2} \cdot 200\,m^2 = 240\,\frac{€}{m^2} \cdot 200\ m^2$$
$$= 48.000\ €$$

$$15.000\,€ \cdot \frac{18.000\,€}{525.000\,€} \cdot 100$$
$$= 15.000\ €\cdot 3,4286\,\% = 514,29\ €\ \text{bzw.}$$
$$\frac{15.000\ €}{525.000\,€} \cdot 18.000\ € = 0,0286\frac{€}{€} \cdot\ 18.000\ €$$
$$= 514,29\ €$$

Abbildung 17: Beispielhafte Verteilung von Gemeinkosten

---

[1]   Adam (1997), S. 33.

1.3 Kostenmanagement und Kostenrechnung

> *Kostenmanagement* umfasst alle Maßnahmen sämtlicher Management-
> ebenen, die auf eine erfolgsorientierte Beeinflussung der Kosten von
> Steuerungsobjekten abzielen.

Kostenmanagement als Bestandteil des Erfolgsmanagements bezweckt die Stär-
kung der Erfolgskraft des Unternehmens durch Beeinflussung der Kostenstruktur,
des Kostenniveaus sowie des Kostenverlaufs, indem es

- sich auf sämtliche direkten und indirekten Prozesse in allen Phasen des Produkt-
  zyklus erstreckt (**Ganzheitlichkeit** und **Vollständigkeit**),
- in den Zeitpunkten einsetzt, in denen Kostenstruktur, –niveau und –verlauf determiniert werden (**Zeitnähe**),
- für eine beschäftigungsabhängige Reagibilität der Kosten sorgt (**Flexibilität**)
  sowie
- die Güterverbräuche auf den Kundennutzen hin ausrichtet (**Kundenorientie-
  rung**).[1]

Die Kosten eines Steuerungsobjektes hängen von **Kosteneinflussgrößen (Bezugsgrößen, Cost Driver)** ab. Kosteneinflussgrößen stellen als Argumentvariablen von
Kostenfunktionen die Aktionsparameter des Kostenmanagements dar.[2] Kostenmanagement knüpft stets an diesen Einflussgrößen an. Im Einzelnen zählen hierzu:[3]

- die Faktorpreise als Wertkomponenten,
- die Faktorqualität, die die Eigenschaften eingesetzter Faktoren in Bezug auf die
  angestrebten Zwischen- oder Absatzprodukte beschreibt,
- das Produktions- oder Absatzprogramm als die art- und mengenmäßig zu fertigenden oder abzusetzenden Produktarten und –varianten (-sorten),
- die Beschäftigung als die Ausbringung (z.B. zu fertigenden oder abzusetzenden
  Mengen an Zwischen- oder Endprodukten) sowie
- die Betriebsgröße als maximal herstellbare Menge an Zwischen- oder Endprodukten.

Kostenrechnung dient der Unterstützung des Kostenmanagements, indem sie die
Kosten von Steuerungsobjekten ermittelt und Kostenstrukturen transparent macht.
Sie ist damit **informatorische Voraussetzung für das Kostenmanagement**. Die

---

[1] Corsten/Stuhlmann (1997), S. 23 ff.; Franz/Kajüter (1997), S. 8 ff.; Männel (1997), S. 163 ff.

[2] Streitferdt (1993), Sp. 1218 f.

[3] Gutenberg (1983), S. 338 ff.

gezielte Veränderung der Kostenstrukturen, des Kostenniveaus und des Kostenverlaufs auf der strategischen und taktischen Ebene ist inhaltlich oftmals dem Investi-
tionsmanagement zuzuordnen.[1] Es bleibt offen, inwieweit Kosteninformationen zur
Lösung dieser mittel- bis langfristig ausgerichteten Managementaufgaben geeignet
sind.[2]

---

[1]   Franz (1993), S. 1492; Schweitzer/Küpper (2003), S. 65.
[2]   Vgl. Baden (1998); Schiller/Lengsfeld (1998).

2 Operative Kostenkalkulation von Produkteinheiten

2.1 Konzeptionelle Grundlagen

2.1.1 Strukturformen der Kostenkalkulation

Zur Kalkulation der Kosten eines Kalkulationsobjektes sind zunächst die innerhalb einer Periode insgesamt angefallenen Kosten des Unternehmens zu erfassen beziehungsweise die anfallenden Kosten zu planen.

> Die erste Stufe einer Kostenkalkulation wird *Kostenartenrechnung* genannt. Die Kostenartenrechnung erfasst strukturiert die in einer Periode angefallenen oder anfallenden Kosten des Unternehmens.

Erschöpft sich die Kalkulation in einer Kostenartenrechnung, führt eine somit einstufige **Kalkulation** lediglich zum strukturierten Ausweis der Kosten des Unternehmens.

Sollen jedoch die Kosten anderer Kalkulationsobjekte wie z.B. der einzelnen absatzbestimmten Produkteinheiten ermittelt werden, so sind die in der Kostenartenrechnung ermittelten Kosten auf mindestens einer weiteren Kalkulationsstufe den betreffenden Kalkulationsobjekten zuzurechnen. Die Zurechnung kann in einfacher oder komplexer Form erfolgen. Folgt auf die Kostenartenrechnung unmittelbar die Zurechnung der Kosten auf die Kalkulationsobjekte, liegt eine insgesamt **zweistufige Kalkulation** vor.

> Die Zurechnung der Kosten auf Produkteinheiten als Kalkulationsobjekte innerhalb der letzten Stufe einer Kalkulation wird als *Kostenträgerstückrechnung* bezeichnet.

Komplexere Kalkulationen führen zu differenzierteren Ergebnissen. **Dreistufige Kalkulationen** rechnen sämtliche oder ausgewählte Kosten nach ihrer Erfassung in der Kostenartenrechnung zunächst auf der zweiten Stufe anderen Kalkulationsobjekten wie z.B. Stellen, Prozessen oder Projekten zu, sofern diese Kalkulationsobjekte nicht selbst in der Kostenträgerrechnung kalkuliert werden. Dieser Zwischenschritt wird auch dann durchgeführt, wenn an den Kalkulationsobjekten dieser Stufe kein eigenständiges Interesse besteht. Die zweite Kalkulationsstufe wird in Abhängigkeit vom Kalkulationsobjekt Kostenstellen-, Kostenprozess- oder Kostenprojektrechnung genannt. Erst auf der dritten Stufe erfolgt schließlich die Zurechnung der Kosten auf die primär interessierenden Kalkulationsobjekte (z.B. Produkteinheiten).

Vierstufige Kalkulationen streben eine noch differenziertere Zurechnung von Kosten an. Zwischen Kostenarten- und Kostenträgerstückrechnung schieben sich nunmehr zwei Nebenrechnungen. So kann eine Produktkalkulation z.b. auf einer Kostenstellen- und einer Kostenprozessrechnung aufbauen. Während auf der zweiten Stufe sämtliche oder ausgewählte Kosten den einzelnen Kostenstellen zugerechnet werden, erfolgt auf der dritten Stufe die Zurechnung sämtlicher oder ausgewählter Kosten einzelner oder aller Kostenstellen auf kostenstellenübergreifende Prozesse. Erst auf der vierten Stufe werden dann die ermittelten Prozesskosten auf die primär interessierenden Produkteinheiten als Kalkulationsobjekte zugerechnet.

Festzuhalten bleibt, dass jegliche Zurechnung von Kosten auf Kalkulationsobjekte auf jeder Stufe der Kalkulation die Anwendung von Zurechnungsprinzipien erfordert.[1] Während z.B. Prozess-, Projekt-, Stellen- sowie Produkteinzelkosten auf der Basis des Zuordnungsprinzips den jeweiligen Kalkulationsobjekten direkt zugeordnet werden, können Prozess-, Projekt-, Stellen- sowie Produktgemeinkosten nur auf der Basis des Verteilungsprinzips zugerechnet werden. In der Anwendung der Zurechnungsprinzipien und der Technik der Kostenzurechnung unterscheiden sich die einzelnen Stufen der Kalkulation kaum.

Einen zusammenfassenden Überblick bietet Abbildung 18, wobei unterstellt wird, dass die einzelnen abzusetzenden Produkteinheiten die primär interessierenden Kalkulationsobjekte sind, deren Kosten es auf der letzten Stufe zu ermitteln gilt.

Im Folgenden wird exemplarisch die **Kalkulation jeweils einer Mengeneinheit der Produkte** als Kalkulationsobjekt dargestellt. So werden die Kosten einer Tonne Portlandzement (CEM I), Portlandkompositzement (CEM II), Hochofenzement (CEM III) sowie Zementklinker kalkuliert, für CEM I zusätzlich die Kosten eines 25 kg-Sacks.

2.1.2 Kostenrechnungssysteme

Kostenrechnungen lassen sich als Ein- oder Zweikreissysteme konzipieren. Diese Strukturierung stellt darauf ab, wie die Kosten- und Leistungsrechnung (Betriebsbuchhaltung) mit der Aufwands- und Ertragsrechnung (Finanzbuchhaltung) organisatorisch verknüpft ist. Beide Rechnungen basieren oftmals auf den gleichen Geschäftsvorfällen, so dass es einerseits Doppelarbeiten zu vermeiden gilt, andererseits die Ergebnisse beider Rechnungen abzustimmen sind.[2]

---

[1]   Vgl. hierzu 1.2.3.

[2]   Kilger (1987), S. 452 ff.; Müller (1996), S. 12 ff.

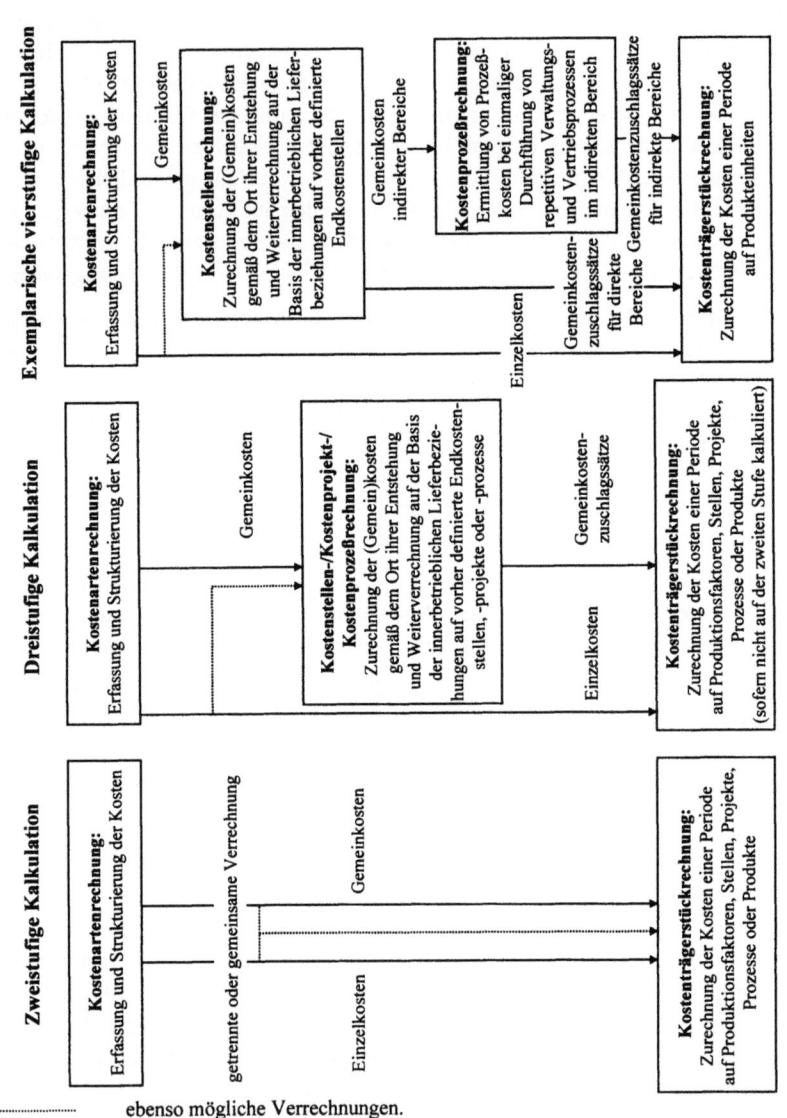

-------------- ebenso mögliche Verrechnungen.

Abbildung 18: Überblick über Strukturformen der operativen Kostenkalkulation[1]

---

[1]   Zur dargestellten vierstufigen Kalkulation vgl. Horváth/Mayer (1989), Horváth/Mayer (1995).

Im **Einkreissystem** wird die Kalkulation vollständig oder partiell in Kontenform innerhalb der Finanzbuchhaltung durchgeführt. Eine partielle Integration liegt z.B. dann vor, sofern die Erfassung der Kosten innerhalb der Finanzbuchhaltung durchgeführt wird, die Zurechnung der Kosten auf Produkte jedoch getrennt von der Finanzbuchhaltung in Tabellenform erfolgt. So ermöglicht der Gemeinschaftskontenrahmen der Industrie (GKR) eine vollständige oder partielle Integration der Kostenkalkulation in die Finanzbuchhaltung, wobei die Abstimmung zwischen beiden Systemen in der Kontenklasse 2 erfolgt. Eine Kalkulation im **Zweikreissystem** wird außerhalb des Kontenrahmens der Finanzbuchhaltung meist in Tabellenform realisiert. Bei dieser Form der Kalkulation ist aber auf eine möglichst einfache Abstimmbarkeit zwischen beiden Rechnungssystemen zu achten. Der Industrie-Kontenrahmen (IKR) ermöglicht z.B. eine Kalkulation auf der Basis des Zweikreissystems. Das Zweikreissystem wird im Folgenden als Kalkulationsbasis unterstellt.

Kostenrechnungssysteme müssen auf verschiedenen Ausprägungen des Kostenbegriffs aufbauen. Hinsichtlich des **Umfangs** zuzurechnender Kosten lassen sich Voll- und Teilkostenrechnungen unterscheiden. Diese Strukturierung stellt darauf ab, ob sämtliche oder lediglich ausgewählte Kosten den Kalkulationsobjekten zugerechnet werden. Im ersten Fall handelt es sich um **Vollkostenrechnungen**, im zweiten Fall um **Teilkostenrechnungen**.[1]

Hinsichtlich des **Zeitbezugs** lassen sich retrospektive und prospektive Kostenrechnungen unterscheiden. Ist- und Normalkosten stellen retrospektive Kosten dar.

> *Istkosten* sind bewertete sachzielbezogene Güterverbräuche einer abgelaufenen Periode.
> *Normalkosten* sind durchschnittlich in vergangenen Perioden angefallene Istkosten.

Im Gegensatz hierzu führt die Ermittlung von Prognose- oder Sollkosten bei prospektiven Kostenrechnungen zum Ausweis von Kosten künftiger Perioden.

> *Prognosekosten* sind erwartete, bewertete sachzielbezogene Güterverbräuche eines Unternehmens in einer künftigen Periode.[2] Sie finden im Rahmen der Lösung operativer Entscheidungsprobleme Anwendung.

---

[1]   So werden etwa den Kalkulationsobjekten ausschließlich diejenigen Kosten zugerechnet, die ihnen gemäß dem Verursachungsprinzip zugerechnet werden können.

[2]   Vgl. Schmalenbach (1963), S. 296; Schweitzer/Küpper (2003), S. 34 ff.; Seicht (2001), S. 44.

> *Sollkosten* beinhalten diejenigen Kosten einer künftigen Periode, die bei der Delegation getroffener Entscheidungen als Zielgrößen vorgegeben sind. Sie dienen im Rahmen der Lenkung als Vorgaben.[1]

Die **folgenden Ausführungen** zu den Kalkulationsverfahren beruhen exemplarisch auf einer **Istkostenrechnung auf Vollkostenbasis**, in deren Rahmen **Produkteinheiten** als Kostenträger kalkuliert werden. Damit liegt den Ausführungen die engere Definition von Kosten zugrunde. Eine Übertragung der darzustellenden Kalkulationsverfahren auf andere Kostenrechnungssysteme ist uneingeschränkt möglich.

2.1.3 Eignung der Istkostenrechnung für operative Managementaufgaben

Im Folgenden soll kurz erörtert werden, inwieweit eine Istkostenrechnung auf Vollkostenbasis zur Erfüllung operativer Managementaufgaben geeignet ist.

Im Rahmen des externorientierten Managements werden der Umwelt unter anderem Informationen über die wirtschaftliche Lage abgelaufener Perioden zur Verfügung gestellt. Eine Istkostenrechnung ist in diesem Zusammenhang uneingeschränkt geeignet, diese **externorientierte Informationsfunktion** durch die Bereitstellung der erforderlichen Basisdaten zu unterstützen. So kann eine Istkostenrechnung zur Bewertung der Bestände von unfertigen und fertigen Erzeugnissen Kostendaten zur Verfügung stellen, deren Mengen- und Wertkomponente gegebenenfalls gemäß handels- und steuerrechtlichen Vorschriften anzupassen sind.

Die Lösung **internorientierter operativer Kontrollaufgaben** beinhaltet eine Gegenüberstellung von Vergleichs- und Kontrollgrößen sowie die Ermittlung, Analyse und Auswertung von Kostenteilabweichungen. Sind dem Management Informationen über den zielkonformen Ablauf bereits vollzogener Gütererstellungsprozesse bereitzustellen (Feedback-Konzept der Kontrolle), ist die Eignung von Istkosten als **Kontrollgrößen** grundsätzlich zu bejahen. Jedoch finden Istkosten auch als **Vergleichsgrößen** bei Zeit- und Betriebsvergleichen Anwendung. Bei Zeitvergleichen werden z.B. die Kosten unterschiedlicher Jahre, bei Betriebsvergleichen die Kosten unterschiedlicher Unternehmen gegenübergestellt und etwaige Abweichungen ausgewertet. Istkosten beinhalten aber häufig sowohl unvermeidbare als auch vermeidbare Unwirtschaftlichkeiten. Letztere sind jedoch kaum mit dem Maßstabscharakter von Vergleichsgrößen vereinbar.[2] Zeit- und Betriebsvergleiche können

---

[1] Vgl. Schmalenbach (1963), S. 296 f.; Schweitzer/Küpper (2003), S. 34 ff.; von z.B. Kilger (1987), S. 57, sowie Seicht (2001), S. 44, Plankosten (i.S.v. „Richtkosten") genannt.

[2] Schmalenbach (1963), S. 438.

daher allenfalls erste Hinweise auf Unwirtschaftlichkeiten geben.[1]

Zur Lösung von **internorientierten operativen Entscheidungs- und Lenkungsaufgaben** sind vergangenheitsorientierte Istkosten schließlich kaum geeignet, da Entscheidungen und hieraus abgeleitete Vorgaben künftiges Handeln beeinflussen sollen. Die Kosten vergangener Perioden wurden in ihrer Höhe durch bestimmte Einflussgrößenkonstellationen determiniert (z.B. Betriebsgröße, Produktionsprogramm, Preise, Qualität der eingesetzten Aggregate). In künftigen Perioden können jedoch andere Einflussgrößenausprägungen, wenn nicht sogar gänzlich andere Einflussgrößen die Höhe der Kosten bestimmen. Das schließt nicht aus, dass häufig vergangenheitsorientierte Istkosten Ausgangspunkt für die Ermittlung von Prognose- und Sollkosten sind.[2] Wenn den Istkosten schon von Maßstabscharakter der Vergleichsgrößen abzusprechen ist, können sie erst recht nicht den Zielcharakter von Sollkosten besitzen. Eine Entscheidungsfindung oder Delegation darf damit ausschließlich auf der Basis von Prognose- beziehungsweise Sollkosten erfolgen.

Damit ist abschließend festzustellen: Eine Istkostenrechnung erfüllt zum einen externorientierte Informationsaufgaben sowie zum anderen bei internorientierten operativen Kontrollaufgaben die Funktion, Kontrollgrößen zur Verfügung zu stellen.

2.2 Zweistufige Kostenkalkulation von Produkteinheiten

2.2.1 Kostenartenrechnung als erste Stufe der operativen Kostenkalkulation von Produkteinheiten

2.2.1.1 Konzeptionelle Grundlagen

Die Kostenartenrechnung bildet die erste Stufe jeglicher Kostenkalkulation und bezieht sich ausschließlich auf die primären Kosten:

Primäre Kosten entstehen durch den Verbrauch primärer Produktionsfaktoren, *sekundäre Kosten* durch den Verbrauch sekundärer Produktionsfaktoren.

Primäre Kosten fallen im Zementwerk Idelsdorf z.B. für den Verbrauch von Gütern wie Kalkstein und Ton, Energie, Wasser sowie für durch die Arbeitnehmer zur Verfügung gestellte Arbeitszeit an, die sämtlich von den Beschaffungsmärkten bezogen werden. **Sekundäre Kosten** entstehen, wenn Stellen eines Unternehmens Güter verbrauchen, die von anderen Stellen im Unternehmen hergestellt werden. In

---

[1]   Schweitzer/Küpper (2003), S. 202 f.

[2]   Z.B. bei den statistischen Verfahren der Gemeinkostenplanung.

einer Kostenartenrechnung werden ausschließlich primäre Kosten erfasst. Erbringt die Werkstatt des Zementwerks Idelsdorf Wartungsdienste für andere Stellen im Unternehmen, werden hierzu primäre Produktionsfaktoren wie z.B. Werkzeuge sowie Energie benötigt. Würde eine Kostenartenrechnung neben primären Kosten zusätzlich auch sekundäre Kosten erfassen, führte diese Berücksichtigung zu einer unsauberen[1], wenn nicht gar doppelten Erfassung der angefallenen Kosten.[2]

Die Aufgabe der Kostenartenrechnung im Rahmen einer Istkostenrechnung ist die systematische Erfassung aller in einer Periode angefallenen Istkosten. Hieraus ergibt sich folgender **Aufbau** der Kostenartenrechnung:

1. **Erstellung eines Kostenartenplans**, der sämtliche primären Kostenarten eindeutig definiert und strukturiert.

2. **Erfassung der Istkosten der einzelnen primären Kostenarten**: Da Kosten als bewertete sachzielbezogene Güterverbräuche eines Unternehmens in einer Periode definiert werden, bietet sich zur Erfassung folgender Aufbau an:

   a) Erfassung der jeweiligen Mengenkomponenten je primärer Kostenart.

   b) Erfassung der jeweiligen Wertkomponenten je primärer Kostenart.

   c) Strukturierung der erfassten primären Kosten in Einzel- und Gemeinkosten.

Soweit Mengen- und Wertkomponenten nicht getrennt erfassbar sind (z.B. bei Versicherungskosten), erfolgt eine direkte Erfassung des Istkostenbetrags.

Die mit der Erstellung des Sachziels einhergehenden Güterverbräuche sind sowohl produktiver als auch unproduktiver Art. Ein **unproduktiver Güterverbrauch** liegt vor, wenn die Unternehmensprozesse nicht durch einen ordentlichen Ablauf gekennzeichnet sind und damit kein verwertbares oder nur ein minderwertiges Ergebnis hervorbringen. Unproduktive Güterverbräuche treten häufig unregelmäßig auf und sind a priori in ihrer Höhe risikobehaftet. In der Literatur werden folgende **Risiken** oder **Wagnisse** unproduktiver Güterverbräuche unterschieden:[3]

---

[1] Kilger (1987), S. 70. Die Einführung einer Kostenart „Wartungskosten" (der eigenen Werkstatt) führt dazu, dass Kosten nicht mehr eindeutig erfassbar sind. Denn die Gehaltskosten eines Schlossers sind dann sowohl Personalkosten als auch Wartungskosten.

[2] Die einzige Ausnahme bildet die Behandlung aktivierbarer innerbetrieblicher Güter, vgl. 3.1.1.

[3] Z.B. Haberstock (2004), S. 101 f.; Kloock/Sieben/Schildbach/Homburg (2005), S. 81 ff.; Schoenfeld/Möller (1995), S. 123 ff.; Swoboda (2001), S. 30. Das oftmals aufgeführte Vertriebswagnis für z.B. Forderungs- und Währungsverluste sowie Gutschriften stellen nach Meinung der Verfasser keine Kosten dar, da der begriffsbestimmende Güterverbrauch fehlt. Vielmehr handelt es sich um Erlösschmälerungen, die im Rahmen einer Erlösrechnung zu berücksichtigen sind: Vgl. 3.2.1.2 sowie Kloock/Sieben/Schildbach/Homburg (2005), S. 173 ff.

- Verringerung der Lagerbestände an Roh-, Hilfs- und Betriebsstoffen sowie Zwischen- und Endprodukten durch Vernichtung, Schwund, Qualitätseinbußen, Wertminderungen (**Beständewagnis**).
- Verringerung des Betriebsmittelbestands infolge von Vernichtung, Schwund, Qualitätseinbußen, Wertminderungen (**Anlagenwagnis**).
- Güterverbräuche für ausgefallene Arbeitnehmer (**Arbeitswagnis**).
- Güterverbräuche fehlgeschlagener Forschungs- und Entwicklungsprojekte (**Forschungs- und Entwicklungswagnis**).
- Güterverbräuche bei Entstehung sowie Entsorgung oder Nachbearbeitung von Ausschuss oder qualitativ nicht einwandfreien, aber schon abgesetzten Produkten im Rahmen der Gewährleistung (**Produktionswagnis**).

Um unproduktive Güterverbräuche zu vermeiden oder einzuschränken, werden im Rahmen des **Risikomanagements** unterschiedliche Maßnahmen ergriffen:[1] **Risikoursachenbezogene Maßnahmen** setzen an den Ursachen unproduktiver Güterverbräuche an und schalten deren Eintrittswahrscheinlichkeiten aus oder verringern diese (z.b. Brandschutz, Qualitätssicherung). **Risikowirkungsbezogene Maßnahmen** verhindern oder begrenzen hingegen die Auswirkungen von unproduktiven Güterverbräuchen auf die Erfolgslage (z.B. Versicherung). Die verbleibenden Restrisiken sollen oder müssen vom Unternehmen selbst getragen werden. Die sich aus den Restrisiken ergebenden unproduktiven Güterverbräuche können in der Kostenartenrechnung grundsätzlich wie folgt behandelt werden:

1. Erfassung analog zur Aufwandsrechnung in derjenigen Periode, in der die Güterverbräuche anfallen.[2]
2. Erfassung der durchschnittlich einer Periode zuzurechnenden unproduktiven Güterverbräuche in Form einer Selbstversicherungsprämie:
   a) Separater Ausweis als eigene Kostenart „Kalkulatorische Wagniskosten".[3]
   b) Erfassung innerhalb der jeweiligen primären Kostenarten in Form von Wagniskostenzuschlägen.[4]

Die Behandlung der verbleibenden unproduktiven Güterverbräuche hat sich am jeweiligen Zweck der Kalkulation auszurichten. Im Rahmen der **internorientierten Entscheidungsfunktion** werden in der Kostenrechnung Prognosekosten ver-

---

[1] Vgl. Farny (1996), Sp. 1799 ff.

[2] Für die Istkostenrechnung von Franke (1976), S. 186, für richtig gehalten.

[3] Z.B. Haberstock (2004), S. 102 f.; Kilger (1987), S. 152 f.; Schoenfeld/Möller (1995), S. 122; Schweitzer/Küpper (2003), S. 109 f.; Swoboda (2001), S. 30 f.; Zimmermann (2001), S. 61 f.

[4] Vgl. Altenburger (1995), S. 732 ff.; Kloock/Sieben/Schildbach/Homburg (2005), S. 84 ff.; Swoboda (2001), S. 30, der dieses nur für das Anlagenwagnis vorsieht.

wendet, während die **internorientierte Lenkungsfunktion** die Planung von Sollkosten erfordert. Der unregelmäßige und zufällige Anfall unproduktiver Güterverbräuche bedingt eine Behandlung gemäß dem zweiten Ansatz.[1] Die Definition
„Wagniskosten sind die unsicheren Teile der übrigen primären Kostenarten"[2] charakterisiert das Wesen dieser Kosten und spricht für ein Vorgehen gemäß dem Ansatz 2.b). Damit beinhalten Prognose- und Sollkosten innerhalb der Kostenartenrechnung Wagniskosten als bewertete, sachzielbezogene, durchschnittlich zu erwartende, unproduktive Güterverbräuche.

Für Zwecke der hier behandelten Istkostenrechnung fällt die Beurteilung jedoch
anders aus. **Internorientierte Kontrollen** sollen, wie dargelegt, eine **Entscheidungs-** und eine **Verhaltensbeeinflussungsfunktion** erfüllen:[3] Um Entscheidungsbedarfe aufzudecken, müssen Kontrollrechnungen Störgrößen und deren
Wirkungen auf den wirtschaftlichen Erfolg des Unternehmens aufdecken. Der Ansatz statistischer Mittelwerte in den Kontrollgrößen gemäß dem zweiten Ansatz
nivelliert aber die Störgrößenwirkungen. Wenn Störgrößenwirkungen nicht in vollem Ausmaß gezeigt werden, wird aber die Entscheidungsfunktion von Kontrollrechnungen konterkariert. Die Ergebnisse von Kontrollrechungen sollen zugleich
im Rahmen der Verhaltensbeeinflussungsfunktion Lern- und Motivationswirkungen bei Mitarbeitern erzielen. Hierzu werden Kostenteilabweichungen ermittelt.
Die anschließende Auswertung identifiziert die jeweilige Ursache und damit die
Verantwortlichkeit von Mitarbeitern. A priori kann nicht ausgeschlossen werden,
dass einzelne Mitarbeiter für unproduktive Güterverbräuche verantwortlich zeichnen. Werden unproduktive Güterverbräuche in den Istkosten gemäß dem zweiten
Ansatz berücksichtigt, sind Istkosten dann aber nicht mehr dazu geeignet, das volle
Ausmaß von Fehlverhalten aufzuzeigen.

Soll eine Kostenrechnung Basisdaten für die Aufstellung des handels- und steuerrechtlichen Jahresabschlusses liefern, so erleichtert der erste Ansatz zudem die **externorientierte Informationsfunktion.**[4]

Damit ist festzuhalten, dass eine Istkostenrechnung in Erfüllung ihrer internorientierten Kontroll- sowie externorientierten Informationsfunktion unproduktive Güterverbräuche in ihrem vollen Ausmaß in der Periode ihrer Verursachung erfassen

---

[1]   Vgl. Franke (1976), S. 186.

[2]   Altenburger (1995), S. 733.

[3]   Vgl. Franke (1976), S. 186.

[4]   Zu beachten ist hier allerdings, dass in die Ermittlung der Herstellungskosten nach § 255 Abs.
      2 HGB nur angemessene Teile der Istkosten einbezogen werden dürfen.

muss. **Wagniskosten als normalisierte Größen** sind daher **in** der Kostenarten-rechnung **einer Istkostenrechnung nicht** aufzunehmen.[1]

Sofern Kaufkraftänderungen erfolgsrelevant sind, ist schließlich festzulegen,[2]

• ob zur Bewertung anstelle des historischen Anschaffungspreises der künftige Wiederbeschaffungspreis oder der am Bewertungstag aktuelle Wiederbeschaffungspreis (Tagespreis) zu verwenden ist. Das sich in Abhängigkeit vom Wertansatz ergebende kalkulatorische Kapital liegt jedoch auch der Ermittlung kalkulatorischer Zinskosten zugrunde. Daher ist darauf zu achten, dass maximal der zur Ersatzbeschaffung notwendige Betrag erfolgswirksam verrechnet wird.

• ob die künftigen Wiederbeschaffungspreise oder die aktuellen Tagespreise auf der Basis eines allgemeinen Kaufkraftindexes oder eines wirtschaftsgutspezifischen Preisindexes ermittelt werden und

• ob die Ersatzbeschaffung in voller Höhe oder nur in Höhe des Eigenkapitalanteils gewährleistet sein soll (Brutto- oder Nettosubstanzerhaltung)[3].

2.2.1.2 Definition und Strukturierung der Kosten – Kostenartenplan –

In der Kostenartenrechnung gilt es die zu erfassenden Kosten überschneidungsfrei zu strukturieren und zu definieren. Bei einer Strukturierung der Kosten nach der **Art des zugrunde liegenden Güterverbrauchs** lassen sich z.B. Material-, Personal-, Abschreibungs-, Zins- und Dienstleistungskosten sowie Steuern und Gebühren unterscheiden.[4] Beispielhaft wird in Abbildung 19 die Strukturierung der Kostenarten im Gemeinschaftskontenrahmen dargestellt.

---

[1]   In Plankostenrechnungen sind dagegen zur Erfüllung von operativen Entscheidungs- und Lenkungsaufgaben sehr wohl normalisierte Wagniskosten in der Kostenartenrechnung anzusetzen.

[2]   Vgl. 1.2.2.2.5.

[3]   Bruttosubstanzerhaltung geht dabei mit einem sinkendem Verschuldungsgrad einher.

[4]   Strukturierungskonzepte, die die Kosten nach der Art des Kalkulationsobjektes [z.B. nach Produkten (Kosten je t CEM I, CEM II ...), Projekten, Stellen (z.B. Werkstattkosten, Laborkosten) oder Prozessen (z.B. Bestellkosten, Kundenbetreuungskosten)] oder dem verursachenden Funktionsbereich (z.B. Beschaffungs-, Logistik-, Produktions-, Vertriebs- und Verwaltungskosten) unterteilen, erübrigen sich, wenn die Kalkulation drei- oder vierstufig erfolgt.

40/41	Materialkosten
42	Brennstoff- und Energiekosten
43	Lohn- und Gehaltskosten
44	Sozialkosten
45	Instandhaltung, Wartung und ähnliche Dienstleistungen
46	Steuern, Gebühren, Beiträge, Versicherungsprämien
47	Miet-, Werbe-, Büro-, Transport-, Reise-, Beratungskosten und änliches
48	Kalkulatorische Kosten
481	Kalkulatorische Abschreibungskosten
482	Kalkulatorische Zinskosten
483	Kalkulatorischer Unternehmerlohn

Abbildung 19: Strukturierung der Kostenarten gemäß Gemeinschaftskontenrahmen

Um die Aussagefähigkeit der Kostenartenrechnung und der Zurechnung zu erhöhen, sind weitere Unterteilungen notwendig. So lassen sich die Kostenarten gemäß ihrer **Aufwandswirksamkeit** danach unterscheiden, ob Grund- oder kalkulatorische Kosten (Zusatz- oder Anderskosten) vorliegen.[1] Im Hinblick auf differenziertere Kalkulationen empfiehlt sich eine Einteilung der Kosten gemäß ihrer **Zurechenbarkeit** auf die einzelne Produkteinheit in Einzel- und Gemeinkosten.

Kosten können zudem in variable und fixe Kosten gegliedert werden. Die Einteilung basiert auf dem Kostenverhalten, das sich bei einer Änderung der Ausprägungen einzelner oder mehrerer Kosteneinflussgrößen ergibt. Unter dem Begriffspaar wird jedoch, oftmals unausgesprochen und begriffsverengend, ausschließlich das **Verhalten bei Beschäftigungsänderung** gemäß Abbildung 20 verstanden.

Die beschäftigungsunabhängig anfallenden Kosten werden als **fixe Kosten** oder **Kosten der Betriebsbereitschaft** bezeichnet (z.B. Gehaltskosten, periodisch anfallende Fremdwartungskosten, Leasingraten für Immobilien und Mobilien). Der Terminus fix besagt aber nicht unbedingt, dass fixe Kosten nicht beeinflussbar sind. Sie sind nur kurzfristig immun gegenüber Beschäftigungsänderungen. Zu unterscheiden sind intervallfixe und absolut fixe Kosten. **Intervallfixe Kosten** werden durch vorhandene Kapazitäten ausgelöst (wie etwa Drehrohröfen, Personal oder Gebäude) und sind innerhalb eines bestimmten Beschäftigungsintervalls fix. Soll über die Kapazitätsgrenze z.B. eines Drehrohrofens hinaus produziert werden, ist die erhöhte Beschäftigung nur durch Anschaffung eines neuen oder Wiederinbetriebnahme eines stillgelegten Drehrohrofens möglich. Die Kosten steigen dann bei Überschreitung der Kapazitätsgrenze sprunghaft an. Beim Rückgang der Beschäftigung werden mit gewissen zeitlichen Verzögerungen (**Kostenremanenz**) unter Umständen Kapazitäten stillgelegt oder abgebaut. Auslöser dieser Kostensprünge

---

[1]   Vgl. 1.2.2.2.5.

sind Investitions- und Desinvestitionsentscheidungen auf der taktischen Managementebene. Im Gegensatz hierzu sind **absolut fixe Kosten** (Sunk Costs) nicht mehr disponierbar. Sie werden gleichfalls durch taktische oder strategische Entscheidungen in der Vergangenheit ausgelöst, sind aber nicht mehr disponierbar (z.B. Kosten für Forschung und Entwicklung, Kosten der Markteinführung neuer Produkte).[1]

Variable Kosten treten in verschiedenen Ausprägungen auf. Verhalten sich die Kosten proportional zur Beschäftigung, liegen **proportionale Kosten** vor. Die durchschnittlichen Kosten je Mengeneinheit sind in diesem Fall bei Beschäftigungsänderungen konstant. Beispiele für die Zementfertigung sind die Kosten für Kalkstein und Ton, sofern keine Mengenrabatte gewährt werden. Als **degressive Kosten** werden Kostenverläufe bezeichnet, die bei steigender Beschäftigung unterproportional ansteigen. Die durchschnittlichen Kosten je Mengeneinheit sinken in diesem Fall kontinuierlich. Gewährt der Lieferant in Abhängigkeit von der bezogenen Menge gestaffelte Rabatte, ergeben sich für die verbrauchten Rohstoffe nun degressive Kostenverläufe. Steigen die gesamten Kosten hingegen überproportional bei zunehmender Beschäftigung an, liegen **progressive Kosten** vor. Die hiermit einhergehenden durchschnittlichen Stückkostenverläufe sind ebenfalls progressiv ansteigend. So steigen die Energiekosten in der Regel, wenn eine steigende Beschäftigung durch eine intensitätsmäßige Anpassung erzielt wird. In Einzelfällen verhalten sich Kosten auch entgegengesetzt zu den Beschäftigungsänderungen. Derartige **regressive Kosten** haben stark fallende durchschnittliche Kosten je Mengeneinheit zur Folge. So sinken die Gebäudeheizkosten des Zementwerks Idelsdorf in der Produktionsstufe 3 mit zunehmender Beschäftigung und damit einhergehender Laufzeit des Drehrohrofens.[2]

Eine Unterteilung in fixe und variable Kosten ist generell in der Kostenartenrechnung noch nicht möglich: Während die Einzelkosten einer Produkteinheit immer variabel sind, können die Gemeinkosten einer Produkteinheit sowohl fix als auch variabel sein. Der im Einzelfall variable Anteil einer Gemeinkostenart (z.B. Stromkosten) kann aber erst in den einzelnen Stellen, Prozessen oder Projekten produktionsanalytisch oder auf der Basis statistischer Methoden ermittelt werden.[3] Daher entfällt dieses Strukturierungskonzept für die Kostenartenrechnung.

---

[1]   Häufig werden im betriebswirtschaftlichen Sprachgebrauch als Sunk Costs Kosten bezeichnet, die nicht zu ökonomischen Vorteilen geführt haben: Vgl. Schneider (1997), S. 419 f.

[2]   Nach 1.2.3.2 sind Einzelkosten nach dem Vermeidbarkeitsprinzip daher variable Kosten.

[3]   Kilger (1987), S. 78. Stromverbräuche für die Beleuchtung und Beheizung der Produktionsstufe 4 führen zu fixen, für die Kugelmühlen hingegen zu variablen Stromkosten.

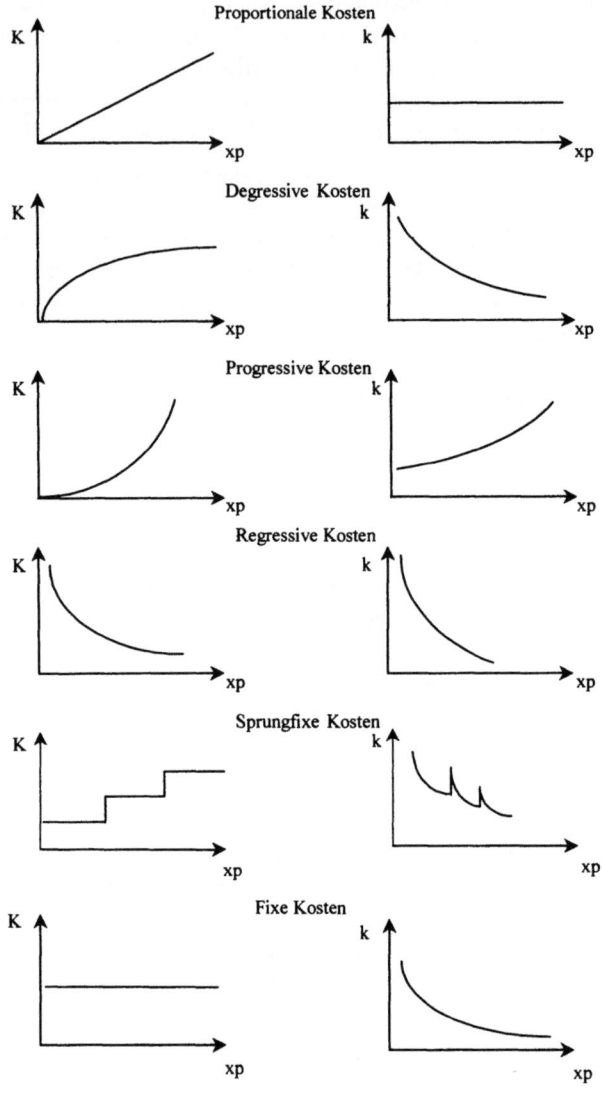

mit: K als Kosten, xp als Beschäftigung sowie $k = \dfrac{K}{xp}$.

Abbildung 20: Kostenverläufe in Abhängigkeit von Beschäftigungsänderungen

Ungenauigkeiten und Fehler auf der ersten Stufe der Kalkulation führen zwangsläufig zu mangelhaften Kalkulationsergebnissen. Deshalb sind insbesondere folgende **Grundsätze ordnungsgemäßer Kostenartenrechnung** zu beachten:[1]

- Der **Grundsatz der Vollständigkeit** besagt, dass sämtliche anfallenden Kosten
  zu erfassen sind. Hierzu muss der Kostenartenplan alle Kostenarten umfassen
  und eine regelmäßige Abstimmung mit der Aufwandsrechnung erfolgen.

- Der **Grundsatz der Klarheit** erfordert die eindeutige Bezeichnung aller Kostenarten sowie eine transparente, nachvollziehbare und übersichtliche Struktur
  des Kostenartenplans. Die Bezeichnungen der mit Kostenartennummern zu ver-
  sehenden Kostenarten sind unmissverständlich und einprägsam zu wählen.
  Gleichartige Kostenarten sind zu Gruppen zusammenzufassen.

- Der **Grundsatz der Reinheit** besagt, dass der Kostenartenplan keine unsauberen im Sinne von gemischten Kostenarten enthalten soll. Unsaubere Kostenarten setzen sich aus anderen primären Kostenarten zusammen. Sie entstehen,
  wenn Aspekte der Kostenstellen- oder Kostenträgerstückrechnung in die Definition der Kostenarten miteinfließen. Kantinenkosten setzen sich z.B. aus primären Personal-, Abschreibungs- und Instandhaltungskosten zusammen und
  sind daher nicht als selbständige Kostenart im Kostenartenplan aufzunehmen.

- Der **Grundsatz der Vergleichbarkeit** besitzt eine formelle und eine materielle
  Ausprägung. Formelle Vergleichbarkeit verlangt die identische Erfassung von
  gleichartigen Kosten. Materielle Vergleichbarkeit erfordert die Stetigkeit der
  angewendeten Bewertungsmethoden. Hierzu ist eine **Kontierungsrichtlinie** zu
  erstellen, die dem Anwender in allgemeiner und beispielhafter Form die Erfassung der Kosten vorgibt. Insbesondere ist auf die weiteren Kalkulationsobjekte
  abzustellen, die bei einer drei- und vierstufigen Kalkulation gegeben sind. Gemeinkosten werden hier über Stellen, Projekte oder Prozesse weiterverrechnet.
  Die Kostenbelege müssen daher zusätzlich die zu bebuchende Auftrags- (Kos-
  tenträger-), Projekt-, Stellen- oder Prozessnummer enthalten. Einzelkosten können per definitionem unmittelbar je Kostenträger (Kunden- oder Innenauftrag)
  erfasst werden. Aus Kontrollgesichtspunkten empfiehlt sich aber, in der Kontierungsrichtlinie die Verrechnung der Einzelkosten analog zu den Gemeinkosten
  vorzusehen, um Unwirtschaftlichkeiten direkt an den Orten der Kostenentstehung erfassen zu können.

- Jede Erfassung hat immer dem **Grundsatz der Wirtschaftlichkeit** zu genügen.

---

[1]   Vgl. Kilger (1987), S. 69 ff.

Der Nutzen detaillierterer Erfassungen muss danach größer sein als die zusätzlich anfallenden Kosten der Erfassung.

2.2.1.3 Erfassung der Istkosten

Im Folgenden werden die einzelnen Hauptkostenarten beschrieben. Dabei werden zunächst die Hauptkostenarten definiert und hinsichtlich ihrer Zurechenbarkeit auf Produkte als Einzel- oder Gemeinkosten charakterisiert. Zudem werden Verfahren zur Ermittlung der jeweiligen Mengen- und Wertkomponente dargestellt.

2.2.1.3.1 Materialkosten

Material- oder Werkstoffkosten umfassen den bewerteten sachzielbezogenen Verbrauch von Roh-, Hilfs- und Betriebsstoffen sowie Waren. Als **Rohstoffe** werden die Werkstoff- oder Repetierfaktorarten bezeichnet, die physischer Bestandteil des Endprodukts werden. Hierzu sind auch vorgefertigte fremdbezogene **Produktkomponenten** zu rechnen. Rohstoffe bei der Zementproduktion sind Kalkstein, Ton und je nach Zementsorte spezifische Zusatzstoffe. Der für die Herstellung von Sackware fremdbezogene Papiersack kann als Produktkomponente angesehen werden. **Hilfsstoffe** sind solche Materialarten, die zwar gleichfalls direkt in ein Produkt eingehen, jedoch im Unterschied zu Rohstoffen nur von geringer wertmäßiger Bedeutung sind. Ein Beispiel ist der Klebstoff zum Verschließen der Papiersäcke nach ihrer Befüllung mit Zement. **Betriebsstoffe** werden als Repetierfaktoren definiert, die nicht physischer Bestandteil des Produkts werden, sondern im Rahmen der Produkterstellung zur Aufrechterhaltung des Produktionsprozesses notwendig sind. Betriebsstoffe in der Zementproduktion sind z.B. Kohle als Heizmaterial zur Befeuerung der Öfen, Strom zum Betrieb der Mühlen, Reinigungsmittel oder Schmierstoffe für die Anlagen. Weniger in Produktions- als in Handelsbetrieben erfolgen die Beschaffung und der Vertrieb von **Waren**. Denkbar ist etwa der Handel eines Zementherstellers mit einer „exotischen" Zementsorte zur Abrundung seiner Produktpalette, die er wegen der geographischen Entfernung zur Rohstofflagerstätte oder wegen der insgesamt geringen Nachfrage nicht selbst herstellt.

In Abhängigkeit von der Bedeutung eines Roh-, Hilfs- oder Betriebsstoffs, das heißt der Höhe der mit seinem Einsatz verbundenen Kosten, ist der hervorgehobene Ausweis einer Kostenart im Kostenartenplan denkbar. So ist es für den Fall der Zementfertigung empfehlenswert, die **Brennstoff- und Energiekosten** nicht unter die Hauptkostenart Materialkosten zu subsumieren, sondern **als eigenständige Hauptkostenart** auszuweisen.

Rohstoffkosten sind dem Kalkulationsobjekt Produkteinheit nach dem Verursachungsprinzip als **Einzelkosten** zurechenbar. Dies gilt grundsätzlich auch für die Hilfsstoffkosten. Wegen ihrer Geringwertigkeit wird allerdings aus Wirtschaftlichkeitsgründen häufig auf ihre genaue Erfassung verzichtet. In diesen Fällen werden sie als **unechte Gemeinkosten** behandelt. Betriebsstoffkosten sind den mit ihrer Hilfe gefertigten Produkteinheiten in der Regel nicht direkt zurechenbar, folgerichtig werden sie als **echte Gemeinkosten** erfasst und verteilt. Sofern jedoch ein kontinuierlicher Produktionsablauf vorliegt und Betriebsstoffkosten direkt zurechenbar sind, steht auch hier einer Erfassung als Einzelkosten nichts entgegen. So werden die produktionsbezogenen Brennstoff- und Energiekosten der Produktionsstufen 1 bis 5 im Zementwerk Idelsdorf als Einzelkosten erfasst.

Für die **Erfassung der Mengenkomponenten** der einzelnen Materialkostenarten finden je nach Materialart und Gestaltung des Produktionsprozesses verschiedene Verfahren Anwendung. Werden die benötigten Materialmengen im Zuge einer Just-in-time-Produktionslogistik geliefert (das heißt, jeweils nur so viel, wie gerade gebraucht wird) oder sind die Materialarten im Unternehmen grundsätzlich nicht lagerfähig (wie z.B. der Betriebsstoff Strom zur Wärmeerzeugung), lassen sich die Mengenkomponenten dieser einzelnen Materialarten direkt den Lieferscheinen oder Rechnungen der Lieferanten entnehmen. Im Rahmen einer **Festwertrechnung** genügt daher die Erfassung der Materialzugänge, eine Bestandsbuchführung ist offensichtlich nicht notwendig.

> Ermittlung des Materialverbrauchs mit der *Festwertrechnung*:
> Verbrauch der Periode = Zugang der Periode

Die Festwertrechnung stellt das einfachste Verfahren zur Ermittlung des Materialverbrauchs dar, da sie auf eine Bestandsführung völlig verzichtet. Wenn die Festwertrechnung aus Vereinfachungsgründen im Sinne einer **Schätzung** auch auf Materialarten angewendet wird, bei denen die Übereinstimmung von Lieferung und Verbrauch in einer Periode nur näherungsweise gegeben ist, erhält man keine Informationen über den tatsächlichen Verbrauch und dessen Ursachen sowie über den tatsächlichen Lagerbestand. Eine Schätzung des Verbrauchs auf der Grundlage der Liefermengen einer Periode empfiehlt sich daher aus Gründen der Wirtschaftlichkeit nur für geringwertige Materialarten.

Für den Fall, dass das Unternehmen **keine lagerlose Fertigung** betreibt, sondern seinen Bedarf an Material über eigene Läger deckt, sollte die Erfassung der Verbrauchsmengen durch die folgenden, verschieden aufwändigen und unterschiedlich genauen Methoden erfolgen:

- Befundrechnung (Inventurmethode),
- Fortschreibungsrechnung (Skontrationsmethode mittels Entnahmescheinen),

- Rückrechnung (Methode der retrograden Erfassung mittels Stücklisten).

Mit Hilfe der **Befundrechnung** wird der Materialverbrauch im Rahmen einer periodischen körperlichen Bestandsaufnahme (Inventur) ermittelt. Ausgehend vom Endbestand (Befund) der Vorperiode, der zugleich Anfangsbestand der betrachteten Periode ist, ergibt sich der Verbrauch bei Erfassung der Materialzugänge der Periode durch Lieferscheine wie folgt:[1]

Ermittlung des Materialverbrauchs mit der *Befundrechnung*:
Verbrauch der Periode = Anfangsbestand + Zugang – Endbestand der Periode

Die Befundrechnung stellt ein gut geeignetes Verfahren zur Erfassung des gesamten Materialverbrauchs einer Periode dar, für dessen Durchführung **keine Materialbuchhaltung erforderlich** ist. Die Verbrauchsermittlung erfolgt allerdings ohne Identifikation und Durchleuchtung der Verbrauchsursachen, die neben der eigentlichen Zweckbestimmung der Materialarten in Schwund, Vernichtung, Diebstahl oder unproduktiver Verwendung in der Produktion bestehen können. Diese ursachenunspezifische Verbrauchsermittlung hat auch zur Folge, dass sich die aus einer Befundrechnung resultierenden Materialkosten grundsätzlich nicht direkt als Einzelkosten der Produkteinheiten ausweisen lassen; sogar die Erfassung als Kostenstelleneinzelkosten ist aufgrund des möglichen Ursachenmix für den Mengenverbrauch zunächst unmöglich.

Im Rahmen der **Fortschreibungsrechnung** (Skontrationsmethode) werden Lagerzu– und Lagerabgänge von Materialarten laufend aufgezeichnet. Dabei bedient man sich so genannter **Materialentnahmescheine**, auf denen gewöhnlich die Bezeichnung und die entnommene Menge einer Materialart verzeichnet sind. Ebenso kann der Materialpreis je Mengeneinheit, die Kostenstelle des Materialeinsatzes, die Nummer des Fertigungsauftrags sowie Ausgabevermerke (Datum, Name) und die Unterschrift des Empfängers vermerkt werden.

Durch die materialartspezifische Zusammenfassung der Materialentnahmescheine einer Periode erhält man die jeweiligen Materialgesamtverbräuche. Der für das Bestellwesen wichtige Materialendbestand einer Periode ergibt sich dann aus dem Anfangsbestand der Periode (der dem Endbestand der Vorperiode entspricht), dem Zugang gemäß Lieferscheinen sowie dem Verbrauch gemäß Entnahmescheinen.

---

[1]   Vgl. hierzu das Badewannenaxiom 1.2.2.1.

Ermittlung des Materialverbrauchs mit der *Fortschreibungsrechnung*:

Verbrauch der Periode[1]   = Abgänge gemäß Materialentnahme-
                                scheinen der Periode

Soll-Endbestand der Periode = Anfangsbestand + Zugang – Verbrauch
                                der Periode gemäß Fortschreibungs-
                                rechnung

Die Fortschreibungsrechnung ist mit relativ **hohem Verwaltungsaufwand** verbunden und wird deshalb häufig nur für die Verbrauchsermittlung höherwertiger Materialarten eingesetzt. Mit ihrer Hilfe ist eine exakte Erfassung der für Produktionszwecke aus dem Lager entnommenen Materialmengen möglich. Zudem ist aufgrund der Angaben der Materialentnahmescheine eine exakte Zuordnung zu Kalkulationsobjekten wie Kostenstellen oder Produkteinheiten möglich. Die Kombination von Befund- und Fortschreibungsrechnung ermöglicht eine begrenzte Ursachenanalyse des Materialverbrauchs. Der Vergleich des Materialverbrauchs nach Befundrechnung (Ist-Verbrauch) mit dem Materialverbrauch nach Fortschreibungsrechnung (Soll-Verbrauch) (oder der korrespondierenden Endbestände) ermöglicht die **Ermittlung des Lagerverlusts** beziehungsweise des **bereitstellungsbedingten Mehrverbrauchs** aufgrund von Schwund, Vernichtung oder Diebstahl.

Bei der **Rückrechnung** wird aus der Zahl der in einer Periode erstellten Produkteinheiten und deren Materialzusammensetzung auf die Verbrauchsmengen der verschiedenen in das Produkt eingehenden Materialarten geschlossen, das heißt retrograd gerechnet. Die Materialzusammensetzung der einzelnen Produkte wird dabei in Stücklisten oder Rezepturen festgehalten. Für die Anwendung dieses Verfahrens muss ein direkter Zusammenhang zwischen Materialmenge und Produkteinheit gegeben sein, deshalb findet dieses Verfahren in der Regel nur Anwendung bei Einzelkostenmaterial, mithin Rohstoffen und Produktkomponenten. Die in den Stücklisten angeführten Materialverbrauchsmengen je Produkteinheit geben dabei den Bruttoverbrauch an. Der Bruttoverbrauch setzt sich aus der direkt in eine Produkteinheit eingehenden Materialmenge (Nettoverbrauch) und dem Materialabfall je Produkteinheit zusammen, der produktions- oder dimensionsbedingt[2] unvermeidbar ist. Ein entsprechender Mengenzuschlag für den Materialmehrverbrauch aufgrund von Ausschussproduktion ist hingegen nicht vorzunehmen. Die Aufdeckung unwirtschaftlichen Verhaltens bei Kostenkontrollen ist sonst nicht mehr

---

[1]   Die Summe der Verbräuche einer Rohstoffart gemäß Materialentnahmescheinen stellt einen
      Soll-Verbrauch dar, da es über die dokumentierten Entnahmen hinaus zu weiteren Abgängen
      (Schwund, Vernichtung, Diebstahl) im Lager kommen kann.

[2]   Z.B. Holzstücke und –späne bei der Erstellung von Tischplatten.

möglich. In Abbildung 21 sind die verwendeten Rezepturen im Zementwerk Idelsdorf dargestellt. Sie weisen den gesamten direkten und indirekten Bruttomaterialbedarf je Produkteinheit einer Zementsorte aus.

	CEM I	CEM I (Sackware)	CEM II	CEM III	Zementklinker
Ton [t/t]	1,292	1,292	1,156	0,612	1,360
Kalkstein [t/t]	0,228	0,228	0,204	0,108	0,240
Gips [t/t]	0,050	0,050	0,050	0,050	
Hüttensand [t/t]			0,150	0,550	
Sack [ME/t]		40			

Abbildung 21: Rezepturen im Zementwerk Idelsdorf[1)]

Ermittlung des Materialverbrauchs mit der *Rückrechnung*:
Verbrauch der Periode = Bruttoverbrauch je Produkteinheit • Produktionsmenge

Bei Vorliegen von Stücklisten oder Rezepturen ist die Rückrechnung mit geringem Aufwand durchführbar, eine Lagerbuchhaltung ist nicht erforderlich. Die Angaben in den Stücklisten ermöglichen die exakte Zuordnung der Materialverbräuche zu Kalkulationsobjekten wie Produkteinheiten, Produktarten und Kostenstellen. Die Kombination von Fortschreibungs- und Rückrechnung erlaubt eine genauere Ursachenanalyse des Materialverbrauchs. Denn der Vergleich des Materialverbrauchs nach Fortschreibungsrechnung (für Produktionszwecke aus dem Lager entnommener Materialmengen der Periode) mit dem Materialverbrauch nach Rückrechnung (für die gefertigte Produktionsmenge notwendige Brutto-Materialmengen) ermöglicht die **Ermittlung von unwirtschaftlichem Verhalten** in Form von **produktionsbedingtem Mehrverbrauch** (Produktion von Ausschuss, aber auch Schwund, Vernichtung, Diebstahl in der Produktion). Eine Differenz kann aber auch auf die **Existenz von Zwischenlägern** hinweisen. Die Kombination der Ergebnisse aller drei Methoden (Befund-, Fortschreibungs- und Rückrechnung) erlaubt demnach die Zerlegung des gesamten Materialverbrauchs einer Periode in den produktiven Verbrauch sowie in die bereitstellungs- und produktionsbedingten Mehrverbrauch. Die parallele, laufende oder fallweise Anwendung aller drei Verfahren der Materialverbrauchsermittlung ist aufwändig, in Einzelfällen aber durchaus empfehlenswert.

Am nachfolgenden Beispiel lässt sich die Aussagekraft der einzelnen Verfahren zur

---

[1)]   Der über die Menge von einer Tonne hinausgehende mengenmäßige Materialbedarf begründet sich überwiegend mit dem CO_2-Verlust im Brennvorgang der Produktionsstufe 3.

Materialverbrauchsermittlung und ihr Zusammenwirken zur Aufdeckung der verschiedenen Verbrauchsursachen darstellen. Im August des betrachteten Abrechnungsjahres werden 80.000 t Zementklinker hergestellt. Für die Produktion einer Tonne Zementklinker sind gemäß Abbildung 21 0,24 t Kalkstein einzusetzen. Darüber hinaus liegen die Informationen der Lagerbestandsführung in Abbildung 22 für den August des Abrechnungsjahres vor.

Nach der Befundrechnung ergibt sich auf der Basis des im Rahmen der Inventur ermittelten Endbestands der Verbrauch an Kalkstein gemäß der obigen Definitionsgleichung als:

Verbrauch der Periode = Anfangsbestand + Zugang – Endbestand der Periode
                      = 8.500 t + (5.500 t + 7.000 t + 5.000 t) – 6.450 t = 19.550 t

Gemäß obiger Definitionsgleichung ergibt die Fortschreibungsrechnung:

Verbrauch der Periode = Abgang gemäß Materialentnahmescheinen der Periode
                      = 5.000 t + 4.500 t + 4.000 t + 6.000 t = 19.500 t

Datum	Vorgang	ME [t]
01.08.06	Anfangsbestand gemäß Inventur	8.500
02.08.06	Abgang	5.000
06.08.06	Zugang	5.500
12.08.06	Abgang	4.500
19.08.06	Abgang	4.000
21.08.06	Zugang	7.000
25.08.06	Abgang	6.000
28.08.06	Zugang	5.000
31.08.06	Endbestand nach Skontrationsrechnung	6.500
31.08.06	Endbestand nach Befundrechnung	6.450

Abbildung 22: Basisdaten zur Materialverbrauchsermittlung des Kalksteins im Zementwerk Idelsdorf

Die Rückrechnung weist den Kalksteinverbrauch per definitionem wie folgt aus:

Verbrauch der Periode = Bruttoverbrauch je Produkteinheit • Produktmenge
                      = 0,24 t/t • 80.000 t = 19.200 t

Die Anwendung des Schätzverfahrens ergibt:

Verbrauch der Periode = Zugang der Periode
                      = 5.500 t + 7.000 t + 5.000 t = 17.500 t

Sämtliche Verfahren weisen einen unterschiedlichen Verbrauch an Kalkstein in der betrachteten Periode aus. Der durch das Schätzverfahren ausgewiesene Verbrauch ist verfahrensbedingt falsch, da die Fertigung des Unternehmens offensichtlich nicht lagerlos ist und starke zeitliche Differenzen zwischen Lieferungen und Verbrauch zu verzeichnen sind. Es sollte daher im vorliegenden Fall nicht angewendet werden. Den tatsächlichen Verbrauch der Periode in Höhe von 19.550 t gibt einzig und allein die Befundrechnung wieder. Die Differenz des tatsächlichen Verbrauchs und des Verbrauchs nach Fortschreibungsrechnung oder der korrespondierenden Endbestände in Höhe von 6.500 t – 6.450 t = 19.550 t – 19.500 t = 50 t offenbart einen **bereitstellungsbedingten** Mehrverbrauch aufgrund von Diebstahl, Schwund oder Vernichtung. Die Differenz des Verbrauchs nach Fortschreibungsrechnung und des Verbrauchs nach Rückrechnung in Höhe von 19.500 t – 19.200 t = 300 t deckt einen auf unwirtschaftliches Verhalten zurückzuführenden **produktionsbedingten** Mehrverbrauch auf oder weist auf Zwischenläger im Produktionsbereich hin. Die Summe potenziell unproduktiver Mehrverbräuche an Kalkstein beträgt damit in der betrachteten Periode insgesamt 350 t.

Nach der Erfassung des Materialverbrauchs als Mengenkomponente der Materialkosten ist dieser mit einer **Preiskomponente** zu bewerten, um per definitionem die Kosten des Materialverbrauchs ermitteln zu können. Die Preiskomponente entspricht grundsätzlich dem Beschaffungspreis je Mengeneinheit des Materials. Der Beschaffungspreis ist dabei als **Einstandspreis frei Lager** anzusetzen:

Einkaufspreis (abzüglich Umsatzsteuer und Rabatte)
+ primäre Beschaffungskosten (z.B. Transport, Versicherung, Zoll)
= Beschaffungspreis oder *Einstandspreis* frei Lager

Zur Ermittlung der Kosten der abgelaufenen Periode ist dabei eine Bewertung mit verschiedenen Preiskategorien vorstellbar:

• Historische **Anschaffungspreise** (Vergangenheitspreise),
• Aktuelle **Tagespreise** (Gegenwartspreise),
• Zukünftige **Wiederbeschaffungspreise** (Zukunftspreise),
• **Verrechnungspreise.**

Die Wahl einer Preiskategorie ist untrennbar mit der gewählten Erfolgsdefinition und damit der Erhaltungskonzeption verbunden, die der kalkulatorischen Erfolgsermittlung zugrunde gelegt wird.[1)] Geht man davon aus, dass Materialarten relativ schnell verbraucht und damit nicht über längere Zeit gelagert werden, so kann man zur Vereinfachung der Rechnung unterstellen, dass die Beschaffungspreise in der betrachteten kurzen Abrechnungsperiode keinen größeren Schwankungen unterliegen. In diesem Fall stimmen historische Anschaffungs-, aktuelle Tages- und zu-

---

[1)] Vgl. 1.2.2.2.5. sowie 2.2.1.1.

künftige Wiederbeschaffungspreise überein. Bei der Beschaffung eines Potenzial-
faktors, etwa einer Maschine, gewinnt die Wahl der Preiskategorie hingegen eine
deutlich größere Bedeutung und bedarf einer tiefgehenden Analyse.[1]

Mit der Bildung von **Verrechnungspreisen** verfolgt man den Zweck, einen fiktiven Beschaffungspreis auf der Basis einer der bisher genannten Preiskategorien
festzulegen. Der Grund liegt darin, dass die in einer Periode eingesetzten Materialarten oft nicht in einem Bestellvorgang und damit zu abweichenden Preisen beschafft werden. Zusätzlich kommt es bei gleichartigen Massengütern zu einer Mi-
schung der zu unterschiedlichen Zeitpunkten beschafften Materialarten im Lager,
im Silo oder auf der Halde, so dass oft gar nicht bestimmt werden kann, welche
Materialeinheit denn nun gerade im Produktionsprozess eingesetzt worden ist. Verrechnungspreise orientieren sich z.B. an einer fiktiven Verbrauchsfolge, die zu im
Zeitablauf schwankenden Preiskomponenten führt, oder stellen einen Durchschnittspreis dar. Der Durchschnittspreis kann dabei ein (auf verschiedene Weise
zu bestimmender) Mittelwert der Beschaffungspreise sein, die in der betrachteten
Abrechnungsperiode oder über mehrere Abrechnungsperioden gezahlt werden.

Beschränkt man sich bei der Ermittlung von Materialkosten auf die Betrachtung
der historischen Anschaffungspreise und daraus abgeleitete Verrechnungspreise, so
bieten sich folgende Verfahren zur Ermittlung der Wertkomponente an:[2]

- **Partieweise Istpreisbewertung,**
- **Bewertung mit Istpreisdurchschnitten,**
  - mit permanenter Durchschnittspreisbildung (rollender Durchschnittspreis),
  - mit periodischer Durchschnittspreisbildung (fester Durchschnittspreis),
- **Selektive Istpreisbewertung** (Verbrauchsfolgeverfahren),
  - Fifo-Verfahren (first in – first out),
  - Lifo-Verfahren (last in – first out),
  - Hifo-Verfahren (highest in – first out),
  - Lofo-Verfahren (lowest in – first out).

Bei der partieweisen Istpreisbewertung werden die Materialverbräuche jeweils gesondert mit den Einstandspreisen derjenigen Lieferung (Partie) bewertet, der die
Materialarten konkret entnommen worden sind. Bei dieser Vorgehensweise muss
deshalb die Herkunft der verbrauchten Materialarten genau ermittelbar sein.

Die Anwendung der **partieweisen Istpreisbewertung** auf das Beispiel der

---

[1]   Vgl. 2.2.1.3.3 und 2.2.1.3.4.

[2]   Kilger (1987), S. 82.

Abbildung 22 und Abbildung 23 ergibt für den August des betrachteten Abrechnungsjahres Materialkosten in Höhe von (20.000 + 28.500 + 20.000 + 23.750 + 5.000 + 4.750 + 28.500 + 60.000 =) 190.500 €.

Die partieweise Istpreisbewertung ermöglicht die exakte Ermittlung der Materialkosten einer Periode. Die Voraussetzungen für ihre Anwendung, die eindeutige Herkunftsbestimmung der Materialarten und damit ihrer individuellen Einstandspreise, ist im betrieblichen Alltag aber häufig nicht gegeben oder mit übermäßigem Verwaltungsaufwand verbunden. Zur Bewertung von Materialverbräuchen wird daher oft auf die Durchschnittspreisbildung zurückgegriffen.

Bei der permanenten Durchschnittspreisbildung wird nach jedem Materialzugang zum Lager, das heißt permanent, ein neuer Istpreisdurchschnitt, der so genannte **rollende Durchschnittspreis**, ermittelt. Ein Lagerabgang wird dann zum jeweils geltenden rollenden Durchschnittspreis des gesamten Lagerbestands bewertet.

Datum	Vorgang	ME [t]	Preis [€/t]	Bewertete Menge [€]
01.08.06	1. Partie	5.000	10,00	50.000
	2. Partie	3.500	9,50	33.250
	Anfangsbestand gemäß Inventur:	8.500		83.250
02.08.06	Abgang: 1. Partie	2.000	10,00	20.000
	Abgang: 2. Partie	3.000	9,50	28.500
06.08.06	Zugang: 3. Partie	5.500	9,50	52.250
12.08.06	Abgang: 1. Partie	2.000	10,00	20.000
	Abgang: 3. Partie	2.500	9,50	23.750
19.08.06	Abgang: 1. Partie	500	10,00	5.000
	Abgang: 2. Partie	500	9,50	4.750
	Abgang: 3. Partie	3.000	9,50	28.500
21.08.06	Zugang: 4. Partie	7.000	10,00	70.000
25.08.06	Abgang: 4. Partie	6.000	10,00	60.000
28.08.06	Zugang: 5. Partie	5.000	9,80	49.000
31.08.06	1. Partie	500	10,00	5.000
	4. Partie	1.000	10,00	10.000
	5. Partie	5.000	9,80	49.000
	Endbestand	6.500		64.000

Abbildung 23: Partieweise Istpreisbewertung im Zementwerk Idelsdorf

Für das Beispiel der Abbildung 22 und Abbildung 23 ergeben sich auf der Basis rollender Durchschnittspreise gemäß Abbildung 24 Materialkosten in Höhe von (48.970,59 + 43.264,71 + 38.457,52 + 59.845,75 =) 190.538,57 €.

Datum	Vorgang	ME [t]	Preis [€/t]	Bewertete Menge [€]	Rollender Durchschnitts-preis [€/t]
01.08.06	Anfangsbestand gemäß Inventur:	8.500		83.250,00	9,794118
02.08.06	Abgang	5.000		48.970,59	9,794118
06.08.06	Zugang	5.500	9,50	52.250,00	9,614379
12.08.06	Abgang	4.500		43.264,71	9,614379
19.08.06	Abgang	4.000		38.457,52	9,614379
21.08.06	Zugang	7.000	10,00	70.000,00	9,974292
25.08.06	Abgang	6.000		59.845,75	9,974292
28.08.06	Zugang	5.000	9,80	49.000,00	9,840221
31.08.06	Endbestand	6.500		63.961,44	9,840221

Abbildung 24: Permanente Durchschnittspreisbildung im Zementwerk Idelsdorf[1]

Im Vergleich zur partieweisen Istpreisbewertung nimmt die permanente Durch-schnittspreisbildung bereits eine gewisse Glättung der unterschiedlichen Einstands-preise derjenigen Lieferungen vor, die sich im jeweiligen Zeitpunkt des Material-abgangs im Lager befinden. Eine weitergehende Glättung stellt die Ermittlung ei-nes **festen Durchschnittspreises** für die gesamte Periode dar, in dessen Berech-nung der Durchschnittspreis des Anfangsbestands und die Einstandspreise aller Zugänge der Periode eingehen. Für das Beispiel ergeben sich nach Abbildung 25 Materialkosten in Höhe von (19.500 t • 9,788462 €/t =) 190.875 €.

Datum	Vorgang	ME [t]	Preis [€/t]	Bewertete Menge [€]
01.08.06	Anfangsbestand gemäß Inventur:	8.500	9,794118	83.250
06.08.06	Zugang	5.500	9,500000	52.250
21.08.06	Zugang	7.000	10,000000	70.000
28.08.06	Zugang	5.000	9,800000	49.000
	Zwischensumme	26.000	9,788462	254.500
	Abgang der Periode	19.500	9,788462	190.875
31.08.06	Endbestand	6.500	9,788462	63.625

Abbildung 25: Periodische Durchschnittspreisbildung im Zementwerk Idelsdorf[2]

Welches Verfahren zur Ermittlung der Wertkomponente konkret zum Einsatz kommt, entscheidet u.a. der jeweilige Zweck der Kostenrechnung. Das zuletzt dar-

---

[1]   Z.B. ergibt sich: $\dfrac{83.250\,€ - 48.970,59 + 52.250\,€}{8.500\,t - 5.000\,t + 5.500\,t} = 9,614379\,\dfrac{€}{t}$

[2] $\dfrac{254.000\,€}{26.000\,t} = 9,788462\,\dfrac{€}{t}$

gestellte Verfahren der periodischen Durchschnittspreisbildung ist für die Kalkulation von Produkten am besten geeignet, die je Periode in größerer Anzahl hergestellt werden. Bei der Zementproduktion interessiert es beispielsweise nicht, welche Rohstoffkosten dem 782. von insgesamt 2.350 gefüllten Zementsäcken aufgrund der Tatsache exakt beizumessen sind, dass der für seinen Inhalt verarbeitete Rohstoff einer besonderen Lieferung entstammt. Hier interessiert nur, was (irgend)einer der 2.350 Säcke im Durchschnitt in dieser Periode an Materialkosten verursacht hat. Das heißt nicht, dass bei einer Einzel- oder Auftragsfertigung nicht eine partieweise Istpreisbewertung angebracht sein könnte. In der betrieblichen Praxis hat sich aber die Durchschnittspreisbildung durchgesetzt. Obwohl dies nicht ausschlaggebend ist, hat sie zudem den Vorteil, den handels- und steuerrechtlichen Vorschriften der Bestandsbewertung zu entsprechen, sofern dem nicht das Niederstwertprinzip entgegensteht.[1]

Die **Verfahren der selektiven Istpreisbewertung** sind aus bilanzpolitisch geprägten Motiven entwickelt worden, um etwa die nach § 255 Abs. 2 HGB mit Herstellungskosten zu bewertenden Bestände der jeweiligen Zielsetzung entsprechend höher oder niedriger ansetzen zu können, sofern dies handels- oder steuerrechtlich zulässig ist. Bei den verschiedenen Varianten wird jeweils eine – im Allgemeinen fiktive[2] – Verbrauchsfolge unterstellt, nach der die Materialverbrauchsmengen der betrachteten Periode so bewertet werden, als ob die ersten (Fifo), die letzten (Lifo), die teuersten (Hifo) oder die billigsten (Lofo) Zugangsmengen jeweils zuerst dem Lager entnommen werden. Die Verfahren der selektiven Istpreisbewertung entsprechen in ihrer Vorgehensweise der partieweisen Istpreisbewertung, wobei die Partien, denen Materialmengen entnommen werden, nunmehr konkret nach der Höhe ihres Einstandspreises je Mengeneinheit oder nach dem Zeitpunkt ihres Lagerzugangs festgelegt werden. Für Zwecke der Kostenrechnung sind diese Verfahren grundsätzlich ungeeignet, da ihnen – oft aufgrund der engen Kopplung mit Handels- oder Steuerbilanz – häufig die Absicht zugrunde liegt, die Höhe des auszuweisenden Periodenerfolgs zu „gestalten". Sofern die Einstandspreise einer Periode nicht lediglich erratisch schwanken, sondern eine eindeutige Steigungstendenz aufweisen, führt die Anwendung des Lifo-Verfahrens zu hohen Materialkosten und damit zu einem niedrigeren kalkulatorischen Erfolg als die anderen Verfahren der

---

[1] § 256 in Verbindung mit § 240 Abs. 3 und Abs. 4 HGB sowie Richtlinie 36, Abs. 1, Abs. 3 und Abs. 4 EStR.

[2] Beim Silobetrieb, bei dem das Silo per Förderband von oben befüllt und von unten entleert wird, ist eine tatsächliche physische Verbrauchsfolge gegeben (Fifo). Die umgekehrte Verbrauchsfolge findet man z.B. bei Säcken, die vor Gebrauch aufeinander gestapelt werden (Lifo).

Ermittlung von Beschaffungspreisen. Damit stellt das Lifo-Verfahren zumindest eine Näherung an eine tageswertorientierte Bewertung dar.[1]

2.2.1.3.2 Personalkosten

Personalkosten (= Arbeitskosten) entstehen durch die bewertete sachzielbezogene Inanspruchnahme der von den Arbeitnehmern eines Unternehmens bereitgestellten Arbeitskraft. Die Hauptkostenart Personalkosten beinhaltet – nach arbeitsrechtlichen und kalkulatorischen Gesichtspunkten gegliedert – zunächst einmal drei grundsätzlich verschiedene Entgeltkategorien:

- **Löhne** (Arbeiter),
- **Gehälter** (Angestellte),
- **Kalkulatorischer Unternehmerlohn** (Eigner von Einzelunternehmen oder Personengesellschaften).

Personalkosten im Sinne der Kostenrechnung sind dabei nicht mit dem den Arbeitnehmern gezahlten Entgelt (Netto-Lohn oder Netto-Gehalt) gleichzusetzen. In die Personalkosten ist vielmehr der Brutto-Lohn oder das Brutto-Gehalt einzubeziehen, das vor der Auszahlung an den Arbeitnehmer um die an den Fiskus und an die Sozialversicherungsträger abzuführenden Beträge gekürzt wird. Brutto-Löhne und Brutto-Gehälter setzen sich dabei aus einem Grund-Lohn oder Grund-Gehalt und verschiedenen Zuschlägen zusammen:

Brutto-Lohn[2]   = Tariflohn

                    + gesetzlicher Soziallohn (Urlaubs- und Feiertagslöhne)

                    + übertarifliche Lohnzulagen

                    + Leistungsprämien

                    + sonstige Prämien

                    + Zuschläge für Überstunden, Nacht-, Sonn- und Feiertagsarbeit

Der Netto-Lohn (Netto-Gehalt) ergibt sich nach Abführung folgender Beträge zu:

Netto-Lohn   = Brutto-Lohn

                - Lohnsteuer

                - Kirchensteuer

                - Solidaritätszuschlag

                - Krankenversicherungsbeitrag (Arbeitnehmeranteil)

                - Pflegeversicherungsbeitrag (Arbeitnehmeranteil)

---

[1]   Vgl. zur Problematik der tageswertorientierten Bewertung 2.2.1.3.4.

[2]   Unter Beachtung der arbeitsrechtlichen Besonderheiten analog für Gehälter.

- Rentenversicherungsbeitrag (Arbeitnehmeranteil)
- Arbeitslosenversicherungsbeitrag (Arbeitnehmeranteil)

Neben den Brutto-Löhnen und Brutto-Gehältern beinhalten Personalkosten weitere Komponenten:

• (Gesetzliche, tarifliche und freiwillige) **Sozialkosten,**
• **Sonstige Personalkosten.**

Gesetzliche **Sozialkosten** setzen sich aus den Arbeitgeberanteilen zur Kranken-, Renten- und Arbeitslosenversicherung, aus den Beiträgen zur Berufsgenossenschaft oder ähnlichem zusammen. Im Rahmen von Tarifverträgen vereinbarte Sozialkosten sind etwa Krankengeldzuschüsse und Beiträge zu Zusatzversorgungskassen. Darüber hinaus gewährte freiwillige Sozialkosten entstehen zum einen etwa aus Fahrgelderstattungen, Familienfürsorge, Vergabe verbilligter Darlehen, Weihnachtsgratifikationen, Prämien für Verbesserungsvorschläge, Jubiläumszuwendungen, Ausbildungsbeihilfen, zum anderen durch das Betreiben von Einrichtungen zur Erholung und Freizeitgestaltung (Sporthalle, Bibliothek, Begegnungsstätte) oder zur Entlastung der Arbeitnehmer im Arbeitsalltag (Kantinen, Kindergärten). Während es sich bei der ersten Kategorie der freiwilligen Sozialkosten um primäre Kosten handelt, sind die Kosten der zweiten Kategorie sekundäre Kosten und erst im Rahmen der Kostenstellenrechnung zu ermitteln. Dem Grundsatz der Reinheit der Kostenartenrechnung[1] entsprechend werden daher die Anteile der freiwilligen Sozialkosten, die sekundärer Natur sind (wie etwa Mieten von Gebäuden oder Abschreibungskosten der Einrichtungen), in der Kostenartengliederung den entsprechenden Hauptkostenarten und nicht etwa den Personalkosten zugeordnet. Als **sonstige Personalkosten** werden etwa Abfindungen oder Kosten für die Personalakquisition angesehen.

In Deutschland werden die Modalitäten der Lohn- und Gehaltszahlung einschließlich vieler Sozialabgaben durch Tarifverträge geregelt. Für Betriebe der Zementindustrie ist dies z. B. der **Manteltarifvertrag für die Zement-Industrie Nordwestdeutschlands** (letztmaliger Abschluss am 15.04.2005 mit rückwirkender Gültigkeit zum 1.03.2005 in Nordrhein-Westfalen und zum 1.04.2005 im Nordbereich), der zwischen dem Arbeitgeberverband Zement und Baustoffe e.V. und der Industriegewerkschaft Chemie-Papier-Keramik, der Industriegewerkschaft Bergbau, Chemie, Energie sowie der Industriegewerkschaft Bauen-Agrar-Umwelt für deren Mitglieder abgeschlossen wurde. Unter anderem finden sich hier für die Bemessung der Löhne und Gehälter maßgebliche Bestimmungen zu Umgruppierun-

---

[1] Vgl. 2.2.1.2.

gen, Kündigungen, Arbeitszeit, Mehr-, Nacht-, Sonntags- und Feiertagsarbeit, Zuschlägen, Leistungsentgelten (Akkord- und Prämienarbeit), Wechsel der Entgeltform, Arbeitsausfall, Betriebsstörungen, Hinterbliebenenbezügen, Erschwerniszuschlägen, Erfrischungen, Urlaubsdauer und Urlaubsgeld, Berechnung der Vergütung für Krankheit, Kuren, Freistellungen sowie Bestimmungen für Auszubildende.

Ein grundlegendes Problem der Ermittlung der Personalkosten besteht in deren **Periodisierung**. Viele der angeführten Lohn- und Gehaltszusätze fallen im Verlauf der Zeit diskontinuierlich an und müssen im Zuge einer zeitlichen Abgrenzung den einzelnen Teilperioden (z.b. Monaten) zugerechnet werden. Bei Urlaubs- und Feiertagslöhnen, Weihnachtsgratifikationen oder Beiträgen zu Unterstützungskassen ist die Periodisierung relativ leicht möglich, da sich die zeitlich abzugrenzenden Zahlungen auf **ein** Kalenderjahr beziehen. Unterstellt man eine proportionale Beziehung zwischen den Löhnen und Gehältern sowie den Lohn- und Gehaltszusätzen, so ist eine Zurechnung der genannten Personalkostenkomponenten auf die Monate im Zuge einer prozentualen Verteilung vorzunehmen. Betrachtet man hingegen eine Jubiläumszuwendung des Unternehmens an einen Arbeitnehmer, so handelt es sich offensichtlich um Personalkosten, die dem gesamten Zeitraum vom Eintritt des Arbeitsnehmers in das Unternehmen bis zum Erreichen des Jubiläums zuzuordnen ist (Periodengemeinkosten). Die Existenz von Personalkostenkomponenten (wie jahres- oder mehrjahresbezogene Zuwendungen oder Prämien) erfordert bei der Kalkulation für unterjährige Zeitabschnitte (Monat, Quartal) eine Proportionalisierung. Diese mündet in einer Anteilssatzermittlung am Grundlohn.

Bei der Ermittlung der Löhne und Gehälter lassen sich zwei grundlegende **Entlohnungsformen** unterscheiden:

• **Entlohnung proportional zur Arbeitszeit oder Anwesenheit** (Zeitlöhne und Gehälter),
• **Entlohnung proportional zur erstellten Produktionsmenge** (Akkordlöhne).

Zeitorientiert werden Tätigkeiten entlohnt, deren Intensität vom Arbeitnehmer nicht beeinflussbar ist (z.B. Pförtner), deren Output nicht messbar ist (z.B. dispositive Tätigkeiten) oder deren Erbringung besondere Sorgfalt erfordert (z.B. Qualitätskontrolle). Zeitlöhne und Gehälter einer Abrechnungsperiode ergeben sich wie folgt:[1]

---

[1]   Kloock/Sieben/Schildbach/Homburg (2005), S. 85.

> *Zeitlohn/Gehalt* einer Periode = Arbeitszeiteinheiten der Periode
> - Bruttolohn/Bruttogehalt pro Arbeitszeiteinheit
> + Arbeitszeiteinheiten • sonstige Personal- und Sozialkosten pro Arbeitszeiteinheit

Beim Akkordlohn, auch als Leistungslohn bezeichnet, wird nach Maßgabe der erstellten Gütermenge entlohnt. Akkordlöhne werden vorzugsweise in der industriellen Fertigung und dort bei repetitiven, quantitativ messbaren Tätigkeiten eingesetzt, deren Output vom Arbeitnehmer beeinflussbar ist. Akkordlöhne treten in zwei Varianten auf: dem **Zeitakkord-** und dem **Geldakkordlohn.**

Der Zeitakkordlohn einer Periode ergibt sich aus der in der Periode erstellten Produktmenge, der Vorgabezeit, in der eine Mengeneinheit des Produkts zu fertigen ist, sowie dem Geldfaktor, der den Lohnsatz je Zeiteinheit der Vorgabezeit angibt.

> *Zeitakkordlohn* einer Periode =
>
> erstellte Menge ME • Vorgabezeit $\dfrac{ZE}{ME}$ • Geldfaktor $\dfrac{€}{ZE}$

Der Stundenlohn eines im Zeitakkord entlohnten Arbeitnehmers, der in der betrachteten Stunde 35 Mengeneinheiten eines Produkts erstellt hat, für das ihm eine Vorgabezeit von 2 Minuten je Mengeneinheit zugestanden wird, beträgt bei einem Geldfaktor von 0,35 € je Minute:

$$\text{Zeitakkordstundenlohn} = 35 \text{ ME} • 2 \frac{Min}{ME} • 0,35 \frac{€}{Min} = 24,50 €$$

Der Geldakkordlohn einer Periode ergibt sich aus der erstellten Produktmenge und dem Lohn pro Mengeneinheit als Akkordvorgabe.

> *Geldakkordlohn* einer Periode = erstellte Menge ME • Stücklohn $\dfrac{€}{ME}$

Der Stundenlohn eines im Geldakkord entlohnten Arbeitnehmers, der in der betrachteten Stunde 35 Mengeneinheiten eines Produkts erstellt hat, für das ihm ein Stücklohn von 0,70 € je Mengeneinheit zugestanden wird, beträgt:

$$\text{Geldakkordstundenlohn} = 35 \text{ ME} • 0,70 \frac{€}{ME} = 24,50 €$$

In der betrieblichen Praxis empfiehlt sich die Entlohnungsform des Zeitakkords, da bei einer Tarifänderung nur der Geldfaktor angepasst werden muss. Die im Rahmen des Zeitakkords verwendete Vorgabezeit sorgt außerdem – vergleichbar den Stücklisten bei Anwendung der retrograden Methode zur Materialkostenermittlung – für eine erhöhte Transparenz des Produktionsprozesses.

Wird ein Akkordarbeiter durch Ereignisse, die außerhalb seines Einflussbereichs liegen, an der vollen Entfaltung seiner Leistungsfähigkeit gehindert, erhält er für diese Zeitspanne einen Zusatzlohn, der sich an seinem durchschnittlichen Leistungsgrad während der letzten Periode orientiert.[1] Das führt dazu, dass im Akkord entlohnte Arbeitnehmer einen **Mindestlohn** erhalten.

Eine verbreitete Entlohnungsform stellen die **Prämienlöhne** dar, die eine Mischform von Zeit- und Akkordlöhnen sind. Zu einer zeitlohnadäquaten Mindestentlohnung gesellen sich Prämien, die an einer oder mehreren Bemessungsgrundlagen anknüpfen (z.B. Mengenleistungs-, Termin-, Qualitäts- oder Ersparnisgrößen).

Sowohl zum Zwecke der Vergütung der Arbeitsleistung als auch für Zwecke der Zurechnung der Personalkosten auf die Kostenträger ist deren belegmäßige Erfassung notwendig (vor allem bei Arbeitern mit wechselnden Einsatzbereichen). Auf **Zeitlohn- oder Akkordlohnscheinen** werden neben der Art der Tätigkeit, Art und Menge des bearbeiteten Produkts, der Personalnummer des Arbeiters, der Lohngruppe oder dem Lohnsatz, Kontierungsangaben und Ausstellungsvermerken vor allem die Anzahl der geleisteten Stunden (Zeitlohnschein) oder Rüst- und Ausführungszeiten sowie bearbeitete Stückzahl (Akkordlohnschein) festgehalten.[2]

Als **Einzelkosten** des Kalkulationsobjekts Produkteinheit sind in der Regel nur die Akkordlöhne anzusehen (und auch diese bei Eintritt der Mindestlohnregelung nicht mehr). Andere Personalkosten, z.B. Zeitlöhne und Gehälter, lassen sich höchstens Kostenstellen als **Kostenstelleneinzelkosten** zurechnen, in denen die vergütete Arbeitsleistung erbracht wird.

Die bisher dargestellten Personalkosten sind in der Regel zugleich **Grundkosten**, das heißt, sie sind aufwandsgleich. In vielen Fällen arbeiten die Eigentümer oder Gesellschafter in der Führung des Unternehmens mit, wobei sie für ihre Tätigkeit kein angemessenes Entgelt erhalten.[3] Obwohl dieser Güterverbrauch nach handels- und steuerrechtlichen Vorschriften nicht als Aufwand oder als Betriebsausgabe

---

[1]   Kilger (1987), S. 102.

[2]   Kilger (1987), S. 97 ff.

[3]   Stets bei Einzelunternehmen, vielfach bei Personengesellschaften, also Gesellschaften ohne eigene Rechtspersönlichkeit, aber auch bei Kapitalgesellschaften in der Rechtsform der GmbH.

berücksichtigt werden darf, [1] führt er bei speziellen Aufgaben der Kostenrechnung zum Ausweis von Personalkosten als Zusatzkosten.[2] Die Vergütung für die erbrachte Arbeitsleistung erfolgt in diesen Fällen aus dem Gewinn des Unternehmens. Bei dem als **Unternehmerlohn** bezeichneten bewerteten sachzielbezogenen Arbeitseinsatz von Unternehmenseignern oder –gesellschaftern handelt es sich daher um eine **kalkulatorische Personalkostenart**. Die Ermittlung des kalkulatorischen Unternehmerlohns ist naturgemäß problematisch. Die gängigste Vorgehensweise ist die Bemessung des Unternehmerlohns unter Opportunitätsgesichtspunkten nach Maßgabe des Gehalts von Führungskräften mit vergleichbarer Tätigkeit. Eine andere Möglichkeit besteht in der Orientierung an dem Gehalt, das der geschäftsführende Gesellschafter für eine vergleichbare Tätigkeit in einem anderen Unternehmen erhalten könnte.

Die in der Literatur häufig genannte „**Seifenformel**", nach der der jährliche kalkulatorische Unternehmerlohn näherungsweise mit dem Achtzehnfachen aus der Quadratwurzel des Unternehmensumsatzes anzusetzen ist, entbehrt jeder rationalen Grundlage.[3] Ein anderer, allerdings ähnlich kurioser Vorschlag wurde vom Rationalisierungs-Kuratorium der Deutschen Wirtschaft e.V. vorgeschlagen. Danach ermittelt sich der monatliche kalkulatorische Unternehmerlohn als Summe aus dem tariflichen Monatsspitzengehalt und dem Doppelten der Quadratwurzel aus der Jahreswertschöpfung des Unternehmens.[4] Beim kalkulatorischen Unternehmerlohn handelt es sich um Einzelkosten des Unternehmens, unter Umständen auch um Einzelkosten bestimmter Unternehmensbereiche oder Kostenstellen. In Bezug auf Produkteinheiten aber hat der kalkulatorische Unternehmerlohn Gemeinkostencharakter.

2.2.1.3.3 Betriebsmittelkosten

Betriebsmittelkosten umfassen die Kosten für Bereitstellung und Einsatz von Betriebsmitteln im Unternehmen (in der Regel materielle Vermögensgegenstände wie Maschinen, Gebäude, Grundstücke). Da Betriebsmittel als Anlagegüter in der Re-

---

[1] Vgl. Haberstock (2004), S. 22 f., S. 99; bei Personen- und Kapitalgesellschaften dann, wenn auf Gesellschafter-Geschäftsführer-Anstellungsverträge verzichtet wird.

[2] Vgl. 1.2.2.2.5. sowie Schneider (1997), S. 55.

[3] Vgl. hierzu Haberstock (2004), S. 100, der die vielfach kolportierte Faustregel auf eine Kalkulationsvorschrift für die Preisregelung in der Seifen- und Waschmittelindustrie aus dem Jahr 1940 zurückführt und zu Recht moniert, dass die Seifenformel zwar hartnäckig zitiert, aber nicht mit der notwendigen Rigidität als Kuriosum gekennzeichnet wird.

[4] Vgl. dazu Mayer (1985), S. 193 f.

gel nicht in einer einzigen Periode vollständig verbraucht werden, wird nicht vom Verbrauch, sondern von der Nutzung der Betriebsmittel gesprochen. Werden die Betriebsmittel zur Realisierung des Sachziels gemietet oder gepachtet, lassen sich die dafür anfallenden **Miet-, Leasing- oder Pachtkosten als Grundkosten** der Finanzbuchhaltung entnehmen. Geht die Laufzeit der Miet- und Pachtverträge über die Dauer einer betriebsgewöhnlichen Abrechnungsperiode hinaus, sind die Miet- und Pachtkosten auf der Grundlage des Durchschnittsprinzips zu periodisieren.[1]

Bei **Betriebsmitteln**, die vom Unternehmen zur Verfolgung seines Sachziels gekauft wurden, sind die Betriebsmittelkosten einer Abrechnungsperiode per definitionem als bewertete sachzielbezogene Nutzungspotenzialminderungen der mehrperiodisch genutzten Betriebsmittel in Form von Abschreibungskosten zu ermitteln. Die Ermittlung der **Abschreibungskosten** erfordert damit grundsätzlich eine periodenspezifische Erfassung der **Verringerung des** einem Betriebsmittel innewohnenden **Nutzungspotenzials** beziehungsweise des Umfangs der Betriebsmittel(ab)nutzung **als Mengenkomponente.** Auch die Erfassung der **Wertkomponente** ist in ähnlicher Weise problembehaftet, wenn man sich vor Augen führt, dass im Verlauf einer mehrjährigen Nutzung eines Betriebsmittels eine durch Geldentwertung oder technologische Entwicklung hervorgerufene Preisentwicklung auf dem Beschaffungsmarkt stattfindet. Unterstellt man, dass über die Umsatzerlöse „verdiente" Abschreibungskosten dazu dienen sollen, die im Produktionsprozess eingesetzten Betriebsmittel wiederzubeschaffen und damit die **Substanzerhaltung** des Unternehmens zu gewährleisten[2], werden Kaufkraftänderungen erfolgs- und damit kalkulationsrelevant. Die Bemessung der Wertkomponente kann dann offenbar nicht unabhängig vom Wiederbeschaffungspreis erfolgen.

Die **Verringerung des Nutzungspotenzials als Mengenkomponente** ist auf verschiedene Ursachen zurückzuführen, die isoliert oder im Verbund wirksam werden können. Der Verschleiß oder die Abnutzung eines Betriebsmittels kann dabei gemäß Abbildung 26 auf seinen Einsatz im Produktionsprozess, auf den Zeitablauf

---

[1]   Bestimmte Zwecke der Kostenrechnung machen eine andere Erfassung gemieteter, geleaster und gepachteter Betriebsmittel erforderlich. So stehen z.B. in einem Betriebsvergleich oftmals Unternehmen mit vornehmlich geleasten Betriebsmitteln Unternehmen mit überwiegend gekauften Betriebsmitteln gegenüber. Um die Einflüsse unterschiedlicher Finanzierungspolitiken zu eliminieren und den Erfolg der Gütererstellung zu beurteilen, wird dann ein fiktiver Eigenerwerb der in der Realität gemieteten, gepachteten oder geleasten Betriebsmittel unterstellt. Der fiktive Anschaffungspreis wird auf der Basis von Annahmen aus den Mieten, Leasingraten und Pachten abgeleitet. Auch bei der Ermittlung der Unternehmenswertänderung einer Periode als wertorientierte Performance wird ein derartiges Vorgehen gewählt.

[2]   Vgl. 1.2.2.2.5.

oder auf eine allein wirtschaftlich oder technologisch bedingte Entwertung des Betriebsmittels zurückgeführt werden. Innerhalb der einzelnen Ursachengruppen lassen sich zudem **ordentliche und außerordentliche Abnutzungsursachen** unterscheiden.

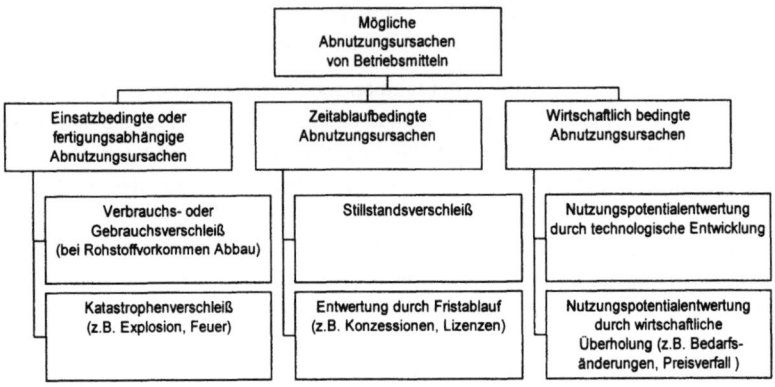

Abbildung 26: Abnutzungsursachen[1]

Im Normalfall lässt sich die Nutzungspotenzialabnahme eines Betriebsmittels nur
aufgrund von **Hypothesen** bemessen. Eine gängige Hypothese bei der Ermittlung
planmäßiger Abschreibungen ist die Annahme, dass die Nutzungspotenzialabnahme allein vom **Zeitablauf** abhängt und in jeder Periode der Nutzungsdauer des
Betriebsmittels den gleichen Umfang aufweist. Unabhängig von seinem Einsatz
weist ein Betriebsmittel, das zehn Jahre im Produktionsprozess eingesetzt werden
soll, damit in jedem Jahr seiner Nutzung den gleichen Abnutzungsumfang auf. Andere Hypothesen gehen gleichfalls vom Zeitablauf als Abnutzungsursache aus,
unterstellen aber von Periode zu Periode sinkende oder steigende Nutzungspotenzialabnahmen. Auf dem **Einsatz eines Betriebsmittels** basierende Abnutzungshypo-
thesen gehen von einer Abnahme des Nutzungspotenzials aufgrund der tatsächlichen Verwendung im Produktionsprozess aus. Als Messgrößen der Mengenkomponente sind z.B. die Laufzeit eines Drehrohrofens (im Verhältnis zur Gesamtlauf-
zeit), die Kilometerleistung eines Transportfahrzeugs (im Verhältnis zur Gesamtki-
lometerleistung) oder der Abbau einer Tongrube (im Verhältnis zum Gesamtab-
bauvolumen) in der betrachteten Periode denkbar.

---

[1]   Kloock/Sieben/Schildbach/Homburg (2005), S. 97.

Auf der Basis der unterstellten Nutzungspotenzialverringerung als Mengenkomponente einer Abschreibung ist grundsätzlich der **Einstandspreis** des Betriebsmittels auf die einzelnen Perioden der Nutzungsdauer zu verteilen.[1] Der Einstandspreis ist gegebenenfalls um einen **Restwert** zu kürzen, wenn davon auszugehen ist, dass das Betriebsmittel am Ende der Nutzungsdauer noch einen über die Liquidationskosten hinausgehenden Verkaufserlös erzielt. Der über die Nutzungsdauer zu verteilende Betrag, die Abschreibungsbasis, ist dann die Differenz aus Einstandspreis und Restwert.

Grundsätzlich denkbar ist die Ermittlung des Einstandspreises auf der Basis von historischen Anschaffungs-, aktuellen Tagesbeschaffungs- oder zukünftigen Wiederbeschaffungspreisen, wobei letztere geschätzt werden müssen. Zur Ermittlung der Mengenkomponente einer Abschreibung müssen zudem Nutzungspotenzial oder -dauer geschätzt werden. Damit ist die Höhe der Abschreibungskosten von weiteren prognostizierten Größen abhängig. Bei der Nutzungsdauer oder dem Nutzungspotenzial eines Betriebsmittels handelt es sich um von ökonomischen Überlegungen geprägte Schätzungen. Sie werden als **wirtschaftliche Nutzungsdauer oder Gesamtkapazität** bezeichnet. Die wirtschaftliche Nutzungsdauer entspricht dem Zeitraum, in dem es ökonomisch vorteilhaft ist, ein Betriebsmittel zu nutzen. Sie ist unter Umständen erheblich kürzer als die technische Nutzungsdauer. Analog ist die wirtschaftliche Gesamtkapazität zu definieren. Bei Abschreibungskosten handelt es sich somit um „**Istkosten" mit ausgeprägtem Gestaltungsanteil**.

Die Ermittlung eines konkreten Abschreibungsbetrags ist abhängig von den Parametern

- **Abschreibungsverfahren** (gemäß der Hypothese der Art der Nutzungspotenzialabnahme),

- **Abschreibungszeitraum** (prognostizierte wirtschaftliche Nutzungsdauer) und

- **Abschreibungsbasis** (Einstandspreis (eventuell abzüglich Restwert) auf der Grundlage eines ausgewählten Beschaffungspreisansatzes).

In der Abbildung 27 sind die **Verfahren der degressiven Abschreibung** (fallende Abschreibungsraten), **der linearen Abschreibung** (konstante Abschreibungsraten), **der progressiven Abschreibung** (steigende Abschreibungsraten) **sowie** das Verfahren **der mengenorientierten Abschreibung** (schwankende Abschreibungsraten in Abhängigkeit vom Verhältnis von z.B. Periodenausbringung zu Gesamtausbringung während der Nutzungsdauer) dargestellt. Die Verfahrensgruppen der degres-

---

[1]   Für den Fall selbstgefertigter Betriebsmittel sind dies die Herstellkosten.

siven und der progressiven Abschreibung weisen verschiedene Varianten auf, die gewisse Regelmäßigkeiten hinsichtlich der Entwicklung der fallenden oder steigenden Abschreibungsraten unterstellen (z.b. mit relativ oder absolut konstanten Änderungen). Die Abbildung 27 enthält die formalen Bildungsgesetze von neun Abschreibungsvarianten. In der Praxis finden überwiegend die lineare Abschreibung sowie Varianten der degressiven Abschreibung Anwendung. Der Abschreibungsverlauf bei Anwendung verschiedener Abschreibungsverfahren wird in der Abbildung 28 veranschaulicht.

Bisweilen finden sich Kombinationen verschiedener Abschreibungsverfahren. Eine häufige Form der Kombination besteht in der Abwandlung der Buchwertmethode. Im Beispiel aus der Tabelle der Abbildung 28 wird ein Abschreibungssatz von $(1 - 61{,}904\%) = 38{,}096\%$ von den jeweiligen Restbuchwerten verwendet, um das Betriebsmittel über seine Nutzungsdauer auf den Liquidationserlös abzuschreiben.[1] Steuerrechtlich ist nach § 7 Abs. 3 EStG der **Übergang von der geometrisch-degressiven Buchwertabschreibung auf die lineare Abschreibung** erlaubt. Der Übergang sollte zweckmäßigerweise in dem Zeitpunkt stattfinden, in dem der Restbuchwert verteilt auf die Restnutzungsdauer größer ist als die zugehörige Buchwertabschreibung. Das Kombinationsverfahren ist vornehmlich steuerlich motiviert, um Steuerzahlungen in die Zukunft zu verlagern. Da das Kombinationsverfahren i.d.R. den internen Zwecken der Kostenrechnung entgegensteht, werden die Abschreibungskosten anders als der Abschreibungsaufwand kalkuliert.

Für die Kostenrechnung geeigneter erscheint hingegen eine andersartige Kombination von Abschreibungsverfahren, wenn die Nutzungspotenzialabnahme eines Betriebsmittels auf unterschiedlichen **Verschleißursachen** beruht. So wäre es etwa denkbar, eine Hälfte der Abschreibungsbasis nach der mengenorientierten und die andere Hälfte nach einer degressiven Methode abzuschreiben. Letztlich entscheidet wieder der konkrete Zweck der Kostenrechnung, welches Abschreibungsverfahren angewendet wird.

---

[1] Steuerrechtlich ist der Abschreibungssatz aber nach § 7 Abs. 2 EStG auf derzeit höchstens 20% (demnächst voraussichtlich wieder 30%) begrenzt. Aufgrund dieser Beschränkung ist in vielen Fällen – etwa in obigem Beispiel – keine Abschreibung des Betriebsmittels nach der Buchwertmethode möglich, da die zulässigen Abschreibungsbeträge nicht ausreichen würden, die aus den unterstellten Nutzungspotenzialabnahmen resultierenden Wertminderungen des Betriebsmittels zu erfassen.

	Degressive Abschreibung	Lineare Abschreibung
Hypothesen:	Die Nutzungspotenzialminderung hängt allein vom Zeitablauf ab. Das Ausmaß der Nutzungspotenzialminderung nimmt von Periode zu Periode ab.	Die Nutzungspotenzialminderung hängt allein vom Zeitablauf ab. Das Ausmaß der Nutzungspotenzialminderung bleibt von Periode zu Periode gleich.
Voraussetzungen:	$0 < a_{t+1} < a_t$　für $t = 1, ..., T-1$ $A - R = \sum\limits_{t=1}^{T} a_t$	$0 < a_{t+1} = a_t$　für $t = 1, ..., T-1$ $A - R = \sum\limits_{t=1}^{T} a_t$
Standardverfahren: Verhältnis der Abschreibungsbeträge Abschreibungsbetrag		$A - R = \sum\limits_{t=1}^{T} a_t = T \cdot a_t$ $a_t = \dfrac{A - R}{T}$
Arithmetisches Verfahren: Verhältnis der Abschreibungsbeträge Abschreibungsbetrag	Variante Ia: $a_{t+1} = a_t - d$ $a_t = \dfrac{A - R}{T} + \dfrac{d}{2} \cdot (T - 2 \cdot t + 1)$ mit $d > 0$	
Verhältnis der Abschreibungsbeträge Abschreibungsbetrag	Variante Ib: (digitale Abschreibung) $a_{t+1} = a_t - d$ $a_t = (T - t + 1) \cdot \dfrac{A - R}{1 + 2 + ... + T}$ mit $d = \dfrac{A - R}{1 + 2 + ... + T}$	
Geometrisches Verfahren: Verhältnis der Abschreibungsbeträge Abschreibungsbetrag	Variante IIa: $a_t = \dfrac{1}{\alpha} \cdot a_{t+1} = q \cdot a_{t+1}$ mit $q = \dfrac{1}{\alpha}$ und $0 < \alpha < 1$ für $t = 1, ..., T-1$ $a_t = (A - R) \cdot \dfrac{q^{T-t} \cdot (q - 1)}{q^T - 1}$	
Abschreibungsbetrag	Variante IIb: (Buchwertverfahren) $a_t = p \cdot R_{t-1}$ für $t = 1, ..., T$ mit $p = \left(1 - \sqrt[T]{\dfrac{R}{A}}\right) = (1 - \alpha)$, damit: $\alpha = \sqrt[T]{\dfrac{R}{A}}$ und $q = \sqrt[T]{\dfrac{A}{R}}$ sowie $0 < R < A$	

Abbildung 27: Abschreibungsverfahren

	Progressive Abschreibung	Mengenorientierte Abschreibung
Hypothesen:	Die Nutzungspotenzialminderung hängt allein vom Zeitablauf ab. Das Ausmaß der Nutzungspotenzialminderung nimmt von Periode zu Periode zu.	Die Nutzungspotenzialminderung hängt vom Verbrauchs- und Gebrauchsverschleiß ab.
Voraussetzungen:	$0 < a_t < a_{t+1}$ für $t=1,...,T-1$ $A-R=\sum_{t=1}^{T} a_t$	gesamtes Nutzungspotenzial $\bar{x}=\sum_{t=1}^{T} x_t$ $A-R=\sum_{t=1}^{T} a_t$
Standardverfahren: Verhältnis der Abschreibungsbeträge		$\dfrac{a_t}{a_{t+1}}=\dfrac{x_t}{x_{t+1}}$
Abschreibungsbetrag		$a_t=(A-R)\cdot\dfrac{x_t}{\bar{x}}$
Arithmetisches Verfahren: Verhältnis der Abschreibungsbeträge	Variante Ic: $a_{t+1}=a_t+e$	
Abschreibungsbetrag	$a_t=\dfrac{A-R}{T}-\dfrac{e}{2}\cdot(T-2\cdot t+1)$ mit $e>0$	
Verhältnis der Abschreibungsbeträge	Variante Id: $a_{t+1}=a_t+e$	
Abschreibungsbetrag	$a_t=t\cdot\dfrac{A-R}{1+2+...+T}$ mit $e=\dfrac{A-R}{1+2+...+T}$ $(=d$ aus I b$)$	
Geometrisches Verfahren: Verhältnis der Abschreibungsbeträge	Variante IIc: $a_{t+1}=\beta\cdot a_t$ für $t=1,...,T-1$ und $\beta>1$ $a_t=r\cdot a_{t+1}$ für $t=1,...,T-1$ und $r=\dfrac{1}{\beta}$	
Abschreibungsbetrag	$a_t=(A-R)\cdot\dfrac{r^{T-t}\cdot(r-1)}{r^T-1}$	

mit:

A	Einstandspreis.	e	jährliche Zunahme der arithmetisch progressiven Abschreibung	t	Zeitindex (t=1,..,T) T Nutzungsdauer (Abschreibungszeitraum)
a_t	Abschreibungskosten der Periode t	R	Restwert	α	jährlicher Restfaktor der geometrisch degressiven Abschreibung
d	jährliche Abnahme der arithmetisch degressiven Abschreibung	$\bar{X}$	Gesamtkapazität in Mengeneinheiten	β	jährlicher Zuwachsfaktor der geometrisch progressiven Abschreibung

Daten:	Einstandspreis A [€]:	110.000
	Restwert R [€]:	10.000
	Σ a_t [€]	100.000
	Abschreibungsdauer T:	5 Jahre

Zeitablauforientierte Abschreibungsverfahren							
Arithmetisch-degressives Abschreibungsverfahren		Digitales Abschreibungsverfahren		Geometrisch-degressives Abschreibungsverfahren		Buchwert-Abschreibungsverfahren	
d = 2.500 [€]		d = 6.667 [€]		α = 0,8		α = 0,61904	
a_t [€]	R_t [€]	a_t [€]	R_t [€]	a_t [€]	R_t [€]	a_t [€]	R_t [€]
1 . Jahr	25.000	85.000	33.333	76.667	29.748	80.252	41.905	68.095
2 . Jahr	22.500	62.500	26.667	50.000	23.798	56.454	25.941	42.154
3 . Jahr	20.000	42.500	20.000	30.000	19.039	37.416	16.059	26.095
4 . Jahr	17.500	25.000	13.333	16.667	15.231	22.185	9.941	16.154
5 . Jahr	15.000	10.000	6.667	10.000	12.185	10.000	6.154	10.000

Arithmetisch-progressives Abschreibungsverfahren		Digital-progressives Abschreibungsverfahren		Geometrisch-progressives Abschreibungsverfahren		Lineares Abschreibungsverfahren	
e = 2.500 [€]		e = 6.667 [€]		β = 1,2			
a_t [€]	R_t [€]	a_t [€]	R_t [€]	a_t [€]	R_t [€]	a_t [€]	R_t [€]
1 . Jahr	15.000	95.000	6.667	103.333	13.438	96.562	20.000	90.000
2 . Jahr	17.500	77.500	13.333	90.000	16.126	80.436	20.000	70.000
3 . Jahr	20.000	57.500	20.000	70.000	19.351	61.086	20.000	50.000
4 . Jahr	22.500	35.000	26.667	43.333	23.221	37.865	20.000	30.000
5 . Jahr	25.000	10.000	33.333	10.000	27.865	10.000	20.000	10.000

Mengenorientiertes Abschreibungsverfahren		
x =	100.000 [ME]	
a_t [€]	R_t [€]	x_t [ME]
1 . Jahr	10.000	100.000	10.000
2 . Jahr	20.000	80.000	20.000
3 . Jahr	30.000	50.000	30.000
4 . Jahr	30.000	20.000	30.000
5 . Jahr	10.000	10.000	10.000

Abbildung 28: Beispiel zur Ermittlung von Abschreibungskosten

Nach den technischen Details stellt sich nun die Frage, welche Abschreibungsbasis den Abschreibungsverfahren zugrunde zu legen ist. Die überwiegende Zahl der Lehrbücher legt sich dabei nicht fest. Als mögliche Kandidaten für die Abschreibungsbasis werden genannt:

• historische Anschaffungspreise,
• aktuelle Tagesbeschaffungspreise (unter Zugrundelegung einer fiktiven Wiederbeschaffung im Zeitpunkt der Abschreibungsermittlung) sowie
• zukünftige Wiederbeschaffungspreise (im Sinne von Tagesbeschaffungspreisen im Zeitpunkt der tatsächlichen zukünftigen Wiederbeschaffung) des Betriebsmittels.

Bei der Existenz von Preisschwankungen, die bei langlebigen Gütern des Anlagevermögens zu erheblichen Unterschieden zwischen historischen und zukünftigen Beschaffungspreisen führen können, wird unter dem Aspekt der Substanzerhaltung empfohlen, Kaufkraftänderungen erfolgsrelevant zu berücksichtigen. Im Allgemeinen bedeutet dies eine Abschreibung auf der Basis von Wiederbeschaffungspreisen.[1] Da zukünftige Wiederbeschaffungspreise im Zeitpunkt der Nutzung des Betriebsmittels nicht mit Sicherheit bekannt sind, wird häufig der leichter zu bestimmende aktuelle Tagesbeschaffungspreis – allerdings nur im Sinne einer zweitbesten Lösung – herangezogen.[2] Einigkeit besteht bei den meisten Autoren darüber, dass nicht der historische Anschaffungspreis, sondern ein der Preisentwicklung angepasster Beschaffungspreis als Abschreibungsbasis herangezogen werden muss.[3] An dieser Stelle sei zur Wahl des Beschaffungspreises soviel gesagt: Es gibt keinen eindeutigen und zwingend zu wählenden Ansatz, der allein zu richtigen Abschreibungskosten führt. Vielmehr ist die richtige Wahl des Preisansatzes mit der Bemessung einer anderen Kostenart, den Zinskosten, gekoppelt. Wird bei der Abstimmung von Abschreibungs- und Zinskosten ein Fehler gemacht, so erfolgt entweder eine zu geringe oder eine zu hohe Erfassung von Kosten.[4]

Bei den **bisher** beschriebenen Abschreibungskosten handelt es sich um **planmäßige Absetzungen** für die Nutzungspotenzialverringerung eines Betriebsmittels. Darüber hinaus kann oftmals ein unplanmäßiger Güterverbrauch (wie Katastrophenverschleiß, unerwarteter technischer Fortschritt oder eine nicht vorhersehbare wirtschaftliche Entwicklung) auftreten, der im Zeitpunkt der Festlegung des Abschreibungsverfahrens und insbesondere bei der Schätzung der wirtschaftlichen Nutzungsdauer keine Berücksichtigung gefunden hat. Dies wird im Rahmen der Istkostenrechnung in der tatsächlich entstandenen Höhe erfasst.

Wird bei Festlegung des Abschreibungszeitraums eine zu kurze Nutzungsdauer prognostiziert, wird in der Literatur vorgeschlagen, ein bereits vollständig abgeschriebenes Betriebsmittel während seiner Restnutzungsdauer weiter abzuschreiben.[5] Für eine Kostenrechnung, die kompatibel zu der taktisch ausgerichteten In-

---

[1]   Vgl. Rogler (2002), Sp. 719 ff., Schoenfeld/Möller (1995), S. 122; Kilger (1987), S. 116. Interessant ist vor allem die Argumentation Kilgers, der die Verwendung von zukünftigen Wiederbeschaffungspreisen unter anderem deswegen ablehnt, weil die kurzfristig ausgerichtete Kosten- und Leistungsrechnung nicht in eine langfristig ausgerichtet Investitionsrechnung integriert werden könne. Nach Zwecken differenziert: Seicht (1995), S. 110.

[2]   Als Befürworter der Verwendung von Tagesbeschaffungspreisen als hilfsweise Näherung für die zukünftigen Wiederbeschaffungspreise vgl. stellvertretend: Haberstock (2004), S. 90f.; Steger (1996), S. 195.

[3]   Dezidiert anderer Ansicht ist Zimmermann (1997), S. 26 ff.

[4]   Vgl. zu einer tiefergehenden Betrachtung 2.2.1.3.4.

[5]   Vgl. z.B. Haberstock (2004), S. 90 ff.; Kilger (1987), S. 119; Kloock/Sieben/Schildbach/Homburg (2005), S. 114.

vestitionsrechnung gestaltet werden soll, verbietet sich der weitere Ansatz von Abschreibungen allerdings.

Betriebsmittelkosten sind einer Produkteinheit **in der Regel** nur als **Gemeinkosten** zurechenbar. Die einzige Ausnahme bilden Abschreibungskosten, die **auf der Grundlage des mengenorientierten Abschreibungsverfahrens** ermittelt werden. Die der Anwendung dieses Abschreibungsverfahrens zugrunde liegende Abnutzungshypothese rechtfertigt die Zurechnung dieser Abschreibungskosten auf Zwischen- oder Endprodukteinheiten als **Einzelkosten**. Die Relativität des Einzelkostenbegriffs ermöglicht aber eine Zurechnung von Abschreibungskosten unabhängig vom angewendeten Abschreibungsverfahren und der zugrunde liegenden Abnutzungshypothese als **Produktarteinzelkosten**, wenn das Betriebsmittel nur zur Fertigung einer Produktart verwendet wird. Abschreibungskosten können auch **Kostenstelleneinzelkosten** darstellen, wenn das Betriebsmittel zwar zur Fertigung mehrerer Produktarten, aber nur in einer Kostenstelle eingesetzt wird.

2.2.1.3.4 Zinskosten

Jedes Unternehmen benötigt zur Verfolgung seines Sachziels Kapital, das in Abhängigkeit von Branche und Unternehmensgröße in sehr unterschiedlicher Weise eingesetzt werden kann. Die Palette erstreckt sich vom Erwerb von Grundstücken und Gebäuden bis zur Schaffung von Fertigungs-Know-How in Forschungs- und Entwicklungsabteilungen. **Für die zeitweilige Überlassung von Kapital** fordern die Kapitalgeber eine **Nutzungsgebühr in Form von Zinsen**, die in der Kostenrechnung des Unternehmens als Zinskosten zu erfassen sind. Gemäß des hier unterstellten primären Kalkulationsobjektes Produkteinheit als Kostenträger und der damit verbundenen engeren Definition von Kosten[1] darf in den **Zinskosten** nur die bewertete Nutzung des **sachzielbezogenen** Kapitals berücksichtigt werden.

Für einen Teil des dem Unternehmen zur Verfügung gestellten Kapitals, das Fremdkapital, ließen sich die zugehörigen Zinskosten direkt anhand der tatsächlich gezahlten Zinsen bestimmen, die in der Finanzbuchhaltung eines Unternehmens erfasst werden (pagatorische Ermittlung). Die Kosten des von den Eigentümern (z.B. Aktionären) zur Verfügung gestellten Kapitals lassen sich dagegen nicht pagatorisch bestimmen. Die vom konkreten Erfolg des Unternehmens abhängigen Ausschüttungen geben nämlich keine Auskunft über die Höhe der von den Eigen-

---

[1]   Vgl. 1.2.2.2.5.

tümern geforderten Rendite.[1] Maßstab für die Höhe der Kosten des Eigenkapitals ist daher ein kalkulatorischer Zinssatz, der einer Alternativrendite entspricht, die sich bei einer fiktiven anderweitigen Verwendung des eingesetzten Eigenkapitalbetrags erzielen ließe. Die gesamten Zinskosten des Unternehmens ließen sich nun als **Summe aus** den tatsächlich gezahlten **Fremdkapitalzinsen und** den **kalkulatorisch ermittelten Eigenkapitalzinsen** ermitteln, wobei die kalkulatorischen Zinskosten des Eigenkapitals in voller Höhe Zusatzkosten darstellen und handelsrechtlich gesehen Gewinne sind.

Diese Vorgehensweise ist in zweifacher Hinsicht problembehaftet.[2] **Zum einen** ist in der Regel nicht das gesamte einem Unternehmen zur Verfügung stehende Kapital sachzielnotwendig. So sind etwa aus Spekulationsgründen beschaffte Wertpapiere, überhöhte Geldbestände, nicht mit dem Sachziel verknüpfte Beteiligungen oder nicht betrieblich genutzte Grundstücke und Gebäude nicht als sachzielbezogene Verwendung des vorhandenen Kapitals anzusehen. Bei der Ermittlung der Zinskosten darf aber per definitionem nur der sachzielbezogene Teil des Kapitals Berücksichtigung finden. Der Ermittlung des sachzielnotwendigen Kapitals müsste somit eine Inventur der zur Erfüllung des unternehmerischen Sachziels notwendigen Vermögensteile vorausgehen. Die Gesamtheit der bewerteten sachzielnotwendigen Vermögensteile wird dabei als **kalkulatorisches Vermögen oder kalkulatorisches Kapital** bezeichnet. Daher lassen sich den Zinskosten auch nicht die tatsächlich gezahlten Fremdkapitalzinsen zugrunde legen. Aus der Tatsache, dass in der Regel nur ein Teil des einem Unternehmen zur Verfügung stehenden Kapitals auch sachzielnotwendig ist, ergibt sich ein Folgeproblem: Es ist nicht feststellbar, zu welchen Anteilen das kalkulatorische Kapital aus Eigen- oder aus Fremdkapital besteht. Aufgrund dieser Schwierigkeit werden **die gesamten Zinskosten** eines Unternehmens **kalkulatorisch ermittelt**, das heißt, dass das gesamte kalkulatorische Kapital mit einem einzigen kalkulatorischen Zinssatz multipliziert wird.

Zum anderen besitzt ein Unternehmen in der Regel auch Kapital, das ihm zinslos zur Verfügung steht. Dieses wird auch als **Abzugskapital** bezeichnet. Beispiele hierfür sind z.b. Anzahlungen von Kunden, Zahlungsstundungen von Lieferanten (Verbindlichkeiten aus Lieferung und Leistung) oder langfristige Rückstellungen (z.B. Gewährleistungsrückstellungen). **Zinslos** ist in diesem Zusammenhang **nicht**

---

[1] Vgl. Hax (1998), S. 213 ff. Bei schlechter Erfolgslage wären dann die Zinskosten des Eigenkapitals gering, während sich bei guter Erfolgslage hohe Zinskosten des Eigenkapitals ergeben würden (ebenda S. 215).

[2] Vgl. Kilger (1987), S. 134, (mit weiteren Quellen) zur Diskussion um Berechtigung und Zusammensetzung von Zinskosten.

stets gleichbedeutend mit **kostenlos,** sondern bedeutet im Allgemeinen nur, dass Zinsen nicht offen erhoben werden. So kann der Lieferant die monetären Wirkungen einer Zahlungsstundung bereits versteckt im Verkaufspreis vorweggenommen haben; ein Kunde, der eine Anzahlung geleistet hat, kann über das übliche Maß hinausgehende Informations- oder Liefermodalitäten beanspruchen, die sich bei anderen Kostenarten niederschlagen. In diesen Fällen **verhindert** die explizite Berücksichtigung von Abzugskapital einerseits, dass **Doppelerfassungen** von Kosten vorgenommen werden. Andererseits muss Abzugskapital erst recht berücksichtigt werden, wenn die Kapitalnutzung tatsächlich kostenlos ist.[1]

In die Ermittlung der Zinskosten geht damit nur das zinsberechtigte (im Sinne des zu verzinsenden) kalkulatorische Kapital ein:

Zu verzinsendes kalkulatorisches Kapital = kalkulatorisches Kapital – Abzugskapital

Die Ermittlung der Zinskosten als bewertete sachzielbezogene Nominalgüternutzung ist damit auf die Ermittlung des zu verzinsenden kalkulatorischen Kapitals und des kalkulatorischen Zinssatzes zurückgeführt.

(Kalkulatorische) Zinskosten = zu verzinsendes kalkulatorisches Kapital • kalkulatorischer Zinssatz

Die **Ermittlung der Mengenkomponente der Zinskosten,** das heißt der Ausprägung des Nominalguts „kalkulatorisches Kapital" kann auf der Handelsbilanz oder dem zugrunde liegenden Inventar eines Unternehmens aufbauen. Aus den bereits genannten Gründen sind aber Modifikationen vorzunehmen, denn:

• in einer Handelsbilanz sind auch nicht sachzielnotwendige Vermögensgegenstände erfasst (z.B. nicht sachzielnotwendige Beteiligungen und Gebäude, verleaste Maschinen, vermietete Gebäude oder verpachtete Grundstücke),

• in einer Handelsbilanz sind sachzielnotwendige Vermögensgegenstände nicht erfasst (z.B. Kosten des Markteintritts, Kosten selbst erstellter Patente[2]),

• in einer Handelsbilanz werden die Vermögensgegenstände mit Wertansätzen ausgewiesen, die nach handelsrechtlichen Vorschriften gewählt werden,

• Abrechnungsperioden im Rahmen der Kostenrechnung sind häufig kürzer als

---

[1]   Die Behandlung des Abzugskapitals ist in der Literatur umstritten, vgl. dazu: Eisele (2002), S. 665; Lücke (1965), S. 10; Seicht (2001), S. 116 ff.

[2]   Hierzu gehören auch nicht aktivierte gemietete, geleaste und gepachtete sachzielorientiert eingesetzte Vermögensgegenstände, wenn ein fiktiver Eigenerwerb unterstellt wird, vgl. 2.2.1.3.3.

ein Jahr, so dass geeignete Approximationen für unterjährige Wertansätze notwendig sind.

Nach der Zusammenstellung der sachzielnotwendigen Vermögensgegenstände ist über deren **Wertansatz** zu entscheiden. Wie bereits bei der Ermittlung der Abschreibungskosten in 2.2.1.3.3 dargestellt, bieten sich hierzu drei Möglichkeiten an:

- historische Anschaffungspreise,
- aktuelle Tagesbeschaffungspreise (unter Zugrundelegung einer fiktiven Wiederbeschaffung im Zeitpunkt der Abschreibungsermittlung) sowie
- zukünftige Wiederbeschaffungspreise (als Tagesbeschaffungspreise zum Zeitpunkt der tatsächlichen künftigen Wiederbeschaffung) des Betriebsmittels.

Soweit es sich um selbst erstellte sachzielnotwendige Vermögensgegenstände handelt, sind sie mit ihren Herstellkosten anzusetzen, die ihrerseits auf den historischen Anschaffungspreisen, den aktuellen Tagesbeschaffungspreisen oder den zukünftigen Wiederbeschaffungspreisen der verbrauchten Produktionsfaktoren basieren.

Die zeitweilige Überlassung von Kapital führt – unabhängig von der Art des Kapitalgebers – zu Kosten in Form einer **Nutzungsgebühr für Kapital**, den **Zinskosten**. Das von Kapitalgebern zur Verfügung gestellte Kapital wird zudem in abzuschreibenden Betriebsmitteln gebunden. Damit **stellen** auch die **Abschreibungskosten**, genau wie Personal- oder Materialkosten, letztlich **Kosten des Kapitalverzehrs dar**. Das zu lösende **Problem** besteht nun darin, in welcher der beiden Kostenarten die **explizite Berücksichtigung der Geldentwertung** erfolgen soll:

- **in den Zinskosten** als Kosten der Kapitalnutzung auf der Basis einer Nominalverzinsung des sachzielbezogenen gebundenen Kapitals (inflationsangepasste Zinskosten), **oder**
- **in den Abschreibungskosten** als Kosten des Kapitalverzehrs auf der Basis von Wiederbeschaffungspreisen (inflationsangepasste Abschreibungskosten).

Abschreibungs- und Zinskosten sind offensichtlich interdependent: einerseits ist das gebundene Kapital der Ausgangspunkt für die Ermittlung der Abschreibungskosten, andererseits bestimmt die Höhe der in einer Periode ermittelten Abschreibungskosten die Höhe des jeweils in der Folgeperiode gebundenen Kapitals und damit der Zinskosten. Die Abschreibungskosten können dabei als durch den Umsatzprozess verdientes, das heißt als freigesetztes Kapital interpretiert werden.

Sofern Kaufkraftänderungen erfolgsrelevant sind (reale Kapital- oder Substanzerhaltung) und die Kosten- und Leistungsrechnung zur Investitionsrechnung kompatibel sein soll, lässt sich unter gewissen Voraussetzungen mit Hilfe des Lücke-Theorems zeigen, dass

• die Ermittlung der Abschreibungskosten auf der Basis von **historischen Anschaffungspreisen** sowie die Ermittlung der Zinskosten auf der Basis des zum
  Nominalzinssatz (das heißt unter Einbezug der Geldentwertungsrate) verzins-
  ten korrespondierenden gebundenen Kapitals

zu demselben Ergebnis führt wie

• die Ermittlung der Abschreibungskosten auf der Basis von **fortgeführten Tagesbeschaffungspreisen** sowie die Ermittlung der Zinskosten auf der Basis des
  zum **Realzinssatz** (das heißt ohne Einbeziehung der Geldentwertungsrate) ver-
  zinsten korrespondierenden gebundenen Kapitals.[1]

Beide Vorgehensweisen stellen sicher, dass ein Betriebsmittel am Ende seiner wirtschaftlichen Nutzungsdauer aus den im Umsatzprozess erwirtschafteten Abschrei-
bungs- und Zinskosten wiederbeschafft werden kann. Andere Vorgehensweisen
gemäß Abbildung 29 führen zu einem falschen Ausweis des kalkulatorischen Erfolgs.

	Nicht inflations- angepasste Zinskosten	**Inflationsangepasste Zinskosten**
Nicht inflationsange- passte Abschreibungs- kosten	„Scheingewinn"	Reale Substanzerhaltung
Inflationsangepasste Abschreibungskosten	Reale Substanzerhaltung	„Scheinverlust", besser: „Scheinkosten"

Abbildung 29: Kostenermittlung unter realer Substanzerhaltung

Die Problematik soll an einem Beispiel verdeutlicht werden. Betrachtet sei ein E-
lektrofahrzeug, das für den Transport von Paletten verwendet wird. Das Fahrzeug
ist im Zeitpunkt t_0 zum historischen Anschaffungspreis von 10.000 € beschafft
worden. Seine wirtschaftliche Nutzungsdauer beträgt 5 Jahre, ein Liquidationserlös
wird nicht erzielt. Weiterhin sei ein **Nominalzinssatz** von 16,6 % und eine jährliche Inflationsrate von 10 % unterstellt. Der **Realzinssatz** beträgt dann (1,166/1,1
– 1 =) 6%. Das Elektrofahrzeug kostet unter Berücksichtigung der Inflationsrate

---

[1] Vgl. Maltry/Keilus (2001), S. 101 ff., Sieben/Maltry (2002), Rogler (2002), Sp. 721, S. 402 ff.;
     Scherrer (1999), S. 354; Swoboda (1996), S. 365 ff. Vgl. zum Lücke Theorem: Kloock (1981),
     S. 876 ff. Mit dem Lücke-Theorems gelingt es, die Kosten- und Leistungs- sowie die Investiti-
     onsrechnung aufeinander abzustimmen und das interne Rechnungswesen an einem einheitli-
     chen Erfolgsbegriff auszurichten.

nach 5 Jahren 16.105,10 € (= 10.000 € • $1,1^5$). Damit ergeben sich bei Verwendung des linearen Abschreibungsverfahrens in Abhängigkeit von der verwendeten Abschreibungsbasis in den einzelnen Perioden der Nutzungsdauer die in Abbildung 30 und Abbildung 31 dargestellten Abschreibungs- und Zinskosten.[1]

Nutzungsperiode	Abschreibungs-kosten [€]	Gebundenes Kapital zu Beginn der Nutzungsperiode [€]	Zinskosten r_N = 16,6% [€]	Gesamt [€]
1. Jahr	2.000	10.000	1.660	3.660
2. Jahr	2.000	8.000	1.328	3.328
3. Jahr	2.000	6.000	996	2.996
4. Jahr	2.000	4.000	664	2.664
5. Jahr	2.000	2.000	332	2.332
Gesamt	10.000		4.980	14.980

Abbildung 30: Abschreibungs- und Zinskosten bei Zugrundelegung historischer Beschaffungspreise als Abschreibungsbasis

Nutzungsperiode	Abschreibungs-basis inklusive Inflation von 10% [€]	Abschreibungs-kosten [€]	Gebundenes Kapital zu Beginn der Nutzungs-periode [€]	Zinskosten r_R = 6% [€]	Gesamt [€]
1. Jahr	11.000,00	2.200,00	11.000,00	660,00	2.860,00
2. Jahr	12.100,00	2.420,00	9.680,00	580,80	3.000,80
3. Jahr	13.310,00	2.662,00	7.986,00	479,16	3.141,16
4. Jahr	14.641,00	2.928,20	5.856,40	351,38	3.279,58
5. Jahr	16.105,10	3.221,02	3.221,02	193,26	3.414,28
Gesamt		13.431,22		2.264,61	15.695,82

Abbildung 31: Abschreibungs- und Zinskosten bei Zugrundelegung fortgeführter aktueller Tagesbeschaffungspreise als Abschreibungsbasis

Die Daten der Abbildung 30 und Abbildung 31 machen deutlich, dass in Abhängigkeit von der gewählten Vorgehensweise die Abschreibungs- und Zinskosten je Periode unterschiedlich sind. Dies gilt auch für die Summe beider Kostenarten je Periode sowie – auf den ersten Blick vielleicht überraschend und unverständlich – für die Summe beider Kostenarten über die gesamte Nutzungsdauer der Maschine (14.980,00 € gegenüber 15.695,82 €). Zudem ist die Summe aus Abschreibungs- und Zinskosten je Periode in Abbildung 30 streng monoton fallend, nach Abbildung 31 streng monoton steigend. Aufgrund der unterschiedlichen Verteilung

---

[1] Es kann auch jedes andere Abschreibungsverfahren verwendet werden.

der Beträge im Zeitablauf führen sie aber aus der Sicht einer den Zeitraum von 5 Jahren umfassenden Investitionsrechnung zu demselben übereinstimmenden Ergebnis, einem Endwert in Höhe von 21.552,26 €.[1]

Nach der Festlegung des Beschaffungspreisansatzes ist das kalkulatorische Kapital gemäß Abbildung 32 zu bestimmen.

Anlagevermögen, soweit sachzielnotwendig (und es nicht als vermietet oder verpachtet erfasst wird[2]) • Grundstücke mit Geschäfts- und Fabrikbauten • Grundstücke ohne Bauten (z. B. für die Lagerung von Vorräten) • Maschinen und maschinelle Anlagen • Betriebs- und Geschäftsausstattung • Geleistete Anzahlungen für Gegenstände des Anlagevermögens • Konzessionen, gewerbliche Schutzrechte und Lizenzen	(Bewertung: fortgeführte historische Anschaffungspreise, tagesaktuelle Wiederbeschaffungspreise oder Herstellkosten auf eben dieser Basis)
+ **Umlaufvermögen**, soweit sachzielnotwendig • Roh-, Hilfs- und Betriebsstoffe • Unfertige Erzeugnisse • Fertige Erzeugnisse, Waren • Geleistete Anzahlungen für Gegenstände des Umlaufvermögens • Forderungen aus Lieferungen und Leistungen • Kasse, Guthaben bei Kreditinstituten und sonstige Zahlungsmittel	(Bewertung: historische Anschaffungspreise, tagesaktuelle Wiederbeschaffungspreise oder Herstellkosten auf eben dieser Basis)
= **Kalkulatorisches Kapital**	

Abbildung 32: Ermittlung des kalkulatorischen Kapitals

Innerhalb der Abrechnungsperiode auftretende Schwankungen der Kapitalbindung werden im Rahmen der Kostenrechnung aus Praktikabilitäts- und Wirtschaftlichkeitsgründen nicht beachtet. In der Praxis wird vereinfachend das **durchschnittlich in einer Abrechnungsperiode gebundene kalkulatorische Kapital** ermittelt, indem z.B. der Mittelwert des kalkulatorischen Kapitals am Anfang und am Ende der Abrechnungsperiode gebildet wird. Bei dieser Art der Ermittlung gehen die Gegenstände des abnutzbaren Anlagevermögens mit ihren **fortgeführten**, das heißt

---

[1] Dieser Endwert ergibt sich für die Abschreibungs- und Zinskosten nach Abbildung 30 als: $(2.000 + 1.660) \cdot 1{,}166^4 + (2.000 + 1.328) \cdot 1{,}166^3 + (2.000 + 996) \cdot 1{,}166^2 + (2.000 + 664) \cdot 1{,}166^1 + (2.000 + 332) \cdot 1{,}166^0 = 21.552{,}26$ €. Für die Daten aus Abbildung 31 gilt: $(2.200 + 660) \cdot 1{,}166^4 + (2.420 + 580{,}8) \cdot 1{,}166^3 + (2.662 + 479{,}16) \cdot 1{,}166^2 + (2.928{,}2 + 351{,}38) \cdot 1{,}166^1 + (3.221{,}02 + 193{,}26) \cdot 1{,}166^0 = 21.552{,}26$ €.

[2] Vgl. hierzu 2.2.1.3.3.

den durch Abschreibungskosten herabgesetzten Beschaffungspreisen (**Restwerten**), in die Durchschnittsbildung ein. Wegen der Orientierung an den Restwerten am Ende der jeweiligen Perioden wird diese Vorgehensweise auch als Verfahren der **Restwertverzinsung**[1] oder Restwertverfahren bezeichnet. Zur Ermittlung des letztlich relevanten zinspflichtigen Teils des kalkulatorischen Kapitals ist auch das Abzugskapital als periodische Durchschnittsgröße zu ermitteln. Da der Restwert eines abnutzbaren Anlagegegenstands im Zeitablauf sinkt, werden auch die Kosten der aus seiner Nutzung resultierenden Kapitalbindung im Zeitablauf kleiner. Eine andere Vorgehensweise in der Praxis besteht darin, das durchschnittlich in einem Vermögensgegenstand gebundene Kapital über dessen **gesamte Nutzungsdauer** zu bestimmen. Die Kosten der Kapitalnutzung sind dann in jeder Abrechnungsperiode identisch. Diese Ermittlungsweise wird als Verfahren der **Durchschnittsverzinsung** oder Durchschnittswertverfahren bezeichnet.[2] Die Restwertverzinsung entspricht eher den betrieblichen Gegebenheiten, da das ursprünglich in den abnutzbaren Vermögensgegenständen gebundene Kapital bei erfolgreichem Geschäftsverlauf über die Abschreibungskosten verdient wird und zur Kapitalrückzahlung verwendet werden kann. Somit erfolgt von Periode zu Periode eine Reduzierung des gebundenen kalkulatorischen Kapitals. In Unternehmen mit heterogener, das heißt gleich verteilter Altersstruktur des abnutzbaren Anlagevermögens wird allerdings kein gravierender Unterschied zwischen Restwert- und Durchschnittsverzinsung auftreten.[3]

Abbildung 33 stellt ein Beispiel zur Ermittlung kalkulatorischer Zinskosten dar.

---

[1] Wohl zu unterscheiden vom Restwert am Ende der wirtschaftlichen Nutzungsdauer bei der Ermittlung der Abschreibungskosten.

[2] Vgl. Kilger/Pampel/Vikas (2002), S. 316 ff.; zu den Verfahren: Kilger (1987), S. 137 f.; zur Durchschnittsverzinsung auf der Basis des Lücke-Theorems: Dirrigl (1998), S. 550 ff.

[3] Vgl. hierzu kritisch Haberstock (2004), S. 98, Fn 206; Maltry (1999), S. 34. Zur grundsätzlichen Eignung der Methoden zur Ermittlung des gebundenen Kapitals einer Abrechnungsperiode: Vgl. Kloock/Maltry (1998), S. 93 ff.

	Jahr 2005 [€]	Jahr 2006 [€]	Mittelwert [€]
Summe aller zu fortgeführten historischen Anschaffungspreisen bewerteten Vermögensgegenstände der Aktivseite	2.100.000	2.250.000	2.175.000
- Summe der zu fortgeführten historischen Anschaffungspreisen bewerteten nicht sachzielnotwendigen Vermögensgegenstände	90.000	110.000	100.000
+ Summe der zu Herstellkosten auf der Basis historischer Anschaffungspreise bewerteten, nicht in der Bilanz erfaßten sachzielnotwendigen Vermögensgegenstände	60.000	70.000	65.000
= Durchschnittlich gebundenes kalkulatorisches Vermögen			2.140.000
- Durchschnittliches Abzugskapital	380.000	430.000	405.000
= Zu verzinsendes durchschnittlich gebundenes kalkulatorisches Kapital			1.735.000
Kalkulatorischer (Nominal-)Zinssatz			16,6%
= Kalkulatorische Zinskosten			288.010

Abbildung 33: Beispiel zur Ermittlung der kalkulatorischen Zinskosten auf der Basis histori-scher Anschaffungspreise nach dem Verfahren der Restwertverzinsung

Die **Ermittlung der Wertkomponente der Zinskosten** besteht in der Festlegung eines kalkulatorischen Nominal- oder Realzinssatzes. Wegen der anzustrebenden Kompatibilität zwischen Kosten- und Leistungsrechnung sowie Investitionsrechnung empfiehlt es sich in jedem Fall, bei der Ermittlung der kalkulatorischen Zinskosten denjenigen Zinssatz zu verwenden, der im Unternehmen bei Investitionsentscheidungen zugrunde gelegt wird.[1] Er ergibt sich als gewogenes arithmetisches Mittel des Eigen- und Fremdkapitalkostensatzes (*Weighted Average Cost of Capital* = WACC).

Als Gewichtungsfaktoren fungieren die jeweiligen Marktwertanteile von Fremd-

---

[1]   Vgl. Kloock/Sieben/Schildbach/Homburg (2005), S. 117; a. M. Kilger (1987), S. 116.

und Eigenkapital am Marktwert des Unternehmens:[1]

$$\text{Kalkulatorischer Zinssatz} = WACC = k_{EK} \cdot \frac{MW_{EK}}{MW_U} + k_{FK} \cdot \frac{MW_{FK}}{MW_U} \qquad (2\text{-}1)$$

mit: k_{EK} Kapitalkostensatz des Eigenkapitals nach Steuern[2]
      k_{FK} Effektiv-Kapitalkostensatz des Fremdkapitals nach Steuern
      MW_{EK} Marktwert des Eigenkapitals
      MW_{FK} Marktwert des Fremdkapitals
      MW_U Marktwert des Unternehmens

Die jeweiligen Kapitalkostensätze beinhalten neben der Verzinsung eines risikolosen festverzinslichen Wertpapiers mit langer Laufzeit (z.B. Bundesobligation) einen Risikozuschlag für das übernommene Geschäfts- und Finanzierungsrisiko.[3] Schwierigkeiten bei der Ermittlung der Marktwerte ergeben sich insbesondere dann, wenn das Unternehmen nicht börsennotiert ist. Für nicht börsennotierte Unternehmen lassen sich die betreffenden Marktwerte lediglich auf der Basis der jährlich erfolgenden Geschäftsplanungen und anerkannter Methoden der Unternehmensbewertung vornehmen.[4]

Zinskosten sind in der Regel nur der Abrechnungsperiode als Einzelkosten zurechenbar. Aber auch die direkte Zurechnung von Teilen der gesamten kalkulatorischen Zinskosten zu Kostenstellen ist denkbar, wenn das in einer Kostenstelle durchschnittlich gebundene kalkulatorische Kapital ermittelbar ist.

2.2.1.3.5 Steuern, Gebühren und Beiträge

Steuern sind „Geldleistungen, die nicht eine Gegenleistung für eine besondere Leistung darstellen und von einem öffentlich-rechtlichen Gemeinwesen zur Erzielung von Einnahmen allen auferlegt werden, bei denen der Tatbestand zutrifft, an

---

[1]   Vgl. z.B. Brealey/Myers (2003), S. 524 ff.; Drukarczyk (2003), S. 187; Hax (1998), S. 219 f.; Kruschwitz (2004), S. 270 f.; Schmidt/Terberger (1997), S. 245 ff.; zur Berücksichtigung von Steuern: Drukarczyk (2003), S. 188 ff., Kuhner/Maltry (2006).

[2]   Die im Kapitalkostensatz enthaltene Risikoprämie deckt das allgemeine Unternehmensrisiko ab. Über die Zinskosten gehen daher entgegen der überwiegenden Literaturmeinung sehr wohl Wagniskosten für das allgemeine (systematische) Unternehmerrisiko in die Kostenrechnung ein. Vgl. Arbeitskreis Finanzierung der Schmalenbach-Gesellschaft (1996), S. 549.

[3]   Vgl. zu den Risikobegriffen z.B. Brealey/Myers (2003), S. 221 f.; Schmidt/Terberger (1997), S. 241 ff.

[4]   Vgl. zur Ermittlung des WACC sowie zu Ansätzen der Unternehmensbewertung z.B. Drukarczyk (2003); Mandl/Rabel (1997).

den das Gesetz die Leistungspflicht knüpft."[1] **Gebühren** werden definiert als „Abgaben, die für (freiwillig oder gezwungenermaßen in Anspruch genommene) besondere Einzelleistungen der öffentlichen Hand erhoben werden"[2], **Beiträge** als „Abgaben, die von jedem erhoben werden, dem ein dauernder Vorteil aus einer öffentlichen Einrichtung geboten wird, unabhängig vom Ausmaß der Inanspruchnahme des Vorteils"[3]. Steuern, Gebühren und Beiträge sind damit Zahlungen an öffentlich-rechtliche Institutionen wie Bund, Länder und Gemeinden oder an Selbstverwaltungsorgane wie die Industrie- und Handwerkskammern. Sie stellen in der Regel Zwangsabgaben dar und sind definitionsgemäß dann als Kosten anzusehen, wenn die von den verschiedenen Institutionen erbrachten Dienstleistungen zur Realisierung des unternehmerischen Sachziels notwendig sind. Steuern treten in verschiedenen Formen auf:

- Ertragsteuern (Einkommen-, Körperschaft-, Gewerbeertrag- und Kirchensteuer),
- Substanzsteuern (Grundsteuer),
- Verkehrsteuern (z.B. Grunderwerb-, Versicherung-, Kraftfahrzeug- oder Umsatzsteuer),
- Verbrauchsteuern (z.B. Zölle, Mineralöl-, Branntwein- oder Tabaksteuer).

Über den **Kostencharakter der Ertragsteuern** ist aufgrund ihrer Gewinnabhängigkeit **lange** heftig **diskutiert** worden.[4] Heute wird deren Kostencharakter wie folgt begründet:

- definitionsgerecht durch die unabdingbare Inanspruchnahme von Gütern (Mengenkomponente der Ertragsteuern) wie Rechtsordnung, Ausbildung oder Infrastruktur[5], die von der öffentlichen Hand bereitgestellt werden,
- durch den mit der Steuerzahlung einhergehenden Nominalgüterverzehr und
- durch die Tatsache, dass die Verfolgung des unternehmerischen Sachziels ohne die Inkaufnahme der Zwangsabgabe „Ertragsteuern" nicht möglich ist.[6]

Der **Kostencharakter der nicht gewinnabhängigen Verkehr-, Verbrauch- und**

---

[1]   Vgl. § 3 Abs. 1, 1. Halbsatz AO. Nach § 3 Abs. 1 Satz 2 sind auch Zölle zu fassen.

[2]   Vgl. Haberstock/Breithecker (2004), S. 5 f.

[3]   Haberstock/Breithecker (2004), S. 5 f.

[4]   Vgl. Wöhe (1965), S. 33 ff.

[5]   Kloock/Sieben/Schildbach/Homburg (2005), S. 118.

[6]   Vgl. Kloock/Sieben/Schildbach/Homburg (2005), S. 118; Schweitzer/Küpper (2003), S. 114 f.; auch Haberstock (2004), S. 73, der die Behandlung von Steuern als „Als-ob-Kosten" vorschlägt.

Substanzsteuern ist anhand der Kostendefinition leicht nachzuvollziehen.[1] Lediglich die Umsatzsteuer wird aus Vereinfachungsgründen nicht in die Kostenrechnung einbezogen, sondern als durchlaufender Posten behandelt. Gebühren (z.b. Vermessungs-, Anlieger-, Müllabfuhr- oder Beurkundungsgebühren) und Beiträge (z.b. Abgaben für Kammern, Verbände und andere berufsständische Organisationen) sind dann als Kosten anzusehen, wenn die Inanspruchnahme der zugehörigen Dienstleistungen für die Realisation des unternehmerischen Sachziels notwendig ist.

Steuern, Beiträge und Gebühren stellen **in der Regel Gemeinkosten** des Kalkulationsobjekts Produkteinheit dar. Speziell bei den Ertragsteuern bereitet für kurze Abrechnungsperioden bereits die Erfassung als Periodeneinzelkosten Schwierigkeiten, da ihre Bemessungsgrundlagen vom Unternehmen nur jährlich ermittelt werden und zudem noch der Zustimmung durch die entsprechenden Behörden bedürfen. Da die Ermittlung der Steuerbemessungsgrundlagen für kürzere Perioden (z.B. Monat, Quartal) für Zwecke der Kostenrechnung in der Praxis bestenfalls näherungsweise durchgeführt wird, erfolgt die Verrechnung auf kürzere Abrechnungsperioden durch Proportionalisierung der Jahressteuerbelastung. In gleicher Weise werden jahresbezogene Beiträge und Gebühren behandelt. **Nur in Einzelfällen** sind Steuern, Beiträge und Gebühren einem Produkt als **Produkteinzelkosten** zurechenbar (etwa bei Mineralöl- oder Branntweinsteuer sowie Zöllen).

2.2.1.3.6 Sonstige Kosten

Die sonstigen Hauptkostenarten werden manchmal als **Funktionskosten** bezeichnet, das heißt Kosten, die durch die Existenz des Unternehmens, die Aufrechterhaltung der Betriebsbereitschaft und die Steuerung des Geschäftsablaufs verursacht werden[2], oder als **Fremd- oder Dienstleistungskosten** für die Nutzung von Dienstleistungen externer Anbieter mit Ausnahme öffentlich-rechtlicher Institutionen.[3] Diese Begriffsfindungen sind entweder – im ersten Fall – inhaltsleer, weil allumfassend, oder – im zweiten Fall – wegen der Einbeziehung von Gütern wie Strom, Wasser, Maschinen oder Gebäude nicht überschneidungsfrei mit bereits dargestellten Hauptkostenarten wie Material- oder Betriebsmittelkosten.

Unter dem Sammelposten „Sonstige Kosten" werden die Kostenarten gesammelt,

---

[1] Vgl. Döring (1984), S. 13-56, zur Diskussion um den Kostencharakter von Steuern.

[2] Macha (2003), S. 55.

[3] Vgl. Haberstock (2004), S. 71.

die selten anfallen oder nur einen geringen monetären Umfang aufweisen. Die Zusammenfassung von Kostenarten zur Hauptkostenart „Sonstige Kosten" oder deren
expliziter Ausweis als eigenständige Hauptkostenart ist dabei offensichtlich von
den unternehmensspezifischen Gegebenheiten abhängig. Beispiele für Sonstige
Kosten sind etwa Beratungs- und Prüfungskosten, Kosten für Marketingmaßnahmen, Bank-, Post- und Kommunikationskosten, Versicherungen, Transportleistun-
gen, Kosten für Informationsmaterial (Bücher, Zeitungen), Kosten der Instandhaltung durch Fremdfirmen oder Kosten des Erwerbs von CO_2-Emissionszertifikaten.

Die Ermittlung der Sonstigen Kosten bereitet im Allgemeinen keine Schwierigkeiten, da die Daten der Finanzbuchhaltung entnommen werden können. Für ihre
Klassifikation ist im Einzelnen zu prüfen, inwieweit sie für bestimmte Produkte,
Produktgruppen, Kostenstellen oder Unternehmensbereiche anfallen und diesen
demgemäß als Einzel- oder Gemeinkosten zurechenbar sind.

2.2.1.3.7 Kostenartenrechnung für das Zementwerk Idelsdorf

Die Kostenartenrechnung nach Abbildung 34 führt im Zementwerk Idelsdorf in der
Abrechnungsperiode zu Kosten in Höhe von 124.360.000 €. Die Materialkosten betragen 19.177.300 €. Sie entfallen auf die Kosten für die Rohstoffe Kalkstein, Ton,
Gips und Hüttensand sowie die Papiersäcke zur Verpackung. Die Brennstoff- und
Energiekosten belaufen sich in der Abrechnungsperiode auf insgesamt 26.400.000
€, während die Personalkosten für die 215 Mitarbeiter 21.786.300 € ausmachen.
Die Abschreibungs- und Zinskosten, manchmal treffend als Kapitalkosten bezeichnet, belaufen sich auf insgesamt 35.960.000 €. Getrennt von den Sonstigen Kosten
werden die Ersatzteil- und Hilfsstoffkosten ausgewiesen. Sie belaufen sich auf
5.326.700 €. Die Kostensteuern umfassen lediglich 1.100.000 € in der Abrechnungsperiode. Die Sonstigen Kosten betragen schließlich 14.609.700 €.

	Gesamt [€]
Material- und Verpackungskosten	19.177.300
Brennstoff- und Energiekosten	26.400.000
Löhne und Gehälter	16.138.000
Gesetzliche, tarifliche und freiwillige Soziale Abgaben	5.648.300
Personalkosten	21.786.300
Abschreibungskosten	22.650.000
Zinskosten	13.310.000
Ersatzteil- und Hilfsstoffkosten	5.326.700
Kostensteuern	1.100.000
Sonstige Kosten	14.609.700
Gesamte Kosten K	**124.360.000**

Abbildung 34: Kostenartenrechnung im Zementwerk Idelsdorf

2.2.2 Kostenträgerstückrechnung als zweite Stufe der operativen Kostenkalkulation von Produkteinheiten

2.2.2.1 Konzeptionelle Grundlagen

In der Kostenartenrechnung sind die in der Abrechnungsperiode angefallenen Kosten von insgesamt 124.360.000 € für das Zementwerk Idelsdorf ermittelt worden. Für die Abrechnungsperiode ergeben sich folgende Produktionsmengen, die vollständig abgesetzt werden:

	CEM I	CEM I (Sackware)	CEM II	CEM III	Zement-klinker	Gesamt
Absatzmengen [t]	686.200	43.800	110.000	130.000	30.000	1.000.000

Abbildung 35: Absatzmengen des Zementwerks Idelsdorf

Im Rahmen einer **zweistufigen Kalkulation** werden die Kosten bereits nach ihrer Erfassung in der Kostenartenrechnung auf der nächsten Kalkulationsstufe, der Kostenträgerstückrechnung, den unterschiedlichen Produkteinheiten zugerechnet.[1]

1. Kalkulationsstufe:	Kostenartenrechnung
2. Kalkulationsstufe:	Kostenträgerstückrechnung

Abbildung 36: Zweistufige Kostenkalkulation von Produkteinheiten

Zu unterscheiden sind zwei grundsätzliche Typen gemäß Abbildung 37 von Zu-

---

[1] Die Beschränkung auf eine zweistufige Kostenkalkulation bedeutet nicht von vornherein, dass in einem Unternehmen keinerlei Kostenstelleneinteilung – in mehr oder weniger differenzierter Form – vorliegt. So werden im Zementwerk Idelsdorf (vgl. 1.1.1) von Beginn an fünf Produktionsstufen als rudimentäre Form einer Kostenstelleneinteilung unterschieden. Die zweistufigen Strukturformen der Kostenkalkulation (Divisionsrechnung mit oder ohne Äquivalenzziffern, summarische und einfache differenzierende Zuschlagsrechnung (vgl. 2.2.2.6)) greifen aber bei der Ermittlung der Stückselbstkosten der Produkte nicht auf diese Kostenstelleneinteilung zurück; eine einfache dreistufige Strukturform der Kostenkalkulation (Divisionsrechnung auf der Basis der Kostenstellenrechung (vgl. 2.3.3)) gibt sich mit der groben Einteilung des Unternehmens in Produktionsstufen zufrieden; fortgeschrittene Strukturformen der Kostenkalkulation (differenzierende Zuschlagsrechnung auf der Basis der Kostenstellenrechnung, Kostenprozessrechnung (vgl. 2.3.4 und 2.4)) nehmen feinere Einteilungen der Produktionsstufen und –prozesse des Zementwerks Idelsdorf vor. Auch wenn eine Kostenstelleneinteilung – z.B. aufgrund der Einfachheit von Produktionsprogramm oder Produktionsprozess – nicht unbedingt erforderlich ist, kann sie sich für Zwecke der Kostenkontrolle durchaus empfehlen.

rechnungsmethoden der Kostenträgerstückrechnung.

> *Zurechnungsmethoden* geben an, wie die Kosten der Kalkulationsobjekte in der Kostenträgerstückrechnung rechentechnisch ermittelt werden.

Die Methoden der **Divisionsrechnung** nehmen eine Zurechnung der angefallenen Kosten ohne Trennung in Einzel- und Gemeinkosten vor. Zu unterscheiden sind Divisionsrechnungen mit und ohne Äquivalenzziffern. Die Zurechnung der gesamten Kosten erfolgt auf der Basis des Verteilungsprinzips. Die Methoden der **Zuschlagsrechnung** gehen differenzierter vor. Einzel- und Gemeinkosten werden getrennt den Produkten zugerechnet. Die Zurechnung der Einzelkosten erfolgt dann auf der Basis des Zuordnungsprinzips, während die Gemeinkosten entweder in einer Summe oder getrennt nach unterschiedlichen Kostenblöcken auf der Basis des Verteilungsprinzips **zugeschlagen** werden. Zu unterscheiden sind im Rahmen der zweistufigen Kalkulation die summarische und die einfache differenzierende Zuschlagsrechnung, auch einfache elektive Zuschlagsrechnung genannt.

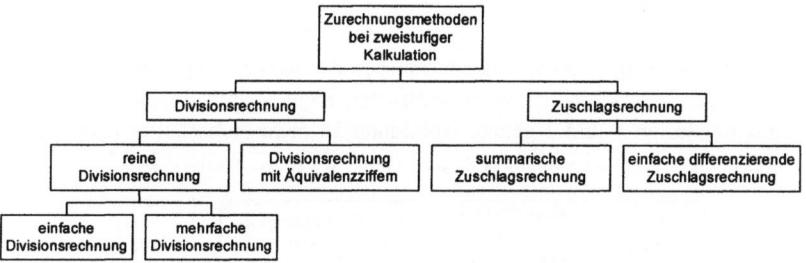

Abbildung 37: Zurechnungsmethoden bei zweistufiger Kostenkalkulation

2.2.2.2 Reine Divisionsrechnung

2.2.2.2.1 Einfache Divisionsrechnung

Die unkomplizierteste Zurechnungsmethode stellt die **einfache Divisionsrechnung** dar. Die Selbstkosten je Mengeneinheit ergeben sich, indem sämtliche primären Kosten PK durch die Produktionsmenge xp der Abrechnungsperiode dividiert werden:

$$ks = \frac{PK}{xp} \qquad (2\text{-}2)$$

mit: ks   Selbstkosten einer Mengeneinheit des Absatzprodukts
           PK   Gesamte primäre Kosten

xp   Produktionsmenge

> Die *Selbstkosten* einer Produkteinheit ergeben sich aus der Zurechnung der gesamten primären Kosten eines Unternehmens auf die Produktionsmenge einer Abrechnungsperiode.

Für das Zementwerk Idelsdorf lassen sich folgende Selbstkosten je abgesetzter Mengeneinheit ermitteln:

$$ks = \frac{124.360.000 \, €}{1.000.000 \, t} = 124,36 \frac{€}{t}$$

Die **einfache Divisionsrechnung** ist stets anwendbar. Sie führt aber in ihrer pauschalen Zurechnung nur selten zu genauen Kalkulationsergebnissen. Denn einerseits unterstellt sie implizit, dass nur eine Produktart hergestellt wird (einfache Divisionsrechnung). Andererseits geht sie von konstanten Lagerbeständen der im Produktionsprozess entstehenden Zwischenprodukte sowie des Endprodukts aus (quasi-einstufige Produktion).

Zwar haben sich im Zementwerk Idelsdorf in der Abrechnungsperiode die Lagerbestände der unterschiedlichen Zementsorten nicht geändert, jedoch stellen die Produktionsstufen 1 und 2 gemäß Abbildung 38 mehr Rohschotter und Rohmehl her, als sie an die jeweils nachgelagerte Produktionsstufe weitergeben.[1]

Produktions-stufe	eingesetzte Zwischen-produktmenge	Produktions-menge	Bestandsver-änderung
1	0 t	1.462.400 t	50.000 t
2	1.412.400 t	1.412.400 t	11.600 t
3	1.400.800 t	875.500 t	30.000 t — 30.000 t
4	845.500 t	970.000 t	0 t
5	970.000 t	970.000 t	0 t
5	30.000 t	30.000 t	0 t

von Produktionsstufe 3
an Produktionsstufe 5

Abbildung 38: Stufenbezogene Einsatz- und Produktionsmengen im Zementwerk Idelsdorf[2]

Während die Produktionsstufe 1 1.462.400 t Rohschotter produziert, liefert sie nur

---

[1]   Vgl. 1.1.1.

[2]   Die Gewichtsreduktion in Produktionsstufe 3 resultiert aus CO_2-Verlusten im Brennvorgang.

1.412.400 t dieses Zwischenprodukts an Produktionsstufe 2. Produktionsstufe 2 stellt wiederum 1.412.400 t Rohmehl her, liefert an Produktionsstufe 3 aber nur 1.400.800 t. Produktionsstufe 3 stellt 875.500 t Zementklinker her. 845.500 t werden in Produktionsstufe 4 zu Zement gemahlen. Die restlichen 30.000 t werden direkt über die Produktionsstufe 5 an den Absatzmarkt geliefert. Produktionsstufe 4 produziert unter Einsatz von Zusatzstoffen schließlich 970.000 t der drei unterschiedlichen Zementsorten, die über Produktionsstufe 5 vollständig am Absatzmarkt abgesetzt werden.

Die gesamten Kosten in Höhe von 124.360.000 € entstehen mithin nicht nur für die insgesamt 1.000.000 t der abgesetzten Zementsorten, sondern auch für 50.000 t Rohschotter und 11.600 t Rohmehl, die in Silos zwischengelagert werden. Für diesen Fall einer nicht in allen Produktionsstufen vollständig absatzsynchronen Produktion ermittelt die Divisionsrechnung damit offensichtlich zu hohe Selbstkosten. Die explizite Berücksichtigung von Lagerbestandsveränderungen für Zwecke der Selbstkostenermittlung erfordert daher im Rahmen der Kalkulation die exakte Abgrenzung von Unternehmensbereichen als Produktionsstufen. Diese Abgrenzung ist zudem erforderlich, da im Rahmen von Kontrollrechnungen Abweichungsursachen aufgedeckt werden sollen, die unabdingbar eine Zurechnung der Kosten zu Organisationseinheiten durch die Istkostenrechnung erfordern. Mit der Erfassung von nach produktions- oder absatzorganisatorischen Gesichtspunkten gegliederten Unternehmensbereichen ist eine Divisionsrechnung aber bereits der **Strukturform der dreistufigen Kostenkalkulation** zuzurechnen, da sie auf eine – wenn auch nur rudimentäre – Kostenstellenrechnung zurückgreift.[1]

2.2.2.2.2 Mehrfache Divisionsrechnung

Wenn in einem Unternehmen mehrere absatzbestimmte Produktarten gleichzeitig in verschiedenen Unternehmensbereichen hergestellt werden, kann für jede der Produktarten eine einfache Divisionsrechnung durchgeführt werden, in deren Rahmen die in jedem Unternehmensbereich angefallenen Kosten auf die jeweilige Produktart verteilt werden.[2] Diese Vorgehensweise wird als mehrfache Divisionsrechnung bezeichnet.

2.2.2.3 Divisionsrechnung mit Äquivalenzziffern

Es scheint fraglich, ob die Zementsorten CEM I, CEM II und CEM III sowie das

---

[1]   Vgl. dazu 2.3.
[2]   Vgl. Kosiol (1972), S. 198.

Vorprodukt Zementklinker eine homogene Produktart darstellen. Für die drei Zementsorten werden folgende Mischungsanteile unterstellt:

- Das Produkt Portlandzement CEM I besitzt einen Zementklinkeranteil von 95% sowie 5% Gips.
- Das Produkt Portlandkompositzement CEM II besteht aus 85% Zementklinker sowie 10% Hüttensand und 5% Gips (CEM II Portlandhüttenzement).
- Das Produkt Hochofenzement CEM III hat lediglich 45 % Zementklinkeranteil. Zusätzlich werden 50% Hüttensand und 5% Gips zugesetzt (CEM III).

Bei dem Zementwerk Idelsdorf liegen offensichtlich heterogene Produktarten vor.

Die Divisionsrechnung mit Äquivalenzziffern stellt eine weitere Zurechnungsmethode dar, die eine separate Kalkulation von Produktsorten vornimmt. **Sortenproduktion** bezeichnet die gleichzeitige Herstellung verschiedener Produkte, die fertigungstechnisch verwandt sind (also im Wesentlichen dieselben Produktionsprozesse durchlaufen) und sich nur hinsichtlich bestimmter Produktmerkmale unterscheiden (z.B. unterschiedliche Abmaße bei Walzstahlprodukten, Zusatz bestimmter Materialien bei Zement- oder Biersorten).

> Eine *Äquivalenzziffer* ist in der Kostenrechnung eine Verhältniszahl, die das Kostenverhältnis bei der Herstellung je einer Mengeneinheit zweier Produktsorten wiedergibt.

Zur Ermittlung der **Äquivalenzziffern** erhält eine willkürlich gewählte Produktsorte die Äquivalenzziffer 1 (Einheitsprodukt). Die Äquivalenzziffern der übrigen Produktsorten geben nun an, welche Mehr- oder Minderkosten im Vergleich zur Herstellung des Einheitsproduktes (z.B. CEM I) entstehen. Eine Äquivalenzziffer von z.B. 0,894737 für CEM II bedeutet dann, dass der hergestellten CEM II-Zementsorte 89,4737% der Kosten je Mengeneinheit im Vergleich zum gewählten Einheitsprodukt CEM I beizumessen sind. Zur Ermittlung der Äquivalenzziffern müssen Bezugsgrößen gefunden werden, zu denen sich die Kosten je Mengeneinheit der Produktsorten proportional verhalten. So lassen sich z.B. Äquivalenzziffern für die Zementproduktion auf der Basis des jeweiligen Zementklinkeranteils bestimmen: CEM I: 0,95; CEM II: 0,85; CEM III: 0,45; Zementklinker: 1. Neben Produktmerkmalen können bei der Bestimmung der Äquivalenzziffern auch die zur Herstellung erforderlichen Produktionszeiten herangezogen werden. Äquivalenzziffern sind jeweils anzupassen, wenn sich die gewählten Bezugsgrößen oder deren Ausprägungen ändern.

Eine Äquivalenzziffernrechnung ist grundsätzlich wie folgt aufgebaut:

1. **Festlegung der Bezugsgrößen als Basis der Äquivalenzziffernreihe:**
   Zur Verrechnung der gesamten Kosten von 124.360.000 € wird die Bezugsgröße „Zementklinkeranteil" je Mengeneinheit verwendet.

2. **Festlegung des Einheitsproduktes:**
   Im Zementwerk Idelsdorf stellt CEM I das Einheitsprodukt dar.

3. **Ermittlung der Äquivalenzziffern:**
   Werden die jeweiligen Zementklinkeranteile auf den Zementklinkeranteil von CEM I bezogen, ergibt sich die Äquivalenzziffernreihe der Abbildung 39:

	CEM I	CEM II	CEM III	Zement-klinker
Zementklinkeranteil	95%	85%	45%	100%
Äquivalenzziffernreihe	1,000000	0,894737	0,473684	1,052632

Abbildung 39: Äquivalenzziffernreihe 1 im Zementwerk Idelsdorf

4. **Ermittlung der Summe der Rechnungseinheiten aller Produktsorten SRE:**
   Die **Rechnungseinheiten** einer Produktsorte n (n=1,...,N) RE_n ergeben sich aus der Multiplikation der jeweiligen Äquivalenzziffer z_n mit der Produktionsmenge xp_n. Als Summe der Rechnungseinheiten SRE ergibt sich:

$$SRE = \sum_{n=1}^{N} RE_n = \sum_{n=1}^{N} z_n \cdot xp_n \qquad (2\text{-}3)$$

mit: n   Laufindex der Produktarten (n = 1,.., N)
         RE   Rechnungseinheit(en)
         SRE   Summe der Rechnungseinheiten
         xp   Produktionsmenge
         z   Äquivalenzziffer

Durch die Gewichtung der Produktionsmengen mit den jeweiligen Äquivalenzziffern wird die Verschiedenartigkeit der einzelnen Produktsorten berücksichtigt. Bei den Rechnungseinheiten handelt sich um gleichnamig gemachte Mengeneinheiten. Unter Verwendung der gewonnenen Äquivalenzziffernreihe ergibt sich gemäß Abbildung 40:

	(1)	(2)	(3) = (1) * (2)
Sorte	Äquivalenzziffer z_n	Zahl der erstellten Produkteinheiten [t]	Rechnungs- einheiten [RE]
CEM I	1,0000000	686.200	686.200
CEM I (Sackware)	1,0000000	43.800	43.800
CEM II	0,8947368	110.000	98.421
CEM III	0,4736842	130.000	61.579
Zementklinker	1,0526316	30.000	31.579
SRE			921.579

Abbildung 40: Ermittlung der Summe der Rechnungseinheiten im Zementwerk Idelsdorf

5. **Ermittlung der Selbstkosten je RE ks:**
Zur Ermittlung der Selbstkosten je Rechnungseinheit werden die gesamten primären Kosten durch die Summe der Rechnungseinheiten dividiert:

$$ks = \frac{PK}{SRE} = \frac{124.360.000\,€}{921.579\,SRE} = 134,94121868\,\frac{€}{RE} \qquad (2\text{-}4)$$

mit: ks   Selbstkosten je Rechnungseinheit

6. **Ermittlung der produktspezifischen Selbstkosten je Mengeneinheit ks_n:**
Die Selbstkosten je Mengeneinheit ks_n der n-ten Produktsorte ergeben sich als
Produkt der Äquivalenzziffer z_n mit den Selbstkosten je Rechnungseinheit ks:

$$ks_n = z_n \cdot ks_1 \qquad (2\text{-}5)$$

	(1)	(2)	(3) = (1) * (2)
Sorte	Kosten je RE bzw. Einheit des Einheits- produkts	Äquivalenzziffer z_n	Kosten je Produkteinheit [€/t]
CEM I	134,94 = ks	1,0000000	134,94231868
CEM I (Sackware)	134,94 = ks	1,0000000	134,94231868
CEM II	134,94 = ks	0,8947368	120,73786408
CEM III	134,94 = ks	0,4736842	63,92004569
Zementklinker	134,94 = ks	1,0526316	142,04454597
Gesamte Kosten			124.360.000 €

Abbildung 41: Ermittlung der Selbstkosten je Mengeneinheit

Die Divisionsrechnung mit Äquivalenzziffern führt nur dann zu genauen Ergebnis-
sen, wenn die gewählte Äquivalenzziffer die relative Beanspruchung **sämtlicher**
Produktionsfaktoren durch die Produkte wiedergibt. Zwar führt die vorgestellte
Zurechnungsmethode zu differenzierteren Kalkulationsergebnissen. Jedoch lassen

sich auch mit dieser Kalkulationsform Lagerbestandsveränderungen nicht explizit berücksichtigen. Zudem sind oftmals nicht alle Bezugsgrößen durch die gewählte Äquivalenzziffer abbildbar. Grundsätzlich lassen sich Divisionsrechnungen auch mit **mehreren Äquivalenzziffernreihen** durchführen. Liegt einer Äquivalenzziffernreihe die Bezugsgröße eines spezifischen Unternehmensbereichs zugrunde (z.B. Maschinenlaufzeiten der Kugelmühle in Produktionsstufe 4), sind parallel hierzu die Kosten des betreffenden Unternehmensbereichs anzusetzen. Auch die Kontrollfunktion der Istkostenrechnung erfordert einen Ausweis von Kosten abgegrenzter Unternehmensbereiche, da anknüpfende Kontrollrechnungen Abweichungsursachen durch Lokalisierung identifizieren müssen. Die Ermittlung von Kosten einzelner Organisationseinheiten ist jedoch der **Strukturform der dreistufigen Kostenkalkulation** zuzurechnen. Die zweistufige Divisionsrechnung mit Äquivalenzziffern liefert hier allenfalls grobe Anhaltspunkte.

2.2.2.4 Exkurs: Divisionsrechnung bei Kuppelproduktion

> Ein Produktionsprozess wird als *Kuppelproduktion* bezeichnet, sofern zwangsläufig aus naturgesetzlichen oder technischen Gründen in diesem Prozess verschiedene Produktarten entstehen.

Zu unterscheiden sind werkstoff- und betriebsmittelbedingte Kuppelprodukte.[1] **Werkstoffbedingte Kuppelprodukte** sind substantiell Werkstoffe, transformierte Werkstoffe oder sie entstammen Werkstoffen. Zu unterscheiden sind hier Abfall, Ausschuss und Nebenprodukte. **Abfall** fällt vor allem in Bearbeitungs- und Formgebungsprozessen an, wenn Werkstoffe aus den unterschiedlichsten Gründen nicht Bestandteil des Produkts werden.[2] Unter **Ausschuss** werden Produkte eines Produktionsprozesses verstanden, die vorgegebene Qualitätsnormen nicht erfüllen. **Nebenprodukte** entstammen schließlich überwiegend biologischen und chemischen Umwandlungsprozessen. Sie stellen im Gegensatz zu Abfall oder Ausschuss gänzlich andere Erzeugnisse dar.[3] **Betriebsmittelbedingte Kuppelprodukte** sind z.B. der durch den Maschineneinsatz ausgelöste Lärm, die irgendwann aus dem Produktionsprozess ausscheidenden Aggregate sowie betriebsstoffbedingte Kuppelprodukte. Betriebsstoffe sind als Repetierfaktoren definiert, die nicht physischer Bestandteil des Produkts werden, sondern lediglich der Aufrechterhaltung des Pro-

---

[1]   Vgl. Keilus (1993), S. 41 ff.

[2]   Z.B. Holzstücke und –späne bei der Erstellung von Tischplatten.

[3]   Z.B. bei der Destillation von Erdöl unter atmosphärischem Druck entstehen so genannte Topgase, Leicht- und Schwerbenzin, Petroleum, Gasöl sowie schweres Heizöl.

duktionsprozesses dienen. Wenn diese nicht physischer Bestandteil des Produkts werden, müssen neben dem Produkt unter Umständen transformierte Betriebsstoffe als Kuppelprodukte anfallen.[1] Kuppelproduktion ist damit keine Ausnahme der industriellen Produktion, sondern eher die Regel.

Kalkulationsprobleme treten bei Kuppelproduktion immer dann auf, wenn mehrere Produkte entstehen, die zu Erlösen führen. Sämtliche **Kosten bis zum „Split-off-Point"** (= Kuppelproduktentstehung) sowie zumindest die Entsorgungskosten nicht verwerteter Kuppelprodukte fallen für alle abgesetzten Kuppelprodukte gemeinsam an. Sie stellen **Gemeinkosten** dar und sind damit einzelnen Produkteinheiten nicht auf der Basis des Zuordnungsprinzips zurechenbar. Lediglich die Kosten der Weiterverarbeitung einzelner Kuppelprodukte können diesen oftmals direkt als Einzelkosten zugerechnet werden. Sollen die Selbstkosten je Mengeneinheit der einzelnen abgesetzten Kuppelprodukte bestimmt werden, so sind ihnen die Gemeinkosten nur auf der Basis des Verteilungsprinzips zurechenbar. Häufig angewendete Methoden sind hierbei die Marktwertrechnung, die Methode auf der Basis technischer Merkmale sowie die Restwertrechnung.[2] Die Marktwertrechnung sowie die Methode auf der Basis technischer Merkmale basieren auf einer Äquivalenzziffernrechnung. Die **Marktwertrechnung** verteilt die angefallenen Kosten auf der Basis des Kostentragfähigkeitsprinzips, wodurch den Kuppelprodukten Kosten proportional zu ihren Umsatzerlösen zugerechnet werden. Die **Methode auf der Basis technischer Merkmale** setzt voraus, dass die abgesetzten Kuppelprodukte eine gemeinsame physikalische Eigenschaft besitzen (z.B. Molekulargewicht, Heizwert). Eine Zurechnung der Kosten erfolgt auf der Basis des Durchschnittsprinzips.

Zur Darstellung der Kostenzurechnung bei Kuppelproduktion wird ein einfaches Beispiel betrachtet. In einem chemischen Prozess fallen vier absetzbare Kuppelprodukte an. Die gesamten Kosten des Prozesses betragen 1.080.000 €. Für die Produkte werden durchschnittlich die Erlöse je ME der Abbildung 42 erzielt:

	P_1	P_2	P_3	P_4
Produktionsmenge = Absatzmenge [kg]	150.000	100.000	20.000	36.000
Erlöse je ME [€/kg]	4,00	3,00	6,00	5,00

Abbildung 42: Erlöse je Mengeneinheit sowie Absatzmengen der Kuppelprodukte im Beispiel

---

[1] Z.B. Abgase bei Verbrennung von Benzin, Schmutzlauge nach Reinigung von Behältern, Altöl, kontaminiertes Kühlwasser.

[2] Vgl. zu weiteren Methoden: Riebel (1970), Sp. 995 ff.

Zudem wird unterstellt, dass alle Kuppelprodukte zur Erzeugung von Strom und Wärmeenergie eingesetzt werden können. Je kg ergeben sich die Merkmalsausprägungen der Abbildung 43:

	P_1	P_2	P_3	P_4
Energieeinheiten je kg [kJ/kg]	1,00	1,50	2,10	0,50

Abbildung 43: Heizwerte je Mengeneinheit im Beispiel

Die exemplarische Darstellung der beiden Methoden erfolgt anhand des grundsätzlichen Aufbaus einer Äquivalenzziffernrechnung:

1. **Festlegung der Bezugsgröße:**
   Bei der Marktwertrechnung stellen die Umsatzerlöse die Bezugsgröße zur Verteilung der Kosten dar. Für das gewählte Beispiel ist der Heizwert die Bezugsgröße der Methode auf der Basis technischer Merkmale.

2. **Festlegung des Einheitsprodukts:**
   Das Einheitsprodukt entspricht bei der Marktwertrechnung einem fiktiven Produkt, das 1 € Umsatz erzielt, während das Einheitsprodukt im gewählten Beispiel der Methode auf der Basis technischer Merkmale 1 kJ Energie liefert.

3. **Ermittlung der Äquivalenzziffern:**
   Als Äquivalenzziffern werden einerseits die durchschnittlichen Erlöse je kg und andererseits die Heizwerte je kg der einzelnen Produkte verwendet.

4. **Ermittlung der Summe der Rechnungseinheiten aller Kuppelprodukte:**
   Für die Marktwertrechnung ergibt sich im Beispiel:

$$\text{SRE} = 150.000\,\text{kg} \cdot 4\frac{€}{\text{kg}} + 100.000\,\text{kg} \cdot 3\frac{€}{\text{kg}} + 20.000\,\text{kg} \cdot 6\frac{€}{\text{kg}} + 36.000\,\text{kg} \cdot 5\frac{€}{\text{kg}}$$

$$= 1.200.000\,€$$

   Für die Methode auf der Basis technischer Merkmale beträgt SRE 360.000 kJ:

$$\text{SRE} = 150.000\,\text{kg} \cdot 1\frac{\text{kJ}}{\text{kg}} + 100.000\,\text{kg} \cdot 1,5\frac{\text{kJ}}{\text{kg}} + 20.000\,\text{kg} \cdot 2,1\frac{\text{kJ}}{\text{kg}} + 36.000\,\text{kg} \cdot 0,5\frac{\text{kJ}}{\text{kg}}$$

$$= 360.000\,\text{kJ}$$

5. **Ermittlung der Selbstkosten je Rechnungseinheit ks:**
   Die Division der entstandenen Kosten durch die Umsatzerlöse (die Summe der Heizwerte) entspricht den Selbstkosten je 1 € Umsatz (je 1 kJ):

$$ks = \frac{1.080.000\,€}{1.200.000\,€} = 0,9\,\frac{€}{€} \quad \text{oder} \quad ks = \frac{1.080.000\,€}{360.000\,kJ} = 3\,\frac{€}{kJ}$$

6. **Ermittlung der Selbstkosten je Mengeneinheit der übrigen Kuppelprodukte ks_n:**
Um die Selbstkosten je Mengeneinheit der Kuppelprodukte zu erhalten, werden abschließend die Äquivalenzziffern mit den Selbstkosten je Rechnungseinheit multipliziert. Für die Marktwertrechnung betragen die Selbstkosten nach Abbildung 44:

	P_1	P_2	P_3	P_4
Erlöse je ME [€/kg]	4,00	3,00	6,00	5,00
Selbstkosten je Recheneinheit [€/€]	0,90			
Selbstkosten [€/kg]	3,60	2,70	5,40	4,50

Abbildung 44: Selbstkosten je Mengeneinheit auf der Basis der Marktwertrechnung im Beispiel

Die Methode auf der Basis technischer Maßstäbe hingegen erbringt das Kalkulationsergebnis der Abbildung 45:

	P_1	P_2	P_3	P_4
Energieeinheiten je kg [kJ/kg]	1,00	1,50	2,10	0,50
Selbstkosten je Recheneinheit [€/kJ]	3,00			
Selbstkosten [€/kg]	3,00	4,50	6,30	1,50

Abbildung 45: Selbstkosten je Mengeneinheit der Methode auf der Basis technischer Merkmale im Beispiel

Die **Restwertrechnung**, auch Subtraktionsrechnung genannt, basiert nicht auf einer Äquivalenzziffernrechnung. Sie kann angewendet werden, sofern eines der entstandenen Kuppelprodukte das primäre Sachziel des Unternehmens darstellt, die übrigen Kuppelprodukte hingegen von sekundärer Bedeutung sind. Diesen Sekundärprodukten werden nun Kosten in Höhe ihrer Umsatzerlöse (Marktwerte) zugerechnet, während die verbleibenden Restkosten des Produktionsprozesses dem Primärprodukt angelastet werden. Damit erwirtschaften die Sekundärprodukte keine kalkulatorischen Erfolge. Die Selbstkosten je Mengeneinheit der einzelnen Kuppelprodukte ergeben sich, indem die zugerechneten Kosten durch die Absatzmenge dividiert werden. Stellt im Beispiel Produkt 1 das Primärprodukt dar, ändert sich das Kalkulationsergebnis nach Abbildung 46:

	P_1	P_2	P_3	P_4	Gesamt
Umsatzerlöse [€]	600.000	300.000	120.000	180.000	1.200.000
Gesamte Kosten [€]	480.000	300.000	120.000	180.000	1.080.000
Produktionsmenge = Absatzmenge [kg]	150.000	100.000	20.000	36.000	
Selbstkosten [€/kg]	3,20	3,00	6,00	5,00	

Abbildung 46: Selbstkosten je Mengeneinheit auf der Basis der Restwertrechnung im Beispiel

P_2, P_3 sowie P_4 erwirtschaften Erlöse in Höhe von 300.000 €, 120.000 € sowie 180.000 €. Diesen Produkten werden Selbstkosten je Mengeneinheit in eben dieser Höhe zugerechnet. Es verbleiben dann nur noch 480.000 € Kosten, die von P_1 zu tragen sind. Dividiert man die gesamten Kosten je Produktart durch ihre jeweiligen Produktionsmengen, erhält man Selbstkosten von 3,20 €/kg für P_1, 3,- €/kg für P_2, 6,- €/kg für P_3 sowie 5,- €/kg für P_4. Die Restwertrechnung basiert damit nur für die Sekundärprodukte auf dem Kostentragfähigkeitsprinzip.

Die Methoden wurden anhand eines äußerst einfachen Beispiels veranschaulicht. Sofern im Produktionsprozess mehrere Kuppelproduktionsprozesse aufeinander folgen oder zwischen den erforderlichen Aufarbeitungsprozessen für einzelne Kuppelprodukte Lieferbeziehungen vorliegen, sind jedoch rechentechnisch kompliziertere Zurechnungen erforderlich.[1] Da jegliche Zurechnung von Gemeinkosten auf Kalkulationsobjekte letztlich willkürlich ist, verteilen alle dargestellten Methoden sämtliche angefallenen Gemeinkosten nach Belieben.

2.2.2.5 Summarische Zuschlagsrechnung

Im Gegensatz zu den Methoden der Divisionsrechnung werden in der **Zuschlags-**

---

[1]   Vgl. Keilus (1993), S. 242 ff.; Kilger (1987), S. 365 ff.

rechnung die primären Einzelkosten der Kalkulationsobjekte nicht über mehr oder minder willkürliche Bezugsgrößen verteilt. Vielmehr werden diejenigen primären Kosten, die der Produkteinheit auf der Basis des Zuordnungsprinzips als Einzelkosten zurechenbar sind, kalkulationsobjektspezifisch erfasst und ausgewiesen. Ausschließlich die verbleibenden (echten und unechten) primären Gemeinkosten werden mangels direkter Zurechenbarkeit auf der Basis des Verteilungsprinzips zugerechnet. Diese Vorgehensweise führt zu einer Verbesserung der Kalkulationsergebnisse. Voraussetzung für eine Zuschlagsrechnung ist damit die Klassifikation der in der Kostenartenrechnung erfassten Kosten als Einzel- oder Gemeinkosten. Als primäre Einzelkosten werden im Rahmen der Zuschlagsrechnung Einzelmaterial- und Einzellohnkosten sowie Sondereinzelkosten der Fertigung und des Vertriebs unterschieden:

Einzelmaterialkosten beinhalten in der Regel ausschließlich die angefallenen Rohstoffkosten des Kalkulationsobjektes. Im Zementwerk Idelsdorf sind dies die Kosten für Kalkstein und Ton, Hüttensand und Gips.

Unter **Einzellohnkosten** werden gewöhnlich sowohl Akkordlöhne als auch reine Zeitlöhne subsumiert. Die Erfassung der reinen Akkordentlohnung als Einzelkosten ist dabei unproblematisch. Eine Fehletikettierung liegt jedoch vor, wenn auch Zeitlöhne sowie die in der Regel bei Akkordentlohnung bezahlten Mindestlöhne bei Unter- oder Nichtbeschäftigung als Einzelkosten ausgewiesen werden. Deren Zurechnung ist grundsätzlich nur auf der Basis des Verteilungsprinzips möglich. Die traditionelle Behandlung als Einzelkosten erscheint nur dann berechtigt, wenn der Einsatz der Arbeitskräfte an anderen Stellen des Unternehmens zu personellen Engpässen führt, so dass die Beschäftigung von Fremdarbeitern erforderlich ist. Im Zementwerk Idelsdorf lässt sich aufgrund des hohen Automatisierungsgrads nur ein geringer Teil der Lohnkosten als Einzellohnkosten erfassen.

Als **Sondereinzelkosten der Fertigung** werden z.B. Kosten für Stücklizenzen, Spezialwerkzeuge, Modelle und Musterfertigungen ausgewiesen. Auch Energie- und Brennstoffkosten können Sondereinzelkosten der Fertigung darstellen, sofern Produktionsprozesse energieintensiv sind und die einzelnen Produkte unterschiedlich hohe Energie- und Brennstoffkosten verursachen.[1] Die Zementindustrie gehört zu den energieintensiven Wirtschaftszweigen. Ihr Energiekostenanteil lag 1994 bei rund 28 % der Gesamtkosten.[2] Zudem erfordert die Herstellung der einzelnen Zementsorten unterschiedliche Energieeinsätze. Im Folgenden wird deshalb im Ze-

---

[1] Kilger/Pampel/Vikas (2002), S. 214 f.

[2] Buttermann (1997), S. 29.

mentwerk Idelsdorf der Einzelkostenanteil der Energie- und Brennstoffkosten als Sondereinzelkosten der Fertigung ausgewiesen. **Sondereinzelkosten des Vertriebs** umfassen z.B. Kosten für Provisionen, Verpackung und Fracht. Im Zementwerk Idelsdorf werden sowohl die Kosten für Papiersäcke in Höhe von 16,- €/t als auch die Frachtkosten zum Kunden in Höhe von 9,- €/t als Sondereinzelkosten des Vertriebs erfasst. Während der Einzelkostencharakter von Stücklizenzen, Provisionen und Verpackung nachvollziehbar ist, fallen die Kosten für Spezialwerkzeuge, Modelle und Musterfertigungen sowie Fracht oftmals nicht für eine Produkteinheit alleine an. Streng genommen liegen auch in diesen Fällen Gemeinkosten vor, so dass für eine Zurechnung dieser Kosten auf die Kalkulationsobjekte das Verteilungsprinzip erforderlich ist.[1] Der in der Praxis übliche Ausweis als Einzelkosten muss daher als äußerst problematisch angesehen werden.

Im Zementwerk Idelsdorf sind in der Abrechnungsperiode laut Aufschreibungen insgesamt Einzelkosten in Höhe von 57.514.900 € angefallen, 56.781.571,5 € entfallen auf die Erstellung der Absatzmenge sowie 733.328,5 €[2] auf die Bestandserhöhungen der Zwischenprodukte. Aufgrund der unterschiedlichen Kostenstruktur wird im Folgenden der in Papiersäcken über den Baustoffhandel abgesetzte Portlandzement als zusätzliches Kalkulationsobjekt behandelt. Die Kostenartenrechnung des Zementwerks Idelsdorf kann aufgrund der strukturierten Erfassung der Einzel- und Gemeinkosten die Daten der Abbildung 47 liefern.

	CEM I [€/t]	CEM I (Sackware) [€/t]	CEM II [€/t]	CEM III [€/t]	Zement-klinker [€/t]
Einzelmaterialkosten	16,450000	16,450000	19,350000	24,950000	16,000000
Einzellohnkosten	2,126364	22,125218	2,048423	1,736660	1,739458
SEK der Fertigung	28,089564	28,061581	25,948068	17,382083	22,356189
SEK des Vertriebs	9,000000	25,000000	9,000000	9,000000	9,000000
Einzelkosten	**55,665928**	**91,636799**	**56,346491**	**53,068743**	**49,095647**

mit SEK : Sondereinzelkosten

Abbildung 47: Einzelkosten der Zementsorten je Tonne im Zementwerk Idelsdorf

Die **summarische Zuschlagsrechnung** stellt die einfachste Methode der Zuschlagsrechnung dar. Sie verteilt die gesamten primären Gemeinkosten auf der Basis einer einzigen wertmäßigen Bezugsgröße auf die Kalkulationsobjekte. Häufig

---

[1]   Ewert/Wagenhofer (2005), S. 664 f.

[2]   Laut Aufschreibungen: 616.000 € Einzelmaterialkosten + 6.128,70 € Einzellohnkosten + 111.199, 80 € Sondereinzelkosten der Fertigung = 733.328,50 €

verwendete Bezugsgrößen sind die Einzelmaterialkosten, die Einzellohnkosten **oder** die gesamten Einzelkosten. Dividiert man die gesamten primären Gemeinkosten durch die Ausprägung der gewählten Bezugsgröße, erhält man den **Zuschlagssatz** der summarischen Zuschlagsrechnung:

$$\text{Zuschlagssatz} = \frac{\text{Summe der primären Gemeinkosten}}{\text{Summe der gewählten primären Einzelkosten}} \cdot 100\% \qquad (2\text{-}6)$$

Der Zuschlagssatz übernimmt die Aufgabe der Äquivalenzziffern.[1] Für das Zementwerk Idelsdorf betragen die gesamten primären Gemeinkosten 66.845.100 €. Es ergeben sich in Abhängigkeit von der angewendeten Bezugsgröße die in Abbildung 48 angegebenen **alternativen** Zuschlagssätze:

Gemeinkosten [€]		66.845.100
Bezugsgrößen [€]		**Zuschlagssätze**
Einzelmaterialkosten	18.476.500	361,784429%
Einzellohnkosten	2.937.600	2.275,500408%
Einzelkosten	57.514.900	116,222231%

Abbildung 48: Alternative Zuschlagssätze der summarischen Zuschlagsrechnung im Zementwerk Idelsdorf[2]

Zur Zurechnung der Gemeinkosten werden die Bezugsgrößenausprägungen der Kalkulationsobjekte mit dem ermittelten Zuschlagssatz multipliziert. Für die alternative Anwendung der Einzelmaterial-, Einzellohn- beziehungsweise gesamten Einzelkosten als Bezugsgröße ergeben sich die Selbstkosten je Mengeneinheit in Abbildung 49. Unter Berücksichtigung der Bestandsveränderungen an Zwischenprodukten betragen die Kosten wiederum 124.360.000 €.

---

[1] Hummel/Männel (1986), S. 286.

[2] Der hohe Zuschlagssatz der Bezugsgröße Einzellohnkosten ist auch in den niedrigen Einzellohnkosten begründet.

	CEM I [€/t]	CEM I (Sackware) [€/t]	CEM II [€/t]	CEM III [€/t]	Zement- klinker [€/t]
Einzelmaterialkosten	16,450000	16,450000	19,350000	24,950000	16,000000
Einzellohnkosten	2,126364	22,125218	2,048423	1,736660	1,739458
SEK der Fertigung	28,089564	28,061581	25,948068	17,382083	22,356189
SEK des Vertriebs	9,000000	25,000000	9,000000	9,000000	9,000000
Einzelkosten	**55,665928**	**91,636799**	**56,346491**	**53,068743**	**49,095647**

Gemeinkostenzuschlag					
bei Bezugsgröße Einzelmaterialkosten	59,513539	59,513539	70,005287	90,265215	57,885509
bei Bezugsgröße Einzellohnkosten	48,385421	503,459426	46,611874	39,517705	39,581374
bei Bezugsgröße Einzelkosten	64,696183	106,502332	65,487149	61,677677	57,060056

Selbstkosten je ME					
bei Bezugsgröße Einzelmaterialkosten	115,179467	151,150338	126,351778	143,333958	106,981156
bei Bezugsgröße Einzellohnkosten	104,051349	595,096225	102,958365	92,586448	88,677021
bei Bezugsgröße Einzelkosten	120,362111	198,139131	121,833640	114,746420	106,155703

Abbildung 49: Selbstkosten je Mengeneinheit bei summarischer Zuschlagsrechnung für verschiedene alternative Bezugsgrößen im Zementwerk Idelsdorf

Sind die ausgewiesenen Einzelkosten den Kalkulationsobjekten auf der Basis des Zuordnungsprinzips zugerechnet worden, so besitzt dieser Teil des Kalkulationsergebnisses die denkbar beste Begründung. Schließlich lassen sich erstmals aus den Aufschreibungen separat die Einzelkosten der Zwischenprodukte und damit die Bestandsveränderungen kalkulieren. Eine Anwendung des Zuordnungsprinzips auf die Gemeinkosten ist aber per definitionem nicht möglich. Die Qualität der letztlich willkürlichen Gemeinkostenverteilung hängt von der gewählten Bezugsgröße ab. Eine beanspruchungsgerechte Kalkulation der Produkte liegt nur dann vor, wenn die Gemeinkosten proportional zur Inanspruchnahme betrieblicher Ressourcen verteilt werden. Da die summarische Zuschlagsrechnung sämtliche Gemeinkosten auf der Basis einer einzigen Bezugsgröße verteilt, gelingt dann keine beanspruchungsgerechte Verteilung, wenn realiter mehrere Bezugsgrößen wirksam werden. Die pauschale Verteilung der Gemeinkosten auf der Grundlage der summarischen Zuschlagsrechnung ist somit nur dann tolerierbar, sofern der Gemeinkostenanteil an den Gesamtkosten gering ist. Dies ist im Zementwerk Idelsdorf nicht der Fall. Im gewählten Beispiel werden Gemeinkosten in Höhe von 66.845.100 € bei gesamten Kosten von 124.360.000 € verteilt. Schließlich erfüllt diese Kalkulationsform auch nicht die Kontrollfunktion einer Istkostenrechnung, da anschließende Kontrollrechnungen produktspezfische Kostenabweichungen verantwortlichen Produktionsstufen nicht zurechnen können.

2.2.2.6 Einfache differenzierende Zuschlagsrechnung

Die einfache differenzierende Zuschlagsrechnung zeichnet sich durch eine differenziertere Behandlung der Gemeinkosten aus. Hierzu werden die Gemeinkosten in mehrere Blöcke aufgespalten. Für jeden dieser Gemeinkostenblöcke wird auf der Basis einer spezifischen Bezugsgröße ein **separater Zuschlagssatz** ermittelt. Anwendungsvoraussetzung ist, dass die einzelnen Gemeinkostenblöcke durch die Kostenartenrechnung ermittelbar sind und keiner Kostenstellenrechnung bedürfen.[1] Die einfache differenzierende Zuschlagsrechnung basiert in der Regel auf dem Kalkulationsschema der Abbildung 50:

			Bezugsgröße
		Einzelmaterialkosten	
		Materialgemeinkosten	Einzelmaterialkosten
	Materialkosten		
		Einzellohnkosten	
		Fertigungsgemeinkosten	Einzellohnkosten
		Sondereinzelkosten der Fertigung	
	Fertigungskosten		
	Herstellkosten je ME		
	Verwaltungsgemeinkosten		Herstellkosten
	Vertriebsgemeinkosten		Herstellkosten
	Sondereinzelkosten des Vertriebs		
Selbstkosten je ME			

Abbildung 50: Kalkulationsschema und exemplarische Bezugsgrößen der einfachen differenzierenden Zuschlagsrechnung

Die Materialkosten ergeben sich aus der Summe von Einzelmaterial- und Materialgemeinkosten, wobei die Einzelmaterialkosten zugleich Bezugsgröße für die Verteilung der Materialgemeinkosten sind. Die Fertigungskosten entsprechen der Summe von Einzellohn- und Fertigungsgemeinkosten sowie Sondereinzelkosten der Fertigung. Die Fertigungsgemeinkosten werden in der Regel auf der Basis der Einzellohnkosten den Kalkulationsobjekten zugerechnet. Zur Verteilung der Verwaltungs- und Vertriebsgemeinkosten werden häufig die Herstellkosten der Fertigung verwendet. Die **Herstellkosten der Fertigung** umfassen die Material- und Ferti-

---

[1] Kloock/Sieben/Schildbach/Homburg (2005), S. 155; Schweitzer/Küpper (2003), S. 171 f.; Schoenfeld/Möller (1995), S. 174.

gungskosten sämtlicher produzierter Zwischen- und Absatzprodukte. Differenziertere Zurechnungen verteilen die Verwaltungsgemeinkosten auf der Basis der Herstellkosten der Fertigung, während die Vertriebsgemeinkosten auf der Basis der
Herstellkosten des Umsatzes zugeschlagen werden. Die Herstellkosten des Umsatzes beinhalten im Gegensatz zu den **Herstellkosten der Fertigung** ausschließlich die Material- und Fertigungskosten der abgesetzten Produkte. Damit wird unterstellt, dass die Gemeinkosten der Vertriebsprozesse einzig durch die in der Abrechnungsperiode **abgesetzten** Produkte, die Gemeinkosten der Verwaltungspro-
zesse jedoch durch die in der Periode **produzierten** Zwischen- und Absatzprodukte
verursacht werden.[1]

Eine Beurteilung der einfachen differenzierenden Zuschlagsrechnung muss wiederum an den Bezugsgrößen zur Verteilung der Gemeinkosten anknüpfen. Die dargestellten Bezugsgrößen verhalten sich in der Regel nicht proportional zu dem jeweiligen Gemeinkostenblock. Bedarf z.B. die Beschaffung der Zusatzmaterialien
für die Zementprodukte CEM II und CEM III besonderer Aktivitäten im Materialbereich des Zementwerks Idelsdorf, werden CEM II und CEM III auf der Basis der
Bezugsgröße Einzelmaterialkosten mit einem zu geringen Anteil der Materialgemeinkosten belastet. Werden in einem Unternehmen neben lohnintensiven Produkten maschinenintensive Produkte hergestellt, so erhalten z.B. lohnintensive Produkte auf der Basis der Bezugsgröße Einzellohnkosten einen zu hohen Anteil an den
Fertigungsgemeinkosten. Schließlich erfüllt diese Kalkulationsform wiederum
nicht die Kontrollfunktion einer Istkostenrechnung, da anschließende Kontrollrechnungen produktspezifische Kostenabweichungen verantwortlichen Produktionsstufen nicht zurechnen können. Um genauere Kalkulationsergebnisse zu erzielen, ist offensichtlich ein differenzierteres Kalkulationskonzept erforderlich.

2.2.2.7 Kritische Würdigung

Der Vorteil zweistufiger Kalkulationen liegt sicherlich in der Einfachheit der dar-

---

[1]   Die Zerlegung des gesamten Gemeinkostenblocks in Material-, Fertigungs-, Verwaltungs- und
     Vertriebsgemeinkosten beinhaltet allerdings die Problematik, dass es sich bei diesen Gemein-
     kosten"bündeln" nicht um reine Kostenarten i.S. des Grundsatzes der Reinheit der Kostener-
     fassung 2.2.1.2 handelt, sondern um zusammengesetzte Kostenarten. Es ist daher fraglich, in-
     wieweit bei ihrer Bildung wirklich auf eine zumindest rudimentäre Kostenstelleneinteilung des
     Unternehmens verzichtet werden kann. Bei Rückgriff auf eine – wenn auch nur rudimentäre –
     Kostenstellenrechnung als Nebenrechnung wäre die differenzierende Zuschlagsrechnung aber
     nicht mehr den Strukturformen der zweistufigen Kostenkalkulation zuzurechnen; bei Verzicht
     auf jegliche Kostenstelleneinteilung hingegen können die genannten Gemeinkostenbündel nur
     mehr oder weniger genaue Schätzungen darstellen.

gestellten Methoden. Fraglich ist aber, welchen Genauigkeitsgrad die gewonnenen Kalkulationsergebnisse aufweisen. Die Zuschlagsrechnung zeichnet sich gegenüber den Varianten der Divisionsrechnung zwar durch eine differenzierte Behandlung von Einzel- und Gemeinkosten aus. Eine beanspruchungsgerechte Verteilung der Gemeinkosten gelingt jedoch mit einer zweistufigen Kalkulation allenfalls bei Massen- oder Sortenproduktion. In den anderen Fällen werden Produkte als Kalkulationsobjekte häufig nicht in dem Umfang mit Gemeinkosten belastet, in dem sie die Kapazitäten des Material-, Fertigungs-, Verwaltungs- und Vertriebsbereichs in Anspruch nehmen. Die pauschale Verrechnung von Gemeinkosten im Rahmen einer zweistufigen Kalkulation ist daher grundsätzlich nur tolerierbar, wenn die Zuschlagssätze gering sind.

Um genauere Kalkulationsergebnisse zu erzielen, muss die Kalkulation offensichtlich um eine Nebenrechnung ausgebaut werden. Im Rahmen einer weiteren Kalkulationsstufe müssten zunächst die angefallenen Gemeinkosten differenziert dem Material-, Fertigungs-, Verwaltungs- und Vertriebsbereich zugerechnet sowie die jeweils maßgeblichen Bezugsgrößen identifiziert und quantifiziert werden. Alsdann wären die Kalkulationsobjekte im Umfang ihrer Bezugsgrößeninanspruchnahme mit Gemeinkosten zu belasten.

Eine so gestaltete Nebenrechnung hätte zudem einen weiteren Vorteil. Die Aufgaben einer Istkostenrechnung wurden im Rahmen des internen operativen Managements ausschließlich in der zielorientierten Kontrolle der Gütererstellung gesehen. Kontrollen wird eine Entscheidungs- und eine Verhaltensbeeinflussungsfunktion beigemessen.[1] Stellen die Istkosten die zu kontrollierenden Größen dar (feedback-orientierte Kontrollen), lassen sich zwar auf der Basis einer zweistufigen Kalkulation mit einer Kostenarten- und einer Kostenträgerstückrechnung kostenarten- und produktspezifische Kostenteilabweichungen ermitteln. Für eine Umsetzung der Entscheidungs- und Verhaltensbeeinflussungsfunktion ist es aber oftmals erforderlich, die für die Kostenteilabweichungen verantwortlichen Stellen und Mitarbeiter zu identifizieren. Eine Nebenrechnung, die primäre Gemeinkosten den einzelnen Verantwortungsbereichen im Material-, Fertigungs-, Verwaltungs- und Vertriebsbereich zurechnet, unterstützt die operative Kontrolle und erübrigt weitere Kalküle.

---

[1] Vgl. 1.1.2.3.

2.3 Dreistufige Kostenkalkulation von Produkteinheiten

2.3.1 Konzeptionelle Grundlagen

So gut eine zweistufige Kostenkalkulation für die Kalkulation der Produkte bei Massen- oder Sortenfertigung geeignet sein mag, so wenig geeignet ist sie für die Kalkulation von in Serien- oder Einzelproduktion hergestellten Produkten. Oftmals beanspruchen in diesen Fällen die einzelnen Produktarten die im Produktionsprozess eingesetzten Potenzial- und Repetierfaktoren in sehr unterschiedlicher Weise. Zweistufige Kalkulationen führen hierbei häufig zu pauschalen Kalkulationsergebnissen. Zwischen die Kostenartenrechnung und die Kostenträgerstückrechnung ist bei Serien- oder Einzelproduktion daher in der Kalkulation gemäß Abbildung 51 eine Nebenrechnung einzufügen. Aufgabe dieser **Nebenrechnung** ist es, die unterschiedlichen Inanspruchnahmen der eingesetzten Produktionsfaktoren durch die einzelnen Produkte mit Hilfe spezifischer Bezugsgrößen beanspruchungsgerechter zu erfassen und abzubilden. Eine naheliegende **Möglichkeit des Ausbaus einer zwei- zu einer dreistufigen Kostenkalkulation** liegt in der **Erweiterung um** eine **aufbauorganisatorische Komponente.**[1] Diesem Gedanken folgend werden Abrechnungsbereiche oder Kontierungseinheiten, die so genannten **Kostenstellen,** gebildet und als zusätzliche Kalkulationsobjekte eingeführt. Die darauf aufbauende Nebenrechnung wird als **Kostenstellenrechnung** bezeichnet.

> *Kostenstellen* sind betriebliche Teilbereiche, denen die (Gemein)kosten der Produkteinheiten zugerechnet werden.

1. Kalkulationsstufe:	Kostenartenrechnung
2. Kalkulationsstufe:	Kostenstellenrechnung
3. Kalkulationsstufe:	Kostenträgerstückrechnung

Abbildung 51: Dreistufige Kostenkalkulation von Produkteinheiten

Im Rahmen der Kostenstellenrechnung werden die Kosten unter Umständen auf der Basis **kostenartenspezifischer Bezugsgrößen** zunächst auf die Kostenstellen als die Orte der Kostenentstehung verteilt und dort nach Kostenarten gegliedert ausgewiesen. Unter Berücksichtigung **kostenstellenspezifischer Bezugsgrößen**

---

[1]   Denkbar wäre auch die unmittelbare Erweiterung um eine ablauforganisatorische Komponente. Vgl. Cooper (1990), S. 210 ff.

werden in einem zweiten Schritt die einzelnen Kostenstellen in dem Umfang kostenmäßig be- und entlastet, in dem sie innerbetrieblich erstellte Güter in Anspruch genommen und geliefert haben. In einem letzten Schritt werden unter Verwendung eines dritten Satzes von **zurechnungsspezifischen Bezugsgrößen** Zuschlagssätze gebildet. Mit ihrer Hilfe erfolgt in der Kostenträgerstückrechnung die Verteilung der in der Kostenstellenrechnung verrechneten Kosten auf die Produkteinheiten.

Die **Aufgaben der Kostenstellenrechnung** sind damit,

- die Voraussetzung für die differenzierte Zurechnung der angefallenen Kosten auf die Kostenträger zu schaffen (**Kalkulationsfunktion**)[1] sowie
- die zielorientierte Kostenkontrolle an den Orten der sachzielbezogenen Gütererstellung und Kostenentstehung zu ermöglichen (**Kostenkontrollfunktion**).

Die Erfüllung beider Funktionen erfordert:

- die **Erfassung der Kosten in den Kostenstellen** als den Orten ihrer Entstehung und
- die **Erfassung innerbetrieblicher Liefer- und Leistungsbeziehungen.**[2]

Zur Erfüllung der Kalkulationsfunktion tritt die Aufgabe der Kostenstellenrechnung als reine Nebenrechnung in den Vordergrund, bei der den Kostenstellen lediglich die Bedeutung von intermediären Kalkulationsobjekten zukommt. In diesem Fall empfiehlt es sich, die im Rahmen der Kostenartenrechnung getrennt ausgewiesenen Einzel- und Gemeinkosten der Produkteinheiten unterschiedlich zu behandeln. Während die **Gemeinkosten** zum Zweck der beanspruchungsgerechten Verrechnung auf die Produkteinheiten den Umweg **über die Orte ihrer Entstehung** nehmen, werden die **Einzelkosten „an der Kostenstellenrechnung vorbei"** direkt den Produkteinheiten zugerechnet. Durch diese Vorgehensweise wird die Kostenstellenrechnung von Zahlenballast verschont, ohne dass die Kalkulationsfunktion beeinträchtigt wird. Im Rahmen einer Kostenkontrolle gewinnen hingegen die Kostenstellen als eigenständige Kalkulationsobjekte an Bedeutung. Für die Durchführung von Kostenkontrollen empfiehlt es sich, auch die Einzelkosten der Produkteinheiten den Kostenstellen zuzurechnen, um eventuelle Einzelkostenabweichungen nicht ohne Verantwortlichen auszuweisen.

---

[1] In der Literatur auch als Kostenvermittlungsfunktion bezeichnet: vgl. z.B. Kloock/Sieben/ Schildbach/Homburg (2005), S. 120 f.

[2] Ebenda, S. 120 ff.

2.3.2 Kostenstellenrechnung als zweite Stufe der operativen Kostenkalkulation von Produkteinheiten

2.3.2.1 Konzeptionelle Grundlagen

Die Durchführung einer Kostenstellenrechnung vollzieht sich in fünf Schritten:

1. **Bildung von Kostenstellen,**
2. Strukturierte Erfassung von Kostenstellen und Kostenarten (**Betriebsabrechnungsbogen** (BAB)),
3. Verteilung der primären (Gemein)kosten in kostenartenspezifischer Gliederung auf die Kostenstellen und Ermittlung der gesamten primären (Gemein)kosten je Kostenstelle (**Primärkostenrechnung**),
4. Verteilung der sekundären (Gemein)kosten zwischen den Kostenstellen und Ermittlung der **Endkosten** je Kostenstelle (**Sekundärkostenrechnung**) sowie
5. Ermittlung von **Zuschlagssätzen** zur Vorbereitung der Verteilung der Endkosten der Kostenstellen auf die Produkteinheiten.

Endkosten einer Kostenstelle = Primäre (Gemein)kosten + sekundäre (Gemein)kosten als Belastungen infolge des Bezugs von Gütern anderer Kostenstellen - sekundäre (Gemein)kosten als Entlastungen infolge der Belieferung anderer Kostenstellen mit Gütern

Die beiden ersten Schritte werden im Regelfall aus Gründen der Abrechnungsstetigkeit und Aussagekraft nur einmal durchgeführt oder lediglich in größeren zeitlichen Abständen unternehmensspezifischen Neuerungen angepasst. Der Inhalt der drei letzten Schritte muss sich hingegen an den jeweils tatsächlich gegebenen Kostenausprägungen orientieren und ist somit weitgehend laufend zu aktualisieren.

2.3.2.2 Bildung von Kostenstellen

Kostenstellen sind zunächst beliebige Kontierungseinheiten, auf denen (Gemein)kosten erfasst werden. Die Einteilung eines Unternehmens in Kostenstellen sollte dabei möglichst den folgenden Grundsätzen genügen:[1]

- Eine Kostenstelle sollte einen **eigenständigen Verantwortungsbereich** darstellen, damit in der Kostenkontrolle und für die Umsetzung von Steuerungs-

---

[1]   Vgl. Kilger (1987), S. 154 f.

impulsen ein verantwortlicher Kostenstellenleiter als Ansprechpartner identifiziert werden kann (**verantwortungsorientierte Kostenstellenbildung**).

• Eine Kostenstelle sollte eine homogene Kostenstruktur in dem Sinne aufweisen, dass sich je Kostenstelle wenige Bezugsgrößen – im Idealfall nur eine einzige – finden lassen (**kostenstrukturorientierte Kostenstellenbildung**). Diese soll zum einen eine Maßgröße der Kostenentstehung (-verursachung) darstellen und zum anderen möglichst auch zur beanspruchungsgerechten Verteilung der Kostenstellenkosten auf die in der Kostenstelle bearbeiteten Produkte herangezogen werden können.[1] Beispiele für Bezugsgrößen sind Fertigungsstunden [Std.], Längen [m], Gewichte [kg], Volumenmaße [m^3] oder Energieeinheiten [kWh]. Solche aus Produkt- oder technischen Leistungseinheiten abgeleiteten Bezugsgrößen werden als **direkte Bezugsgrößen** bezeichnet. Ist im Einzelfall die Erfassung direkter Bezugsgrößen nicht möglich oder zu aufwändig, kommen hilfsweise **indirekte Bezugsgrößen** zum Einsatz.[2] So können die Gemeinkosten der Kostenstellen des Produktionsbereichs auf der Basis „€ Einzellohnkosten", die Gemeinkosten der Kostenstellen des Verwaltungsbereichs auf der Basis der „€ Herstellkosten der Fertigung" und die Gemeinkosten der Kostenstellen des Vertriebsbereichs auf der Basis der „€ Herstellkosten des Umsatzes" als indirekte Bezugsgrößen verrechnet werden.[3] Als Maßstab der Kostenentstehung (-verursachung) sind indirekte Bezugsgrößen allerdings in der Regel ungeeignet, ihre Verwendung resultiert häufig aus Wirtschaftlichkeitsüberlegungen.

• Die Verbuchung der (Gemein)kosten der Produkteinheiten auf Kostenstellen sollte anhand der Kostenartenbelege möglichst eindeutig als Kostenstelleneinzelkosten erfolgen können (**kontierungsorientierte Kostenstellenbildung**).

Insbesondere die beiden letztgenannten Grundsätze sind hinsichtlich ihrer Wirkung auf den Feinheitsgrad der Aufteilung eines Unternehmens in Kostenstellen gegenläufig. Während die kostenstrukturorientierte Kostenstellenbildung eher auf die Bildung kleiner und damit zahlreicher Kostenstellen hinwirkt, resultiert aus einer Orientierung am Grundsatz der kontierungsorientierten Kostenstellenbildung die Zerlegung eines Unternehmens in große und damit wenige Kostenstellen. Hier ist ein jeweils unternehmens- und branchenspezifisch angemessener Feinheitsgrad festzulegen. Durch eine Fehlerrechnung lässt sich unter Umständen feststellen, wann die Kostenstellengliederung zu grob wird und damit zu unbrauchbaren Kal-

---

[1] Vgl. Kosiol (1953), S. 315; Rummel (1949), S. 17 ff. zum Proportionalitätsprinzip.

[2] Zu einer Differenzierung indirekter Bezugsgrößen vgl. Kilger (1987), S. 166 ff.

[3] Zur Verwendung direkter Bezugsgrößen im Verwaltungs- und Vertriebsbereich vgl. 2.4.

kulationsergebnissen führt.[1] Weiteren Einfluss auf die Kostenstellenbildung können die Kriterien der **räumlich orientierten Kostenstellenbildung** oder der **funktionsorientierten Kostenstellenbildung** nehmen, nach denen räumlich zusammenhängende Bereiche (z.b. alle Produktionseinrichtungen in einer Halle) oder
funktionsgleiche Bereiche (alle Transportfahrzeuge, z.B. vom Gabelstapler über
den Lkw bis zum Schiff) als Kostenstellen ausgewiesen werden. Bei der Anwendung dieser beiden Kriterien sind jedoch häufig Widersprüche zu den oben genannten vorrangigen Grundsätzen der Kostenstellenbildung zu erwarten.

Nachdem die Kostenstellen gebildet worden sind, werden zur Erhöhung der Transparenz von Kostenentstehung und -vermittlung die Kostenstellen nach weiteren
Gesichtspunkten strukturiert (**Strukturierung der Kostenstellen**). Nach **bereichs-
orientierten Gesichtspunkten** lassen sich die Kostenstellen in **Material-, Ferti-
gungs-, Verwaltungs-, Vertriebs- und Allgemeine Kostenstellen** gliedern.[2] Unter **produktionstechnischen Gesichtspunkten** werden Haupt- und Hilfskostenstellen unterschieden.

> *Hauptkostenstellen* sind unmittelbar an der Realisation des unternehme-
> rischen Sachziels beteiligt.
> *Hilfskostenstellen* sind nur mittelbar an der Realisation des unterneh-
> merischen Sachziels beteiligt. Die von ihnen erstellten Güter werden
> vollständig an andere (Hilfs- oder Haupt-) Kostenstellen des Unter-
> nehmens weitergegeben.

Beispiele für Hilfskostenstellen im Zementwerk Idelsdorf sind die Werkstatt und
das Werkslabor, für Hauptkostenstellen der Drehrohrofen (Produktionsstufe 3) und
die Kugelmühlen (Produktionsstufe 4).

Nach **abrechnungstechnischen Kriterien** lassen sich Vor- und Endkostenstellen
unterscheiden.

> *Vorkostenstellen* sind Kostenstellen, deren (Gemein)kosten im Rahmen
> der Kostenstellenrechnung nach Maßgabe der jeweiligen Beanspru-
> chung vollständig **auf andere Kostenstellen** verrechnet werden.

---

[1]   Zur Durchführung von Fehlerrechnungen vgl. Haberstock (2004), S. 106 f.; Kilger (1987), S.
       155 ff.

[2]   Die allgemeinen Kostenstellen stellen dabei das Komplement der explizit genannten Kosten-
       stellengruppen dar.

> *Endkostenstellen* sind Kostenstellen, denen letztlich in der Sekundär-kostenrechnung sämtliche (Gemein)kosten zugerechnet werden. Die in den Endkostenstellen gesammelten (Gemein)kosten werden erst im Rahmen der Kostenträgerstückrechnung auf die **Produkteinheiten** verteilt.

Obwohl Verwaltungsstellen (z.b. Geschäftsleitung, Rechnungswesen, Personalbüro), Vertriebsstellen (z.b. Verpackung, Versand, Werbung) und Materialstellen (z.b. Materialannahme, Materiallager und -ausgabe) an der Realisierung des unternehmerischen Sachziels nur mittelbar beteiligt sind und somit Hilfskostenstellen darstellen, werden sie in der Kostenrechnung üblicherweise als Endkostenstellen behandelt. Abbildung 52 veranschaulicht die Ausführungen.

Vorkostenstellen		Endkostenstellen			
Hilfskostenstellen		Haupt-kostenstellen	Hilfskostenstellen		
Allgemeine Kostenstellen	Fertigungshilfs-kostenstellen	Material-kostenstellen	Fertigungshaupt-kostenstellen	Verwaltungs-kostenstellen	Vertriebs-kostenstellen

Abbildung 52: Gliederung von Kostenstellen[1]

Die gebildeten Kostenstellen werden – in der Regel nach funktionalen Gesichtspunkten gegliedert – in einem **Kostenstellenplan** erfasst und ausgewiesen.[2] Im Zementwerk Idelsdorf stellt sich der Kostenstellenplan gemäß Abbildung 53 dar:

KS 101	Werkstatt
KS 102	Werkslabor
KS 103	Kohlenmühle
KS 104	Logistik
KS 105	Werksverwaltung
KS 201	Brecherei
KS 202	Rohtrockung und -mahlung
KS 203	Brennerei
KS 204	Zementmahlung
KS 205	Verladung
KS 701	Materialwirtschaft und -läger
KS 801	Vertrieb
KS 901	Verwaltung

Abbildung 53: Kostenstellenplan des Zementwerks Idelsdorf

---

[1] Schweitzer/Küpper (2003), S. 123.

[2] Zu einer ausführlichen beispielhaften Darstellung vgl. Haberstock (2004), S. 111 f.

2.3.2.3 Strukturierte Erfassung von Kostenstellen und Kostenarten (Betriebsabrechnungsbogen)

Die abrechnungstechnische Durchführung der Kostenstellenrechnung lässt sich in Konten- oder tabellarischer Form gestalten. Zur besseren Veranschaulichung wird nachfolgend aus didaktischen Gründen die Tabellenform gewählt. Im Betriebsabrechnungsbogen (BAB) der Abbildung 54 werden die primären und sekundären (Gemein)kosten zeilenweise und die Kostenstellen spaltenweise aufgeführt und gegenübergestellt. In der Kopfzeile kann darüber hinaus eine Gruppierung der Kostenstellen nach den oben genannten bereichs-, produktions- oder abrechnungstechnischen Strukturierungen erfolgen.

Kostenstellen / Kostenarten	Gesamt	Bezugsgröße	KS_1	KS_2	KS_3	...	KS_n
Primärkostenrechnung							
Personalkosten							
Abschreibungskosten							
Zinskosten							
Sonstige Kosten							
Gesamte primäre Gemeinkosten							
Sekundärkostenrechnung							
Umlage KS_1							
Umlage KS_2							
Umlage KS_3							
...							
Umlage KS_n							
Gesamte sekundäre Gemeinkosten							
Endkosten							

Abbildung 54: Aufbau eines Betriebsabrechnungsbogens (BAB)

In der **Primärkostenrechnung** werden die Beträge der primären (Gemein)kosten nach Kostenarten differenziert aus der Kostenartenrechnung übernommen und in die Vorspalte oder die letzte Spalte des Betriebsabrechnungsbogens (BAB) als „Gesamt" übertragen. Für jede Kostenart erfolgt in der zugehörigen Zeile des BAB deren beanspruchungsgerechte Verteilung auf die Kostenstellen. Die hierbei erforderlichen Bezugsgrößen befinden sich häufig in einer separaten Spalte des BAB. Die Primärkostenrechnung endet mit dem Ausweis der gesamten primären (Gemein)kosten je Kostenstelle.

Im zweiten Abschnitt des BAB erfolgt die **Sekundärkostenrechnung** oder innerbetriebliche Leistungsrechnung. Hier findet die beanspruchungsgerechte **Vertei-**

lung der primären (Gemein)kosten auf die Endkostenstellen statt. Zu diesem Zweck werden diejenigen in der Vorspalte des BAB aufgeführten Kostenstellen kostenmäßig entlastet, die innerbetriebliche Güter bereitgestellt haben. In gleichem Umfang werden parallel diejenigen Kostenstellen kostenmäßig belastet, die innerbetriebliche Güter empfangen haben. So werden im Rahmen der Sekundärkostenrechnung die primären **(Gemein)kosten der Vorkostenstellen** nach Maßgabe der jeweiligen Beanspruchung durch andere Kostenstellen **vollständig verteilt** (umgruppiert) und letztlich als sekundäre (Gemein)kosten bei den Endkostenstellen ausgewiesen. Auch Endkostenstellen können einen Teil ihrer (Gemein)kosten auf andere Kostenstellen überwälzen, sofern sie neben absatzbestimmten Produkten auch innerbetriebliche Güter bereitstellen. Als Basis für die vollständige Verteilung (Umgruppierung) dienen zum einen die in der zweiten Spalte der Abbildung 54 ausgewiesenen **Gesamtkosten** der Kostenstellen, die in der Regel innerhalb einer Nebenrechnung zu ermitteln sind.[1] Zum anderen werden Bezugsgrößen für die Bemessung der innerbetrieblichen Beanspruchung benötigt, die in der dritten Spalte der Abbildung 54 des BAB festgehalten sind.

> *Gesamtkosten* einer Kostenstelle = Primäre (Gemein)kosten
> + sekundäre (Gemein)kosten als Belastungen infolge des Bezugs von Gütern anderer Kostenstellen

End- und Gesamtkosten unterscheiden sich damit lediglich in der Berücksichtigung der kostenmäßigen Entlastung infolge der Belieferung anderer Kostenstellen.

Die Kostenumlage sollte im BAB übersichtlich visualisiert werden. Die Belastung einer empfangenden Kostenstelle mit sekundären (Gemein)kosten kann z.B. mit positivem Vorzeichen, die zugehörige Entlastung bei der liefernden Kostenstelle mit negativem Vorzeichen gekennzeichnet werden.

Die Sekundärkostenrechnung endet mit dem Ausweis der Endkosten in der letzten Zeile des BAB gemäß Abbildung 54. **Vorkostenstellen** weisen dabei per definitionem stets **Endkosten in Höhe von Null** auf. Da im Rahmen der Sekundärkostenrechnung lediglich eine Umgruppierung der (Gemein)kosten erfolgt, muss die Summe der Endkosten aller Endkostenstellen nach Abschluss der Sekundärkostenrechnung mit der Summe der primären (Gemein)kosten aller Kostenstellen nach Abschluss der Primärkostenrechnung übereinstimmen. Der Vergleich dieser beiden Summen empfiehlt sich daher stets als **Plausibilitätstest**.

---

[1] Die Ermittlung der Gesamtkosten wird bei der Darstellung der Sekundärkostenrechnung erläutert.

2.3.2.4 Verteilung der primären (Gemein)kosten auf Kostenstellen (Primär-kostenrechnung)

Die Vorgehensweise bei der beanspruchungsgerechten Verteilung der primären (Gemein)kosten auf die Kostenstellen ist vom Charakter der Kostenarten abhängig. Handelt es sich um **Kostenstelleneinzelkosten**, so lassen sich diese per definitionem direkt den Kostenstellen zurechnen. Beispiele sind das Gehalt eines nur in einer Kostenstelle tätigen Meisters (Zurechnung aufgrund von Unterlagen der Lohn- und Gehaltsbuchhaltung), Kosten für Fremdreparaturen (aufgrund von spezifizierten Rechnungen der Fremdfirmen) oder Betriebs- und Hilfsstoffkosten (Zurechnung aufgrund von Materialentnahmescheinen). Fallen primäre Kosten für mehrere Kostenstellen gemeinsam an **(Kostenstellengemeinkosten)**, ist eine **Zuordnung** auf eine einzelne Kostenstelle nicht möglich. Beispiele sind die Miet- oder die Abschreibungskosten eines Gebäudes, das von mehreren Kostenstellen genutzt wird. Daher ist eine Verteilung der Kostenstellengemeinkosten nur indirekt mittels geeigneter Bezugsgrößen auf der Basis des Durchschnittsprinzips möglich. Die Bezugsgrößen sollten dabei möglichst so gewählt sein, dass eine proportionale Beziehung zwischen ihnen und den zu verteilenden (Gemein)kosten besteht. Gebräuchliche Wert- oder Mengenschlüssel sind die umbaute Fläche in m^2 für Miet- oder Abschreibungskosten, das gebundene Kapital in € für die Zinskosten, der umbaute Raum in m^3 für Heizkosten, die Zahl der Mitarbeiter für Kantinenzuschüsse oder die Zahl der Maschinen für die Betriebsstoffkosten. Bei den drei letztgenannten Kostenarten handelt es sich um unechte Kostenstellengemeinkosten, die beim Einsatz entsprechender Mess- oder Erfassungsvorrichtungen als Kostenstelleneinzelkosten erfasst und damit den jeweiligen Kostenstellen auch direkt zugerechnet werden könnten. Die Verwendung von mengenorientierten Bezugsgrößen führt zu Zuschlagssätzen je Bezugsgrößeneinheit oder Verrechnungspreisen (z.B. €/m^2), die Verwendung von wertorientierten Bezugsgrößen hat prozentuale Zuschlagssätze zur Folge. Die Abbildung 55 verdeutlicht die in der Primärkostenrechnung im ersten Abschnitt des BAB durchzuführenden Zurechnungen für einige Kostenarten in einem kleinen Beispiel.

Die spaltenweise Addition der auf die Kostenstellen verteilten primären (Gemein)-kosten ergibt die gesamten (Gemein)kosten je Kostenstelle.

Kostenarten / Kostenstellen	Gesamt	Bezugsgröße	KS₁	KS₂	KS₃	KS₄	KS₅
Primärkostenrechnung							
Personalkosten [€]	76.100	Gehaltsscheine	5.100	3.300	6.500	36.000	25.200
		(direkte Erfassung)					
Abschreibungskosten [€]	5.000	m² umbaute Fläche			1.000	2.000	2.000
Bezugsgröße	*2.500 m²*	(indirekte Erfassung)			*500 m²*	*1.000 m²*	*1.000 m²*
Zinskosten [€]	8.000	€ gebundenes Kapital	2.000	100	2.800	1.100	2.000
Bezugsgröße	*960.000*	(indirekte Erfassung)	*240.000*	*12.000*	*336.000*	*132.000*	*240.000*
Reparaturkosten [€]	1.625	Rechnung	425		1.200		
		(direkte Erfassung)					
Sonstige Kosten [€]	2.600	Zahl der Mitarbeiter	200	200	500	900	800
Bezugsgröße	*6,5*	(indirekte Erfassung)	*0,5*	*0,5*	*1,25*	*2,25*	*2*
Gesamte primäre Gemeinkosten [€]	93.325		7.725	3.600	12.000	40.000	30.000

Abbildung 55: Verteilung der primären Gemeinkosten (Primärkostenrechnung) im Beispiel

2.3.2.5 Verteilung der sekundären (Gemein)kosten zwischen Kostenstellen (Sekundärkostenrechnung)

Im Rahmen der Sekundärkostenrechnung oder innerbetrieblichen Leistungsrechnung erfolgt die Verrechnung von (Gemein)kosten zwischen verschiedenen Kostenstellen eines Unternehmens. Diese Verrechnung ist dann notwendig, wenn es – was normalerweise stets der Fall sein dürfte – Kostenstellen gibt, die Güter anderer Kostenstellen, so genannte sekundäre Güter, in Anspruch nehmen.

Die nachfolgenden Ausführungen beschränken sich auf die Probleme, die aus dem Verzehr solcher innerbetrieblichen Güter resultieren, die in derselben Periode erstellt und verbraucht werden. Die Bildung von Lägern sowie die Erstellung von so genannten innerbetrieblichen („aktivierbaren") Gütern wird nicht berücksichtigt.

Zum Zweck einer beanspruchungsgerechten Verteilung der sekundären (Gemein)kosten sind analog zur Primärkostenrechnung für die Fälle geeignete Bezugsgrößen für eine indirekte Verteilung zu wählen, in denen eine direkte Zurechnung nicht möglich ist. Damit lassen sich für jede Kostenstelle Anteilskoeffizienten ermitteln, die angeben, welcher Prozentsatz der Gesamtkosten aufgrund innerbetrieblicher Lieferungen an andere Kostenstellen verteilt wird.

In Abhängigkeit von der **Komplexität der innerbetrieblichen Lieferverflechtung** gestaltet sich die Durchführung der Sekundärkostenrechnung mehr oder weniger aufwändig.[1] Als **einfach zusammenhängende Verflechtungsstruktur** wird der Fall bezeichnet, dass sich die Kostenstellen eines Unternehmens durch eine geeignete Umgruppierung in eine Reihenfolge bringen lassen, bei der nur vorgelagerte

---

[1]　Vgl. Kloock/Sieben/Schildbach/Homburg (2005), S. 127 ff.; Kruschwitz (1979), S. 107 ff.

Kostenstellen an nachgelagerte Kostenstellen innerbetriebliche Güter liefern und keine rückwärts gerichteten Lieferungen stattfinden. Bei einer nicht einfach zusammenhängenden oder **komplexen Verflechtungsstruktur** ist es hingegen durch keine Anordnung möglich, Rückflüsse innerbetrieblicher Lieferungen zwischen Kostenstellen zu vermeiden. Idealtypische Verflechtungsstrukturen sind in Abbildung 56 und Abbildung 57 dargestellt:

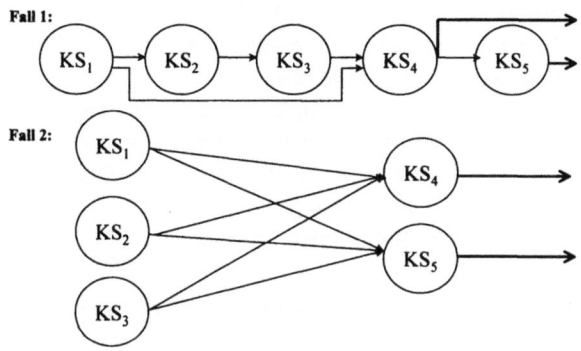

Abbildung 56: Beispiele einfach zusammenhängender Verflechtungsstrukturen

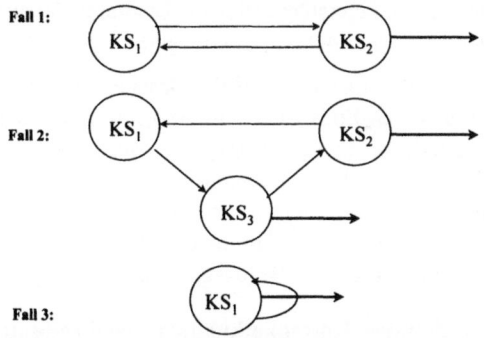

Abbildung 57: Beispiele komplexer Verflechtungsstrukturen

Die **Belastung** der empfangenden Kostenstellen im Rahmen der Sekundärkostenrechnung erfolgt **auf** der **Grundlage der Gesamtkosten** der liefernden Kostenstellen. Im Fall einer **einfach zusammenhängenden Verflechtungsstruktur** ist offenbar eine **sukzessive Ermittlung** der Gesamt- und damit auch der Endkosten möglich, da bei einer geeignet gewählten Anordnung der Kostenstellen nur Belastungen „von links nach rechts" erfolgen. Eine solche Durchführung der Sekundärkostenrechnung wird als **Treppen- oder Stufenleiterverfahren** bezeichnet. Eine weit verbreitete Anwendung findet das Treppenverfahren im Rahmen der Divisionsrechnung auf der Basis der Kostenstellenrechnung, in der Literatur auch als mehrstufige Divisionsrechnung bezeichnet.

Nun ist aber die Ermittlung der Gesamtkosten einer Kostenstelle oftmals nicht isoliert möglich. Dies verdeutlicht bereits der einfache Fall 1 zweier durch eine wechselseitige Lieferbeziehung verflochtenen Kostenstellen in Abbildung 57. KS_1, die innerbetriebliche Güter von der wechselseitig mit ihr verbundenen KS_2 bezieht, muss von KS_2 mit Kosten belastet werden. Die Kosten von KS_2 sind aber gerade nicht bekannt, da sie als zugleich empfangende Kostenstelle von KS_1 beliefert wird, deren Kosten ja – weil gleichfalls unbekannt – ihrerseits ermittelt werden sollen. Aufgrund dieser Problematik bedarf es zur Durchführung der Sekundärkostenrechnung für den Fall einer beliebigen (insbesondere auch einer komplexen) Verflechtungsstruktur eines **simultanen Ansatzes** in Form eines Gleichungssystems. Dieses vermag wechselseitige Lieferbeziehungen adäquat zu erfassen.

2.3.2.6 Ermittlung von Herstellkosten und Aufschlägen bzw. Zuschlagssätzen

Im Rahmen einer Divisionsrechnung auf der Basis einer dreistufigen Kalkulation werden auf jeder Produktionsstufe, die als Endkostenstelle behandelt wird, Herstellkosten für die Kostenträgerstückrechnung bestimmt. Verwaltungs- und Vertriebskosten werden über (unmittelbar kostenträgerbezogene) **Aufschläge** erfasst.

Im Rahmen einer Zuschlagsrechnung auf der Basis einer dreistufigen Kalkulation werden zur Verteilung der Endkosten **Zuschlagssätze** gebildet. Dafür sind im Rahmen der Kostenstellenrechnung Bezugsgrößen auszuwählen. Diese Bezugsgrößen sollten in einer möglichst beanspruchungsgerechten Beziehung zur Entstehung der Endkosten einer Kostenstelle stehen und zudem eine plausible Grundlage für die Verteilung der Endkosten auf die Produkte darstellen. Der Zuschlagssatz ergibt sich als Quotient aus Endkosten und Bezugsgrößenausprägung.

2.3.3 Einfache dreistufige Kostenkalkulation von Produkteinheiten auf der Basis einer rudimentären Kostenstellenrechnung

2.3.3.1 Konzeptionelle Grundlagen

Die einfache Divisionsrechnung auf der Basis einer rudimentären Kostenstellenrechnung ist in der Literatur auch als mehrstufige Divisionsrechnung bekannt. Die Divisionsrechnung mit Äquivalenzziffern auf der Basis einer rudimentären Kostenstellenrechnung wird ferner als mehrstufige Äquivalenzziffernrechnung bezeichnet. Beide basieren auf **Produktionsstufen als Kostenstellen.**

Die Sekundärkostenrechnung einfacher dreistufiger Kostenkalkulationen von Produkteinheiten arbeitet mit dem Treppen- oder Stufenleiterverfahrens.[1] Die Anwendung des Treppenverfahrens setzt voraus, dass die Kostenstellen eines Unternehmens so in einer Reihenfolge sortiert werden können, dass **vorgelagerte Kostenstellen nur an nachgelagerte Kostenstellen** innerbetriebliche Güter liefern. Bei adäquater Reihenfolge der Kostenstellen ist damit sicherstellt, dass eine gerade abzurechnende Kostenstelle zwar die Kosten für die Lieferung innerbetrieblicher Güter an nachgelagerte Kostenstellen weitergibt, jedoch ihrerseits nicht mehr von diesen „rück"belastet wird. Damit führt das Treppenverfahren nur bei **einfach zusammenhängenden Verflechtungsstrukturen** zu **exakten Ergebnissen**.

Einfache dreistufige Kostenkalkulationen von Produkteinheiten basieren in der Kostenträgerstückrechnung auf der Divisionsrechnung. Einen Überblick der Verfahren gibt Abbildung 58:

Abbildung 58: Einfache dreistufige Kalkulationsmethoden

2.3.3.2 Einfache Divisionsrechnung

2.3.3.2.1 Kostenstellenrechnung

Die einfache Divisionsrechnung auf der Basis einer rudimentären Kostenstellenrechnung wird in der Literatur auch als einfache mehrstufige Divisionsrechnung bezeichnet. Wie bei allen Varianten der Divisionsrechnung erfolgt auch im Rahmen dieser Divisionsrechnung keine Aufspaltung der Kosten in Einzel- und Gemeinkosten nebst separater Zuordnung der Einzelkosten auf die Kostenträger. Wegen der grundsätzlichen Vernachlässigung wechselseitiger Lieferbeziehungen handelt es sich bei dieser Form der Divisionsrechnung um das einfachste Verfahren zur Selbstkostenermittlung aus der Gruppe der dreistufigen Kostenkalkulationsverfahren.

---

[1]   Vgl. z.B. Haberstock (2004), S. 131 ff.; Kilger (1987), S. 185 ff.

Die einfache Divisionsrechnung auf der Basis der Kostenstellenrechnung berücksichtigt in Erweiterung der reinen Divisionsrechnung einer zweistufigen Kalkulation bei der Kostenzurechnung explizit die Lagerbestandsveränderungen an Zwischen- und Endprodukten. Hierzu werden Kostenstellen in Gestalt von produktionstechnisch abgegrenzten Produktionsstufen gebildet. In der **Standardversion dieser einfachen Divisionsrechnung** werden sukzessive in jeder Produktionsstufe die jeweiligen **Herstellkosten** ermittelt und auf die gesamte produzierte Menge des Zwischenprodukts verteilt.

> Die *Herstellkosten* einer Produktionsstufe beinhalten sämtliche primären und sekundären Material- und Fertigungskosten. Werden diese auf die Menge des hergestellten Zwischen- oder Endprodukts verteilt, ergeben sich die Herstellkosten je Mengeneinheit des Zwischen- oder Endprodukts.

Die gesuchten Selbstkosten je Mengeneinheit werden schließlich unter Berücksichtigung eines Aufschlags für Verwaltungs- und Vertriebskosten ermittelt.

Voraussetzung für die Durchführung dieser Divisionsrechnung ist, dass in der Kostenartenrechnung die Kosten getrennt nach den Produktionsstufen erfasst werden. Eine rudimentäre Kostenstellen(=Stufen)rechnung weist für die einzelnen Produktionsstufen des Zementwerks Idelsdorf folgende primären Einzel- und Gemeinkosten aus:

Produktionsstufe	1	2	3	4	5	Verwaltung und Vertrieb
primäre Stufenkosten [€]	22.809.000	11.820.000	25.770.000	23.772.200	15.264.800	24.924.000

Abbildung 59: Primäre Stufenkosten im Zementwerk Idelsdorf

Zur Ermittlung der Herstellkosten je produzierter Zwischenprodukteinheit kh_i wird die Summe aus primären Kosten PK_i und sekundären Kosten SK_i der Produktionsstufe i durch die von ihr erstellte Zwischenproduktmenge xp_i dividiert. Die sekundären Kosten der Produktionsstufe i ergeben sich, indem die von den vorgelagerten Kostenstellen h = 1,..., i-1 verbrauchten Zwischenproduktmengen $xl_{i,h}$ mit den jeweiligen Herstellkosten ihrer Fertigung multipliziert werden:

$$kh_i = \frac{PK_i + SK_i}{xp_i} = \frac{PK_i + \sum_{h=1}^{i-1} kh_h \cdot xl_{i,h}}{xp_i} \qquad (2\text{-}7)$$

mit:
    h, i   Stufenlaufindex (h, i = 1,.., I)
    kh_i Herstellkosten des Zwischenprodukts der Stufe i
    PK   primäre Kosten

SK   sekundäre Kosten
xp_i Produktionsmenge der Stufe i
$xl_{i,h}$ Liefermenge der Produktionsstufe h an Produktionsstufe i

Da die Produktionsstufe 1 keine innerbetrieblichen Zwischenprodukte bezieht, ergeben sich die Kosten je Tonne Rohschotter, indem die primären Kosten der Produktionsstufe 1 durch die Produktionsmenge der Abrechnungsperiode dividiert werden:

$$kh_1 = \frac{22.809.000\,\text{€}}{1.462.400\,\text{t}} = 15,596964\,\frac{\text{€}}{\text{t}}$$

Um die Kosten je Tonne Rohmehl zu ermitteln, werden zunächst auf der Produktionsstufe 2 zu den primären Kosten von 11.820.000 € die sekundären Kosten hinzuaddiert. Da die Produktionsstufe 2 1.412.400 t Rohmehl zu je 15,596964 €/t bezieht, ergeben sich Stufenkosten von insgesamt 33.849.151,95 €. Da 1.412.400 t Rohmehl hergestellt werden, ermitteln sich Herstellkosten von 23,965698 €/t Rohmehl:

$$kh_2 = \frac{11.820.000\,\text{€} + 15,596964\,\frac{\text{€}}{\text{t}} \cdot 1.412.400\,\text{t}}{1.412.400\,\text{t}} = 23,965698\,\frac{\text{€}}{\text{t}}$$

Die gesamten Kosten der Produktionsstufe 3 ergeben sich aus den primären Kosten in Höhe von 25.770.000 € sowie den sekundären Kosten von 33.571.149,76 € (23,965698 €/t · 1.400.800 t). Die Herstellkosten einer Tonne Zementklinker betragen damit 67,779726 €/t:

$$kh_3 = \frac{25.770.000\,\text{€} + 23,965698\,\frac{\text{€}}{\text{t}} \cdot 1.400.800\,\text{t}}{875.500\,\text{t}} = 67,779726\,\frac{\text{€}}{\text{t}}$$

Produktionsstufe 4 erstellt 970.000 t Zement. Hierfür entstehen in der Abrechnungsperiode 23.772.200 € primäre Kosten sowie (67,779726 €/t · 845.500 t =) 57.307.758,33 € sekundäre Kosten aufgrund des Bezugs von 845.500 t Zementklinker der Produktionsstufe 3. Für die Produktionsstufe 4 ergeben sich 83,587586 €/t.

$$kh_4 = \frac{23.772.200\,\text{€} + 67,779726\,\frac{\text{€}}{\text{t}} \cdot 845.500\,\text{t}}{970.000\,\text{t}} = 83,587586\,\frac{\text{€}}{\text{t}}$$

Die primären Kosten der Produktionsstufe 5 betragen 15.264.800 €. Die sekundären Kosten ergeben sich zum einen aus dem Bezug von Zementklinker der Produktionsstufe 3 in Höhe von 2.033.391,78 € (67,779726 €/t • 30.000 t). Zum anderen werden 970.000 t Zement von Produktionsstufe 4 zu 81.079.958,33 € (83,587586 €/t • 970.000 t) bezogen. Die Gesamtkosten betragen daher 98.378.150,20 €. Hieraus resultieren 98,378150 €/t:

$$kh_s = \frac{15.264.800\,€ + 67,779726\frac{€}{t}\cdot 30.000\,t + 83,587586\frac{€}{t}\cdot 970.000\,t}{1.000.000\,t} = 98,378150\frac{€}{t}$$

Auf den Verwaltungs- und Vertriebsbereich entfallen Kosten von 24.924.000 €. Diese Kosten werden im Rahmen dieser einfachen Divisionsrechnung ausschließlich den Absatzmengen zugerechnet:

$$Aufschlag_{Vw\&Vt} = \frac{24.924.000\,€}{1.000.000\,t} = 24,924\frac{€}{t}$$

Das Treppenverfahren lässt sich leicht im BAB vollziehen, weil die Kostenstellen in der gewählten Reihenfolge sukzessive abgerechnet werden können. Gemäß der gewählten Abrechnungsreihenfolge werden zuerst die primären Kosten der Produktionsstufe 1 auf die Produktionsstufe 2 umgelegt. Bei der dann folgenden Umlage der Kosten der Produktionsstufe 2 ist darauf zu achten, dass nicht nur deren primäre Kosten in Höhe von 11.820.000 €, sondern auch die von der Produktionsstufe 1 belasteten sekundären Kosten in Höhe von 22.029.152 €, insgesamt also 33.849.152 €, der Belastung der nachfolgenden Produktionsstufe 3 zugrunde zu legen ist. Auf dieselbe Weise wird die Produktionsstufe 3 abgerechnet.

Die Gestalt der grau unterlegten Flächen in der Hauptdiagonalen des BAB nach Abbildung 60 hat dem Treppenverfahren den Namen gegeben. Die Hauptdiagonale grenzt deutlich erkennbar zwei Bereiche voneinander ab. In dem einen Bereich finden niemals Belastungen statt, im anderen Bereich können Belastungen stattfinden.

Eine zusammenfassende Darstellung bietet Abbildung 60.

Produktionsstufe	1	2	3	4	5	Verwaltung und Vertrieb	BVÄ	Gesamt
Einsatzmenge [t]		1.412.400	*/1.400.800	845.500	▶000.000			
Produktionsmenge [t]	1.462.400	1.412.400	875.500	970.000	1.000.000			
Bestandsveränderung [t]	50.000	11.600	30.000					
primäre Stufenkosten [€]	22.809.000	11.820.000	25.770.000	23.772.200	15.264.800	24.924.000		124.360.000
Umlage Produktionsstufe 1 [€]	-22.809.000	22.029.152					779.848	0
Umlage Produktionsstufe 2 [€]		-33.849.152	33.571.150				278.002	0
Umlage Produktionsstufe 3 [€]			-57.307.758	57.307.758				0
Umlage Produktionsstufe 4 [€]								0
Gesamt [€]	0	0	*/2.033.392	81.079.958	15.264.800	24.924.000	1.057.850	124.360.000
Herstellkosten je ME [€/t]	15,596964	23,965698	67,779726	83,587586	15,264800			

*) Zementklinker für Absatzmarkt; BVÄ Bestandsveränderung

Abbildung 60: Treppenverfahren bei einfacher Divisionsrechnung im Zementwerk Idelsdorf

Die gesamten Kosten der abgesetzten Produkte betragen 123.302.150 €. Die Bestandserhöhungen von 50.000 t Schotter und 11.600 t Rohmehl kosten in ihrer Herstellung insgesamt (15,596964 €/t • 50.000 t + 23,965698 €/t • 11.600 t ≈) 1.057.850 €. Insgesamt ergeben sich Kosten von insgesamt 124.360.000 €.

2.3.3.2.2 Kostenträgerstückrechnung

Folgende Selbstkosten ergeben sich abschließend in der Kostenträgerstückrechnung:

	Zement-klinker	Zement-produkte	BVÄ [€]	Gesamt [€]
Absatzmengen [t]	30.000	970.000		
Herstellkosten der Produktions-stufen 1-4 je ME [€/t]	67,779726	83,587586	1.057.850	84.171.200
Verpackungs- und Verladungs-aufschlag Produktionsstufe 5 [€/t]	15,264800	15,264800		15.264.800
Herstellkosten	83,044526	98,852386	1.057.850	99.436.000
Verwaltungs- und Vertriebsaufschlag [€/t]	24,924000	24,924000		24.924.000
Selbstkosten [€/t]	107,968526	123,776386		124.360.000

Abbildung 61: Kostenträgerstückrechnung bei einfacher Divisionsrechnung im Zementwerk Idelsdorf

2.3.3.2.3 Kritische Würdigung

Die Divisionsrechnung auf der Basis einer rudimentären Kostenstellenrechnung unterstellt folgende Prämissen:

- Sämtliche Produktionsstufen produzieren keinerlei Ausschuss.[1]

- Vorgelagerte Produktionsstufen beliefern nachgelagerte Produktionsstufen, nachgelagerte Produktionsstufen stellen jedoch für vorgelagerte Produktionsstufen keine sekundären Produktionsfaktoren her. Wegen der eindeutigen „Belastungsrichtung" aufgrund der sukzessiven Lieferbeziehungen müssen die Belastungen und Entlastungen der Produktionsstufen im Rahmen der Sekundärkostenrechnung nicht durch ein explizit aufzustellendes Gleichungssystem ermittelt werden, sondern können direkt im BAB vorgenommen werden.

- Es wird implizit unterstellt, dass nur eine Produktart hergestellt wird.

Mit dieser Form der Divisionsrechnung wird im Unterschied zur reinen Divisionsrechnung das Problem der Bestandsveränderungen von Zwischen- und Endprodukten gelöst. Die Methode unterstellt aber wie die reine Divisionsrechnung implizit die Herstellung einer einzigen Produktart. Zwar lassen sich die Selbstkosten des Vorprodukts Zementklinker separat kalkulieren, für die einzelnen Zementsorten werden jedoch Selbstkosten in gleicher Höhe ausgewiesen. Dies führt gegenüber den Ergebnissen einer summarischen Zuschlagsrechnung einer zweistufigen Kostenkalkulation, bei der die Verschiedenartigkeit der Produkte in den Einzelkosten berücksichtigt wurde, grundsätzlich zu einer Einbuße an Kalkulationsgenauigkeit. Ob dies im Einzelfall zu einer Verschlechterung führt, hängt letztlich von der Höhe der in der summarischen Zuschlagsrechnung pauschal, d.h. nicht stufenspezifisch, zugerechneten Gemeinkosten ab.

Zuletzt stellt die im Rahmen dieser Divisionsrechnung vorgenommene Einteilung des Unternehmens in Produktionsstufen vom Ansatz her eine sehr rudimentäre Form der Kostenstellenbildung dar, da ausschließlich der Produktionsbereich strukturiert wird. Verwaltungs-, Vertriebs- sowie allgemeine Hilfskostenstellen werden nicht gesondert betrachtet. Schließlich erfüllt diese Kalkulationsform die Kontrollfunktion einer Istkostenrechnung zumindest ansatzweise, da anschließende Kontrollrechnungen eventuelle Kostenabweichungen zwar nicht den Produkten, aber den Produktionsstufen zurechnen können.

2.3.3.3 Mehrfache Divisionsrechnung

2.3.3.3.1 Kostenstellenrechnung

Die **mehrfache Divisionsrechnung auf der Basis der Kostenstellenrechnung**, in

---

[1] Zur Berücksichtigung von Ausschuss: Vgl. Kilger (1987), S. 308 ff.

der Literatur auch als mehrfache mehrstufige Divisionsrechnung bezeichnet, berücksichtigt die Heterogenität von Produkten, die – vollständig oder partiell (d.h. in einzelnen Produktionsstufen) – unabhängig voneinander hergestellt und abgesetzt werden. Offensichtlich entstehen die unterschiedlichen Zementsorten erst auf der Produktionsstufe 4. Dort wird die jeweils notwendige Menge Zementklinker, der auf den Produktionsstufen 1 – 3 hergestellt wird, unter Zumischung der erforderlichen Zusatzmaterialien gemahlen.[1] Die einzelnen Zementsorten beanspruchen die Produktionsstufe 4 aber in unterschiedlichem Ausmaß.

Die mehrfache Divisionsrechnung auf der Basis der Kostenstellenrechnung lässt sich im Zementwerk Idelsdorf anwenden, sofern unterstellt wird, dass

- die bezeichneten Zementsorten CEM I, CEM II und CEM III auf der Produktionsstufe 4 immer in jeweils eigenen Kugelmühlen gemahlen werden und
- in der Kostenartenrechnung zudem mühlenspezifisch die hierfür angefallenen Kosten erfasst werden.

Unterstellt man, dass in Produktionsstufe 4 die Kosten je Mühle separat in der Kostenartenrechnung erfasst werden können, ergeben sich die primären Kosten anknüpfend an die Ergebnisse aus Abbildung 60 gemäß Abbildung 62.

	CEM I	CEM II	CEM III	Zement-klinker	Gesamt [€]
Zementklinkeranteil	95%	85%	45%	100%	
Primäre Stufenkosten Produktionsstufe 4 [€]	18.721.531	2.386.640	2.664.029		23.772.200
Produktionsmengen der Produktionsstufe 4 [t]	730.000	110.000	130.000	30.000	1.000.000

Abbildung 62: Primäre Kosten der Produktionsstufe 4 im Zementwerk Idelsdorf

Nachdem die primären Kosten ermittelt sind, gilt es die sekundären Kosten zu bestimmen. Diese lassen sich auf der Basis der Herstellkosten der Produktionsstufe 3 in Höhe von 67,779726 €/t Zementklinker sowie dem jeweiligen Zementklinkeranteil ermitteln.[2] Unter Berücksichtigung der Daten aus Abbildung 60 ergeben sich die in Abbildung 63 ermittelten Herstellkosten je ME.

---

[1] Vgl. 2.2.2.3.

[2] Z.B. Einsatzmenge Zementklinker CEM I = 0,95 • 730.000 t = 693.500 t. Sekundäre Kosten Mühle 1 = 693.500 t • 67,779726 €/t = 47.005.239,98 €

Produktionsstufe	...	3	4 (Mühle 1)	4 (Mühle 2)	4 (Mühle 3)	5	Verwaltung und Vertrieb	Gesamt
Einsatzmenge [t]	...	1.400.800	693.500	93.500	58.500	1.000.000		
Produktionsmenge [t]	...	875.500	730.000	110.000	130.000	1.000.000		
Absatzmenge [t]	...	*) 30.000	730.000	110.000	130.000			
primäre Stufenkosten [€]	...	25.770.000	18.721.531	2.386.640	2.664.029	15.264.800	24.924.000	124.360.000
Umlage Produktionsstufe 1	...							0
Umlage Produktionsstufe 2	...	33.571.150						0
Umlage Produktionsstufe 3	...	-57.307.758	47.005.240	6.337.404	3.965.114			0
Endkosten [€]	...	2.033.392	65.726.771	8.724.044	6.629.143	15.264.800	24.924.000	123.302.150
Herstellkosten je ME [€/t]	...	67,779726	90,036672	79,309493	50,993407	15,264800		
Bestandsveränderung								1.057.850
Gesamt								124.360.000

*) Zementklinker für Absatzmarkt

Abbildung 63: Treppenverfahren bei mehrfacher Divisionsrechnung im Zementwerk Idelsdorf

2.3.3.3.2 Kostenträgerstückrechnung

Die Kostenträgerstückrechnung weist in Abbildung 64 folgende Selbstkosten aus:

	CEM I	CEM II	CEM III	Zement-klinker	Gesamt [€]
Herstellkosten der Produktionsstufe 4 [€/t]	90,036673	79,309494	50,993407	67,779726	83.113.350
Verpackungs- und Verladungsaufschlag Produktionsstufe 5 [€/t]	15,264800	15,264800	15,264800	15,264800	15.264.800
Herstellkosten [€/t]	105,301473	94,574294	66,258207	83,044526	98.378.150
Verwaltungs- und Vertriebsaufschlag [€/t]	24,924000	24,924000	24,924000	24,924000	24.924.000
Selbstkosten [€/t]	130,225473	119,498294	91,182207	107,968526	123.302.150
Kosten der Bestandsveränderungen [€]					1.057.850
Gesamte Kosten [€]					124.360.000

Abbildung 64: Kostenträgerstückrechnung bei mehrfacher Divisionsrechnung im Zementwerk Idelsdorf

2.3.3.3.3 Kritische Würdigung

Die Zurechnung der gesamten Kosten auf der Basis der mehrfachen Divisionsrechnung auf der Basis der Kostenstellenrechnung führt nur unter sehr restriktiven Bedingungen zu genauen Kalkulationsergebnissen. Die Methode hat insbesondere dann ungenaue Ergebnisse zur Folge, wenn die vorhandenen Mühlen zur Herstellung sämtlicher Zementsorten genutzt werden, um Leerkosten zu vermeiden. Die dargestellte Divisionsrechnung ist vornehmlich für die Kalkulation von Produkten geeignet, die voneinander unabhängig in Massenproduktion hergestellt werden. Schließlich erfüllt diese Kalkulationsform die Kontrollfunktion einer Istkostenrechnung, da anschließende Kontrollrechnungen eventuelle Kostenabweichungen sowohl Produkten als auch Produktionsstufen zurechnen können.

2.3.3.4 Divisionsrechnung mit Äquivalenzziffern

2.3.3.4.1 Kostenstellenrechnung

Auf der Basis des Treppenverfahrens bietet sich **für das Zementwerk Idelsdorf** auch die Durchführung **einer Divisionsrechnung mit mehreren Äquivalenzziffernreihen** an, die auf eine Kostenstellenrechnung zurückgreift. Hierzu wird an die Ergebnisse aus Abbildung 60 angeknüpft. Die primären Kosten der Produktionsstufen 1 – 3 in Höhe von 59.341.150 €[1] sowie die primären Kosten der Produktionsstufe 4 in Höhe von 23.772.200 € werden den jeweiligen Zementsorten auf der Basis zweier Äquivalenzziffernreihen zugerechnet:

1. **Festlegung der Bezugsgrößen als Basis der Äquivalenzziffernreihen:**
   Zur Verrechnung des Betrags von 59.341.150 € wird die Bezugsgröße „Zementklinkeranteil" je Mengeneinheit für die Produktionsstufen 1 – 3 verwendet. Die Zurechnung der primären Kosten der Produktionsstufe 4 orientiert sich an der Bezugsgröße „Fertigungszeiten" je Mengeneinheit des Mahlungsprozesses. Aufgrund der beigemischten Zusatzmaterialien werden CEM II sowie CEM III länger als CEM I gemahlen. Die übrigen Kosten werden gleichmäßig auf die absatzbestimmten Produkteinheiten verteilt.

2. **Festlegung des Einheitsproduktes:**
   Im Zementwerk Idelsdorf stellt CEM I das Einheitsprodukt dar.

3. **Ermittlung der Äquivalenzziffern:**
   Werden die jeweiligen Zementklinkeranteile auf den Zementklinkeranteil von CEM I bezogen, ergibt sich die Äquivalenzziffernreihe der Abbildung 65:

---

[1]   = 57.307.758 € + 1.057.850 € (Bestandsveränderungen)

	CEM I	CEM II	CEM III	Zement-klinker
Zementklinkeranteil	95%	85%	45%	100%
Äquivalenzziffernreihe 1	1,000000	0,894737	0,473684	1,052632

Abbildung 65: Äquivalenzziffernreihe 1 im Zementwerk Idelsdorf

Aus den durchschnittlich erforderlichen Fertigungszeiten ergeben sich die Äquivalenzziffern der Äquivalenzziffernreihe 2 in Abbildung 66:

	CEM I	CEM II	CEM III	Zement-klinker
Fertigungszeiten in Produktionsstufe 4 [Min/t]	0,1692	0,18612	0,20304	0,0000
Äquivalenzziffernreihe 2	1	1,1	1,2	0

Abbildung 66: Äquivalenzziffernreihe 2 im Zementwerk Idelsdorf

Die Kosten der Produktionsstufe 5 sowie der Verwaltung und des Vertriebs werden auf der Basis der Absatzmengen zugerechnet, d.h. die Äquivalenzziffer der Produkte ist hier jeweils 1.

4. **Ermittlung der Summe der Rechnungseinheiten aller Produktsorten SRE:**
   Die **Rechnungseinheiten** einer Produktsorte n (n=1,...,N) RE_n ergeben sich aus der Multiplikation der jeweiligen Äquivalenzziffer z_n mit der Produktionsmenge xp_n. Die Summe der Rechnungseinheiten SRE ergibt sich nach:

$$SRE = \sum_{n=1}^{N} RE_n = \sum_{n=1}^{N} z_n \cdot xp_n \qquad (2\text{-}3)$$

Unter Verwendung der gewonnenen Äquivalenzziffernreihen ergibt sich gemäß Abbildung 67:

	Produktionsstufe 1 - 3			Produktionsstufe 4		
	(1)	(2)	(3) = (1) x (2)	(1)	(2)	(3) = (1) x (2)
Sorte	Äquivalenz-ziffer z_n	Zahl der erstell-ten Produkt-einheiten [t]	Rechnungs-einheiten [RE]	Äquivalenz-ziffer z_n	Zahl der erstell-ten Produkt-einheiten [t]	Rechnungs-einheiten [RE]
CEM I	1,000000	730.000	730.000,00	1,0	730.000	730.000
CEM II	0,894737	110.000	98.421,07	1,1	110.000	121.000
CEM III	0,473684	130.000	61.578,92	1,2	130.000	156.000
Zementklinker	1,052632	30.000	31.578,96			
SRE			921.578,95			1.007.000

Abbildung 67: Ermittlung der Summe der Rechnungseinheiten im Zementwerk Idelsdorf

5. Ermittlung der stufenbezogenen Herstellkosten je RE kh:
Hierzu werden die gesamten Herstellkosten der i-ten Produktionsstufe durch
die Summe der Rechnungseinheiten der i-ten Produktionsstufe dividiert:

$$kh_i = \frac{K_i}{SRE_i} \qquad (2\text{-}8)$$

mit: K_i Herstellkosten der i-ten Produktionsstufe
            kh_i Herstellkosten je Rechnungseinheit der i-ten Produktionsstufe

Produktionsstufe	1	2	3	4	5	Verwaltung und Vertrieb	BVÄ	Gesamt
Einsatzmenge [t]	0	1.412.400	1.400.800	845.500	1.000.000			
Produktionsmenge [t]	1.462.400	1.412.400	875.500	970.000	1.000.000			
Bestandsveränderung [t]	50.000	11.600	30.000	0	0			
primäre Stufenkosten [€]	22.809.000	11.820.000	25.770.000	23.772.200	15.264.800	24.924.000		124.360.000
Umlage Produktionsstufe 1 [€]	-22.809.000	22.029.152					779.848	0
Umlage Produktionsstufe 2 [€]		-33.849.152	33.571.150				278.002	0
Gesamt [€]	0	0	59.341.150	23.772.200	15.264.800	24.924.000	1.057.850	124.360.000
SRE			921.579	1.007.000	1.000.000	1.000.000		
Herstellkosten je RE [€/RE]			64,390739	23,606951	15,264800			

**Abbildung 68: Treppenverfahren bei mehrstufiger Divisionsrechnung mit Äquivalenzziffern
im Zementwerk Idelsdorf**

2.3.3.4.2 Kostenträgerstückrechnung

Die stufenspezifischen Herstellkosten je Mengeneinheit je Produktsorte n kh_n ergeben sich aus dem Produkt der jeweiligen Äquivalenzziffer z_n mit den Herstellkosten je Rechnungseinheit kh:

$$kh_n = z_n \cdot kh \qquad (2\text{-}9)$$

Verwendet man zur Zurechnung der Verpackungs-, Verladungs-, Verwaltungs- und
Vertriebskosten die Ergebnisse aus Abbildung 63, ergeben sich die Selbstkosten je
Mengeneinheit gemäß Abbildung 69:[1]

---

[1] Zu gleichen Ergebnissen führt die Verwendung einer dritten Äquivalenzziffernreihe, die die
     Verpackungs-, Verladungs-, Verwaltungs- und Vertriebskosten mit den Äquivalenzziffern
     CEM I: 1, CEM II: 1, CEM III: 1 sowie Zementklinker: 1 verteilt. Bezugsgröße wären in die-
     sem Fall die Absatzmengen.

	Kosten je RE [€/RE]	CEM I	CEM II	CEM III	Zement-klinker	Gesamt [€]
Herstellkosten Produktionsstufe 1 - 3 [€/t]	64,390739	64,390739	57,612777	30,500863	67,779752	59.341.150
Herstellkosten Produktionsstufe 4 [€/t]	23,606951	23,606951	25,967646	28,328341	0,000000	23.772.200
Verpackungs- und Verladungs-aufschlag Produktionsstufe 5 [€/t]	15,264800	15,264800	15,264800	15,264800	15,264800	15.264.800
Herstellkosten		103,262490	98,845223	74,094004	83,044552	98.378.149
Verwaltungs- und Vertriebsaufschlag [€/t]	24,924000	24,924000	24,924000	24,924000	24,924000	24.924.000
Selbstkosten [€/t]		128,186490	123,769223	99,018004	107,968552	123.302.150
Kosten der Bestands-veränderungen [€]						1.057.850
Gesamte Kosten [€]						124.360.000

Abbildung 69: Selbstkosten je Mengeneinheit bei Divisionsrechnung mit Äquivalenzziffern auf der Basis der Kostenstellenrechnung im Zementwerk Idelsdorf [1]

2.3.3.4.3 Kritische Würdigung

Die Divisionsrechnung mit Äquivalenzziffern führt nur dann zu genauen Ergebnissen, wenn die gewählten Äquivalenzziffern für ihren jeweiligen Geltungsbereich die relative Beanspruchung **sämtlicher** Produktionsfaktoren durch die Produkte wiedergeben. Zwar führt die vorgestellte Zurechnungsmethode zu den bisher differenziertesten Kalkulationsergebnissen. Jedoch lassen sich durch die gewählten Äquivalenzziffern nicht alle Bezugsgrößen abbilden. So verteilt zwar die zweite Äquivalenzziffernreihe sämtliche primären Stufenkosten auf der Basis der Stückfertigungszeiten. Dies führt zu einer beanspruchungsgerechten Zurechnung der maschinenabhängigen Kosten dieser Produktionsstufe. Zugleich werden jedoch auch z.B. die Kosten der Zusatzmaterialien Gips und Hüttensand auf dieser Basis zugerechnet. Diese Zurechnung erscheint zumindest fraglich. Um zu noch genaueren Kalkulationsergebnissen zu kommen, könnten zum einen zusätzliche Äquivalenzziffernreihen aufgestellt werden, auf deren Basis die nicht maschinenabhängigen Stufenkosten der Produktionsstufe 4 verteilt werden. Bei diesem Vorgehen würden innerhalb einer Produktionsstufe mehrere Äquivalenzziffernreihen Anwendung finden. Konzeptionsbedingt lassen sich aber die dargestellten Unzulänglichkeiten einer Divisionsrechnung dann nicht ausräumen, wenn es sich nicht um eine Massenfertigung oder eine Sortenfertigung einfachen produktionstechnischen Zuschnitts handelt. In diesen Fällen ist es stets empfehlenswert, differenzierte Varian-

---

[1] Kleinere Differenzen gehen auf Rundungen zurück.

te der Zuschlagsrechnung zur Kostenkalkulation einzusetzen, die zudem hinsichtlich anschließender Kontrollrechnungen leichter Abweichungsursachen identifizieren können.

2.3.4 Komplexe dreistufige Kostenkalkulation von Produkteinheiten als Zu-schlagsrechnung

2.3.4.1 Kostenstellenrechnung als zweite Stufe der operativen Kostenkalkulation von Produkteinheiten

Ein notwendiger Basisansatz zur Ermittlung der Gesamtkosten von in komplexer
Weise miteinander verflochtenen Kostenstellen ist das **Kostenstellenausgleichsverfahren** oder Gleichungsverfahren. Es kann auch bei einfach zusammenhängenden Kostenstellenstrukturen eingesetzt werden und besitzt daher universelle An-
wendbarkeit.

Die Lösungstechnik des Kostenstellenausgleichsverfahrens soll an einem kleinen
Beispiel veranschaulicht werden.[1] Betrachtet wird ein Unternehmen mit fünf Kostenstellen, das die beiden Produktarten A und B herstellt. Die Kostenstellen KS_1
(unternehmenseigenes Kraftwerk), KS_2 (unternehmenseigenes Wasserwerk) und
KS_3 (Betriebsschlosserei) sind Hilfs- und zugleich Vorkostenstellen. Die Kostenstellen KS_4 und KS_5 sind Hauptkostenstellen der Fertigung und zugleich Endkostenstellen. Die Fertigungsstelle KS_5 gibt einen Teil ihres für den Absatzmarkt bestimmten Produkts B als Vorprodukt an die Fertigungsstelle KS_4 ab, das dort zur
Fertigung des absatzbestimmten Produkts A genutzt wird. Die Primärkostenrechnung ist bereits durchgeführt, ihr Ergebnis entspricht Abbildung 55.

Zwischen den fünf Kostenstellen bestehen verschiedene innerbetriebliche Lieferbeziehungen. Auf der Basis geeignet gewählter Bezugsgrößen lassen sich unter der
Annahme einer proportionalen Beziehung zwischen Bezugsgröße und Kostenentstehung in jeder Kostenstelle Anteilskoeffizienten ermitteln, die den Prozentsatz
der Gesamtkosten angeben, der jeweils von einer liefernden Kostenstelle an eine
empfangende Kostenstelle zu verrechnen ist. Auf der Grundlage der Bezugsgrößen
„Stromverbrauch in kWh", „Wasserverbrauch in m³", „Reparatur in Stunden" und
„Mengeneinheiten von B in ME" werden die in Abbildung 70 dargestellten Ausprägungen der innerbetrieblichen Lieferungen unterstellt.

---

[1]   Vgl. Maltry (1997), S. 462 ff.

von an	KS$_1$ [kWh]	KS$_2$ [m³]	KS$_3$ [Std.]	KS$_4$ [ME]	KS$_5$ [ME]
KS$_1$	10.000	1.000	60	0	0
KS$_2$	50.000	0	0	0	0
KS$_3$	0	1.000	0	0	0
KS$_4$	10.000	3.000	180	0	50
KS$_5$	30.000	0	0	0	0
Gesamtausbringung	100.000	5.000	240	50	100

Abbildung 70: Umfang innerbetrieblicher Güterflüsse im Beispiel[1]

Der für die Kostenumlage benötigte Anteilswert entspricht dem Quotienten aus der Bezugsgrößenausprägung einer Lieferbeziehung sowie der gesamten Bezugsgrößenausprägung der liefernden Kostenstelle. Für die Kostenstelle KS$_2$, die 1.000 m³ von insgesamt 5.000 m³ Wasser an die Kostenstelle KS$_1$ abgibt, ergibt sich z.B. ein Anteilswert von 1.000/5.000 = 0,2 = 20%. Das bedeutet, dass im Rahmen der Sekundärkostenrechnung das Kraftwerk für die Inanspruchnahme von Wasser mit einem Anteil von 20% der Gesamtkosten des Wasserwerks belastet wird. Das in den Anteilskoeffizienten erfasste Ausmaß der innerbetrieblichen Lieferbeziehungen wird in einer **Verflechtungstabelle** gemäß Abbildung 71 abgebildet.

von an	KS$_1$	KS$_2$	KS$_3$	KS$_4$	KS$_5$
KS$_1$	10%	20%	25%	0%	0%
KS$_2$	50%	0%	0%	0%	0%
KS$_3$	0%	20%	0%	0%	0%
KS$_4$	10%	60%	75%	0%	50%
KS$_5$	30%	0%	0%	0%	0%

Abbildung 71: Verflechtungstabelle A (Strukturmatrix) im Beispiel

Graphisch lassen sich die innerbetrieblichen Lieferbeziehungen des Beispielunternehmens wie in Abbildung 72 darstellen:

---

[1] Die Differenz zwischen der Gesamtmenge von KS$_4$ und KS$_5$ (= jeweils 50 ME) und den Liefermengen an andere Kostenstellen entspricht der Lieferung an den Absatzmarkt.

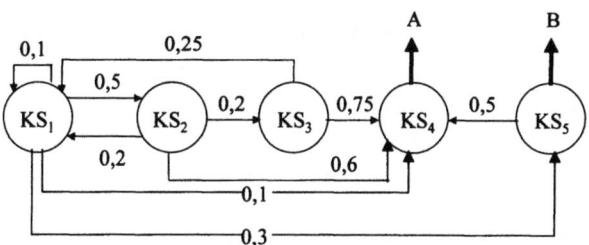

Abbildung 72: Verflechtungsgraph (Strukturgraph) im Beispiel

Der Verflechtungsgraph veranschaulicht, dass in der Verflechtungsstruktur des Fallbeispiels die drei grundlegenden Typen von wechselseitigen Lieferbeziehungen gemäß Abbildung 57, anschaulich auch als **Zyklen** bezeichnet, enthalten sind:

- die unmittelbar wechselseitige Lieferbeziehung zwischen KS_1 und KS_2,
- die mittelbar wechselseitige Lieferbeziehung von KS_1 zu KS_2 zu KS_3 und wieder zurück zu KS_1 sowie
- der häufig vernachlässigte Fall des direkten Eigenverbrauchs von KS_1.

Inwiefern der letzte Fall für den Kostenrechner von Bedeutung ist, wird noch einer gesonderten Betrachtung unterzogen werden. Mit der Beendigung der Primärkostenrechnung und der Aufstellung der Verflechtungstabelle sind die Voraussetzungen für die Durchführung der Sekundärkostenrechnung mit Hilfe des Kostenstellenausgleichsverfahrens geschaffen. Das **Kostenstellenausgleichsverfahren** geht in zwei Schritten vor. Zunächst werden die Gesamtkosten jeder Kostenstelle, danach die Endkosten jeder Kostenstelle ermittelt.

Bezeichnen die Variablen

a_{ij}	Element der Verflechtungstabelle $\underline{A}$; entspricht dem Anteil der innerbetrieblichen Güter der Kostenstelle KS_j, den diese an die Stelle KS_i liefert,
EK_i	Endkosten der Kostenstelle KS_i,
i,j	Laufindizes, $i,j = 1, ..., n$,
GK_i	Gesamtkosten der Kostenstelle KS_i,
n	Anzahl der Kostenstellen eines Unternehmens,
PK_i	Primäre (Gemein)kosten der Kostenstelle KS_i,

so ergeben sich die Gesamtkosten GK_i für jede Kostenstelle KS_i als Lösung des folgenden simultanen Gleichungssystems:

Basisansatz des Kostenstellenausgleichsverfahrens

$$GK_1 = PK_1 + a_{11} \cdot GK_1 + a_{12} \cdot GK_2 + ... + a_{1n} \cdot GK_n$$

$$GK_2 = PK_2 + a_{21} \cdot GK_1 + a_{22} \cdot GK_2 + ... + a_{2n} \cdot GK_n$$

.....

$$GK_i = PK_i + a_{i1} \cdot GK_1 + a_{i2} \cdot GK_2 + ... + a_{in} \cdot GK_n$$ (2-10)

.....

$$GK_n = PK_n + a_{n1} \cdot GK_1 + a_{n2} \cdot GK_2 + ... + a_{nn} \cdot GK_n$$

Die Anwendung des allgemeinen Ansatzes auf das Beispiel ergibt:

Gleichungssystem (GLS₁):

(1) $GK_1 = \quad 7.725 \quad + 0,1 \cdot GK_1 \quad + 0,2 \cdot GK_2 \quad + 0,25 \cdot GK_3$

(2) $GK_2 = \quad 3.600 \quad + 0,5 \cdot GK_1$

(3) $GK_3 = 12.000 \qquad\qquad\qquad + 0,2 \cdot GK_2$

(4) $GK_4 = 40.000 \quad + 0,1 \cdot GK_1 \quad + 0,6 \cdot GK_2 \quad + 0,75 \cdot GK_3 + 0,5 \cdot GK_5$

(5) $GK_5 = 30.000 \quad + 0,3 \cdot GK_1$

Durch Anwendung elementarer Lösungstechniken (Additions-, Einsetzungs- und Gleichsetzungsverfahren) lässt sich das Gleichungssystem GLS₁ lösen. Die Lösungsidee des hier nachfolgend verwendeten Einsetzungsverfahrens besteht darin, die Dimension des Ausgangsgleichungssystems sukzessiv zu verringern, das heißt die Anzahl der Gleichungen und der Variablen fortwährend zu reduzieren. Dieses Ziel wird durch Auflösen einer beliebigen Gleichung nach einer gleichfalls beliebigen Variablen GK_i und nachfolgendes Einsetzen dieser Gleichung in alle anderen Gleichungen erreicht. Aus einem Gleichungssystem mit n Gleichungen und n Variablen wird so ein Gleichungssystem mit (n – 1) Gleichungen und (n – 1) Variablen. Die fortgesetzte Anwendung dieser Verfahrensweise führt **schließlich zu einer Gleichung** mit **einer Variablen** GK_i, deren Lösung trivial ist. Sukzessives Einsetzen der ermittelten Werte in die anderen Gleichungen ergibt dann auch die Werte der übrigen Variablen GK_j.

Im vorliegenden Beispiel ergibt das Einsetzen von Gleichung (3) in Gleichung (1):

(1′) $GK_1 = \quad 7.725 \quad + 0,1 \cdot GK_1 + 0,2 \cdot GK_2 + 0,25 \cdot (12.000 + 0,2 \cdot GK_2)$

$\qquad\quad = 10.725 \quad + 0,1 \cdot GK_1 + 0,25 \cdot GK_2$

Mit den beiden Gleichungen (1′) und (2) liegt ein Gleichungssystem mit zwei Gleichungen und zwei Variablen vor, dessen Dimension nochmals reduziert werden soll. Das Einsetzen von Gleichung (2) in Gleichung (1') ergibt die Gleichung (1'') mit der einzigen Variablen GK_1:

$(1'')\ GK_1 = 10.725 + 0,1 \cdot GK_1 + 0,25 \cdot (3.600 + 0,5 \cdot GK_1)$

$\qquad = 11.625 + 0,225 \cdot GK_1$

Daraus erhält man:

$\qquad GK_1 = 15.000\ €$

Das Einsetzen von GK_1 in die Gleichungen (2) und (5), von GK_2 in Gleichung (3) sowie von GK_1, GK_2, GK_3 und GK_5 in Gleichung (4) ergibt dann:

$GK_2 = 11.100\ €$	$GK_4 = 76.075\ €$
$GK_3 = 14.220\ €$	$GK_5 = 34.500\ €$

Bei Anwendern des Kostenstellenausgleichsverfahrens, die sich über die Richtigkeit ihrer Lösung Gedanken machen, führt bisweilen die Tatsache zur Irritation, dass aus primären (Gemein)kosten in Höhe von 93.325 € laut Abbildung 55 nunmehr 150.895 € Gesamtkosten geworden sind. Der Grund für die augenscheinliche „Kostenvermehrung" liegt darin, dass im ersten Schritt der Sekundärkostenrechnung noch keine Entlastungen der Kostenstellen für innerbetrieblich bereitgestellte Lieferungen berücksichtigt werden. Es liegen somit an dieser Stelle der Sekundärkostenrechnung noch Doppelerfassungen von (Gemein)kosten vor, die einen Vergleich der gesamten primären (Gemein)kosten mit der Summe der Gesamtkosten wenig sinnvoll machen.

Auf der Basis der ermittelten Gesamtkosten ergeben sich die Endkosten der Kostenstellen EK_j durch Berücksichtigung aller Entlastungen gemäß den Anteilswerten der Verflechtungstabelle in Abbildung 71 in allgemeiner Form wie folgt:

$$EK_j = GK_j - a_{1j} \cdot GK_j - a_{2j} \cdot GK_j - ... - a_{nj} \cdot GK_j$$

$$\quad = GK_j \cdot (1 - a_{1j} - a_{2j} ... - a_{nj}) \qquad\qquad (2\text{-}11)$$

$$\quad = GK_j \cdot (1 - \sum_{i=1}^{n} a_{ij}) \qquad \text{für alle } j = 1, ..., n.$$

Die letzte Gleichung verdeutlicht noch einmal, dass die Endkosten einer Kostenstelle KS_j, die ausschließlich innerbetriebliche Leistungen erzeugt und abgibt, grundsätzlich gleich Null sind, da bei ihr die Spaltensumme $\sum_{i=1}^{n} a_{ij}$ stets per definitionem gleich 1 ist. Im Beispiel gilt dies für die zu den Kostenstellen KS_1, KS_2 und KS_3 gehörigen Spalten der Verflechtungstabelle nach Abbildung 71. Ohne explizite Rechnung ergibt sich damit für diese Vorkostenstellen:

$EK_1 = EK_2 = EK_3 = 0 \,€$

Die zur Kostenstelle KS_4 gehörige Spaltensumme der Verflechtungsmatrix beträgt 0, damit ist $EK_4 = GK_4 \cdot (1 - 0) = GK_4 = 76.075 \,€$.

Für die Kostenstelle KS_5 beträgt die Spaltensumme laut Strukturmatrix 0,5. Damit gilt: $EK_5 = GK_5 \cdot (1 - 0,5) = GK_5 \cdot 0,5 = 17.250 \,€$.

Nach der Vornahme aller Entlastungen entspricht die Summe der Endkosten den gesamten primären (Gemein)kosten. Im Rahmen der Kostenstellenrechnung werden (Gemein)kosten nur umgruppiert, es kommt nichts hinzu, und es fällt nichts weg. Formal lässt sich diese Identität wie folgt beweisen:

Mit $EK_j = GK_j \cdot (1 - \sum\limits_{i=1}^{n} a_{ij})$ ergibt sich

$$\sum_{j=1}^{n} EK_j = \sum_{j=1}^{n} GK_j \cdot \left(1 - \sum_{i=1}^{n} a_{ij}\right) = \sum_{j=1}^{n} GK_j - \sum_{j=1}^{n}\sum_{i=1}^{n} GK_j \cdot a_{ij}$$

$$= \sum_{j=1}^{n} GK_j - \left(\sum_{j=1}^{n} GK_j - PK_j\right) = \sum_{j=1}^{n} PK_j$$

(2-12)

Demzufolge gilt für das Beispiel:

$$\sum_{j=1}^{n} PK_j = 93.325 \,€ = 76.075 \,€ + 17.250 \,€ = EK_4 + EK_5.$$

Die einzelnen Be- und Entlastungsschritte zur Ermittlung von Gesamt- und Endkosten lassen sich in einem BAB gemäß Abbildung 73 visualisieren:

	Gesamt	KS_1	KS_2	KS_3	KS_4	KS_5
Gesamte primäre Kosten [€]	93.325	7.725	3.600	12.000	40.000	30.000
Sekundärkostenrechnung						
Umlage KS1 [€]	0	-15.000 1.500	7.500		1.500	4.500
Umlage KS2 [€]	0	2.220	-11.100	2.220	6.660	
Umlage KS3 [€]	0	3.555		-14.220	10.665	
Umlage KS4 [€]	0					
Umlage KS5 [€]	0				17.250	-17.250
Endkosten [€]	93.325	0	0	0	76.075	17.250

Abbildung 73: Ermittlung der Endkosten im BAB im Beispiel

Die Ermittlung der Bezugsgrößen gestaltet sich im Beispiel einfach, da die Produktarten A und B jeweils nur in einer Kostenstelle gefertigt werden. Als Bezugsgrößen sind im Beispiel der Abbildung 74 die absatzbestimmten Mengen jeder Produktart heranzuziehen.

	KS$_1$	KS$_2$	KS$_3$	KS$_4$	KS$_5$
Endkosten [€]	0	0	0	76.075	17.250
Bezugsgröße [ME]				50	50
Zuschlagssatz [€/ME]				1.521,5	345,0

Abbildung 74: Ermittlung der Zuschlagssätze der Kostenstellenrechnung im Beispiel

Im Zementwerk Idelsdorf werden im Rahmen der Primärkostenrechnung die Gemeinkosten der Produkteinheiten den Kostenstellen gemäß Abbildung 75 zugerechnet. Da vornehmlich Kostenstelleneinzelkosten als primäre Kosten vorliegen, genügt überwiegend die Anwendung des Einwirkungsprinzips.

Die gesamten primären Gemeinkosten betragen 66.845.100 €. Als Vorkostenstellen werden KS 101 – KS 105 sowie KS 201 und KS 202 festgelegt. Die Sekundärkostenrechnung basiert auf den Güterflüssen, die in Abbildung 75 vor der Kostenstellenrechnung ausgewiesen werden. Hierbei werden die in Abbildung 76 dargestellten Bezugsgrößen für KS 101 – KS 105 sowie KS 201 und KS 202 verwendet.

Das **Vorliegen komplexer Verflechtungsstrukturen** in dem bisher nicht gesondert betrachteten **Hilfskostenbereich** (z.B. die wechselseitige Belieferungen von KS 101 und KS 105) im Zementwerk Idelsdorf erfordert die Anwendung des Kostenstellenausgleichsverfahrens, dessen Durchführung hier nicht explizit dargestellt werden soll, dessen Resultat sich aber in Abbildung 75 findet. Im Rahmen der Sekundärkostenrechnung erfolgt die Verrechnung der primären Gemeinkosten auf die Endkostenstellen KS 203 – KS 205 sowie KS 701, KS 801 und KS 901. In der letzten Spalte der Abbildung 75 erfolgt die Kalkulation der Gemeinkosten der Bestandsveränderungen (BVÄ). Die Kostenstellenrechnung schließt mit der Ermittlung der Zuschlagssätze. Hierfür werden die in Abbildung 76 dargestellten Bezugsgrößen von KS 203 – KS 205 sowie KS 701, KS 801 und KS 901 verwendet. Nach der Umlage (Umgruppierung) der Gemeinkosten beträgt die Summe aller Endkosten wiederum 66.845.100 €.

2.3.4.2 Alternative Verfahren der Sekundärkostenrechnung bei komplexer Verflechtungsstruktur

Das Kostenstellenausgleichsverfahren lässt sich in verschiedenen formalen Varianten darstellen und lösen, die im Folgenden, gestützt auf das Beispiel aus Abbildung

72, beschrieben werden. Der materielle Gehalt der verschiedenen Lösungsansätze, nämlich die adäquate Erfassung wechselseitiger Lieferbeziehungen, ist dabei vollkommen identisch. Welche Ansätze in der Praxis Verwendung finden, ist oft von den persönlichen Vorlieben des Kostenrechners abhängig.

2.3.4.2.1 Anwendung der Matrizenrechnung

Bei einer großen Anzahl von Kostenstellen empfiehlt sich die Verwendung von Matrizen. Mit dem Übergang zur Matrizenschreibweise lässt sich zum einen die aufwändige Darstellung expliziter Gleichungssysteme vermeiden, zum anderen lässt sich der formale Lösungsweg übersichtlicher gestalten und gestattet zudem eine „EDV-gerechte" Aufbereitung der Problemstellung.

Unter Verwendung der nachfolgenden Variablen

$\underline{A}$	n x n-Matrix (= Verflechtungstabelle in Abbildung 71) mit den Elementen a_{ij}, i,j = 1, ..., n,
$\underline{B}$	Inverse n x n-Matrix von $(\underline{E} - \underline{A})$ mit $\underline{B} = (\underline{E} - \underline{A})^{-1}$,
$\underline{E}$	n x n-Einheitsmatrix,
$\underline{EK}$	Vektor der Endkosten EK_i, i = 1, ..., n,
$\underline{GK}$	Vektor der Gesamtkosten GK_i, i = 1, ..., n,
n	Anzahl der einbezogenen Kostenstellen,
$\underline{PK}$	Vektor der primären (Gemein)kosten PK_i, i = 1, ..., n,

lässt sich das Gleichungssystem GLS_1 wie folgt in Matrixschreibweise darstellen:

$$\underline{GK} = \underline{PK} + \underline{A} \cdot \underline{GK}$$

$$\Leftrightarrow \quad \underline{E} \cdot \underline{GK} - \underline{A} \cdot \underline{GK} = \underline{PK}$$

$$\Leftrightarrow \quad (\underline{E} - \underline{A}) \cdot \underline{GK} = \underline{PK} \qquad\qquad (2\text{-}13)$$

$$\Leftrightarrow \quad \underline{GK} = (\underline{E} - \underline{A})^{-1} \cdot \underline{PK}$$

$$= \underline{B} \cdot \underline{PK} \text{ mit der Definition } B := (\underline{E} - \underline{A})^{-1}.$$

Die Existenz der Matrix $\underline{B}$, das heißt der Inversen zu $(\underline{E} - \underline{A})$ ist grundsätzlich nicht selbstverständlich. Sie ist gleichbedeutend mit der eindeutigen Lösbarkeit des Gleichungssystems GLS_1. Es lässt sich aber zeigen, dass für rational gestaltete Produktionsprozesse die Matrix $\underline{B}$ existiert. Rational gestaltet heißt dabei, dass es keine Kostenstellen gibt, die lediglich primäre oder sekundäre Güter verzehren und selbst keinerlei Output generieren.[1]

---

[1] Vgl. Keilus (1993), S. 93 ff.

	Gesamt [€]	KS 101 [€]	KS 102 [€]	KS 103 [€]	KS 104 [€]	KS 105 [€]	KS 201 [€]

Güter- und Dienstleistungsflüsse

von / an

	Gesamt	KS 101	KS 102	KS 103	KS 104	KS 105	KS 201
KS 101 [Std.]	79.763	512	53	4.980	3.856	973	1.212
KS 102	100%				10%		10%
KS 103	100%						
KS 104 [t]	7.227.600						1.412.400
KS 105	100,000%	2,299%	1,059%	1,407%	32,219%	2,995%	6,383%
KS 201 [t]	1.462.400						
KS 202 [t]	1.412.400						
KS 203 [t]	875.500						

Kostenstellenrechnung

Primärkostenrechnung

	Gesamt	KS 101	KS 102	KS 103	KS 104	KS 105	KS 201
Lohn- und Gehaltskosten	13.962.000	3.510.000	858.000	408.000	634.000	838.000	294.000
Sozialabgaben und Nebenkosten	4.886.700	1.228.500	300.300	142.800	221.900	293.300	102.900
Personalkosten	18.848.700	4.738.500	1.158.300	550.800	855.900	1.131.300	396.900
Abschreibungskosten	22.650.000	500.000	300.000	100.000	800.000	600.000	3.000.000
Ersatzteil- und Hilfsstoffkosten	5.326.700	181.000	10.000	5.000	20.000	8.000	600.000
Zinskosten	13.310.000	200.000	120.000	40.000	480.000	720.000	1.800.000
Kostensteuern	1.100.000	0	0	0	0	0	0
Sonstige Kosten	5.609.700	461.500	221.700	89.200	764.100	198.700	436.300
Gesamte primäre Gemeinkosten	66.845.100	6.081.000	1.810.000	785.000	2.920.000	2.658.000	6.233.200

Sekundärkostenrechnung

	Gesamt	KS 101	KS 102	KS 103	KS 104	KS 105	KS 201
Umlage KS 101	6.185.493	39.705	4.110	386.191	299.027	75.455	93.989
Umlage KS 102	1.843.947	0	0	184.395	0	0	184.395
Umlage KS 103	1.395.226	0	0	0	0	0	0
Umlage KS 104	4.126.910	0	0	0	0	0	806.471
Umlage KS 105	2.817.849	64.788	29.837	39.640	907.884	84.395	179.872
Umlage KS 201	7.497.926	0	0	0	0	0	0
Umlage KS 202	17.330.577	0	0	0	0	0	0
Entlastung KS	-41.197.928	-6.185.493	-1.843.947	-1.395.226	-4.126.910	-2.817.849	-7.497.926
Endkosten	66.845.100	0	0	0	0	0	0

Bezugsgröße

Zuschlagssatz

Abbildung 75: Güterflüsse sowie Kostenstellenrechnung

Kostenstelle		Bezugsgrößen
KS 101	Werkstatt	Werkstattstunden
KS 102	Werkslabor	Anteilskoeffizient (geschätzte Proben)
KS 103	Kohlenmühle	Tonnen
KS 104	Logistik	transportierte Tonnen
KS 105	Werksverwaltung	Anteilskoeffizient (Fläche)

Abbildung 76: Bezugsgrößen der Kostenstellenrechnung

	KS 202 [€]	KS 203 [€]	KS 204 [€]	KS 205 [€]	KS 701 [€]	KS 801 [€]	KS 901 [€]	BVÄ [€]

Güter- und Dienstleistungsflüsse

von / an

	KS 202 [€]	KS 203 [€]	KS 204 [€]	KS 205 [€]	KS 701 [€]	KS 801 [€]	KS 901 [€]	BVÄ [€]
KS 101 [Std.]	18.008	18.976	30.211	488	357	62	75	
KS 102	10%	10%	30%	10%	20%			
KS 103		100%						
KS 104 [t]	1.400.800	845.500	970.000	1.000.000	1.598.900			
KS 105	5,809%	5,264%	5,506%	15,731%	2,269%	7,714%	11,345%	0,000%
KS 201 [t]	1.412.400							50.000
KS 202 [t]		1.400.800						11.600
KS 203 [t]			845.500	30.000				

Kostenstellenrechnung

Primärkostenrechnung

	KS 202	KS 203	KS 204	KS 205	KS 701	KS 801	KS 901	BVÄ
Lohn- und Gehaltskosten	792.000	894.000	1.098.000	90.000	496.000	2.250.000	1.800.000	
Sozialabgaben und Nebenkosten	277.200	312.900	384.300	31.500	173.600	787.500	630.000	
Personalkosten	1.069.200	1.206.900	1.482.300	121.500	669.600	3.037.500	2.430.000	
Abschreibungskosten	2.800.000	6.400.000	5.350.000	1.300.000	700.000	400.000	400.000	
Ersatzteil- und Hilfsstoffkosten	1.500.000	600.000	2.304.700	98.000	0	0	0	
Zinskosten	1.680.000	3.840.000	3.210.000	780.000	280.000	80.000	80.000	
Kostensteuern	0	0	0	0	0	0	1.100.000	
Sonstige Kosten	495.400	401.800	559.600	488.500	170.400	532.500	790.000	
Gesamte primäre Gemeinkosten	7.544.600	12.448.700	12.906.600	2.788.000	1.820.000	4.050.000	4.800.000	

Sekundärkostenrechnung

	KS 202	KS 203	KS 204	KS 205	KS 701	KS 801	KS 901	BVÄ
Umlage KS 101	1.396.492	1.471.558	2.342.815	37.844	27.685	4.808	5.816	0
Umlage KS 102	184.395	184.395	553.184	184.395	368.789	0	0	0
Umlage KS 103	0	1.395.226	0	0	0	0	0	0
Umlage KS 104	799.847	482.775	553.863	570.993	912.961	0	0	0
Umlage KS 105	163.675	148.330	155.150	443.286	63.935	217.381	319.677	0
Umlage KS 201	7.241.569	0	0	0	0	0	0	256.357
Umlage KS 202	0	17.188.242	0	0	0	0	0	142.336
Entlastung KS	-17.330.577							
Endkosten	0	33.319.225	16.511.612	4.024.517	3.193.371	4.272.189	5.125.493	398.892

Bezugsgröße	875.500 [t]	170.384 [Min.]	1.000.000 [t]	18.476.500 [€]	104.023.031 [€]	105.261.518 [€]		

Zuschlagssatz	38,057368 [€/t]	96,908004 [€/Min]	4,024517 [€/t]	17,283417%	4,106964%	4,869295%		

im Zementwerk Idelsdorf

	Kostenstelle	Bezugsgrößen
KS 201	Brecherei	Tonnen
KS 202	Rohtrocknung und -mahlung	Tonnen
KS 203	Brennerei	Tonnen
KS 204	Zementmahlung	Maschinenstunden
KS 205	Verladung	Tonnen
KS 701	Materialwirtschaft und -läger	Materialeinzelkosten
KS 801	Vertrieb	Herstellkosten des Umsatzes
KS 901	Verwaltung	Herstellkosten der Fertigung

im Zementwerk Idelsdorf

Bei der Invertierung einer Matrix mit Bleistift und Papier steigt der zeitliche Aufwand mit wachsender Zahl von Kostenstellen schnell ins Uferlose. In Zeiten leistungsstarker Softwarepakete ist die Invertierung auch großer Matrizen, z.B. auf der Basis des bekannten Gauß'schen Eliminationsverfahrens, in der Regel kein Problem mehr. Für das Fallbeispiel lautet die Matrix $(\underline{E} - \underline{A})$:

$$(\underline{E} - \underline{A}) = \begin{pmatrix} \frac{9}{10} & -\frac{1}{5} & -\frac{1}{4} & 0 & 0 \\ -\frac{1}{2} & 1 & 0 & 0 & 0 \\ 0 & -\frac{1}{5} & 1 & 0 & 0 \\ -\frac{1}{10} & -\frac{3}{5} & -\frac{3}{4} & 1 & -\frac{1}{2} \\ -\frac{3}{10} & 0 & 0 & 0 & 1 \end{pmatrix}$$

Die Inverse $\underline{B} = (\underline{E} - \underline{A})^{-1}$ ergibt sich dann wie folgt:

$$\underline{B} = (\underline{E} - \underline{A})^{-1} = \begin{pmatrix} \frac{40}{31} & \frac{10}{31} & \frac{10}{31} & 0 & 0 \\ \frac{20}{31} & \frac{36}{31} & \frac{5}{31} & 0 & 0 \\ \frac{4}{31} & \frac{36}{155} & \frac{32}{31} & 0 & 0 \\ \frac{25}{31} & \frac{295}{310} & \frac{59}{62} & 1 & \frac{1}{2} \\ \frac{12}{31} & \frac{3}{31} & \frac{3}{31} & 0 & 1 \end{pmatrix}$$

Wie aus der Gleichung $\underline{GK} = \underline{B} \cdot \underline{PK}$ ersichtlich ist, gibt ein Element b_{ij} der Matrix $\underline{B}$ die anteilige Belastung der empfangenden Kostenstelle KS_i für **unmittelbar und mittelbar in Anspruch genommene innerbetriebliche Lieferungen** der liefernden Kostenstelle KS_j **auf der Basis der gesamten primären (Gemein)kosten von KS_j** wieder. Mittelbar in Anspruch genommene Lieferungen sind dabei solche, die eine Kostenstelle erst nach einem Umweg über andere Kostenstellen erreichen. So erhält KS_3 unmittelbar keine Güter von KS_1, über den Bezug von Gütern aus KS_2 nimmt sie aber mittelbar auch Güter von KS_1 in Anspruch. Da es keine negativen Inanspruchnahmen von innerbetrieblichen Gütern gibt, müssen die Koeffizienten der Matrix $\underline{B}$ stets nichtnegativ sein.

Auch für die Elemente b_{ii} auf der Diagonalen der Matrix $\underline{B}$ lassen sich Plausibilitätsüberlegungen anstellen: Sie dürfen nicht kleiner als 1 sein, da die Gesamtkosten GK_i einer Kostenstelle stets mindestens so groß sein müssen wie deren primäre Gemeinkosten PK_i. Die auf der Diagonale liegenden Elemente derjenigen Kostenstellen, die mittelbar oder unmittelbar wechselseitig verflochten sind, müssen sogar größer als 1 sein. Diese Kostenstellen nehmen unmittelbar oder mittelbar eigene innerbetriebliche Güter in Anspruch (Zyklen). Deshalb werden sie zusätzlich zu den primären (Gemein)kosten über einen oder mehrere Zyklen noch einmal mit eigenen primären (Gemein)kostenanteilen belastet. Im Beispiel trifft dies für KS_1, KS_2 und KS_3 zu. KS_4 und KS_5 hingegen, die nicht in Zyklen eingebunden sind, erfahren folgerichtig im Rahmen der Gesamtkostenermittlung keine Belastung mit eigenen primären (Gemein)kostenanteilen. Die entsprechenden Elemente b_{44} und b_{55} der Matrix $\underline{B}$ sind damit gleich 1.

Gemäß der obigen Gleichung $\underline{GK} = \underline{B} \cdot \underline{PK}$ erhält man damit die Gesamtkosten:

$$\underline{GK} = \underline{B} \cdot \underline{PK} = \begin{pmatrix} \frac{40}{31} & \frac{10}{31} & \frac{10}{31} & 0 & 0 \\ \frac{20}{31} & \frac{36}{31} & \frac{5}{31} & 0 & 0 \\ \frac{4}{31} & \frac{36}{155} & \frac{32}{31} & 0 & 0 \\ \frac{25}{31} & \frac{295}{310} & \frac{59}{62} & 1 & \frac{1}{2} \\ \frac{12}{31} & \frac{3}{31} & \frac{3}{31} & 0 & 1 \end{pmatrix} \cdot \begin{pmatrix} 7.725 \\ 3.600 \\ 12.000 \\ 40.000 \\ 30.000 \end{pmatrix} = \begin{pmatrix} 15.000 \\ 11.100 \\ 14.220 \\ 76.075 \\ 34.500 \end{pmatrix}$$

Die **Endkosten** ergeben sich aus den Gesamtkosten durch die Berücksichtigung von Kostenentlastungen aufgrund innerbetrieblicher Lieferungen in Matrizenschreibweise nach der Gleichung

$$\underline{EK} = \underline{D} \cdot \underline{GK}. \tag{2-14}$$

Die Matrix $\underline{D}$ ist dabei eine Diagonalmatrix mit den Diagonalelementen

$$d_{jj} = (1 - \sum_{i=1}^{n} a_{ij}). \tag{2-15}$$

Der Koeffizient d_{jj} bezeichnet den Anteil der Gesamtkosten GK_i, der nicht auf andere Kostenstellen verrechnet werden kann und somit in der Kostenstelle KS_i verbleibt. Für das Fallbeispiel ergibt sich die Diagonalmatrix $\underline{D}$ zu:

$$\underline{D} = \begin{pmatrix} 0 & 0 & 0 & 0 & 0 \\ 0 & 0 & 0 & 0 & 0 \\ 0 & 0 & 0 & 0 & 0 \\ 0 & 0 & 0 & 1 & 0 \\ 0 & 0 & 0 & 0 & \frac{1}{2} \end{pmatrix},$$

was in Übereinstimmung mit den Ergebnissen des Gleichungssystems (GLS_1) zu Endkosten in Höhe von

$$\underline{EK} = \underline{D} \cdot \underline{GK} = \begin{pmatrix} 0 & 0 & 0 & 0 & 0 \\ 0 & 0 & 0 & 0 & 0 \\ 0 & 0 & 0 & 0 & 0 \\ 0 & 0 & 0 & 1 & 0 \\ 0 & 0 & 0 & 0 & \frac{1}{2} \end{pmatrix} \cdot \begin{pmatrix} 15.000 \\ 11.100 \\ 14.220 \\ 76.075 \\ 34.500 \end{pmatrix} = \begin{pmatrix} 0 \\ 0 \\ 0 \\ 76.075 \\ 17.250 \end{pmatrix} \quad \text{führt.}$$

2.3.4.2.2 Verwendung von Verrechnungspreisen

Im Gleichungssystem GLS_1 bezeichnet der Koeffizient a_{ij} den Anteil der erstellten Güter der Kostenstelle KS_j, den diese an die Kostenstelle KS_i liefert. Das Gleichungssystem GLS_1 läßt sich bereits beim Ansatz dahingehend modifizieren, dass nicht auf den prozentualen Anteil, sondern direkt auf die Menge der der Kostenbelastung zugrunde liegenden Bezugsgrößeneinheiten Bezug genommen wird (z.B. 60 Std., die von KS_3 für KS_1 erbracht werden). Für Zwecke der Kostenüberwälzung sind dann in der Sekundärkostenrechnung die „Preise" der Bezugsgrößeneinheiten als Verrechnungspreise – im Sinne von (Gemein)kostenverrechnungssätzen – zu bestimmen (z.B. eine Std. KS_3 kostet 59,25 €).

Unter Verwendung der Beziehungen $a_{ij} = \dfrac{xp_{ij}}{xp_j}$ und $GK_j = xp_j \cdot gk_j$ mit

gk_j gesamtkostenbasierter Verrechnungspreis je Mengeneinheit des innerbetrieblichen Gutes von KS_j mit $gk_j := \dfrac{GK_j}{xp_j}$,

xp_j gesamte Produktionsmenge des innerbetrieblichen Gutes von KS_j,

xp_{ij} Liefermenge des innerbetrieblichen Gutes von KS_j an KS_i,

erhält man durch Einsetzen in die i-te Gleichung des allgemeinen Gleichungssystems GLS_1 nach (2-8):[1]

$$GK_i \quad = PK_i + a_{i1} \cdot GK_1 \quad\quad + a_{i2} \cdot GK_2 \quad\quad + \ldots + a_{in} \cdot GK_n$$

$$\Leftrightarrow \quad xp_i \cdot gk_i = PK_i + \frac{xp_{i1}}{xp_1} \cdot xp_1 \cdot gk_1 + \frac{xp_{i2}}{xp_2} \cdot xp_2 \cdot gk_2 + \ldots + \frac{xp_{in}}{xp_n} \cdot xp_n \cdot gk_n$$

$$\Leftrightarrow \quad xp_i \cdot gk_i = PK_i + xp_{i1} \cdot gk_1 + xp_{i2} \cdot gk_2 + \ldots + xp_{in} \cdot gk_n$$

Nach diesem Muster ergibt sich unter Verwendung der Daten aus Abbildung 71 das nachfolgende Gleichungssystem GLS_2 zur Ermittlung von gesamtkostenorientierten Verrechnungspreisen gk_i:

---

[1]   Vgl. Schweitzer/Küpper (2003), S. 142.

Gleichungssystem (GLS$_2$):

$100.000 \cdot gk_1 = 7.725 + 10.000 \cdot gk_1 + 1.000 \cdot gk_2 + 60 \cdot gk_3$

$5.000 \cdot gk_2 = 3.600 + 50.000 \cdot gk_1$

$240 \cdot gk_3 = 12.000 \qquad\qquad + 1.000 \cdot gk_2$

$50 \cdot gk_4 = 40.000 + 10.000 \cdot gk_1 + 3.000 \cdot gk_2 + 180 \cdot gk_3 + 50 \cdot gk_5$

$100 \cdot gk_5 = 30.000 + 30.000 \cdot gk_1$

Die Lösung des zu GLS$_1$ äquivalenten Gleichungssystems GLS$_2$ kann wieder mit den bereits vorgestellten Verfahren (Einsetzungsverfahren oder Matrixinvertierung) erfolgen. Es ergibt sich:

$$gk_1 = \frac{GK_1}{xp_1} = \frac{15.000\ \text{\euro}}{100.000\ \text{kWh}} = 0,15\ \frac{\text{\euro}}{\text{kWh}}$$

$$gk_2 = \frac{GK_2}{xp_2} = \frac{11.100\ \text{\euro}}{5.000\ \text{m}^3} = 2,22\ \frac{\text{\euro}}{\text{m}^3}$$

$$gk_3 = \frac{GK_3}{xp_3} = \frac{14.220\ \text{\euro}}{240\ \text{Std.}} = 59,25\ \frac{\text{\euro}}{\text{Std.}}$$

$$gk_4 = \frac{GK_4}{xp_4} = \frac{76.075\ \text{\euro}}{50\ \text{ME}} = 1.521,50\ \frac{\text{\euro}}{\text{ME}}$$

$$gk_5 = \frac{GK_5}{xp_5} = \frac{34.500\ \text{\euro}}{100\ \text{ME}} = 345\ \frac{\text{\euro}}{\text{ME}}$$

Der Verrechnungspreis einer selbst erstellten kWh Strom beläuft sich damit auf 0,15 €/kWh. Mit diesem Preis ist die den anderen Kostenstellen gelieferte Strommenge zu bewerten. Das Einsetzen sämtlicher Verrechnungspreise in die Gleichung $GK_i = xp_i \cdot gk_i$ ergibt die bereits bekannten Gesamtkosten der Kostenstellen KS$_1$ bis KS$_5$.

2.3.4.2.3 Vernachlässigung des direkten Eigenverbrauchs von Kostenstellen

Der Verflechtungstabelle nach Abbildung 71 ist zu entnehmen, dass die Kostenstelle KS$_1$, das unternehmenseigene Kraftwerk, einen Teil (10% oder 10.000 kWh) des von ihr produzierten Stroms direkt für eigene Zwecke benötigt, etwa als Antriebsenergie für Maschinen oder für Heizungs- und Beleuchtungszwecke. Auch für andere Kostenstellen wäre ein direkter Eigenverbrauch vorstellbar. So könnten die

Arbeiter der Betriebsschlosserei Reparaturen an ihren eigenen Maschinen und Werkzeugen vornehmen. Bei der praktischen Anwendung des Kostenstellenausgleichsverfahrens werden aber derartige direkte Eigenverbräuche häufig nicht explizit berücksichtigt. Das wirft sofort die Frage nach dem daraus resultierenden Informationsverlust auf, die zwei Aspekte besitzt:

• Inwieweit hat die Nichtberücksichtigung gegebener direkter Eigenverbräuche Konsequenzen für die Richtigkeit der ermittelten Gesamt- und Endkosten?

• Wie ist für den Fall, dass die Ergebnisse mit oder ohne Berücksichtigung von direkten Eigenverbräuchen übereinstimmen (sollten), in der Praxis der Kostenrechnung zu verfahren?

Vernachlässigt man im Fallbeispiel den direkten Eigenverbrauch der Stelle KS_1 von 10.000 kWh Strom, so verbleiben nur noch die 90.000 kWh Strom in Abbildung 70, die an die übrigen Kostenstellen abgegeben werden. Dann ergeben sich offensichtlich neue Anteilswerte, auf deren Basis die Verteilung der (Gemein)-kosten im Rahmen einer modifizierten Sekundärkostenrechnung vorgenommen werden muss. Die bei Vernachlässigung des direkten Eigenverbrauchs ermittelte Verflechtungstabelle $\underline{A}'$ unterscheidet sich erwartungsgemäß von der Verflechtungstabelle $\underline{A}$ in Abbildung 71 in der ersten Spalte, die zur liefernden Kostenstelle KS_1 gehört:[1]

von / an	KS_1	KS_2	KS_3	KS_4	KS_5
KS_1	0,0000%	20%	25%	0%	0%
KS_2	55,5556%	0%	0%	0%	0%
KS_3	0,0000%	20%	0%	0%	0%
KS_4	11,1111%	60%	75%	0%	50%
KS_5	33,3333%	0%	0%	0%	0%

Abbildung 77: Verflechtungstabelle $\underline{A}'$ ohne Berücksichtigung des direkten Eigenverbrauchs der Kostenstelle KS_1 im Beispiel

Auf der Basis der Verflechtungstabelle $\underline{A}'$ erhält man das Gleichungssystem GLS_3 mit einigen gegenüber dem Ausgangsgleichungssystem GLS_1 geänderten Koeffizienten und mit den Variablen GK_i' als Gesamtkosten des modifizierten Problems:

---

[1]   Auf einen vollständigen formalen Beweis soll an dieser Stelle verzichtet werden; die Aussagen werden nur an dem Beispiel veranschaulicht.

Gleichungssystem (GLS$_3$):

$GK_1' = 7.725 \qquad\qquad\qquad + 0,2 \cdot GK_2' + 0,25 \cdot GK_3'$

$GK_2' = 3.600 + 0,5556 \cdot GK_1'$

$GK_3' = 12.000 \qquad\qquad\qquad + 0,2 \cdot GK_2'$

$GK_4' = 40.000 + 0,1111 \cdot GK_1' + 0,6 \cdot GK_2' + 0,75 \cdot GK_3' + 0,5 \cdot GK_5'$

$GK_5' = 30.000 + 0,3333 \cdot GK_1'$

Durch eine einfache Variablentransformation lässt sich Gleichungssystem GLS$_3$ in Gleichungssystem GLS$_1$ überführen. Zu diesem Zweck werden Variablen GK$_i$ eingeführt, die wie folgt definiert sind:

$$GK_i' =: (1 - \text{Anteil des direkten Eigenverbrauchs } a_{ii}) \cdot GK_i \qquad (2\text{-}16).$$

Für die Kostenstelle KS$_1$ gilt damit

$$GK_1' = 0,9 \cdot GK_1,$$

für die übrigen Kostenstellen, die keinen direkten Eigenverbrauch aufweisen,

$$GK_i' = GK_i \qquad\qquad \text{für } i = 2, 3, 4, 5.$$

Ersetzt man im Gleichungssystem GLS$_3$ die GK$_i'$ gemäß der obigen Transformation, so geht GLS$_3$ offensichtlich in GLS$_1$ über. Das Gleichungssystem GLS$_3$ muss damit nicht mehr explizit gelöst werden, da sich die Werte für die Gesamtkosten GK$_i'$ unter Verwendung der Transformationsgleichungen sofort aus der bereits ermittelten Lösung von GLS$_1$ ermitteln lassen. Es gilt:

$GK_1' = 0,9 \cdot GK_1 = 0,9 \cdot 15.000 \text{ € } = 13.500 \text{ €}$

$GK_2' = GK_2 = 11.100 \text{ €}$

$GK_3' = GK_3 = 14.220 \text{ €}$

$GK_4' = GK_4 = 76.075 \text{ €}$

$GK_5' = GK_5 = 34.500 \text{ €}$

Als Ergebnis lässt sich festhalten, dass die **Gesamtkosten** in Abhängigkeit von der Berücksichtigung des direkten Eigenverbrauchs **unterschiedlich** ausfallen. Sie sind bei Vernachlässigung des direkten Eigenverbrauchs um den Anteilswert a$_{ii}$ aus der ursprünglichen Verflechtungstabelle der Abbildung 71 kleiner als bei Einbeziehung des direkten Eigenverbrauchs. Ermittelt man nun in Analogie zu Abbildung 73 auf der Basis der Gesamtkosten GK$_i'$ durch die explizite Durchführung von Be- und Entlastungen die Endkosten im BAB, erhält man **dieselben Endkosten** wie zuvor. Im BAB tritt materiell damit kein Unterschied auf. Formal unterschiedlich gestaltet sich nur der Ausweis zur Umlage der (Gemein)kosten von KS$_1$ gemäß Abbildung

78. Statt 15.000 € auf alle Kostenstellen werden nun 13.500 € auf die übrigen Kostenstellen verrechnet.

	Gesamt	KS_1	KS_2	KS_3	KS_4	KS_5
Gesamte primäre Kosten [€]	93.325	7.725	3.600	12.000	40.000	30.000
Sekundärkostenrechnung						
Umlage KS_1	0	-13.500	7.500		1.500	4.500
Umlage KS_2	0		2.220	-11.100	2.220	6.660
Umlage KS_3	0		3.555		-14.220	10.665
Umlage KS_4	0					
Umlage KS_5	0				17.250	-17.250
Endkosten	93.325	0	0	0	76.075	17.250

Abbildung 78: Ermittlung der Endkosten im BAB ohne Eigenverbrauch im Beispiel

Noch einfacher gestaltet sich die Überführung des verrechnungspreisorientierten Gleichungssystems GLS_2 mit expliziter Berücksichtigung des direkten Eigenverbrauchs der Stelle KS_1 in ein verrechnungspreisorientiertes Gleichungssystem ohne explizite Berücksichtigung des direkten Eigenverbrauchs. Denn allein mit der Äquivalenzumformung der ersten Gleichung aus GLS_2

$$100.000 \cdot gk_1 = 7.725 + 10.000 \cdot gk_1 + 1.000 \cdot gk_2 + 60 \cdot gk_3 \qquad \text{in}$$
$$90.000 \cdot gk_1 = 7.725 \qquad\qquad + 1.000 \cdot gk_2 + 60 \cdot gk_3$$

ist aus formaler Sicht dieser Übergang bereits vollzogen. Der im Beispiel den direkten Eigenverbrauch der Kostenstelle KS_1 kennzeichnende Term „+ 10.000 · gk_1" kommt im modifizierten Gleichungssystem nicht mehr vor. Elementare Äquivalenzumformungen dieser Art sind bei der Lösung von Gleichungssystemen zulässig und begründen keine Ergebnisunterschiede. Im Gegensatz zu den beiden anteilsorientierten Ansätzen (hier war GK_1 = 15.000 € ungleich GK_1' = 13.500 €) liefern die beiden verrechnungspreisorientierten Ansätze für alle Kostenstellen dieselben Verrechnungspreise. Dann stimmen auch die Endkosten überein.

Damit ist am Beispiel gezeigt worden, dass es im Rahmen der Kalkulationsfunktion, also für Kalkulationszwecke, **unerheblich ist, ob direkte Eigenverbräuche explizit berücksichtigt werden oder nicht.** Die Gesamtkosten einer Kostenstelle können zwar unterschiedlich sein, die Endkosten sind jedoch stets identisch. Der Vorteil einer expliziten Ermittlung des bewerteten direkten Eigenverbrauchs (im Fallbeispiel 1.500 € für KS_1) ist aber darin zu sehen, dass sein Ausweis Kostenkontrollen in der jeweiligen Kostenstelle erleichtert.

2.3.4.2.4 Vereinfachung komplexer Verflechtungsstrukturen

Bei **komplexen Verflechtungsstrukturen**, bei denen betraglich nicht nennenswerte „rückwärtsgerichtete" Kostenbelastungen auftreten, ist die Anwendung des Treppenverfahrens zur Ermittlung einer **Näherungslösung** möglich, wenn sämtliche „Rückbelastungen" eliminiert werden. Damit die Näherungslösung möglichst gut ist, sollten die Kostenstellen zunächst in eine Reihenfolge gebracht werden, bei der die Summe der rückwärtsgerichteten Kostenbelastungen möglichst gering ist.

Am Beispiel des Strukturgraphen nach Abbildung 72 lässt sich diese Vorgehensweise zur **Anwendung des Treppenverfahrens** verdeutlichen. Zunächst werden deshalb die Kostenstellen des Beispiels in die Reihenfolge KS_3, KS_1, KS_2, KS_5 und KS_4 gebracht. Danach werden zur **Komplexitätsreduktion** die relativ unbedeutenden rückwärtsgerichteten Lieferbeziehungen von KS_2 zu KS_1 sowie von KS_2 zu KS_3 aus dem Verflechtungsgraphen gestrichen. Darüber hinaus wird aus Vereinfachungsgründen der direkte Eigenverbrauch der Kostenstelle KS_1 vernachlässigt, was aber im Hinblick auf die Endkosten wie gezeigt nicht ergebnisverfälschend ist.

Die Vernachlässigung der genannten Lieferbeziehungen, in Abbildung 79 durch „-" gekennzeichnet, und die neue Anordnung der Kostenstellen hat die nachfolgende Modifikation im Vergleich zur Ausgangssituation der Abbildung 70 zur Folge.

von \ an	KS_3 [Std.]	KS_1 [kWh]	KS_2 [m³]	KS_5 [ME]	KS_4 [ME]
KS_3	0	0	-	0	0
KS_1	60	-	-	0	0
KS_2	0	50.000	0	0	0
KS_5	0	30.000	0	0	0
KS_4	180	10.000	3.000	50	0
Gesamt	240	90.000	3.000	100	50

Abbildung 79: Umfang innerbetrieblicher Güterflüsse bei Anwendung des Treppenverfahrens im Beispiel

Die Ermittlung der in der Sekundärkostenrechnung anzusetzenden Anteilswerte auf der Basis der Lieferbeziehungen gemäß Abbildung 71 ergibt für die gewählte Abrechnungsreihenfolge die Verflechtungstabelle der Abbildung 80.

an \ von	KS₃	KS₁	KS₂	KS₅	KS₄
KS₃	0%	0,0000%	-	0%	0%
KS₁	25%	-	-	0%	0%
KS₂	0%	55,5556%	0%	0%	0%
KS₅	0%	33,3333%	0%	0%	0%
KS₄	75%	11,1111%	100%	50%	0%

Abbildung 80: Verflechtungstabelle bei Anwendung des Treppenverfahrens im Beispiel

Damit ergibt sich der Verflechtungsgraph der Abbildung 81, der **bei der** gewählten **Abrechnungsreihenfolge KS₃, KS₁, KS₂, KS₅ und KS₄ keine rückwärtsgerichteten Lieferbeziehungen** mehr enthält.

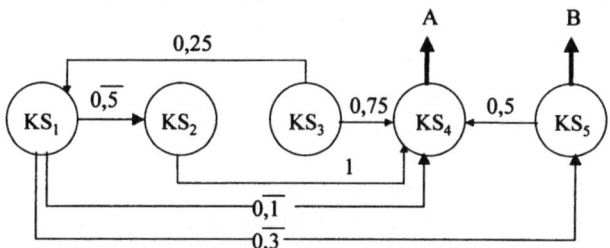

Abbildung 81: Verflechtungsgraph bei Anwendung des Treppenverfahrens im Beispiel

Auf der Basis des Treppenverfahrens ergeben sich die Endkosten gemäß Abbildung 82:

	Gesamt [€]	KS₃ [€]	KS₁ [€]	KS₂ [€]	KS₅ [€]	KS₄ [€]
Gesamte primäre Kosten	93.325	12.000	7.725	3.600	30.000	40.000
Sekundärkostenrechnung						
Umlage KS₃	0	-12.000,00	3.000,00	0,00	0,00	9.000,00
Umlage KS₁	0		-10.725,00	5.958,34	3.575,00	1.191,67
Umlage KS₂	0			-9.558,34	0,00	9.558,34
Umlage KS₅	0				-16.787,50	16.787,50
Umlage KS₄	0					
Endkosten	93.325	0	0	0	16.787,50	76.537,50

Abbildung 82: Ermittlung der Endkosten im BAB im Beispiel

Für das betrachtete Beispiel und die gewählte Abrechnungsreihenfolge sind die Ergebnisunterschiede zwischen exaktem Kostenstellenausgleichsverfahren und approximierendem Treppenverfahren sehr gering, wie Abbildung 83 zeigt. Solange die zugrunde liegende Verflechtungsstruktur aber **Zyklen** aufweist, können bei Anwendung des **Treppenverfahrens niemals exakte Ergebnisse** erzielt werden. Ob die Höhe der Abweichungen in Kauf genommen werden kann, lässt sich dabei im Vorfeld bestenfalls schätzen.

	Gesamtkosten von KS_4	Gesamtkosten von KS_5
Kostenstellenausgleichsverfahren [€]	76.075,00	17.250,00
Treppenverfahren [€]	76.537,50	16.787,50
%-Abweichung vom exakten Ergebnis	0,61%	-2,68%

Abbildung 83: Prozentuale Abweichung von den exakten Gesamtkosten bei Anwendung des Treppenverfahrens im Beispiel

Die Anwendung des Treppenverfahrens als Approximation des Kostenstellenausgleichsverfahrens war ursprünglich darin begründet, Rechenarbeit bei der Lösung umfangreicher Gleichungssysteme zu sparen, allerdings unter Inkaufnahme von Ergebnisverfälschungen. Im Zeitalter hochentwickelter Softwarepakete ist die Anwendung des Treppenverfahrens als Approximation aber grundsätzlich weder notwendig noch empfehlenswert. Allein die höhere Anschaulichkeit des Treppenverfahrens könnte in ausgewählten Fällen (mit nur geringfügigen „Rückbelastungen") für eine Komplexitätsreduktion der dargestellten Art sprechen.

2.3.4.2.5 Iteratives Kalkulationsverfahren

In manchen Unternehmen werden noch **iterative Verfahren** zur Durchführung der Sekundärkostenrechnung eingesetzt. Ein Vertreter der Gruppe der iterativen Verfahren ist das **Schaukelverfahren**. Es ist in der kaufmännischen Praxis entstanden und beruht auf der Idee, dass sich auch bei Vorliegen einer komplexen Verflechtungsstruktur **durch fortgesetzte Hintereinanderausführung des Treppenverfahrens** in endlicher Zeit eine akzeptable im Sinne einer hinreichend genauen Lösung erzielen lassen müsse. Bei dieser Vorgehensweise werden Rückbelastungen von nachgelagerten auf vorgelagerte Kostenstellen nicht - wie in 2.3.4.2.4 dargestellt – bereits im Vorfeld dadurch vermieden, dass die gegebene Verflechtungsstruktur vereinfacht wird. Vielmehr werden bei Anwendung des Treppenverfahrens auf der Basis der vollständigen Verflechtungsstruktur auch Rückbelastungen akzeptiert und den vorgelagerten Kostenstellen im Betriebsabrechnungsbogen belastet. In einem erneuten Durchlauf des Treppenverfahrens werden dann die rückbelasteten Beträge wiederum gemäß den tatsächlichen Lieferverflechtungen auf alle Kostenstellen verteilt. Dies hat dem Schaukelverfahren auch die Bezeichnung **„Methode des unbeirrten Darauflosrechnens"** eingebracht.[1]

Die Vorgehensweise beim Schaukelverfahren stellt sich für die Verflechtungsstruktur nach Abbildung 72 wie folgt dar:

Bei KS_1 beginnend werden deren gesamte primäre (Gemein)kosten PK_1 nach Maßgabe der Anteilswerte der Verflechtungsmatrix $\underline{A}$ der Abbildung 72 auf alle Kostenstellen verteilt, die innerbetriebliche Lieferungen von KS_1 erhalten. Danach sind in gleicher Weise die primären (Gemein)kosten von KS_2 zuzüglich einer eventuellen Belastung mit sekundären (Gemein)kosten durch KS_1 auf alle anderen Kostenstellen zu verteilen, unter Umständen auch wieder zurück auf KS_1. Auf diese Weise wird sukzessive – wie beim Treppenverfahren – jede Kostenstelle abgerechnet. Nach Abrechnung der letzten Kostenstelle wird geprüft, ob es Kostenstellen gibt, die im Verlauf des Verfahrens eine rückwärtsgerichtete Belastung durch sekundäre (Gemein)kosten nachgelagerter Kostenstellen erfahren haben. Wenn dies der Fall ist, wird ein weiterer Verteilungslauf durchgeführt, in dessen Rahmen nur die rückwärtsgerichteten (Gemein)kosten erneut auf die Kostenstellen verteilt werden, die innerbetriebliche Güter empfangen haben. Die zu verteilenden Beträge werden dabei immer kleiner. Das Verfahren wird beendet, wenn die Summe der für einen erneuten Treppenverfahren-Durchlauf anstehenden Rückbelastungen eine selbstgewählte Genauigkeitsgrenze (Abbruchkriterium oder Stop-Bedingung) unterschreitet.

Die Anwendung des Schaukelverfahrens auf das Fallbeispiel ist in Auszügen in Abbildung 84 veranschaulicht; dabei ist

EK_{ik} Endkosten der Kostenstelle KS_i nach der k-ten Iteration, das heißt der k-ten Anwendung des Treppenverfahrens, und

GK_{ik} Gesamtkosten der Kostenstelle KS_i nach der k-ten Iteration.

---

[1]   Vgl. Kruschwitz (1979), S. 112 f. Bei der Anwendung des Schaukelverfahrens ist keine Festlegung der Abrechnungsreihenfolge notwendig, wie es beim Treppenverfahren beschrieben wurde.

Iterationsverfahren						
	Gesamt	KS_1	KS_2	KS_3	KS_4	KS_5
Gesamte primäre Kosten	93.325	7.725	3.600	12.000	40.000	30.000

Sekundärkostenrechnung

		1. Iteration				
Umlage KS_1	0,0	-7.725,00 772,50	3.862,50	0,00	772,50	2.317,50
Umlage KS_2	0,0	1.492,50	-7.462,50 0,00	1.492,50	4.477,50	0,00
Umlage KS_3	0,0	3.373,13	0,00	-13.492,50 0,00	10.119,38	0,00
Umlage KS_5	0,0	0,00	0,00	0,00	-16.158,75 16.158,75	0,00
Endkosten	93.325,0	5.638,13	0,00	0,00	71.528,13	16.158,75

		2. Iteration				
Umlage KS_1	0,0	-5.638,13 563,81	2.819,06	0,00	563,81	1.691,44
Umlage KS_2	0,0	563,81	-2.819,06 0,00	563,81	1.691,44	0,00
Umlage KS_3	0,0	140,95	0,00	-563,81 0,00	422,86	0,00
Umlage KS_5	0,0	0,00	0,00	0,00	-845,72 845,72	0,00
Endkosten	93.325,0	1.268,58	0,00	0,00	75.051,95	17.004,47

		3. Iteration				
Endkosten	93.325,0	285,43	0,00	0,00	75.844,81	17.194,76

		4. Iteration				
Endkosten	93.325,0	64,22	0,00	0,00	76.023,21	17.237,57

		5. Iteration				
Endkosten	93.325,0	14,45	0,00	0,00	76.063,35	17.247,20

		6. Iteration				
Umlage KS_1	0,0	-14,45 1,44	7,22	0,00	1,44	4,33
Umlage KS_2	0,0	1,44	-7,22 0,00	1,44	4,33	0,00
Umlage KS_3	0,0	0,36	0,00	-1,44 0,00	1,08	0,00
Umlage KS_5	0,0	0,00	0,00	0,00	-2,17 2,17	0,00
Endkosten	93.325,0	3,25	0,00	0,00	76.072,38	17.249,37
< 10	Abbruch					

Abbildung 84: Endkostenermittlung mit Hilfe des Schaukelverfahrens im Beispiel

Als Abbruchkriterium wird im Beispiel ein Betrag von 10 € für die Summe der rückbelasteten (Gemein)kosten festgelegt. Nach sechs Iterationsschritten ist eine im Sinne des gewählten Abbruchkriteriums akzeptable Näherungslösung für die Endkosten von KS_4 und KS_5 erreicht.

Neben dem Schaukelverfahren gibt es weitere iterative Verfahren, die sich nach Lösungsansatz oder Iterationsgeschwindigkeit unterscheiden.[1]

2.3.4.3 Kostenträgerstückrechnung als dritte Stufe der operativen Kostenkalkulation von Produkteinheiten

2.3.4.3.1 Konzeptionelle Grundlagen

Bei einer komplexen dreistufigen Kalkulation wird in der Kostenträgerstückrechnung zur Ermittlung der Selbstkosten je Mengeneinheit auf die Zuschlagssätze zurückgegriffen, die in der Kostenstellenrechnung für jede Endkostenstelle ermittelt werden. Deshalb wird dieses Verfahren der Kostenträgerstückrechnung als **differenzierende**, auch als elektive **Zuschlagsrechnung, auf der Basis der Kostenstellenrechnung** bezeichnet. Demgegenüber wird bei der einfachen differenzierenden Zuschlagsrechnung der zweistufigen Kalkulation nicht nach Kostenstellen unterschieden, sondern lediglich nach Kostenartengruppen (z.B. Einzellohn- und Einzelmaterialkosten).[2]

Innerhalb der komplexen dreistufigen Kostenkalkulation sind nach Abbildung 85 die Lohnzuschlagsrechnung als ältere Form und die Bezugsgrößenrechnung als modernere Variante zu unterscheiden.[3]

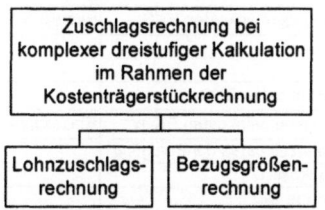

Abbildung 85: Differenzierende Zurechnungsmethoden der Kostenträgerstückrechnung bei komplexer dreistufiger Kostenkalkulation

Die beiden Verfahren differieren lediglich darin, dass bei der Lohnzuschlagsrech-

---

[1]   Vgl. Kruschwitz (1979), S. 105 ff., Maltry (1997), S. 552 zu weiteren Varianten.

[2]   Vgl. 2.2.2.6.

[3]   Vgl. Kilger (1987), S. 327 ff.

nung ausschließlich wertmäßige Bezugsgrößen verwendet werden. Die Bezugsgrößenrechnung hingegen basiert im Fertigungsbereich in der Regel auf mengenmäßigen Bezugsgrößen.

2.3.4.3.2 Lohnzuschlagsrechnung

Sofern in der Kostenstellenrechnung bei der Ermittlung der Zuschlagssätze

- im Materialbereich die Einzelmaterialkosten,
- im Fertigungsbereich die Einzellohnkosten,
- im Verwaltungsbereich die Herstellkosten der Fertigung sowie
- im Vertriebsbereich die Herstellkosten des Umsatzes

als jeweilige Bezugsgrößen gewählt werden, wird die Zuschlagsrechnung als Lohnzuschlagsrechnung bezeichnet. Das Kalkulationsschema der Lohnzuschlagsrechnung findet sich in der Abbildung 86. Dabei bezeichnet MKS_i die i-te Materialstelle und EKS_j die j-te Endkostenstelle des Produktionsbereichs.

			Bezugsgröße	
		Einzelmaterialkosten MKS_1		
		Materialgemeinkosten MKS_1	Einzelmaterialkosten MKS_1	
		...	...	
		Einzelmaterialkosten MKS_m		
		Materialgemeinkosten MKS_m	Einzelmaterialkosten MKS_m	
		Materialkosten		
		Einzellohnkosten EKS_1		
		Fertigungsgemeinkosten EKS_1	Einzellohnkosten FKS_1	
		...	...	
		Einzellohnkosten EKS_n		
		Fertigungsgemeinkosten EKS_n	Einzellohnkosten FKS_n	
		Sondereinzelkosten der Fertigung		
		Fertigungskosten		
	Herstellkosten je ME			
	Verwaltungsgemeinkosten		Herstellkosten der Fertigung	
	Vertriebsgemeinkosten		Herstellkosten des Umsatzes	
	Sondereinzelkosten des Vertriebs			
Selbstkosten je ME				

Abbildung 86: Kalkulationsschema der Lohnzuschlagsrechnung

Die Lohnzuschlagsrechnung ist in verschiedener Hinsicht zu kritisieren. So ist grundsätzlich zu bezweifeln, ob die verwendeten wertmäßigen Bezugsgrößen zu-

mindest näherungsweise geeignete Maßstäbe für die Beanspruchung einer Kostenstelle und der mit dieser Beanspruchung verbundenen Gemeinkosten durch ein dort
bearbeitetes Produkt sein können, denn:[1] „Der Drehbank ist es völlig gleichgültig,
was der Mann, der an ihr arbeitet, verdient." Zudem wird der Anteil der Gemeinkosten an den gesamten Kosten eines Unternehmens beständig größer, was leicht
sehr hohe Zuschlagssätze in Größenordnungen von mehreren hundert oder tausend
Prozent zur Folge haben kann.[2] Eine falsche Einschätzung des Zusammenhangs
zwischen der jeweiligen wertmäßigen Bezugsgröße und der Entstehung der Gemeinkosten in dieser Kostenstelle kann damit gewichtige Folgen für die Plausibili-
tät der Kalkulationsergebnisse der Kostenträgerstückrechnung haben.

Als weiterer Nachteil ist auch festzuhalten, dass die im Rahmen der Lohnzuschlagsrechnung verwendeten Zuschlagssätze ceteris paribus bei jeder Änderung
der Tariflöhne angepasst werden müssen. Die daraus resultierenden – in der Regel
jährlichen – Schwankungen der Zuschlagssätze sind Transparenz schädigend und
können zu einer verminderten Akzeptanz der Kalkulationsergebnisse beim Management beitragen.[3]

2.3.4.3.3 Bezugsgrößenrechnung

Die Kritik an der ausschließlichen Verwendung wertmäßiger Bezugsgrößen hat zu
einer **verstärkten Wahl von mengenmäßigen Bezugsgrößen** für die Verrechnung
der Endkosten der Fertigungsstellen geführt. Als Bezugsgrößen bieten sich Zeit-,
Volumen- und technische Größen an.[4] Für die als Endkostenstellen behandelten
Material-, Verwaltungs- und Vertriebskostenstellen werden in der Regel aus Vereinfachungsgründen weiterhin die Einzelmaterialkosten sowie die Herstellkosten
der Fertigung und des Umsatzes angewendet. Das Kalkulationsschema der Bezugsgrößenrechnung für das Werk Idelsdorf stellt sich damit in Erweiterung des
Kalkulationsschemas der Abbildung 86 gemäß Abbildung 87 dar.

---

[1] Plaut/ Müller/Medicke (1971), S. 26.

[2] Vgl. 2.4.1.

[3] Haberstock (2004), S. 162 f.

[4] Vgl. 1.2.3.3.

	Zuschlags-satz	CEM I [€/t]	CEM I (Sackware) [€/t]	CEM II [€/t]	CEM III [€/t]	Zement-klinker [€/t]
Absatzmengen [t]		686.200	43.800	110.000	130.000	30.000
Klinkeranteil je t		95%	95%	85%	45%	100%
Maschinenzeiten KS 204 [Min./t]		0,169 Min/t	0,169 Min/t	0,186 Min/t	0,203 Min/t	0,000 Min/t
Einzelmaterialkosten		16,450000	16,450000	19,350000	24,950000	16,000000
Materialgemeinkosten	17,283417%	2,843122	2,843122	3,344341	4,312213	2,765347
Materialkosten		19,293122	19,293122	22,694341	29,262213	18,765347
Einzellohnkosten		2,126364	22,125218	2,048423	1,736660	1,739458
SEK der Fertigung		28,089564	28,061581	25,948068	17,382083	22,356189
FGK KS 203	38,057368	36,154500	36,154500	32,348763	17,125816	38,057368
FGK KS 204	96,908004	16,396834	16,396834	18,036518	19,676201	0,000000
FGK KS 205	4,024517	4,024517	4,024517	4,024517	4,024517	4,024517
Fertigungskosten		86,791779	106,762650	82,406289	59,945277	66,177532
Herstellkosten je ME		106,084901	126,055772	105,100630	89,207490	84,942879
Verwaltungsgemeinkosten	4,869295%	5,165587	6,138027	5,117660	4,343776	4,136119
Vertriebsgemeinkosten	4,106964%	4,356869	5,177065	4,316445	3,663719	3,488573
SEK des Vertriebs		9,000000	25,000000	9,000000	9,000000	9,000000
Selbstkosten je ME		124,607357	162,370864	123,534735	106,214985	101,567571

	Zuschlags-satz	Absatz [€]	BVÄ [€]	Gesamt [€]
Einzelmaterialkosten		17.860.500	616.000	18.476.500
Materialgemeinkosten	17,283417%	3.086.905	106.466	3.193.371
Materialkosten		20.947.405	722.466	21.669.871
Einzellohnkosten		2.931.472	6.129	2.937.600
SEK der Fertigung		26.288.800	111.200	26.400.000
Fertigungsgemeinkosten BVÄ			398.692	398.692
FGK KS 203	38,057368	33.319.226		33.319.226
FGK KS 204	96,908004	16.511.612		16.511.612
FGK KS 205	4,024517	4.024.517		4.024.517
Fertigungskosten		83.075.627	516.021	83.591.647
Herstellkosten je ME		104.023.031	1.238.487	105.261.518
Verwaltungsgemeinkosten	4,869295%	5.065.188	60.306	5.125.494
Vertriebsgemeinkosten	4,106964%	4.272.189		4.272.189
SEK des Vertriebs		9.700.800		9.700.800
Selbstkosten je ME		123.061.208	1.298.792	124.360.000

mit: FGK als Fertigungsgemeinkosten und SEK als Sondereinzelkosten.

Abbildung 87: Differenzierende Zuschlagsrechnung auf der Basis der Kostenstellenrechnung im Zementwerk Idelsdorf

Die ausgewiesenen Zuschlagssätze wurden aus Abbildung 75 übertragen. Der Ausweis der Einzelkosten erfolgt analog der summarischen Zuschlagsrechnung. Zur Verteilung der Materialgemeinkosten von KS 701 auf die Produkteinheiten werden die jeweiligen Einzelmaterialkosten mit dem Materialgemeinkostenzuschlagssatz in Höhe von 17,283417% gemäß Abbildung 75 multipliziert. Die Verteilung der Fertigungsgemeinkosten von KS 203 erfolgt durch Multiplikation des Zuschlagssatzes in Höhe von 38,057368 €/t Zementklinker mit dem jeweiligen Zementklin-

keranteil. Die Fertigungsgemeinkosten von KS 204 werden auf der Basis der Fertigungszeit der Kostenstelle zugerechnet. Hierzu wird die jeweilige Fertigungszeit je
Mengeneinheit mit dem Zuschlagssatz in Höhe von 96,908004 €/Minute multipliziert. Die Endkosten von KS 205 werden des Weiteren gleichmäßig allen Produkteinheiten zugerechnet, das heißt, jede Tonne erhält Verpackungs- beziehungsweise
Verladungskosten in Höhe von 4,024517 €/t. Die Verteilung der Verwaltungs- und
Vertriebsgemeinkosten erfolgt schließlich auf der Basis der Herstellkosten je Mengeneinheit sowie dem Zuschlagssatz in Höhe von 4,869295% beziehungsweise
4,106964%. Insgesamt ergeben sich Selbstkosten von 123.061.208 € für die abgesetzten Produkteinheiten.

Die analoge Kalkulation der Bestandsveränderungen (BVÄ) ergibt Selbstkosten
von 1.298.792 €, wobei diesen keine Vertriebsgemeinkosten zugerechnet werden.
Insgesamt betragen die Selbstkosten wiederum gerundet 124.360.000 €.

Als Spezialfall der Bezugsgrößenrechnung ist die **Maschinenstundensatzrechnung** zu nennen. Sie ist dadurch gekennzeichnet, dass sie die Kostenstellen des
Fertigungsbereichs weiter untergliedert, unter Umständen bis hinab auf die Ebene
von einzelnen Maschinen oder Arbeitsplätzen (**Kostenplätze**). Die (Gemein)kosten
einer Kostenstelle werden soweit wie möglich direkt auf die einzelnen Kostenplätze der Kostenstelle verteilt (z.B. Abschreibungs-, Kapital-, Energie- und Wartungskosten). Die **Kosten der einzelnen Kostenplätze** werden als **maschinenlauf-
zeitabhängig** betrachtet und mittels der Bezugsgröße „Bearbeitungszeit der Produkte am Kostenplatz" auf die Produkte verrechnet, die die Maschinen des jeweiligen Kostenplatzes in Anspruch genommen haben. Der sich ergebende Zuschlagssatz wird als **Maschinenstundensatz** bezeichnet. Die Kostenstellenkosten, die
nicht einem einzelnen Kostenplatz direkt zurechenbar sind (z.B. Gehalt des Kos-
tenstellenleiters), werden wie gewohnt auf der Basis von wert- oder mengenmäßigen Bezugsgrößen auf die Produkteinheiten verteilt. Die Anwendung der Maschinenstundensatzrechnung empfiehlt sich immer dann, wenn die Kostenstruktur der
in einer Kostenstelle zusammengefassten Maschinen zu unterschiedlich ist.[1] Für
das Zementwerk Idelsdorf empfiehlt sich die Maschinenstundensatzrechnung insbesondere in KS 205. Hier werden zur Befüllung der Fahrzeuge mit loser Ware
Aggregate mit gänzlich anderer Kostenstruktur eingesetzt als zur Abfüllung und
Verladung von Sackware. Auf eine explizite Darstellung wird jedoch verzichtet.

---

[1]   Zu einem Beispiel vgl. Kloock/Sieben/Schildbach/Homburg (2005), S. 162 ff.

2.3.4.4 Kritische Würdigung

Eine Bezugsgrößenrechnung ist theoretisch in beliebigen Feinheitsgraden denkbar. In der Praxis finden aber zur Verteilung der Endkosten der Fertigungsstellen häufig nur Zeit- (Bearbeitungszeiten der Produkte) oder Volumengrößen (Mengeneinheiten der Produkte) Anwendung. Diese Vorgehensweise ist kostenstellenspezifisch in dem Sinne, dass für jede Kostenstelle eine oder mehrere Bezugsgrößen aus dem Katalog der mengen- oder wertmäßigen Bezugsgrößen gewählt werden können.[1] In den indirekten Bereichen bleibt es aber im Allgemeinen beim ausschließlichen Einsatz von wertmäßigen Bezugsgrößen. Eine weitere Verfeinerung der Kalkulation führt damit nur über die Verwendung eines auch in diesem Bereich differenzierenden Bezugsgrößensystems. Ob die Verfeinerung der Kalkulation dabei auch mit einer Verbesserung der Kalkulationsergebnisse einhergeht, sei noch dahingestellt.

---

[1] Mehrere Bezugsgrößen werden in einer Kostenstelle verwendet, wenn komplexe Tätigkeitsabläufe stattfinden, die z.B. nicht proportional zur Anzahl der erstellten Produkteinheiten sind. In einer Fertigungsstelle sind etwa die Rüstvorgänge zu nennen, die von der Anzahl der Fertigungslose abhängig sind.

2.4   Vierstufige Kostenkalkulation von Produkteinheiten

2.4.1   Veränderte Rahmenbedingungen und Kostenstrukturen der Unternehmen

In den sechziger Jahren zeichnete sich die Umwelt der Unternehmen noch durch eine geringe Dynamik aus. Für die technisch über eine lange Zeit unveränderten Produkte ließen sich ohne große Vermarktungsbemühungen leicht Käufer finden. In den letzten drei Jahrzehnten haben sich die **Rahmenbedingungen** der Unternehmen jedoch grundlegend gewandelt.

Auf den Absatzmärkten vieler Unternehmen verschärfte sich der **Konkurrenzdruck** infolge einer verstärkten Liberalisierung und Globalisierung der Wirtschaft. Zudem wandelten sich Verkäufer- in Käufermärkte, und die Anzahl der **Dienstleistungsunternehmen** stieg kontinuierlich. Verbunden mit einem immer schneller verlaufenden **technischen Fortschritt** verkürzten sich zudem die Lebenszyklen der angebotenen Produkte, die es infolge des Konkurrenzdrucks kostengünstiger herzustellen galt. Die Erschließung neuer Märkte, Diversifikationsbestrebungen[1] und vermutete Synergieeffekte[2] führten im Rahmen eines **Konzentrationsprozesses** zu immer größeren Unternehmenseinheiten, die weniger durch die Eigentümer, denn durch Manager geführt wurden. Auch unterlagen die **rechtlichen Rahmenbedingungen**, z.B. im Steuer-, Umwelt-, Verbraucher-, Arbeits- und Sozialrecht, empfindlichen Änderungen.

Diese geänderten Rahmenbedingungen erforderten eine **Vielzahl zusätzlicher administrativer Aktivitäten** in den Unternehmen, damit Beschaffungs-, Produktions- und Absatzprozesse zielorientiert realisiert werden konnten. Zum einen wurden zusätzliche Beschaffungs- und Vertriebsaktivitäten notwendig. Zum anderen stieg der Informations-, Planungs-, Lenkungs-[3], Kontroll- und Vorbereitungsbedarf der Unternehmensprozesse. Dies hatte eine beträchtliche Ausweitung des so genannten indirekten Bereichs der Unternehmen zur Folge.

---

[1]   Ist das Risiko einer Gesamtposition geringer als die Summe der Einzelrisiken, so wird dieses als Diversifikationseffekt bezeichnet. Dieser resultiert aus einer Risikomischung von Einzelpositionen, die nicht vollständig positiv korreliert sind.

[2]   Ist der Unternehmenswert eines fusionierten Unternehmens größer als die Summe der Unternehmenswerte der Einzelunternehmen, so wird dieser Wertzuwachs als Synergieeffekt bezeichnet. Dieser geht auf eine fusionsbedingte Effizienzsteigerung der Unternehmensprozesse (z.B. in Forschung und Entwicklung, Einkauf) zurück.

[3]   Vor allem im Sinne eines Koordinationsbedarfs.

Als *indirekter Bereich* werden diejenigen Tätigkeitsfelder eines Unternehmens mit überwiegend derivativen Aufgaben bezeichnet, die durch die Beschaffungs-, Produktions- und Absatzprozesse induziert werden.

Beispiele für derivative Aufgaben sind Forschung und Entwicklung, Produktions- und Vertriebssteuerung, Umweltschutz, Rechnungswesen, Controlling, Qualitätsmanagement oder Marketing. Infolge dieser Entwicklungen änderten sich die **Kostenstrukturen** vieler Unternehmen. Der Anteil der Gehalts-, Abschreibungs- und Zinskosten an den gesamten Kosten stieg, während der Anteil der Fertigungslöhne bedingt durch die Automatisierung der Produktionsprozesse kontinuierlich sank. Dies hatte einerseits zur Konsequenz, dass der Anteil der nicht direkt den einzelnen Produkteinheiten zurechenbaren Gemeinkosten an den Gesamtkosten stieg. Andererseits waren die Kosten zu einem immer geringer werdenden Anteil von der operativen Kosteneinflussgröße Beschäftigung abhängig.[1] Der Einfluss des Automatisierungsgrads der Produktion (das heißt das Einsatzverhältnis der Produktionsfaktoren Betriebsmittel und produktbezogene menschliche Arbeit) sowie der Kosteneinflussgröße Produktionsprogramm auf die Kosten ist heute oftmals wesentlich größer. Insbesondere die Anzahl angebotener Produktvarianten sowie die in der Konstruktion festgelegten Produktmerkmale (z.B. Anzahl und Art der verwendeten Teile) beeinflussen hierbei die Kostenhöhe maßgeblich.[2] Damit determinieren Entscheidungen des **strategischen und taktischen Managements** durch die **Festlegung von Kostenstruktur und Kostenverlauf** zunehmend die Kostenhöhe. Folglich schwindet der Einfluss des operativen Managements auf die Höhe der Kosten.

Kostenrechnerisch schlagen sich diese Entwicklungen um so stärker in steigenden Gemeinkosten und Gemeinkostenzuschlagssätzen nieder, je heterogener Produktionsfaktorbedarf, Produktionsprogramm, Auftragszusammensetzung und Vertriebsstruktur sind. Insbesondere bei der Verwendung von wertmäßigen Bezugsgrößen (z.B. Einzelkosten) können empfindlich hohe Zuschlagssätze entstehen, die Folge des gewachsenen indirekten Bereichs sind (von MILLER/VOLLMANN als „Hidden factory" bezeichnet[3]). Verschiedene Effekte sind dafür verantwortlich, dass eine auf nicht beanspruchungsgerechten Zuschlagssätzen basierende Gemeinkostenverrechnung unter Umständen zu pauschalen Kostenverteilungen führt:[4]

---

[1] Vgl. 1.3.

[2] Nach Ehrlenspiel/Kiewert/Lindemann (2005), S. 8 ff. werden 70 % der Produktkosten in der Entwicklungs- und Konstruktionsphase des Produkts festgelegt.

[3] Miller/Vollmann (1985).

[4] Vgl. Coenenberg (2003), S. 255 ff.; Coenenberg/Fischer (1991), S. 32 f.; Kistner/Steven (1997), S. 224; vgl. zur Kritik: Lengsfeld/Schiller (1998).

- **Komplexitätseffekt**: Der Komplexitätsgrad eines Produktes äußert sich in der Anzahl verwendeter Teile und erforderlicher Arbeitsvorgänge. Sofern der Komplexitätsgrad nicht mit der verwendeten wertmäßigen Bezugsgröße (z.B. Einzelmaterialkosten) korreliert, führen wertmäßige Bezugsgrößen zu einer nicht beanspruchungsgerechten Verteilung der Gemeinkosten. Dann werden z.b. komplexe Produkte mit geringen Einzelmaterialkosten durch einfache Produkte mit hohen Einzelmaterialkosten subventioniert.

- **Varianteneffekt**: Bietet das Unternehmen unterschiedliche Varianten seiner Produkte an, konzentriert sich der Absatz häufig auf einige wenige dieser Produkttypen. Wenn aber Teile der Gemeinkosten von der Anzahl der Varianten abhängig sind, können auch hier wertmäßige Bezugsgrößen (z.b. Einzelmaterialkosten) zu einer nicht beanspruchungsgerechten Verteilung der Gemeinkosten führen. Varianten, die z.b. in großen Stückzahlen mit hohen Einzelmaterialkosten gefertigt werden, subventionieren dann Varianten mit geringen Stückzahlen und geringen Einzelmaterialkosten.

- **Degressionseffekt**: Erfolgen Beschaffung, Fertigung und Absatz in unterschiedlichen Los- oder Auftragsgrößen, fallen fast immer unabhängig von der Los- oder Auftragsgröße Kosten an. Werden diese Gemeinkosten auf der Basis wertmäßiger Bezugsgrößen auf die Produkte verteilt, wird nicht berücksichtigt, dass die Kosten je Mengeneinheit mit zunehmender Los- oder Auftragsgröße sinken. Auch hier ist eine nicht beanspruchungsgerechte Verteilung der Gemeinkosten die Folge.

- **Automatisierungseffekt**: Fertigt das Unternehmen sowohl maschinen- als auch lohnintensive Produkte, führt eine Verteilung von Fertigungsgemeinkosten auf der Basis der Bezugsgröße Einzellohnkosten zur Subventionierung maschinenintensiver Produkte.

Die hieraus unter Umständen resultierenden Kalkulationsfehler führen zu Fehlinformationen des Managements.

2.4.2 Konzeptionelle Grundlagen

Eine pauschale Behandlung der Gemeinkosten des indirekten Bereichs ist unkritisch, sofern diese gering sind. Anderenfalls sind an die Kostenrechnung folgende Anforderungen zu stellen:[1]

- **Detaillierte Erfassung** und beanspruchungsgerechte Verteilung der Gemein-

---

[1] Vgl. Cooper/Kaplan (1988), S. 20; Glaser (1992), S. 275 f.; Horváth/Mayer (1989), S. 216; Pfohl/Stölzle (1991), S. 1286 ff.; Schweitzer/Küpper (2003), S. 345 f.

kosten auf der Basis mengenorientierter Bezugsgrößen. Das ist gleichbedeutend mit einem weitestgehenden Verzicht auf wertmäßige Bezugsgrößen.

• Zusätzliche **Unterstützung des strategischen Managements**, um Kostensenkungspotenziale im indirekten Bereich aufzudecken sowie auch strategische Entscheidungen zu unterstützen (z.b. über das langfristige Produktionsprogramm, die langfristige Preispolitik, die Wahl zwischen Eigen- und Fremdfertigung sowie Entscheidungen im Rahmen der Konstruktion).[1]

Grundsätzlich bestehen für die Kostenrechnung folgende Lösungsmöglichkeiten:

• **Ausbau der dreistufigen Kalkulation:**[2] Hierzu ist zunächst eine analog dem Produktionsbereich differenzierte Kostenstellenstruktur insbesondere für den Material-, Verwaltungs- und Vertriebsbereich zu wählen. Für die Primär- und Sekundärkostenrechnung sowie die Zuschlagssätze der Kostenstellenrechnung sind geeignete mengenorientierte Bezugsgrößen zu finden, die sich zu den jeweiligen Gemeinkosten proportional verhalten (Übertragung der Bezugsgrößenkalkulation auf den indirekten Bereich).

• **Ausbau der dreistufigen zu einer vierstufigen Kalkulation:**[3] Die Kalkulation wird um eine zweite Nebenrechnung ergänzt. Diese beruht auf dem ablauforganisatorischen **Kalkulationsobjekt Prozess** und knüpft an einer im Material-, Verwaltungs- und Vertriebsbereich differenzierten Kostenstellenrechnung an. Ausgehend von den in diesen Kostenstellen ablaufenden Prozessen werden die betreffenden Gemeinkosten kostenstellenübergreifenden Hauptprozessen zugerechnet. Unter Verwendung von mengenorientierten Bezugsgrößen, in diesem Zusammenhang häufig als Kostentreiber oder Cost Driver bezeichnet, werden die Gemeinkosten des indirekten Bereichs schließlich mittels Zuschlagssätzen (Prozesskostensätzen) den Produkteinheiten zugerechnet. Die Kostenprozessrechnung als zweite Nebenrechnung der Kostenkalkulation weist damit wie die Kostenstellenrechnung bei der Zurechnung eine Kalkulationsfunktion auf. Zudem soll sie eine strategische Steuerungsfunktion erfüllen.

Letztlich führen beide Lösungsmöglichkeiten bei gleichen Bezugsgrößen und Kostenstellenstrukturen zum gleichen Kalkulationsergebnis. Es stellt sich deshalb die

---

[1] Inwiefern Kosten geeignete Informationsinhalte zur Unterstützung strategischer Entscheidungen darstellen und ob diese Vorgehensweise nicht gleichbedeutend mit einer statischen Investitionsrechnung ist, bleibt im Folgenden unerörtert. Vgl. hierzu z.B.: Baden (1998); Kloock (1992), S. 238 f.; Schiller/Lengsfeld (1998).

[2] Vgl. Seicht (2001), S. 341 ff.

[3] Vgl. 2.1.

Frage, warum der Leser an dieser Stelle des Buchs mit der komplexeren Lösungsmöglichkeit behelligt wird. Der Eindruck, dass hier nur ein neues Betätigungsfeld für Unternehmensberater geschaffen wurde,[1] verstärkt sich, wenn man sich vor Augen führt, dass die grundsätzliche Eignung einer dreistufigen Kostenkalkulation nicht zu bezweifeln ist.[2] Es ist lediglich deren vereinfachte Ausgestaltung im indirekten Bereich, die man – wohl didaktisch motiviert – in fast allen Lehrbüchern findet.[3] Wenn eine vierstufige Kalkulation aber nicht die Kalkulationsfunktion verbessert, stellt sich die Frage, was diesem Lösungsansatz überhaupt Positives abgewonnen werden kann. Hier lassen sich zwei Gründe anführen: Zum einen richten sich die Informationsbedürfnisse des Managements zunehmend auf die Kosten von Prozessen im indirekten Bereich. Zum anderen hat das Reengineering der Unternehmensorganisation in den letzten Jahren zu **prozessorientierten Organisationsstrukturen** geführt. In solchen Organisationsformen stellen kostenstellenübergreifende Hauptprozesse Verantwortungsbereiche dar, deren Steuerung unabdingbar prozessorientierte Informationen verlangt. Eine vierstufige Kalkulation gemäß Abbildung 88 stellt als Nebenprodukt diese Informationen zur Verfügung. Aufgrund der Beachtung der vierstufigen Kalkulation in Literatur und Praxis kann daher ein Lehrbuch zur Kostenrechnung heute kaum auf die Darstellung dieser Kalkulationsform verzichten.

1. Kalkulationsstufe:	Kostenartenrechnung
2. Kalkulationsstufe:	Kostenstellenrechnung
3. Kalkulationsstufe:	Kostenprozessrechnung
4. Kalkulationsstufe:	Kostenträgerstückrechnung

Abbildung 88: Vierstufige Kostenkalkulation von Produkteinheiten

Zwar sind in der Literatur unterschiedliche prozessorientierte Kalkulationsansätze entwickelt worden[4], jedoch soll im Folgenden lediglich der von HORVÁTH ET AL.

---

[1] Seicht (1997), S. 558.

[2] „Wie vieles aus der amerikanischen Managementlehre Importierte sind das einzig Originelle die Schlagworte, ..." Schneider (1997), S. 431.

[3] Da zur Darstellung der Kalkulationsgrundlagen die Vollkostenrechnung gewählt wurde, steht an dieser Stelle noch nicht die grundsätzliche Eignung einer Rechnung zur Diskussion, die den Kostenträgern beschäftigungsfixe Kosten zurechnet.

[4] Vgl. zu einer Übersicht der unterschiedlichen Ansätze, die oftmals einen dreistufigen Aufbau besitzen: Küting/Lorson (1995), S. 87 ff.; Schweitzer/Küpper (2003), S. 357 ff.; Schweitzer

entwickelte Ansatz Grundlage der Darstellung einer vierstufigen Kalkulation auf der Basis von Vollkosten sein.

Auch im Zementwerk Idelsdorf soll im Folgenden in einem Teilbereich exemplarisch eine Prozesskostenrechnung aufgebaut werden. Ziel ist vornehmlich eine beanspruchungsgerechtere Kalkulation der Zementprodukte. So soll zum Teil die pauschale Verrechnung der Gemeinkosten auf der Basis der Bezugsgrößen Einzelmaterial- und Herstellkosten ersetzt werden. Denn obwohl die Produktvarianten CEM I (Sackware), CEM II und CEM III in nur geringen Mengen abgesetzt werden, ist z.b. der Materialbereich für diese Produkte in nicht zu vernachlässigendem Maße mit der Beschaffung des Hüttensands und der Papiersäcke beschäftigt, für die zusätzliche Lieferanten zu kontaktieren sind. In dieser Konstellation führt eine pauschale Behandlung des Materialbereichs zu einem nicht beanspruchungsgerechten Kalkulationsergebnis (Varianteneffekt).

2.4.3 Kostenprozessrechnung als dritte Stufe der operativen Kostenkalkulation von Produkteinheiten

Nach HORVÁTH ET AL. wird nur für die Kostenstellen des indirekten Bereichs eine Kostenprozessrechnung durchgeführt. Der indirekte Bereich umfasst im Zementwerk Idelsdorf vornehmlich den Material-, Vertriebs- und Verwaltungsbereich sowie die Kostenstellen Logistik, Werkslabor und Werksverwaltung. Um das Vorgehen der vierstufigen Kostenkalkulation deutlich zu machen, wird im Folgenden eine differenziertere Strukturierung des indirekten Bereichs vorgenommen, die auch schon in der dreistufigen Kostenkalkulation hätte realisiert werden können. Es wird unterstellt, dass sich die Kostenstellen KS 104 Logistik, KS 701 Materialwirtschaft, KS 801 Vertrieb sowie KS 901 Verwaltung nach einer tieferen Strukturierung gemäß Abbildung 89 darstellen.

In den folgenden Abschnitten erfolgt die Darstellung des Aufbaus der Kostenprozessrechnung am Beispiel des Zementwerks Idelsdorf.[1]

(1997), S. 86; zu ihren historischen Wurzeln: Pfohl/Stölzle (1991), S. 1297 f.; Kilger/Pampel/Vikas (2002), S. 4 f., Schweitzer/Küpper (2003), S. 346 f.; zum Ansatz nach Horváth et al.: z.B. Horváth/Mayer (1989); Horváth/Mayer (1995), Mayer (2002).

[1] Vgl. Ewert/Wagenhofer (2005), S. 271 ff.; Horváth/Mayer (1989), S. 216 ff.; Horváth/Mayer (1995), S. 70 ff.

Vorher		Nachher	
Logistik	KS 104	Abteilungsleitung	KS 310
		Zwischenlager der KS 201	KS 320
		Zwischenlager der KS 202	KS 330
		Zwischenlager der KS 203	KS 340
		Zwischenlager der KS 204	KS 350
		Ausgangslager der KS 205	KS 360
		Produktionslogistik	KS 370
		Fuhrpark	KS 380
Materialwirtschaft	KS 701	Abteilungsleitung	KS 710
		Einkauf Repetierfaktoren	KS 720
		Einkauf Anlagen und Sonstiges	KS 730
		Materialeingangslager	KS 740
Vertrieb	KS 801	Abteilungsleitung	KS 810
		Weiterverarbeitende Industrie A-K	KS 820
		Weiterverarbeitende Industrie L-Z	KS 830
		Baustoffhandel	KS 840
Verwaltung	KS 901	Werksleitung	KS 910
		Personal	KS 920
		Buchhaltung	KS 930

Abbildung 89: Kostenstellen des indirekten Bereichs des Zementwerks Idelsdorf

2.4.3.1 Untergliederung der Kostenstellen des indirekten Bereichs in Prozesse

Die Kostenprozessrechnung knüpft an den Tätigkeiten (Aktivitäten) an, die in jeder Kostenstelle des indirekten Bereichs erfolgen.

> *Tätigkeiten* stellen Verrichtungen an Objekten dar, die im Rahmen der von einer Kostenstelle zu erfüllenden Aufgaben erforderlich sind.
> *Prozesse* umfassen diejenigen Tätigkeiten einer Kostenstelle, die auf ein einheitliches Arbeitsergebnis ausgerichtet sind.
> *Hauptprozesse* fassen diejenigen Prozesse unterschiedlicher Kostenstellen zusammen, die auf ein einheitliches übergeordnetes Arbeitsergebnis ausgerichtet sind.

Abbildung 90 veranschaulicht die Beziehungen zwischen Aktivitäten, Prozessen und Hauptprozessen.

Prozesse sind zunächst analog zu Kostenstellen beliebige Kontierungseinheiten, auf denen die Gemeinkosten des indirekten Bereichs erfasst werden. Die Bildung von Prozessen muss verschiedenen Grundsätzen genügen:

- Ein Prozess sollte einen **eigenständigen Verantwortungsbereich** darstellen, damit im Rahmen der Kostenkontrolle und für die Umsetzung von Steuerungsimpulsen ein verantwortlicher Prozessleiter, auch als Process Owner bezeichnet, als Ansprechpartner identifiziert werden kann (**verantwortungsorientierte Prozessbildung**).[1]

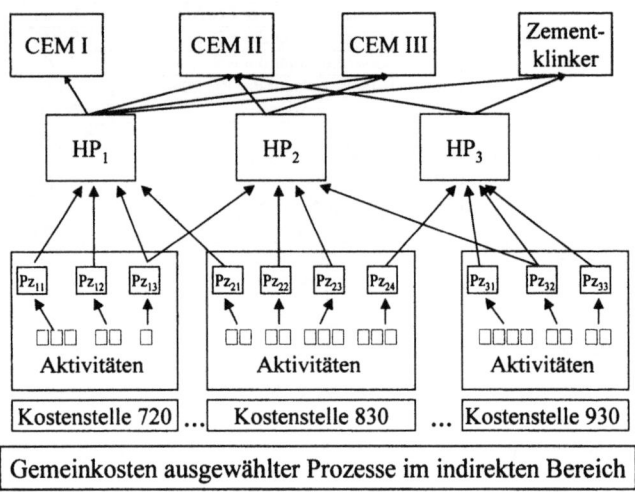

mit: HP: Hauptprozess; Pz: Prozess.

Abbildung 90: Kostenprozessrechnung als dritte Kalkulationsstufe im Zementwerk Idelsdorf

- Ein Prozess sollte eine homogene Kostenstruktur in dem Sinne aufweisen, dass sich je Prozess nur eine einzige Bezugsgröße finden lässt (**kostenstrukturorientierte Prozessbildung**), die nachvollziehbar und leicht ermittelbar sein sollte. Das einheitliche Arbeitsergebnis als Aufgabeninhalt eines Prozesses stellt regelmäßig seine Bezugsgröße dar. Damit sind die Kosten des Prozesses per definitionem nur von einer einzigen Bezugsgröße abhängig (homogene Kostenverursachung). Diese soll zum einen eine Maßgröße der Kostenentstehung (-verursachung) darstellen und zum anderen möglichst auch noch zur beanspruchungsgerechten Verteilung der Prozesskosten auf die durch den Prozess ermöglichte Gütererstellung herangezogen werden können. Beispiele für Bezugsgrößen sind Anzahl der Bestellungen, Anzahl der Proben sowie Anzahl der Kontierungen. Solche aus Arbeitsergebnissen abgeleiteten Bezugsgrößen werden als **direkte Bezugsgrößen** bezeichnet. **Indirekte Bezugsgrößen** sollen nur in Ausnahmefällen für die Verrechnung von Prozesskosten Verwendung finden.

---

[1]   Vgl. zur Kostenkontrolle von Prozesskosten: Dierkes (1998), S. 83 ff.

- Die Verbuchung der Gemeinkosten des indirekten Bereichs auf Prozesse sollte möglichst eindeutig als Prozesseinzelkosten erfolgen können (**kontierungsorientierte Prozessbildung**).

Insbesondere die beiden letztgenannten Grundsätze sind hinsichtlich ihrer Wirkung auf den Feinheitsgrad der Aufteilung eines Unternehmens in Prozesse gegenläufig. Während die kostenstrukturorientierte Prozessbildung eher auf die Bildung kleiner und damit zahlreicher Prozesse hinwirkt, resultiert aus einer Orientierung am Grundsatz der kontierungsorientierten Prozessbildung die Zerlegung eines Unternehmens in große und damit wenige Prozesse. Hier ist ein jeweils unternehmens- und branchenspezifisch angemessener Feinheitsgrad festzulegen. Weiteren Einfluss auf die Prozessbildung kann das Kriterium der **räumlich orientierten Prozessbildung** nehmen, nach dem räumlich zusammenhängende Tätigkeiten als Prozesse ausgewiesen werden. Bei der Anwendung dieses Kriteriums sind jedoch häufig Widersprüche zu den oben genannten vorrangigen Grundsätzen der Prozessbildung zu erwarten.

Das Kriterium der **funktionsorientierten Prozessbildung** ist per definitionem erfüllt, da Prozesse nur solche Tätigkeiten umfassen, die auf ein einheitliches Arbeitsergebnis ausgerichtet sind. Danach lassen sich folgende Gruppen von **Prozessarten** im indirekten Bereich unterscheiden:[1]

- **Vorleistungsprozesse** beinhalten sämtliche erforderlichen Prozesse im indirekten Bereich, bevor ein Produkt am Markt angeboten werden kann (z.B. Forschung und Entwicklung, Abschluss von Rahmenverträgen, Markterschließung).

- **Betreuungsprozesse** stellen serviceorientierte administrative Prozesse im indirekten Bereich dar, die durch das pure Vorhandensein von Kunden und Lieferanten, Produktionsfaktoren und Produkten erforderlich sind (z.B. Lieferanten- und Kundenbetreuung).

- **Abwicklungsprozesse** sind administrative und logistische Prozesse im indirekten Bereich, die unmittelbar erforderlich sind, um Produktionsfaktoren zu beschaffen sowie Produkte zu fertigen und abzusetzen (z.B. Materialbeschaffung über Rahmenvertrag oder Einzelbeschaffung, Produktionssteuerung, Auftragsabwicklung).

Zur Identifizierung der Prozesse sind zunächst in den Kostenstellen des indirekten Bereichs die einzelnen Tätigkeiten im Rahmen einer **Tätigkeitsanalyse** zu erfassen. Diese Tätigkeitsanalyse knüpft zweckmäßigerweise an einer vorher erfolgten

---

[1]   Horváth/Mayer (1995), S. 63 f.

provisorischen Definition der Hauptprozesse an. Ihre organisatorische Durchführung kann auf der Basis von Zeitaufschreibungen der Mitarbeiter, Ergebnissen einer Gemeinkostenwertanalyse oder eines Zero-Base-Budgeting[1], Zeitaufnahmen oder – besonders bei Unternehmensberatern beliebten – Interviews mit Kostenstellenleitern und Mitarbeitern erfolgen. Unter Berücksichtigung der definierten Hauptprozesse im indirekten Bereich werden die identifizierten Tätigkeiten zu kostenstellenspezifischen Prozessen zusammengefasst. Die Ergebnisse werden abschließend in einer **Prozessliste** dokumentiert.

In der Kostenstelle KS 720 Einkauf Repetierfaktoren hat eine Tätigkeitsanalyse z.B. folgende Prozesse identifiziert:

 ✓ Rahmenvertrag abschließen,
 ✓ Bestellung über Rahmenvertrag ausüben,
 ✓ Einzelbestellung,
 ✓ Lieferantenpflege.

Der Prozess „Bestellung über Rahmenvertrag ausüben" soll sich aus folgenden Tätigkeiten zusammensetzen:

 ↘ Anforderungsschein bearbeiten,
 ↘ Bestellung beim Lieferanten,
 ↘ Verbuchung der Bestellung,
 ↘ Verfolgung der Bestellung,
 ↘ Rechnungskontrolle.

Im Rahmen der Tätigkeitsanalyse werden repetitive und nicht-repetitive Prozesse ermittelt.

> *Repetitive Prozesse* umfassen ausführende Routinetätigkeiten mit geringem Entscheidungsspielraum, die sich in einem wohlstrukturierten Ablauf wiederholen. *Nicht-repetitive Prozesse* beinhalten dagegen heterogene und oftmals anspruchsvolle Tätigkeiten mit dispositivem, kreativem und neuartigem Aufgabeninhalt.

Beispiele für repetitive Prozesse sind Reklamations- und Auftragsbearbeitung, Materialabruf, Verbuchung sowie Tätigkeiten im zentralen Kopier- und Schreibdienst oder im Call Center, Beispiele für nicht-repetitive Prozesse Marketing und Controlling sowie Produktentwicklung und -gestaltung. Repetitive Prozesse sind im indirekten Bereich eines Unternehmens nur dann verstärkt zu finden, sofern die Unternehmensorganisation einen hohen Spezialisierungsgrad auf der Basis des Verrichtungskriteriums aufweist. PICOT/RISCHMÜLLER beurteilen derartige Organisations-

---

[1] Vgl. hierzu z.B. Picot (1979), S. 1157 ff.; Picot/Rischmüller (1981), S. 338 ff.

strukturen negativ und konstatieren angesichts der diskutierten Umwälzungen der Unternehmensumwelt einen wachsenden Anteil nicht-repetitiver und damit einhergehend einen abnehmenden Anteil repetitiver Aufgaben in Unternehmen.[1] **Kostenstellen oder Bereiche mit überwiegend nicht-repetitiven Prozessen** entziehen sich mangels Erfassbarkeit und Quantifizierbarkeit ihres Outputs einer Kostenprozessrechnung. Ihre Gemeinkosten werden üblicherweise mittels wertmäßigen Bezugsgrößen den Produkten in der Kostenträgerstückrechnung zugerechnet.

In **Kostenstellen oder Bereichen mit überwiegend repetitiven Prozessen** unterscheiden HORVÁTH/MAYER leistungsmengeninduzierte und leistungsmengenneutrale Prozesse. Die Gemeinkosten **leistungsmengeninduzierter Prozesse** (lmi-Prozesse) lassen sich langfristig dem Arbeitsvolumen anpassen (z.B. Bestellungen über Rahmenvertrag), sind aber nicht mit beschäftigungsvariablen Kosten gleichzusetzen. **Leistungsmengenneutrale Prozesse** (lmn-Prozesse) beinhalten dispositive Tätigkeiten (z.B. KS 710 Abteilungsleitung). Aufgrund ihres Aufgabeninhalts sind die mit ihnen verbundenen Gemeinkosten kaum an ein geändertes Arbeitsvolumen anpassbar.

2.4.3.2 Festlegung der Bezugsgrößen und Ermittlung der Prozessmengen

In der Tätigkeitsanalyse gilt es des Weiteren, die Bezugsgrößen der lmi-Prozesse zu identifizieren. Die Arbeitsergebnisse als Bezugsgrößen determinieren einerseits die Höhe der Gemeinkosten des indirekten Bereichs, andererseits quantifizieren die Bezugsgrößen die durch die Prozesse erbrachten Prozessmengen. Für die Kostenstelle KS 720 ergeben sich folgende Bezugsgrößen je Prozess:

Prozesse der Kostenstelle KS 720	Bezugsgröße (Cost driver)
∀ Rahmenvertrag abschließen	Anzahl Rahmenverträge
∀ Bestellung über Rahmenvertrag ausüben	Anzahl Bestellungen
∀ Einzelbestellung	Anzahl Bestellungen
∀ Lieferantenpflege	Anzahl Lieferanten

So wird unterstellt, dass die Kosten des Prozesses „Rahmenvertrag abschließen" von der Anzahl der Rahmenverträge abhängen. Sofern ein Prozess Bestandteil mehrerer Hauptprozesse ist, kann die Prozessbezugsgröße aber von mehreren Hauptprozessbezugsgrößen abhängen (z.B. die Anzahl der Kontierungen von der Anzahl der Bestellungen und der Anzahl der Periodenabschlüsse). Letztlich wird jedoch unterstellt, dass die Bezugsgrößen aller Ebenen von der langfristig realisierten oder zu realisierenden Beschäftigung abhängig sind, da auch von HOR-

---

[1]   Picot/Rischmüller (1981), S. 333.

VÁTH/MAYER als Kostenträger die einzelne Einheit einer abzusetzenden Produktart angesehen wird.[1)]

Zudem wird eine **langfristig proportionale Beziehung zwischen der Höhe der Gemeinkosten und der Bezugsgröße** unterstellt. Zusätzlich wird vorausgesetzt, dass jede Wiederholung repetitiver Prozesse **identisch** erfolgt, so dass sich sämtliche Tätigkeiten hinsichtlich ihres Ressourcenverbrauchs nicht unterscheiden. Daher muss hinsichtlich der zeitlichen, personellen und sachlichen Beanspruchung jede Einzelbestellung identisch sein.

Nachdem die Bezugsgrößen der Prozesse festgelegt sind, gilt es deren Ausprägungen als **Prozessmenge** zu bestimmen. Demnach ist für eine Ist-Kostenprozessrechnung die Anzahl der abgeschlossenen Rahmenverträge, die Anzahl getätigter Einzelbestellungen und Bestellungen über Rahmenvertrag sowie die Anzahl betreuter Lieferanten zu ermitteln. Oftmals ist aber festzustellen, dass die Bestimmung der Prozessmengen in der Praxis auf Schwierigkeiten bei Belegschaft und Betriebsrat stößt, weil dahinter andere Gründe als kostenrechnerische Motive vermutet werden.[2)]

2.4.3.3 Ermittlung der kostenstellenbezogenen Prozesskosten

In den Kostenstellen des indirekten Bereichs mit vornehmlich repetitiven Prozessen werden im nächsten Schritt die in der Kostenstellenrechnung ermittelten Endkosten auf die einzelnen Prozesse verteilt. Grundsätzlich ließen sich sämtliche in der Kostenstelle angefallenen Kosten einzeln daraufhin untersuchen, welchem Prozess sie zugerechnet werden können (**direkte Ermittlung**). Da in dem indirekten Bereich oftmals der Personalkostenanteil dominiert, empfehlen HORVÁTH/MAYER, diese aufwändige Einzeluntersuchung lediglich für die angefallenen Personalkosten vorzunehmen. Hierzu wird die Anzahl der Mitarbeiter oder deren geleistete Arbeitszeit auf die einzelnen Prozesse der Kostenstellen verteilt (Schlüsselung 1). In KS 720

[1)] Dies gilt auch für den von HORVÁTH/MAYER gekennzeichneten Fall der Variantenkalkulation. Mit der Produktvariante als Bezugsgröße (strategische Kosteneinflussgröße Produktionsprogramm) wird zwar die Argumentationskette „Produkte ‚verursachen' Prozesse, Prozesse ‚verursachen' Kosten" durchbrochen (Ewert/Wagenhofer (2005), S. 277 f.), da auf Prozess- und Hauptprozessebene die jeweiligen Bezugsgrößen hinsichtlich ihrer Varianten- und Mengenabhängigkeit differenziert werden. Letztlich erfolgt aber eine Schlüsselung der variantenabhängigen Kosten in der Kostenträgerstückrechnung auf die einzelne Produkteinheit. Dieses Vorgehen erfolgt analog dem Vorgehen von Kilger bei entscheidungsabhängiger Bezugsgrößendifferenzierung (z.B. Rüstkosten): vgl. Kilger (1987), S. 336 ff.

[2)] Pfohl/Stölzle (1991), S. 1293.

wird z.B. ermittelt, dass 0,25 Mitarbeiter mit dem Abschluss von Rahmenverträgen, 1 Mitarbeiter mit Bestellungen über Rahmenvertrag, 1,5 Mitarbeiter mit Einzelbestellungen sowie 0,25 Mitarbeiter mit der Lieferantenpflege beschäftigt sind. Auf der Basis der Lohn- und Gehaltsbuchhaltung lassen sich die angefallenen Personalkosten dann den Prozessen zurechnen. Die übrigen Kostenarten (z.B. Reise-, Raum-, Büromaterial- und Abschreibungskosten für die Büroausstattung) in Höhe von (291.870,19 € – 233.468 € =) 58.402,19 € werden schließlich auf der Basis der zugerechneten Personalkosten oder Mitarbeiter- oder Stundenzahlen anteilig auf die Prozesse verrechnet (Schlüsselung 2) (**indirekte Ermittlung**). In Abbildung 91 werden die übrigen Kosten auf der Basis der ermittelten Personalkosten auf die Prozesse verteilt, indem ein Zuschlag von rund 25% auf die Personalkosten vorgenommen wird:[1]

Teilprozeß	Mitarbeiter	Personal-kosten [€]	Prozeßkosten [€]
Rahmenvertrag abschließen	0,25	23.234,00	29.046,00
Bestellung über Rahmen-vertrag ausüben	1,00	75.000,00	93.761,31
Einzelbestellung	1,50	112.000,00	140.016,88
Lieferantenpflege	0,25	23.234,00	29.046,00
KS 720 Einkauf Repetierfaktoren	**3,00**	**233.468,00**	**291.870,19**

Abbildung 91: Ermittlung der Prozesskosten für KS 720 im Zementwerk Idelsdorf

2.4.3.4 Ermittlung der Prozesskostensätze

Dividiert man die Prozesskosten eines lmi-Prozesses durch die jeweilige Prozessmenge, erhält man analog den Zuschlagssätzen der Kostenstellenrechnung der dreistufigen Kalkulation einen Prozesskostensatz (Schlüsselung 3). Der Prozesskostensatz gibt damit an, welche Kosten einer einmaligen Durchführung eines Prozesses (= einer Einheit der Bezugsgröße) zugerechnet werden können. Es lassen sich zwei Arten der Ermittlung von Prozesskostensätzen unterscheiden:

- Der **Prozesskostensatz** eines lmi-Prozesses **beinhaltet** neben den in 2.4.3.3 ermittelten Kosten des Prozesses noch **anteilige Prozesskosten für lmn-Prozesse** (Schlüsselung 4).

---

[1]   Z.B. $29.046 \, € = 23.234 \, € + \left(\dfrac{58.402,19 \, €}{233.468 \, €} \right) \cdot 23.234 \, €$

- Der **Prozesskostensatz beinhaltet ausschließlich** die **Prozesskosten des** jeweiligen **lmi-Prozesses**.

HORVÁTH/MAYER präferieren den ersten Ansatz, da sie die dispositiven lmn-Prozesse als langfristig beeinflussbar ansehen und eine relative Nähe zu den lmi-Prozessen konstatieren.[1] Soll der erste Ansatz gewählt werden, sind die Kosten der Abteilungsleitung von KS 710 auf KS 720, KS 730 und KS 740 zu verteilen (Schlüsselung 4a). Hierzu wird die wertmäßige Bezugsgröße Kostenstellenkosten in Abbildung 92 gewählt.[2]

Kostenstellen Materialwirtschaft	Mitarbeiter	Kosten [€]	"Sekundär-verrechnung" der lmn-Kosten [€]
KS 710 Abteilungsleitung	1,00	104.239,35	
KS 720 Einkauf Repetierfaktoren	3,00	291.870,19	9.848,84
KS 730 Einkauf Anlagen und Sonstiges	2,00	260.598,39	8.793,61
KS 740 Materialeingangslager personalabhängige Kosten	2,00	385.685,61	13.014,54
nicht personalabhängige Kosten		2.150.977,03	72.582,37
Bereich Materialwirtschaft	**8,00**	**3.193.370,58**	**104.239,35**

Abbildung 92: Schlüsselung der lmn-Kosten im Materialbereich des Zementwerks Idelsdorf

Die anteiligen Kosten der Abteilungsleitung werden schließlich in KS 720 auf der Basis der dort ermittelten Prozesskosten auf die einzelnen Prozesse verteilt (Schlüsselung 4b als „Sekundärverrechnung" in Abbildung 93).[3]

In Abbildung 93 werden z.b. als Kosten für den Abschluss eines Rahmenvertrages 3.002,61279 € und für jede Einzelbestellung 144,7416 € ausgewiesen. Wird hingegen auf die Verteilung der lmn-Kosten verzichtet, ergeben sich die Prozesskostensätze der Abbildung 94. Der Abschluss eines Rahmenvertrages wird nun mit 2.904,600232 €, jede Einzelbestellung mit 140,016883 € ausgewiesen.

---

[1] Anderer Meinung hingegen Coenenberg (2003), S. 218 f.

[2] Z.B. $9.848,84 € = \dfrac{291.870,19 €}{3.193.370,58 € - 104.239,35 €} \cdot 104.239,35 €$

[3] Z.B. $30.026,13 € = 29.046 € + \dfrac{29.046 €}{301.719,03 € - 9.848,84 €} \cdot 9.848,84 €$

Teilprozeß	Prozeß-kosten [€]	"Sekundär-verrechnung" der Imn-Kosten [€]	Prozeß-menge [ME]	Prozeßkosten-satz [€/Be-zugsgrößen-ausprägung]
Abteilungsleitung	9.848,84			
Rahmenvertrag abschließen	29.046,00	30.026,13	10	3.002,612790
Bestellung über Rahmenvertrag	93.761,31	96.925,18	10.000	9,692402
Einzelbestellung	140.016,88	144.741,60	1.000	144,741600
Lieferantenpflege	29.046,00	30.026,13	25	1.201,045116
KS 720 Einkauf Repetierfaktoren	**301.719,03**	**301.719,03**		

Abbildung 93: Ermittlung von Prozesskostensätzen im Zementwerk Idelsdorf

Teilprozeß	Prozeß-kosten [€]	Prozeß-menge [ME]	lmi-Prozeßkosten-satz [€/Bezugs-größenausprägun
Rahmenvertrag abschließen	29.046,00	10	2.904,600232
Bestellung über Rahmenvertrag	93.761,31	10.000	9,376018
Einzelbestellung	140.016,88	1.000	140,016883
Lieferantenpflege	29.046,00	25	1.161,840093
KS 720 Einkauf Repetierfaktoren	**291.870,19**		

Abbildung 94: Ermittlung von lmi-Prozesskostensätzen im Zementwerk Idelsdorf

2.4.3.5 Festlegung von Hauptprozessen und Bezugsgrößen sowie Ermittlung von Hauptprozessmengen

Auf der Basis der Tätigkeitsanalyse sind des Weiteren kostenstellenübergreifende Hauptprozesse des indirekten Bereichs inklusive ihrer Bezugsgrößen zu definieren. Die Aggregation der kostenstellenbezogenen Prozesse dient der Bereitstellung steuerungsrelevanter Informationen für Hauptprozessverantwortliche sowie einer Informationsverdichtung[1], um dem Top-Management nicht eine unübersichtliche Vielzahl von Informationen bereitzustellen („Keep it simple and stupid!"). Beispiele für Hauptprozesse sind Kundenakquisition, Kundenbetreuung, Beschaffung und Qualitätsmanagement. Eine Zusammenfassung zu Hauptprozessen erfolgt für die-

---

[1]   Vgl. zur Teilprozessaggregation: Lengsfeld (1999), S. 49 ff.

jenigen Prozesse, die identischen Bezugsgrößen unterliegen oder für die ein lang-fristig proportionales Verhältnis zu der übergeordneten Bezugsgröße des jeweiligen Hauptprozesses behauptet wird. Auch die Bezugsgröße des Hauptprozesses ent-spricht wiederum dessen Arbeitsergebnis als Aufgabeninhalt. Zur Spezifizierung eines Hauptprozesses sind damit die beteiligten Prozesse sowie die erforderliche Anzahl ihrer Durchführungen bei einmaliger Durchführung des Hauptprozesses zu ermitteln (Schlüsselung 5). Der einzelne Prozess einer Kostenstelle muss dabei nicht notwendigerweise Bestandteil nur eines einzigen Hauptprozesses sein. Viel-mehr ist es möglich, dass der einzelne Prozess für den Vollzug mehrerer Hauptpro-zesse erforderlich ist.

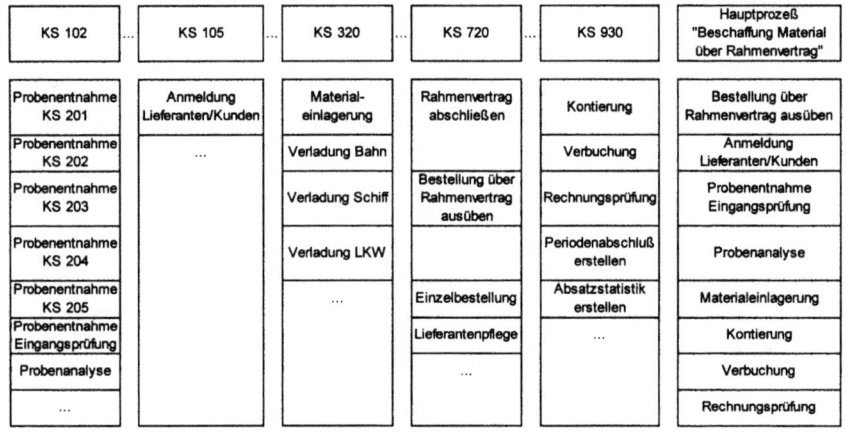

KS 102	...	KS 105	...	KS 320	...	KS 720	...	KS 930	Hauptprozeß "Beschaffung Material über Rahmenvertrag"
Probenentnahme KS 201		Anmeldung Lieferanten/Kunden		Material-einlagerung		Rahmenvertrag abschließen		Kontierung	Bestellung über Rahmenvertrag ausüben
Probenentnahme KS 202		...		Verladung Bahn				Verbuchung	Anmeldung Lieferanten/Kunden
Probenentnahme KS 203				Verladung Schiff		Bestellung über Rahmenvertrag ausüben		Rechnungsprüfung	Probenentnahme Eingangsprüfung
Probenentnahme KS 204				Verladung LKW				Periodenabschluß erstellen	Probenanalyse
Probenentnahme KS 205				...		Einzelbestellung		Absatzstatistik erstellen	Materialeinlagerung
Probenentnahme Eingangsprüfung						Lieferantenpflege		...	Kontierung
Probenanalyse						...			Verbuchung
...									Rechnungsprüfung

Abbildung 95: Hauptprozess „Beschaffung Material über Rahmenvertrag" im Zementwerk Idelsdorf[1]

Im Zementwerk Idelsdorf beinhaltet der Hauptprozess „Beschaffung Material über Rahmenvertrag" nach Abbildung 95 die Prozesse „Bestellung über Rahmenvertrag ausüben" (KS 720), „Anmeldung Lieferanten/Kunden" (KS 105 Pforte), „Proben-entnahme Eingangsprüfung" und „Probenanalyse" (KS 102), „Materialeinlage-rung" (KS 320) sowie „Kontierung", „Verbuchung" und „Rechnungsprüfung" (KS 930).[2]

[1]　Abbildung in Anlehnung an Coenenberg (2003), S. 214.

[2]　Anders als bei Horváth/Mayer (1995), S. 72 und 79, wird der Abschluss des als mehrjährig unterstellten Rahmenvertrages nicht auf den Hauptprozess „Beschaffung Material über Rah-menvertrag" geschlüsselt.

2.4.3.6 Ermittlung der Hauptprozesskostensätze

Die Kostenprozessrechnung schließt wie die Kostenstellenrechnung mit der Ermittlung der Zuschlagssätze. Diese werden als **Hauptprozesskostensätze** bezeichnet. Sie geben an, welche Kosten der einmaligen Durchführung eines Hauptprozesses zuzurechnen sind. Zu ihrer Ermittlung werden die Prozesskostensätze mit den Prozessmengen multipliziert, die für die einmalige Durchführung eines Hauptprozesses erforderlich ist.

Der Hauptprozess „Beschaffung Material über Rahmenvertrag" erfordert nach Abbildung 96 unter anderem eine Prozessdurchführung „Bestellung", 0,3 Prozessdurchführungen „Warenannahmen" und zwei Prozessdurchführungen „Probenentnahmen".

Prozeß	Kosten-stelle	Bezugsgröße	Erforder-liche Pro-zeßmenge	Prozeß-kostensatz [€/Prozeß-menge]	Hauptprozeß-kostensatz [€/Hauptpro-zeßmenge]
Bestellung über Rahmenvertrag	KS 720	Anzahl der Bestellungen	1,0	9,692402	9,692402
Warenannahme	KS 105	Anzahl der Annahmen	0,3	5,728611	1,718583
Probenentnahme	KS 102	Anzahl der Proben	2,0	4,764113	9,528226
Probenanalyse	KS 102	Anzahl der Proben	2,0	15,827362	31,654724
Einlagerung	KS 320	Anzahl der Lieferungen	1,0	4,231157	4,231157
Kontierung	KS 930	Anzahl der Kontierungen	1,0	1,186709	1,186709
Verbuchung	KS 930	Anzahl der Buchungen	3,0	3,560127	10,680381
Rechnungsprüfung	KS 930	Anzahl der Rechnungsprüfung	0,3	186,477663	55,943299
Beschaffung Material über Rahmenvertrag		Anzahl der Bestellungen	1,0		**124,635482**

Abbildung 96: Ermittlung eines Hauptprozesskostensatzes im Zementwerk Idelsdorf

Der Hauptprozesskostensatz entspricht der Summe der mit den erforderlichen Prozessmengen gewichteten Prozesskostensätze. Insbesondere enthält er Prozesskosten aus KS 901, so dass der Zuschlagssatz für Verwaltungskosten geringer wird.

Die Kosten einer Bestellung über Rahmenvertrag werden mit 124,635482 € ermittelt. Mit diesem Hauptprozesskostensatz lassen sich nun analog den Zuschlagssätzen der Kostenstellenrechnung die Gemeinkosten repetitiver Prozesse den Produkteinheiten als Kostenträgern zurechnen.

2.4.4 Kostenträgerstückrechnung als vierte Stufe der operativen Kostenkalkulation von Produkteinheiten

Abbildung 97 zeigt die Kostenträgerstückrechnung der vierstufigen Kalkulation. Die dargestellte Kostenträgerstückrechnung basiert gleichfalls auf der differenzierenden Zuschlagsrechnung. Im Vergleich zur Kostenträgerstückrechnung einer dreistufigen Kalkulation werden Teile der Gemeinkosten des indirekten Bereichs in Abbildung 97 auf der Basis des Hauptprozesskostensatzes „Beschaffung Material über Rahmenvertrag" verteilt. Hierdurch fallen die wertmäßigen Zuschlagssätze für Material-, Verwaltungs- und Vertriebsgemeinkosten geringer aus als in Abbildung 87. Der Einfachheit halber sind die Zuschlagssätze aggregiert ausgewiesen. Die Fertigungsgemeinkostenzuschlagssätze sind hingegen unverändert, da die dreistufige Kalkulation in diesem Bereich schon beanspruchungsgerechte Ergebnisse erzielt. Zur Verrechnung der Hauptprozesskosten „Beschaffung Material über Rahmenvertrag" muss zunächst ermittelt werden, wie viel Bestellungen durch eine einzelne Produkteinheit, das heißt durch eine einzelne Tonne CEM I, CEM I (Sackware), CEM II, CEM III sowie Zementklinker im Durchschnitt ausgelöst werden (Schlüsselung 6). Im Beispiel sind dies 0,005 Bestellungen bei CEM I (lose Ware) und Zementklinker sowie 0,01 Bestellungen bei CEM I (Sackware) und 0,023638 Bestellungen bei CEM II und CEM III infolge der Beschaffung der Papiersäcke und des Hüttensands. Diese Hauptprozessmengenausprägungen je Produkteinheit werden nun mit dem Hauptprozesskostensatz „Beschaffung Material über Rahmenvertrag" gewichtet und den Produkteinheiten angelastet. Da CEM II und CEM III geringere Einzelmaterialkosten als CEM I verursachen, haben CEM II und CEM III aufgrund der wertmäßigen Bezugsgröße Einzelmaterialkosten in Abbildung 87 einen geringeren Anteil an Materialgemeinkosten als CEM I erhalten.

Die Substitution wertmäßiger Bezugsgrößen durch vornehmlich mengenorientierte Bezugsgrößen erbringt im Zementwerk Idelsdorf nun ein beanspruchungsgerechteres Kalkulationsergebnis. Die Selbstkosten von CEM I (lose Ware) betragen nunmehr 123,994789 €/t, von CEM I (Sackware) 162,293852 €/t und für Zementklinker 101,117372 €/t, während die Selbstkosten von CEM II mit 125,347731 €/t und von CEM III mit 107,952282 €/t höher als die entsprechenden Ergebnisse in Abbildung 87 ausfallen. Für die Absatzmengen der unterschiedlichen Produkte fallen insgesamt Selbstkosten von 123.049.263 € an. Unter Berücksichtigung der bewerteten Lagerbestandszunahmen in Höhe von 1.310.737 € ergeben sich die gesamten angefallenen Kosten in Höhe von 124.360.000 €.

	Zuschlags-satz	CEM I [€/t]	CEM I (Sackware) [€/t]	CEM II [€/t]	CEM III [€/t]	Zement-klinker [€/t]
Absatzmengen [t]		686.200 t	43.800 t	110.000 t	130.000 t	30.000 t
Klinkeranteil je t		95%	95%	85%	45%	100%
Maschinenzeiten KS 204 [Min./t]		0,169 Min/t	0,169 Min/t	0,186 Min/t	0,203 Min/t	0,000 Min/t
Anzahl Bestellungen je t		0,005	0,010	0,023638	0,023638	0,005

		Zuschlags-satz	CEM I [€/t]	CEM I (Sackware) [€/t]	CEM II [€/t]	CEM III [€/t]	Zement-klinker [€/t]
	Einzelmaterialkosten		16,450000	16,450000	19,350000	24,950000	16,000000
	Materialgemeinkosten	14,207847%	2,337191	2,337191	2,749218	3,544858	2,273256
	Materialkosten		18,787191	18,787191	22,099218	28,494858	18,273256
	Einzellohnkosten		2,126364	22,125218	2,048423	1,736660	1,739458
	SEK der Fertigung		28,089564	28,061581	25,948068	17,382083	22,356189
	FGK KS 203	38,057368	36,154500	36,154500	32,348763	17,125816	38,057368
	FGK KS 204	96,908004	16,396834	16,396834	18,036518	19,676201	0,000000
	FGK KS 205	4,024517	4,024517	4,024517	4,024517	4,024517	4,024517
	Fertigungskosten		86,791779	106,762650	82,406289	59,945277	66,177532
	Prozeßkosten "Beschaffung Material über Rahmenvertrag"	124,635482	0,623177	1,246355	2,946134	2,946134	0,623177
Herstellkosten je ME			106,202147	126,796196	107,451641	91,386269	85,073965
Verwaltungskosten		4,198034%	4,458402	5,322947	4,510856	3,836427	3,571434
Vertriebskosten		4,081123%	4,334240	5,174709	4,385234	3,729586	3,471973
SEK des Vertriebs			9,000000	25,000000	9,000000	9,000000	9,000000
Selbstkosten je ME			123,994789	162,293852	125,347731	107,952282	101,117372

		Zuschlags-satz	Absatz [€]	BVÄ [€]	Gesamt [€]
	Einzelmaterialkosten		17.860.500	616.000	18.476.500
	Materialgemeinkosten	14,207847%	2.537.593	87.520	2.625.113
	Materialkosten		20.398.093	703.520	21.101.613
	Einzellohnkosten		2.931.472	6.129	2.937.600
	SEK der Fertigung		26.288.800	111.200	26.400.000
	FGK BVÄ		0	398.692	398.692
	FGK KS 203	38,057368	33.319.226		33.319.226
	FGK KS 204	96,908004	16.511.612		16.511.612
	FGK KS 205	4,024517	4.024.517		4.024.517
	Fertigungskosten		83.075.627	516.021	83.591.647
	Prozeßkosten "Beschaffung Material über Rahmenvertrag"	124,635482	1.207.982	38.388	1.246.370
Herstellkosten je ME			104.681.701	1.257.929	105.939.630
Verwaltungsgemeinkosten		4,198034%	4.394.573	52.808	4.447.382
Vertriebsgemeinkosten		4,081123%	4.272.189		4.272.189
SEK des Vertriebs			9.700.800		9.700.800
Selbstkosten je ME			123.049.263	1.310.737	124.360.000

mit: FGK als Fertigungsgemeinkosten und SEK als Sondereinzelkosten

Abbildung 97: Differenzierende Zuschlagsrechnung auf der Basis der Kostenstellen- und Kostenprozessrechnung im Zementwerk Idelsdorf

2.4.5 Kritische Würdigung

Auffälligstes Kennzeichen der vierstufigen Kostenkalkulation ist deren **Prozessorientierung** in einer weiteren Nebenrechnung. Diese grundsätzliche Erweiterung der Kalkulation ist zumindest aus zwei Gründen begrüßenswert, auch wenn ihr prozessorientierter Ansatz nichts grundlegend Neues darstellt.[1] Sofern die Organisationsstrukturen der Unternehmen ablauforientierte Verantwortlichkeitsbereiche aufweisen, ist es unabdingbar notwendig, den jeweiligen Verantwortlichen Kosteninformationen zur Verfügung zu stellen, die sich auf ihren Verantwortlichkeitsbereich beziehen. Daneben erhält das Management mit den Hauptprozesskostensätzen verdichtete Informationen an die Hand, die den indirekten Bereich eines Unternehmens anschaulich abbilden. Diese Informationen können im indirekten Bereich Transparenz schaffen und Schwachstellen aufzeigen, sofern ihr Aussagegehalt nicht verzerrt ist.

Die angewendete **Kalkulationstechnik** ist aus der dreistufigen Kalkulation sattsam bekannt. Den Kern der Kalkulation bildet die bekannte differenzierende Zuschlagsrechnung, die auf differenzierten mengenorientierten Bezugsgrößen basiert. Insofern wird lediglich die für den Produktionsbereich entwickelte Bezugsgrößenrechnung auf den indirekten Bereich übertragen. Neu ist hingegen, dass die vielfach unterstellten langfristig proportionalen Beziehungen zwischen Gemeinkosten und Bezugsgrößen sowie zwischen den Bezugsgrößen als konstant angesehen werden. Hier scheinen erhebliche Zweifel angebracht zu sein.

Die Anhänger einer prozessorientierten vierstufigen Kalkulation streben eine **verursachungsgerechte Verteilung der Gemeinkosten** an.[2] Dies verwundert im Rückblick auf die Ausführungen in 1.2.3 nur zu sehr. Da sich den einzelnen Produktmengeneinheiten lediglich ihre Einzelkosten sowie ihre unechten Gemeinkosten gemäß dem Verursachungsprinzip zurechnen lassen, ist dieses Ansinnen von vornherein zum Scheitern verurteilt sein. Echte Gemeinkosten fallen immer für mehrere Kalkulationsobjekte gemeinsam an, eine verursachungsgerechte Zurechnung ist mithin per definitionem unmöglich. Die wiederholte Schlüsselung (Schlüsselung 1 – 6) von Gemeinkosten stellt eine Anwendung des Durchschnittsprinzips dar. Es liegt dann der Schluss nahe, „dass gerade die Prozesskostenrechnung bei einer entsprechend schematischen Anwendung *nicht* zu *verursachungsgerechten*,

---

[1] Vgl. Pfohl/Stölzle (1991), S. 1297 f.; (f.

[2] Z.B. Coenenberg/Fischer (1993), S. 28 und S. 31; Mayer (1990), S. 308; Mayer (1991), S. 297; Renner (1991), S. 97.

sondern zu völlig *verzerrten* Produktkosten führt."[1] Auch wenn mengenorientierte Bezugsgrößen zur Anwendung gelangen, ist in Anlehnung an ADAM die Prozesskostenrechnung nur eine andere Art, Gemeinkosten „umzulügen".[2]

2.5 Kritische Würdigung der Ergebnisse der Kostenkalkulation

Die Ausführungen dieses Kapitels haben gezeigt, dass mit der Komplexität des Kalkulationsverfahrens auch der Feinheitsgrad der Kostenverteilung steigt. Das Spektrum der Möglichkeiten, den zunächst beinahe monolithisch erscheinenden Kostenblock eines Unternehmens zu strukturieren, zu sezieren und über verschieden lange, mitunter verschlungene (Um-)Wege den gefertigten oder angesetzten Produkteinheiten zuzurechnen, nimmt mit dem betriebenen Aufwand zu.[3] Die Ergebnisse der einzelnen Kalkulationsmethoden zeigt im Überblick Abbildung 98.

Eine komplexe Kalkulationsmethode ist dabei aber kein Garant für ein richtiges Ergebnis; mitunter – so scheint es bei der Prozesskostenrechnung – kann auch des Guten zuviel getan werden. Speziell für die den Ausführungen zugrunde liegenden Istkostenrechnung auf Vollkostenbasis bleibt zu hinterfragen, von welcher Bedeutung die Verteilung von Gemeinkosten und Fixkosten auf die Produkteinheiten ist.[4]

Gerade bei der Kostenrechnung mit ihren ausgefeilten, teilweise auf eine lange Tradition zurückblickenden, teilweise mit wissenschaftlicher Verve verfochtenen „neuzeitlichen" Rechentechniken gilt es, vor lauter Bäumen nicht den Wald aus den Augen zu verlieren. Keine noch so ausgefeilte Rechentechnik vermag es, konzeptionelle Fehler auszubügeln, keine noch so ausgeklügelte Kalkulationsmethode kann helfen, wenn Kalkulationsergebnisse für die falschen Zwecke eingesetzt werden.[5]

Vor dem Einsatz überkomplexer Kalkulationsmethoden, deren Anwendungsvoraussetzungen auch nicht annähernd gegeben sind, sollte sich jeder Kostenrechner vor Augen führen, dass es stets besser ist, ungefähr (aber) richtig, statt haargenau (aber) falsch zu rechnen.

---

[1]   Glaser (1992), S. 288.
[2]   Adam (1997b), S. 33.
[3]   Vgl. 2.4.
[4]   Vgl. 5.
[5]   Vgl. 2.1.3.

	CEM I [€/t]	CEM I (Sackware) [€/t]	CEM II [€/t]	CEM III [€/t]	Zement-klinker [€/t]
Zweistufige Kalkulation					
einfache Divisionsrechnung	124,360000	124,360000	124,360000	124,360000	124,360000
Divisionsrechnung mit Äquivalenzziffern	134,942319	134,942319	120,737864	63,920046	142,044546
Summarische Zuschlagsrechnung mit Einzelkosten als Bezugsgröße	120,362111	198,139131	121,833640	114,746420	106,155703
Einfache dreistufige Kalkulation					
Einfache Divisionsrechung auf der Basis einer Kostenstellenrechnung	123,776386	123,776386	123,776386	123,776386	107,968526
Mehrfache Divisionsrechung auf der Basis einer Kostenstellenrechnung	130,225473	130,225473	119,498294	91,182207	107,968526
Divisionsrechung mit Äquivalenzziffern auf der Basis einer Kostenstellenrechnung	128,186490	128,186490	123,769223	99,018004	107,968552
Komplexe dreistufige Kalkulation					
Bezugsgrößenkalkulation	124,607357	162,370864	123,534735	106,214985	101,567571
Vierstufige Kalkulation					
Prozesskostenrechnung nach Horváth et al.	123,994789	162,293852	125,347731	107,952282	101,117372
Maximum Minimum					

Abbildung 98: Ergebnisse der unterschiedlichen Kostenkalkulationsmethoden

3 Operative Leistungskalkulation von Produkteinheiten

3.1 Konzeptionelle Grundlagen

3.1.1 Strukturformen der Leistungskalkulation

Im Vergleich zur Kostenrechnung scheint die Leistungsrechnung in Theorie und Praxis nur von geringer Bedeutung zu sein. In den meisten einschlägigen Lehrbüchern ist sie – am Umfang der Ausführungen gemessen – deutlich unterrepräsentiert. Für erwerbswirtschaftliche Unternehmen, deren übergeordnetes Formalziel im Bereich des operativen Managements der kalkulatorische Erfolg als Differenzgröße von Leistungen und Kosten darstellt, ist aber gerade in Zeiten, in denen die Freiheitsgrade der operativen Kostenbeeinflussung gering sind, die genaue Kenntnis der Leistungsseite und deren Einflussgrößen unverzichtbar.[1]

Tatsächlich lässt sich die Behandlung der Leistungsrechnung deutlich kürzer fassen, als es bei der Kostenrechnung notwendig gewesen ist. Dafür gibt es drei Gründe, die zunächst kurz aufgeführt und dann ausführlicher beleuchtet werden sollen:

- Wesentliche **Leistungsrechnungen** sind – so eigenartig dies zunächst klingen mag – **bereits in die Kostenrechnung integriert** und bedürfen daher keiner gesonderten Darstellung mehr. Aus dem Katalog der Leistungsarten muss deshalb nur noch eine Teilmenge, der Erlösbereich, explizit behandelt werden.
- Die noch **verbleibenden Kalkulationsprobleme** können **analog zur Kostenrechnung** mit den dort bereits dargestellten Kalkulationsmethoden bearbeitet werden. Die Entwicklung neuer Kalkulationsmethoden, die auf spezifische Besonderheiten der Leistungsseite eines Unternehmens Bezug nehmen müssten, ist damit nicht erforderlich.
- Im Gegensatz zur Kostenrechnung, bei der die Kostenstellen sich gegenseitig mit Gütern beliefern, taucht im Rahmen einer auf Erlöse fokussierten Leistungsrechnung **nicht** die Problematik auf, **innerbetriebliche wechselseitige Lieferbeziehungen zwischen Erlösstellen** berücksichtigen zu müssen. Damit ist keine der Sekundärkostenrechnung analoge Rechnung erforderlich.

Umfang und Aufbau einer Leistungskalkulation lassen sich erfreulicherweise einfach gestalten, weil im Rahmen der Kostenkalkulation bereits wesentliche Vorarbeiten geleistet werden. Warum dies so ist, wird deutlich, wenn man den Leistungsbegriff seziert. **Leistungen** als bewertete sachzielbezogene Gütererstellungen

---

[1] Vgl. 2.3.1.

eines Unternehmens in einer Periode lassen sich **danach unterscheiden, ob** die erstellten Güter **abgesetzt** worden sind **oder – noch – nicht**. Danach und nach der Art der Zweckbestimmung der zugrunde liegenden Gütererstellungen lassen sich Verkaufs-, Verbrauchs-, Gebrauchs- und Bestandsleistungen unterscheiden. **Verkaufsleistungen** sind bereits am Absatzmarkt realisiert, das heißt, sie haben bereits zu **Erlösen** geführt. Bei der zweiten Leistungskategorie, den **Verbrauchs-** und **Gebrauchsleistungen,** handelt es sich um bewertete innerbetriebliche Gütererstellungen (z.B. Strom des unternehmenseigenen Kraftwerks) oder bewertete „aktivierbare" Güter (z.B. selbst erstellte Maschinen). Sie ermöglichen den Prozess der Gütererstellung und sichern damit letztlich die Erlöserzielung. **Bestandsleistungen** entstehen durch die Zwischenlagerung von unfertigen und fertigen Gütern, die in späteren Perioden innerbetrieblich genutzt oder verkauft werden. Abbildung 99 veranschaulicht die Zusammensetzung betrieblicher Leistungen.

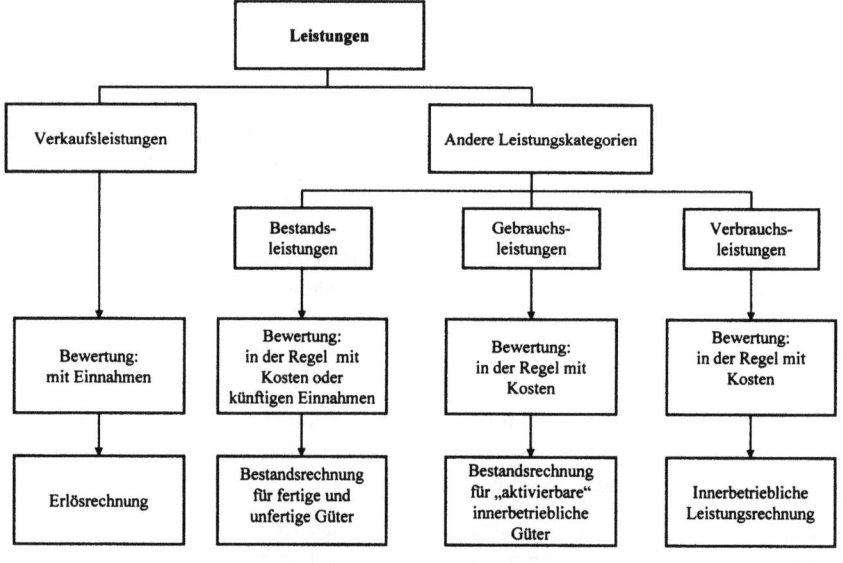

Abbildung 99: Gliederung der Leistungen[1]

Im Rahmen einer **Erlösrechnung** werden die Verkaufsleistungen eines Unternehmens erfasst, die bereits an externe Kunden abgesetzt worden sind, und mit geeig-

---

[1]   In Anlehnung an Kloock/Sieben/Schildbach/Homburg (2005), S. 170.

neten Methoden auf die Produkteinheiten verrechnet. Für das Zementwerk Idelsdorf basiert die Erlösrechnung daher auf den Absatzmengen, die an den Baustoffhandel sowie die weiterverarbeitende Industrie abgesetzt werden: 686.200 t CEM I
(lose Ware), 43.800 t CEM I (Sackware), 110.000 t CEM II, 130.000 t CEM III
sowie 30.000 t Zementklinker.

In der **innerbetrieblichen Leistungsrechnung** werden die Leistungen für in der
Abrechnungsperiode bereitgestellte und sofort verbrauchte Güter (Verbrauchslei-
tungen) erfasst und ausgewiesen. So gilt es in einer innerbetrieblichen Leistungsrechnung für das Zementwerk Idelsdorf z.B. die Verbrauchsleistung Rohschotter in
KS 201 oder die Verbrauchsleistung Probenanalyse in KS 102 zu ermitteln. Hinsichtlich der **innerbetrieblichen Verbrauchsleistungen** sind Parallelen zur Sekundärkostenrechnung offensichtlich. Während die belieferte Kostenstelle auf der
Basis angefallener Kosten belastet wird, erfolgt zugleich eine Entlastung der lie-
fernden Kostenstelle in gleicher Höhe. Dies bedeutet implizit, dass der liefernden
Stelle eine Leistung in Höhe der sekundären Kosten der gelieferten innerbetriebli-
chen Güter zugerechnet wird. Dass die Kosten der empfangenden Stelle auch als
Leistung der liefernden Stelle anzusehen sind, wird durch der Bezeichnung der
Sekundärkostenrechnung als innerbetriebliche Leistungsrechnung deutlich.
Bei dieser Form der kostenorientierten Bewertung von Leistungen[1] umfasst die
Sekundärkostenrechnung damit bereits die innerbetriebliche Leistungsrechnung. Im
Zementwerk Idelsdorf werden auf diese Weise Verbrauchsleistungen in Höhe von
7.497.926 € für die Kostenstelle 201 und 1.843.947 € für die Kostenstelle 102 ge-
mäß Abbildung 75 ermittelt.

Erbringt das Unternehmen auch **innerbetriebliche Gebrauchsleistungen** (z.B.
Maschinen, Patente, Gebäude), werden die zugehörigen Güter in der Bestandsrechnung für innerbetriebliche aktivierbare Güter erfasst und im kalkulatorischen Anlagevermögen aktiviert. Die Kalkulation der Gebrauchsleistung eines selbst erstellten
aktivierbaren Guts als **eigenständiges Kalkulationsobjekt in der Kostenrechnung** entspricht der Kalkulation der Kosten eines Absatzprodukts. Basiert die Bemessung des im kalkulatorischen Anlagevermögen aktivierten Betrags auf einem
kostenorientierten Wertansatz und wird in der Kostenrechnung die entsprechende
Gebrauchsleistung separat kalkuliert, erübrigt sich auch in diesem Fall eine Leistungsrechnung. Wird das aktivierbare Gut in späteren Perioden im Produktionsprozess eingesetzt, werden die aus seiner Nutzung resultierenden Kosten als Abschreibungskosten analog zur Behandlung einer fremd beschafften Maschine in der Primärkostenrechnung erfasst.

---

[1]   Vgl. zur Definition des kostenorientierten Leistungsbegriffs 1.2.2.2.5.

Um die Leistungen eines Unternehmen vollständig zu erfassen, sind schließlich im Rahmen einer **Bestandsrechnung der unfertigen und fertigen Produkte** die bewerteten Bestandszunahmen als Bestandsleistungen zu ermitteln.[1] Zur Erfassung der Bestandsänderungen werden die bei der Erfassung der Mengenkomponente der Materialkosten dargestellten Verfahren angewendet.[2] Im Zementwerk Idelsdorf haben sich in der Abrechnungsperiode die Bestände an Rohschotter um 50.000 t sowie an Rohmehl um 11.600 t erhöht. Bei der unterstellten kostenorientierten Bewertung kann auch hier auf die Ergebnisse der Kostenkalkulation zurückgegriffen werden. Werden die im Rahmen der dreistufigen Kostenkalkulation ermittelten Kosten als Wertansatz für die Bestandszunahmen herangezogen, ergeben sich gemäß Abbildung 87 Bestandsleistungen als nicht endgültig realisierte Leistungen von 1.298.792 €. Eine separate Bestandsrechnung ist in der Leistungsrechnung nur dann erforderlich, wenn Wertansätze auf der Basis von Absatzpreisen verwendet werden. Auch für unfertige Güter ist eine absatzpreisorientierte Bewertung möglich, indem die Absatzpreise der fertigen Güter um die noch erforderlichen Kosten bis zur Fertigstellung der Produkte gekürzt werden.

Eine durchgehend kostenorientierte Bewertung zur Ermittlung der Leistungen eines Unternehmens ermöglicht damit die **Reduktion der Leistungsrechnung auf eine reine Erlösrechnung**. Die Ausprägungen der übrigen Leistungskategorien lassen sich der Kostenkalkulation entnehmen. Deshalb werden die Ausführungen im Folgenden auf die Darstellung der Erlöskalkulation beschränkt.

Der konzeptionelle Aufbau einer Erlöskalkulation entspricht dem der Kostenkalkulation. In analoger Vorgehensweise ist zu ergründen, welche Erlöse erwirtschaftet werden, wo dies geschieht und für welchen Zweck. Die Kalkulation der Erlöse eines Kalkulationsobjekts, z.B. einer Produkteinheit, erfordert daher zunächst die Erfassung der insgesamt in einer Periode erbrachten Erlöse im Rahmen einer **Erlösartenrechnung**.

> Die erste Stufe einer Erlöskalkulation wird als *Erlösartenrechnung* bezeichnet. Die Erlösartenrechnung erfasst und strukturiert die in einer Periode erbrachten Erlöse des Unternehmens.

Erschöpft sich die Kalkulation in einer Erlösartenrechnung, führt eine somit **einstufige Kalkulation** nur zum strukturierten Ausweis der Erlöse des Unternehmens.

Die Ermittlung der einer Produkteinheit zuzurechnenden Erlöse erfordert mindes-

---

[1]   Bestandsminderungen führen zu Kosten, die in der Primärkostenrechnung zu erfassen sind.
[2]   Vgl. 2.2.1.3.1.

tens eine weitere Kalkulationsstufe, die **Erlösträgerstückrechnung**.

> Die Zurechnung der Erlöse auf Produkteinheiten als Kalkulationsobjekte innerhalb der letzten Stufe einer Kalkulation wird als *Erlösträgerstückrechnung* bezeichnet.

Erlöskalkulationen von Produkteinheiten können zwei- oder dreistufig erfolgen. In einer dreistufigen Kalkulation wird zur Erzielung einer höheren Genauigkeit der Erlöskalkulation eine **Nebenrechnung** als zweite Stufe der Kalkulation eingeschoben. In der Regel ist dies eine **Erlösstellenrechnung**. In einer dreistufigen Kalkulation können Einzel- und Gemeinerlöse unterschiedlich behandelt werden. Während die Verteilung der Einzelerlöse per definitionem nach dem Zuordnungsprinzip direkt auf die Absatzprodukteinheiten erfolgen kann, werden die Gemeinerlöse zunächst den Orten ihrer Entstehung zugerechnet. In der Erlösstellenrechnung erfolgen dann die Verteilung der Gemeinerlöse und die Ermittlung von Zuschlagssätzen. In der Regel findet dabei das Erlöstragfähigkeitsprinzip als spezifische Ausprägung des Verteilungsprinzips Anwendung. So wird Produkten mit hohen Einzelerlösen auch ein entsprechend hoher Anteil an Gemeinerlösen zugerechnet. Da Einzelerlöse in der Regel die Bezugsgröße für die Gemeinerlöse darstellen, müssen sie stets in den Erlösstellen ausgewiesen werden.

Erlöskalkulationen mit mehr als drei Stufen sind ungebräuchlich. Der Grund dafür liegt in der Tatsache, dass Einzel- und Gemeinerlöse stets unmittelbar am Kalkulationsobjekt Produkteinheit anknüpfen. Bei Kostenkalkulationen ist im Gegensatz dazu ein großer Kostenteil auf die Kalkulationsobjekte Produkteinheiten zu verrechnen (Gemeinkosten), der nur mittelbar mit deren Erstellung in Beziehung steht. Die Überwindung dieser nur losen Kopplung hat in der Kostenrechnung zur Entwicklung von vierstufigen Kalkulationsformen geführt. Diese Notwendigkeit besteht bei der Erlöskalkulation nicht.

Einen zusammenfassenden Überblick bietet Abbildung 100, wobei unterstellt wird, dass die primär interessierenden Kalkulationsobjekte die Mengeneinheiten der Absatzprodukte sind.

3.1.2 Erlösrechnungssysteme

Die organisatorische Durchführung der Erlöskalkulation erfolgt in der Regel im Zweikreissystem, das heißt, die Kalkulation wird außerhalb der Finanzbuchhaltung meist in Tabellenform realisiert. Dabei ist auf eine möglichst einfache Abstimmung zwischen beiden Rechnungssystemen zu achten.

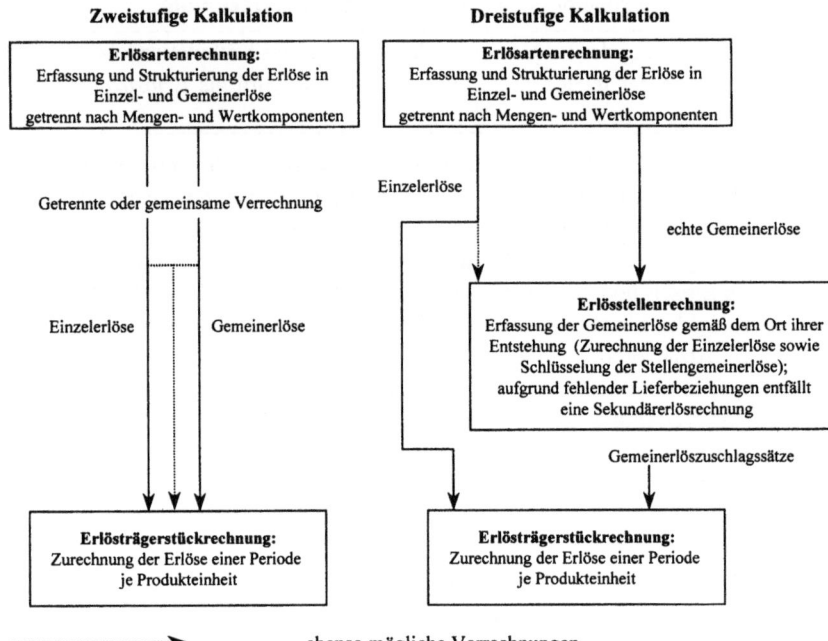

Abbildung 100: Überblick über Strukturformen der operativen Erlöskalkulation

Hinsichtlich des Umfangs der zuzurechnenden Erlöse lassen sich analog zur Kostenrechnung Voll- und Teilerlösrechnungen, hinsichtlich des Zeitbezugs retrospektive und prospektive Erlösrechnungen unterscheiden. Ist- und Normalerlöse sind Vertreter der ersten, Prognose- und Sollerlöse Vertreter der zweiten Gruppe:

Isterlöse sind bewertete sachzielbezogene Gütererstellungen einer abgelaufenen Periode, die bereits am Absatzmarkt realisiert sind.

Normalerlöse sind durchschnittlich in vergangenen Perioden angefallene Isterlöse.

Prognoseerlöse sind erwartete, bewertete sachzielbezogene Gütererstellungen eines Unternehmens in einer künftigen Periode, die in der betreffenden Periode am Absatzmarkt realisiert werden.

Sollerlöse bezeichnen diejenigen Erlöse einer zukünftigen Periode, die im Rahmen der Lenkung als Zielgrößen vorgegeben werden.

Die **folgenden Ausführungen** beschränken sich auf die Kalkulation abgesetzter Produkteinheiten **auf der Grundlage einer Isterlösrechnung auf Vollerlösbasis.**

3.1.3 Eignung der Isterlösrechnung für operative Managementaufgaben

Für die Lösung **operativer Kontrollaufgaben** ist eine Erlösrechnung eingeschränkt geeignet. Im Rahmen der Erlöskontrolle von Absatzprozessen in Form eines Soll-Ist-Vergleichs sind Isterlösgrößen als Kontrollgrößen unbedingt erforderlich. Im Rahmen von Zeit- und Betriebsvergleichen finden Isterlöse auch als Vergleichsgrößen Verwendung. Da ihnen jedoch der Maßstabscharakter fehlt, sind die Ergebnisse eines Vergleichs mit Vorsicht zu genießen. Zur Lösung von **operativen Entscheidungs- und Lenkungsaufgaben** ist eine Isterlösrechnung genauso ungeeignet wie eine Istkostenrechnung.

3.2 Zweistufige Erlöskalkulation von Produkteinheiten

Zunächst wird die zweistufige Erlöskalkulation gemäß Abbildung 101 dargestellt.

1. Kalkulationsstufe:	Erlösartenrechnung
2. Kalkulationsstufe:	Erlösträgerstückrechnung

Abbildung 101: Zweistufige Erlöskalkulation von Produkteinheiten

3.2.1 Erlösartenrechnung als erste Stufe der operativen Erlöskalkulation von Produkteinheiten

3.2.1.1 Konzeptionelle Grundlagen

Die Erlösartenrechnung bildet die erste Stufe der Erlöskalkulation. Ihre Aufgabe besteht in der systematischen Erfassung aller in einer Periode angefallenen Isterlöse. Grundlage der Erlösartenrechnung sind Belege der Finanzbuchhaltung. Es ergibt sich folgender **Aufbau** der Erlösartenrechnung:

1. **Erstellung eines Erlösartenplans**, der sämtliche Erlösarten eindeutig definiert und strukturiert.
2. **Erfassung der Isterlöse der einzelnen Erlösarten**: Aufgrund der Definition von Erlösen als am Absatzmarkt realisierte Leistungen bietet sich zur Erfassung der **Isterlöse** analog der Kostenartenrechnung die differenzierte Ermittlung von Mengen- und Wertkomponente an. Zusätzlichen Informationsgehalt im Hinblick auf die Erlösträgerstückrechnung erhält die Erlösartenrechnung durch eine Trennung von Einzel- und Gemeinerlösen:

a) Erfassung der jeweiligen Wertkomponenten je Erlösart,
b) Erfassung der jeweiligen Mengenkomponenten je Erlösart,
c) Strukturierung der erfassten Erlöse in Einzel- und Gemeinerlöse.

Falls Mengen- und Wertkomponente nicht getrennt erfassbar sein sollten, erfolgt eine direkte Erfassung des Isterlösbetrags. Im Vergleich zur Kostenartenrechnung spielt die direkte, nicht nach Mengen- und Wertkomponente differenzierte Erfassung von Isterlösen in der Erlösartenrechnung eine deutlich größere Rolle. Der Grund dafür liegt in der Entstehung und der Beschaffenheit der Gemeinerlöse, die in der Regel nicht auf **einer** expliziten Mengenkomponente beruhen, sondern sich letztlich aus Einzelerlösen ableiten (z.b. Rabatte).

Im Rahmen der Erlösartenrechnung kann des Weiteren eine Differenzierung der Erlöse in zahlungs- und nicht zahlungswirksame Erlöse vorgenommen werden. Da **Erlöse** per definitionem am Absatzmarkt realisierte Leistungen sind, handelt es sich stets um **Grundleistungen**.

3.2.1.2 Definition und Strukturierung der Erlöse – Erlösartenplan –

In der Erlösartenrechnung gilt es die zu erfassenden Erlöse überschneidungsfrei zu definieren und zu strukturieren. Die externe Rechnungslegung ist dabei wenig hilfreich. Nach § 277 Abs. 1 HGB sind nur die Nettoerlöse auszuweisen, das heißt, die Umsatzerlöse nach Abzug von Erlösschmälerungen und Umsatzsteuer. Für Zwecke des internen operativen Managements empfiehlt sich eine tiefere Strukturierung der Erlösarten. Ein für die betriebliche Disposition hinreichend aussagekräftiger Erlösartenplan mit vier Haupterlösarten könnte wie in Abbildung 102 aussehen.

Analog zur Kostenrechnung wird die Umsatzsteuer auch im Folgenden nur als Durchlaufposten behandelt. Bei der weit überwiegenden Mehrzahl der angeführten Erlösarten handelt es sich um Korrekturposten eines Basiserlöses. Sie haben somit den Charakter von **Erlösberichtigungen**, die in den meisten Fällen ein negatives Vorzeichen besitzen. Deshalb werden sie als **Erlösminderungen** oder **Erlösschmälerungen** bezeichnet. Die bekanntesten Vertreter dieser Gruppe sind Rabatte und Skonti. Trotz ihres negativen Vorzeichens sind **Erlösschmälerungen keine Kosten**, da ihnen kein Güterverbrauch zugrunde liegt. In seltenen Fällen haben die Erlösberichtigungen ein positives Vorzeichen. Dann werden sie als **Erlöszuschläge oder Erlösmehrungen** bezeichnet. Beispiele sind Mindermengenzuschläge oder Währungsgewinne bei in Fremdwährung fakturierten Rechnungsbeträgen.

Haupterlösarten	Erlösarten
1. Basiserlöse	Mengenproportionale Erlöse
2. Von Menge, Wert und Übernahme bestimmter Aufgaben abhängige Erlöse	• Mengenrabatte (Treue-, Perioden- oder Auftragsrabatte) und Mindermengenzuschläge • Funktionsrabatte (bei Übernahme von mit dem Absatz von Produkten an Endverbraucher verbundenen Tätigkeiten wie z.B. Großhandelsrabatt)
3. Von Zahlungsbedingungen abhängige Erlöse	• Skonti (bei Einhaltung von Zahlungszielen) • Währungsbedingte Erlöse (aufgrund der Änderung von Währungsparitäten im Exportgeschäft)
4. Vom Eintritt bestimmter Risiken abhängige Erlöse	• Debitorenausfälle wegen Insolvenzen • Preisnachlässe und Gutschriften (bei minderwertiger Qualität abgesetzter Produkte) • Schadenersatz (bei verspäteter oder mangelhafter Lieferung)

Abbildung 102: Strukturierung der Erlösarten[1]

Um die Aussagefähigkeit der Erlösartenrechnung zu erhöhen, sind zusätzliche Unterteilungen der im Erlösartenplan ausgewiesenen Erlöse möglich. Nach dem Kriterium der Zurechenbarkeit auf die abgesetzten Mengeneinheiten lassen sich Erlöse in **Einzel- und Gemeinerlöse** differenzieren. Der Stück- oder Listenpreis eines Produkteinheit hat dabei stets Einzelerlöse zur Folge. Periodenrabatte haben hingegen in der Regel Gemeinerlöscharakter.

Im Rahmen der Erlösartenrechnung können die einzelnen Erlösarten zusätzlich in fixe oder variable Erlöse gegliedert werden. Eine solche Gliederung kann jedoch per se nicht für eine ganze Erlösart vorgenommen werden. Welche Erlöse im Einzelfall fix oder variabel sind, ist von den Gegebenheiten des jeweils betrachteten Unternehmens abhängig. Unabhängig von der abgesetzten Menge anfallende Erlöse werden als **fixe Erlöse** bezeichnet. Beispiele sind etwa die Erlöse, die Versorgungsunternehmen als periodische Nutzungsgebühr erzielen. Die monatliche Nutzungsgebühr ist dabei unabhängig von den jeweils vom Kunden in Anspruch genommenen Mengen an Strom, Wasser oder Nutzungszeit. Der Terminus „fix" besagt auch hier nicht, dass fixe Erlöse nicht beeinflussbar sind. Kunden können im Rahmen der vertraglich vereinbarten Fristen kündigen oder auf andere Tarife umsteigen. Damit können sich fixe Erlöse durchaus ändern. **Variable Erlöse** treten –

---

[1]   Vgl. Kloock/Sieben/Schildbach/Homburg (2005), S. 174.

analog zu den Kosten – in verschiedenen Ausprägungen auf. Verhalten sich Erlöse proportional zu den abgesetzten Produkteinheiten, liegen proportionale Erlöse vor. Die durchschnittlichen Erlöse je Mengeneinheit sind in diesem Fall konstant. Auch nichtproportionale Erlösverläufe sind denkbar; der konkrete Erlösverlauf hängt dabei, z.B. bei Rabatten, von der konkreten Ausgestaltung der Rabattkonditionen ab. Eine Übersicht über mögliche Erlösverläufe gewährt Abbildung 103.

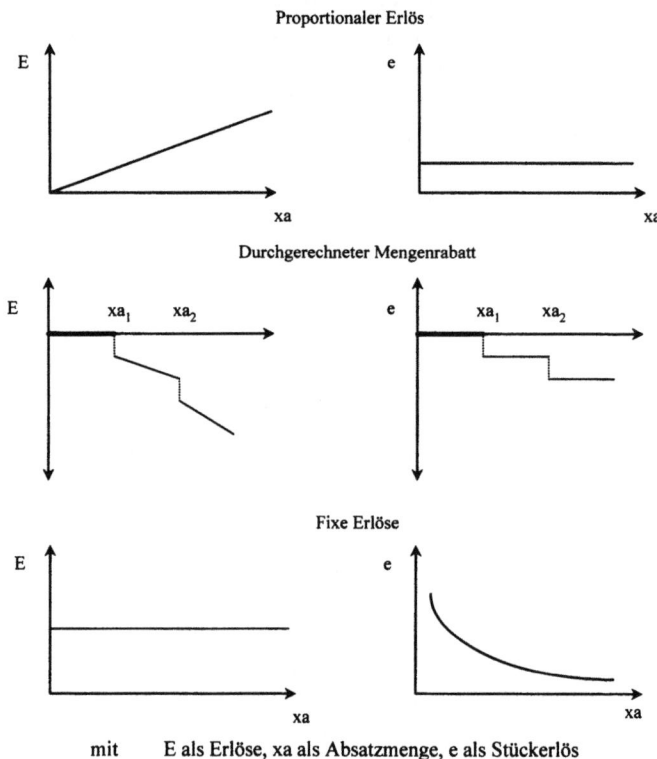

mit   E als Erlöse, xa als Absatzmenge, e als Stückerlös

Abbildung 103: Erlösverläufe in Abhängigkeit von Beschäftigungsänderungen

Zur Vermeidung von Ungenauigkeiten bei der Erlöskalkulation sollten die Grundsätze ordnungsgemäßer Kostenartenrechnung auch bei der Gestaltung einer Erlösartenrechnung analoge Anwendung finden.[1]

---

[1]   Vgl. 2.2.1.2.

3.2.1.3 Erfassung der Isterlöse

Während die Preise je Mengeneinheit in der Regel für alle Kunden identisch sind, resultiert die Höhe aller Gemeinerlöse aus der konkreten Beziehung zwischen dem liefernden Unternehmen und seinem Kunden. Je nach Menge, Bruttorechnungsbetrag, Länge der Lieferbeziehung, Zahlungsmodalitäten, Händlerstatus, Absatzweg, Sitzland und Bonität eines Abnehmers werden ihm verschiedene Konditionen gewährt. Unter Berücksichtigung der gewünschten Kalkulationsgenauigkeit kann es daher bereits im Rahmen der Erlösartenrechnung sinnvoll sein, die Erlösarten etwa nach Absatzwegen, Kundengruppen oder Teilmärkten abzugrenzen.

Auch im Rahmen der Erlösrechnung stellt sich ein **Periodisierungsproblem**. Einige Erlösarten können auch **außerhalb** der betrachteten Abrechnungsperiode **begründet** sein, aber **in der Abrechnungsperiode erlösmindernd** wirksam werden. Dieses Problem betrifft etwa die Erlösarten, die von den Zahlungsbedingungen oder dem Eintritt bestimmter Risiken abhängig sind. Auch bei der Einräumung eines Periodenrabatts tritt dieses Problem auf. So könnte der Fall auftreten, dass ein Kunde in der Abrechnungsperiode August einen Jahresrabatt erhält, der auch auf den Erlösen der Vormonate beruht, aber in der laufenden Abrechnungsperiode zu einer Erlösminderung führt. In einer Isterlösrechnung werden kontrollrelevante Erlöse in ihrer tatsächlichen Höhe erfasst. Bei nicht-kontrollrelevanten Erlösen und im Rahmen einer **Planerlösrechnung** wäre die Einführung von normalisierten Erlösberichtigungen denkbar, mithin Wagniserlösen als Pendant zu Wagniskosten.

Im Rahmen der Erlösartenrechnung sind für das Zementwerk Idelsdorf in der Abrechnungsperiode Nettoerlöse von insgesamt 132.753.725 € gemäß Abbildung 104 ermittelt worden. Sie ergeben sich aus Bruttoerlösen in Höhe von 162.524.000 € abzüglich Erlösminderungen von 29.770.275 €. Die Erlösminderungen resultieren dabei aus dem Kundenkreis, den verschiedenen Lieferanten-Kundenbeziehungen sowie deren spezifischen Ausgestaltungen:

	CEM I	CEM I (Sackware)	CEM II	CEM III	Zement-klinker	Gesamt
Absatzmengen [t]	686.200	43.800	110.000	130.000	30.000	1.000.000
Einzelerlös [€/t]	164,00	194,00	162,00	159,00	100,00	
Bruttoerlöse [€]	112.536.800	8.497.200	17.820.000	20.670.000	3.000.000	162.524.000
Funktionsrabatte [€]						-23.953.740
Auftragsrabatte [€]						-4.766.817
Skonti [€]						-1.049.718
Gemeinerlöse [€]						-29.770.275
Nettoerlöse [€]						132.753.725

Abbildung 104: Erlösartenrechnung im Zementwerk Idelsdorf

- Das Zementwerk Idelsdorf setzt seine Produkte an die weiterverarbeitende Industrie (ausschließlich Siloprodukte aller Sorten zum Bruttoerlös von 154.026.800 €) und den Baustoffhandel (ausschließlich CEM I Sackware zum Bruttoerlös von 8.497.200 €) ab.

- Die Abnehmer aus der weiterverarbeitenden Industrie erhalten für die Übernahme von Absatzmittlerfunktionen 15%, der Baustoffhandel erhält 10% Funktionsrabatt auf alle Stückpreise.[1]

- In Abhängigkeit vom Auftragswert wird den Kunden ein Auftragsrabatt auf den Auftragsbruttoerlös (= Differenz von Auftragsbasiserlös und Funktionsrabatt) gewährt. Beim Zementwerk Idelsdorf machen die Aufträge zwischen 100.000 € und 200.000 € 28% des Bruttoerlöses sowie die Aufträge über 200.000 € 52% aus. 20% des Bruttoumsatzes entfallen auf Aufträge unter 100.000 €. Der Auftragsrabatt beträgt:
  - 3% für 100.000 € < Auftragsbruttoerlös ≤ 200.000 €
  - 5% für 200.000 € < Auftragsbruttoerlös.

- Bei Einhaltung des Zahlungsziels von 8 Tagen nach Rechnungseingang erhalten die Kunden des Zementwerks Idelsdorf 2% Skonto auf den Auftragsnettoerlös (= Differenz von Auftragsbruttoerlös und Auftragsrabatt). Für 40% des Umsatzes mit der weiterverarbeitenden Industrie sowie für 25% des Umsatzes mit dem Baustoffhandel wird Skonto fällig.

3.2.2 Erlösträgerstückrechnung als zweite Stufe der operativen Erlöskalkulation von Produkteinheiten

3.2.2.1 Konzeptionelle Grundlagen

Analog zur Kostenkalkulation können im Rahmen der Erlösträgerstückrechnung der zweistufigen Erlöskalkulation Methoden der Divisions- oder Zuschlagsrechnung zur Verteilung der Erlöse auf die abgesetzten Produkteinheiten verwendet werden.[2] Lediglich die Methode der einfachen differenzierenden Zuschlagsrechnung ist nicht anwendbar, da sich der einer Produkteinheit als Einzelerlös zuzuordnende Stückpreis nicht in zwei Komponenten aufteilen lässt, wie es bei der Kostenrechnung mit den Einzellohn- und den Einzelmaterialkosten der Fall ist. Zudem entfallen die mehrstufigen Varianten der Divisionsmethode, da sich der Absatz im Unternehmen in einer Stelle vollzieht. In Anlehnung an Abbildung 37 können da-

---

[1] So ergeben sich z.B. die Funktionsrabatte in Abbildung 104:
$23.953.740 \text{€} = 8.497.200 \text{€} \cdot 0,1 + (162.524.000 \text{€} - 8.497.200 \text{€}) \cdot 0,15$

[2] Vgl. 2.2.2.

mit die folgenden Zurechnungsmethoden Anwendung finden:

Abbildung 105: Zurechnungsmethoden bei zweistufiger Erlöskalkulation

3.2.2.2 Reine Divisionsrechnung

Bei Anwendung der reinen Divisionsrechnung wird die Summe aus Einzel- und Gemeinerlösen, also die Nettoerlöse der Abrechnungsperiode, den abgesetzten Produkteinheiten als Erlösträgern zugerechnet.

$$ne = \frac{NE}{xa} \qquad \text{(3-1)}$$

mit: ne   Nettoerlös je ME
         NE   Nettoerlöse der Periode
         xa   Absatzmenge

Für das Zementwerk Idelsdorf ergeben sich die folgenden Nettoerlöse je abgesetzter Mengeneinheit:

$$ne = \frac{132.753.725\,€}{1.000.000\,t} = 132,753725\ \frac{€}{t}$$

Die reine Divisionsrechnung führt in ihrer pauschalen Zurechnung nur in eingeschränkten Fällen zu plausiblen Kalkulationsergebnissen. Grundvoraussetzung ist wie in der Kostenkalkulation, dass nur eine Produktart abgesetzt wird.[1] Dies wird im Zementwerk Idelsdorf besonders deutlich. Der Zementklinker, für den ein Stückpreis (Bruttoerlös) von 100 €/t angesetzt wird, weist nach der Durchführung der Divisionsrechnung einen Nettoerlös von 132,753725 €/t auf. Da im Zementwerk Idelsdorf nur Erlösschmälerungen auftreten, ist der Widersinn dieses Ergebnisses offensichtlich.

Die Anwendung der mehrstufigen Divisionsrechnung für Zwecke der Erlöskalkula-

---

[1]   Es wären auch mehrere Produktarten mit identischem Stückpreis möglich.

tion erübrigt sich, da sich die Erlösrealisation in einem Unternehmen nicht auf mehreren Stufen vollzieht.

3.2.2.3 Divisionsrechnung mit Äquivalenzziffern

> Eine *Äquivalenzziffer* im Rahmen der Erlösrechnung ist eine Verhältniszahl, die den relativen Beitrag je Mengeneinheit zweier Produktsorten zur Erlösentstehung wiedergibt.

Wird unterstellt, dass sich die Gemeinerlöse proportional zu den Einzelerlösen verhalten, ist es rational, die Äquivalenzziffern auf der Basis der Stückpreise der Absatzprodukte zu bilden. Für die Erlöskalkulation des Zementwerks Idelsdorf gilt dann CEM I (lose Ware) : CEM I (Sackware) : CEM II : CEM III : Zementklinker = 164 : 194 : 162 : 159 : 100. Hieraus lässt sich die Äquivalenzziffernreihe gemäß Abbildung 106 mit CEM I (lose Ware) als Einheitsprodukt ermitteln.

In Anwendung der Rechenschritte aus 2.2.2.3 ergeben sich damit 991.000 RE. Zur Ermittlung der Nettoerlöse je Rechnungseinheit werden die Nettoerlöse der Abrechnungsperiode gemäß Abbildung 106 durch SRE dividiert:

$$ne = \frac{NE}{SRE} = \frac{132.753.725\,€}{991.000\,RE} = 133{,}959360\,\frac{€}{RE} \qquad (3\text{-}2)$$

mit:

NE	Nettoerlöse der Periode
ne	Nettoerlös je Rechnungseinheit
RE	Rechnungseinheit
SRE	Summe der Rechnungseinheit

Sorte	(1) Äquivalenzziffer z_n	(2) Zahl der erstellten Produkteinheiten xp_n [t]	(3) = (1) x (2) Rechnungseinheiten [RE]
CEM I	1,000000	686.200	686.200,00
CEM I (Sackware)	1,182927	43.800	51.812,20
CEM II	0,987805	110.000	108.658,55
CEM III	0,969512	130.000	126.036,56
Zementklinker	0,609756	30.000	18.292,68
SRE			991.000
Nettoerlöse [€]			132.753.725
Nettoerlös für CEM I ne [€/t]			133,959360

Abbildung 106: Ermittlung der Nettoerlöse je Rechnungseinheit im Zementwerk Idelsdorf

Gemäß Abbildung 107 lassen sich die Nettoerlöse je Mengeneinheit der vier Produktarten im Zementwerk Idelsdorf ermitteln.

	(1)	(2)	(3) = (1) x (2)
Sorte	Nettoerlöse je RE bzw. Einheit des Einheitsprodukts [€/RE]	Äquivalenzziffer z_n	Nettoerlöse je Produkteinheit [€/ME]
CEM I	133,959360 = ne	1,0000000	133,959360
CEM I (Sackware)	133,959360 = ne	1,1829270	158,464144
CEM II	133,959360 = ne	0,9878050	132,325726
CEM III	133,959360 = ne	0,9695120	129,875207
Zementklinker	133,959360 = ne	0,6097560	81,682524
Gesamte Erlöse [€]			132.753.725

Abbildung 107: Ermittlung der Nettoerlöse je Mengeneinheit im Zementwerk Idelsdorf

Die Genauigkeit des Kalkulationsergebnisses hängt davon ab, wie gut die Äquivalenzziffern das Entstehen der Gemeinerlöse im Verhältnis zu den Einzelerlösen abbilden.[1] Aus Kontrollsicht liefert die Erlösrechnung zwar produktspezifische Ergebnisse. Um in nachfolgenden Kontrollrechnungen aber Abweichungsursachen aufzudecken, fehlt eine zusätzliche Zurechnung zu verantwortlichen Erlösstellen.

3.2.2.4 Summarische Zuschlagsrechnung

Im Gegensatz zu den Methoden der Divisionsrechnung wird bei der Zuschlagsrechnung eine Trennung von Einzel- und Gemeinerlösen vorgenommen. Während die Einzelerlöse nach dem Zuordnungsprinzip direkt den abgesetzten Produkteinheiten zugerechnet werden, sind die Gemeinerlöse auf der Basis einer einzigen Bezugsgröße, den Einzelerlösen, auf die abgesetzten Produkteinheiten zu verteilen. Verteilungsprinzip ist damit das Erlöstragfähigkeitsprinzip, nach dem Produkte, die hohe Einzelerlöse aufweisen, auch einen entsprechend hohen Satz an Gemeinerlösen tragen müssen. Der **(Gemeinerlös)Zuschlagssatz** ergibt sich, indem die gesamten Gemeinerlöse durch die Zuschlagsgrundlage, die gesamten Einzelerlöse, dividiert werden:

$$\text{Zuschlagssatz} = \frac{\text{Summe der Gemeinerlöse}}{\text{Summe der Einzelerlöse}} \cdot 100 \qquad (3\text{-}3)$$

---

[1] Im Rahmen der Divisionsrechnung ist auch eine Erlöskalkulation von Absatzkuppelprodukten vorstellbar. Absatzkuppelprodukte sind mehrere Produkte, für die ein gemeinsamer Erlös erzielt wird. Beispiele hierfür sind Besteck- und Werkzeugsets oder All-Inclusive-Reisen.

Der **Zuschlagssatz** übernimmt die Rolle der Äquivalenzziffern. Für das Zement-werk Idelsdorf betragen die gesamten Gemeinerlöse 29.770.275 €, die Einzelerlöse belaufen sich auf insgesamt 162.524.000 €. Damit gilt:

$$\text{Zuschlagssatz} = \frac{-29.770.275\,€}{162.524.000\,€} \cdot 100 = -18{,}317464\%$$

Auf dieser Basis lassen sich für das Zementwerk Idelsdorf die Nettoerlöse je Men-geneinheit gemäß Abbildung 108 ermitteln.

	CEM I [€/t]	CEM I (Sackware) [€/t]	CEM II [€/t]	CEM III [€/t]	Zement-klinker [€/t]	Gesamt [€]
Einzelerlöse	164,000000	194,000000	162,000000	159,000000	100,000000	162.524.000
Gemeinerlöse	-30,040641	-35,535880	-29,674292	-29,124768	-18,317464	-29.770.275
Nettoerlöse	133,959359	158,464120	132,325708	129,875232	81,682536	132.753.725

Abbildung 108: Nettoerlöse je Mengeneinheit bei summarische Zuschlagsrechnung im Ze-mentwerk Idelsdorf

Da es sich bei Gemeinerlösen in den meisten Fällen um Erlösschmälerungen han-delt, besitzen Gemeinerlöszuschlagssätze in der Regel ein negatives Vorzeichen. Daher liegt es nahe, von einem **Abschlagssatz** zu sprechen.

Die Ergebnisse der summarischen Zuschlagsrechnung stimmen (bis auf Rundun-gen) mit denen der Divisionsrechnung mit Äquivalenzziffern überein. Das ist nicht überraschend, da in beiden Fällen die Einzelerlöse die Bezugsgröße zur Verteilung der Gemeinerlöse darstellen. Die Verteilung der Gemeinerlöse nach der Methode der summarischen Zuschlagsrechnung ist sehr pauschal, da die Gründe für den tat-sächlichen Anfall der Gemeinerlöse nicht berücksichtigt werden. Die Anwendung der summarischen Zuschlagsrechnung ist daher nur dann akzeptabel, wenn der An-teil der Gemeinerlöse an den gesamten Erlösen relativ gering ist. Mit etwa 18% ist dies beim Zementwerk Idelsdorf nicht der Fall. Eine weitere Differenzierung der Erlöskalkulation ist insbesondere aus Kontrollsicht empfehlenswert, da für be-stimmte Kundengruppen, Absatzwege oder Teilmärkte differenziertere Ergebnisse benötigt werden.

3.3 Dreistufige Erlöskalkulation von Produkteinheiten

3.3.1 Konzeptionelle Grundlagen

So gut eine zweistufige Erlöskalkulation für die Kalkulation einer Reihe von Absatzprodukten geeignet sein mag, die in identischen Proportionen unter ähnlichen Absatzkonditionen und Umfeldbedingungen der Märkte verkauft werden, so wenig geeignet ist sie für die Kalkulation von Absatzprodukten, die gänzlich voneinander verschiedene Absatzkonditionen aufweisen. Für diese Fälle eines komplexen Absatzprogramms, bei dem die abgesetzten Produkte gänzlich andere Kanäle durchlaufen, ist zwischen die Erlösartenrechnung und die Erlösträgerstückrechnung eine **Nebenrechnung** einzufügen. Aufgabe dieser Nebenrechnung ist es dann, die erlösmäßigen Konsequenzen der unterschiedlichen Absatzmodalitäten realitätsgerechter zu erfassen, als dies mit den pauschalierenden Annahmen einer zweistufigen Kalkulation möglich ist. Nahe liegend ist es, die zweistufige Erlöskalkulation durch die Einführung einer weiteren Kalkulationsstufe zu einer dreistufigen Erlöskalkulation gemäß Abbildung 109 auszubauen, die auf die **Orte der Erlösentstehung** abstellt. Diesem Gedanken entsprechend werden Kontierungseinheiten, die so genannten Erlösstellen, gebildet und als zusätzliche Kalkulationsobjekte eingeführt. Die darauf aufbauende Nebenrechnung wird als **Erlösstellenrechnung** bezeichnet.

> *Erlösstellen* sind absatzmarktorientierte Kontierungseinheiten, denen (Gemein)erlöse zugerechnet werden. Die Überwälzung der Gemeinerlöse auf die Kalkulationsobjekte Produkteinheiten erfolgt dann mit Hilfe geeigneter Zuschlagssätze.

1. Kalkulationsstufe:	Erlösartenrechnung
2. Kalkulationsstufe:	Erlösstellenrechnung
3. Kalkulationsstufe:	Erlösträgerstückrechnung

Abbildung 109: Dreistufige Erlöskalkulation von Produkteinheiten

Im Rahmen der Erlösstellenrechnung werden die Erlöse zunächst auf der Grundlage von Belegen der Finanzbuchhaltung auf die Erlösstellen verteilt. Für die Verteilung von Erlösstellengemeinerlösen auf die Erlösstellen sind in Abhängigkeit von der Art der Erlösstellen geeignete Bezugsgrößen zu verwenden. Werden etwa Produktarten oder -gruppen als Erlösstellen definiert, so ist für die Verteilung solcher Gemeinerlöse, die sich auf den Verkauf mehrerer Produkte beziehen (z.B. Periodenrabatte), die Verwendung von Bezugsgrößen notwendig. Üblicherweise werden für die Behandlung solcher Erlösverbundenheiten unter Verwendung des Erlöstragfähigkeitsprinzips die Einzelerlöse als Bezugsgrößen herangezogen. Nach der Zurechnung der Erlösarten auf die Erlösstellen ist die Erlösstellenrechnung abgeschlossen. Eine in Analogie zur Kostenstellenrechnung aufzubauende Sekundärerlösrechnung ist nicht notwendig, da zwischen Erlösstellen keine Lieferbeziehungen bestehen. In einem letzten Schritt sind dann die Erlösstellenerlöse entstehungsgerecht auf die Kalkulationsobjekte zu verteilen. Als Kalkulationsobjekte können dabei eine Produkteinheit oder differenzierter eine Produkteinheit in einem Teilmarkt herangezogen werden.

Die **Aufgaben der Erlösstellenrechnung** sind damit

- die differenzierte Zurechnung der angefallenen Erlöse auf die Erlösträger (**Erlöskalkulationsfunktion**[1]) sowie
- die zielorientierte Erlöskontrolle an den Orten der Erlösentstehung (**Erlöskontrollfunktion**).[2]

Die Erfüllung beider Funktionen erfordert die **Erfassung der Erlöse in den Erlösstellen** als den Orten ihrer Entstehung.

Im Rahmen einer **Erlöskontrolle** besitzen die Erlösstellen als eigenständige Kalkulationsobjekte zusätzliche Bedeutung. Erlöskontrollen beinhalten unter anderem die Ermittlung, Analyse und Auswertung von Abweichungen zwischen Soll- und Isterlösen einer Erlösstelle (feedbackorientierte Kontrollen[3]). Die Durchführung von Erlöskontrollen soll dann die Erlösstellenverantwortlichen zu ergebnisbewusstem Handeln motivieren sowie Informationen über Erlössteigerungspotenziale vermitteln. Zu diesem Zweck empfiehlt es sich, die Einzelerlöse der Produkteinheiten explizit in den Erlösstellen auszuweisen. Auch im Rahmen der **Erlöskalkulationsfunktion** ist der explizite Ausweis der Einzelerlöse in den Erlösstellen empfehlenswert, da die in einer Erlösstelle gesammelten Gemeinerlöse der Produkteinheit auf der Grundlage der Einzelerlöse nach dem Erlöstragfähigkeitsprinzip auf die Produkte verteilt werden.

3.3.2 Erlösstellenrechnung als zweite Stufe der operativen Erlöskalkulation von Produkteinheiten

3.3.2.1 Konzeptionelle Grundlagen

Die Durchführung einer Erlösstellenrechnung vollzieht sich in vier Schritten:

---

[1] In der Literatur findet sich auch der Begriff der Erlösvermittlungsfunktion; vgl. z. B. Kloock/Sieben/Schildbach/Homburg (2005), S. 178.

[2] Ebenda, S. 178.

[3] Vgl. 1.1.2.3.

1. **Bildung von Erlösstellen,**
2. Erfassung von Erlösstellen und Erlösarten in strukturierter Form (**Erlösabrechnungsbogen**),
3. Verteilung der (Gemein)erlöse der Produkteinheiten in erlösartenspezifischer Gliederung auf die Erlösstellen und **Ermittlung der Gesamterlöse je Erlösstelle als Nettoerlöse,**
4. Ermittlung von **Zuschlagssätzen** zur Vorbereitung der Verteilung der Erlösstellenerlöse auf die Produkteinheiten.

Die beiden ersten Schritte werden in einem Unternehmen in der Regel aus Gründen der Abrechnungsstetigkeit nur in größeren zeitlichen Abständen durchgeführt. Die beiden letzten Schritte sind hingegen in jeder Abrechnungsperiode den aktuellen Gegebenheiten anzupassen.

3.3.2.2 Bildung von Erlösstellen

Während sich die Bildung von Kostenstellen am Produktionsprozess orientiert, richtet sich die Bildung von Erlösstellen primär an den unternehmensspezifischen Absatzmarktbeziehungen eines Unternehmens aus.

Der Gesetzgeber fordert in § 285 Abs. 4 HGB auch für Zwecke der externen Rechnungslegung eine Segmentierung der Umsatzerlöse nach Tätigkeitsbereichen sowie nach geographisch bestimmten Märkten. Im Rahmen der internen Erlöskalkulation empfiehlt sich in der Regel eine feinere Erlösstellengliederung. Die Einteilung eines Unternehmens in Erlösstellen sollte dabei möglichst den folgenden Grundsätzen genügen:

- Eine Erlösstelle sollte einen eigenständigen Verantwortungsbereich darstellen (**verantwortungsorientierte Erlösstellenbildung**).
- Eine Erlösstelle sollte eine homogene Erlösstruktur in dem Sinne aufweisen, dass sich je Erlösstelle eine Bezugsgröße finden lässt, die sowohl Maßgröße der Erlösentstehung ist als auch zur entstehungsgerechten Verteilung der Erlösstellenerlöse auf die dort abgesetzten Produkte dienen kann. Dabei werden in der Regel die Einzelerlöse der in der Erlösstelle abgesetzten Produkte als Bezugsgröße verwendet (**erlösstrukturorientierte Erlösstellenbildung**).
- Die (Gemein)erlöse sollten sich auf jede Erlösstelle anhand der Erlösbelege der Finanzbuchhaltung möglichst eindeutig verbuchen lassen (**kontierungsorientierte Erlösstellenbildung**).

Insbesondere nach den beiden letztgenannten Kriterien muss ein Kompromiss hinsichtlich des Feinheitsgrads der Aufteilung eines Unternehmens in Erlösstellen gefunden werden. Denn während bei erlösstrukturorientierter Erlösstellenbildung eher kleine Erlösstellen zu bilden sind, ist eine eindeutige Kontierung offensichtlich bei großen Kontierungseinheiten leichter vorzunehmen.

Weiteren Einfluss auf die Erlösstellenbildung können die Kriterien der **kundenorientierten oder** der **absatzorganisatorisch orientierten Erlösstellenbildung** nehmen. Im ersten Fall lassen sich etwa Großhändler, Einzelhändler und Konsumenten unterscheiden. Im zweiten Fall ist z.B. eine Strukturierung in Direkter und Indirekter Vertrieb als Absatzwege denkbar. Auch eine **geographisch orientierte Erlösstellenbildung** ist hierbei vorstellbar, desgleichen eine **produkt- oder produktgruppenorientierte Erlösstellenbildung** sowie eine **Branchenorientierung**. Letztlich gilt es für jede Erlösstelle als Mindestanforderung sicherzustellen, dass möglichst homogene Absatzbedingungen und eine eindeutige Vertriebsverantwortung bestehen.[1]

Für einen tieferen Einblick in die Erlösentstehung empfiehlt sich die sukzessive Kombination verschiedener Kriterien. So lassen sich **Erlösstellenhierarchien** mit verschiedenen Ebenen bilden, etwa ausgehend von den Absatzprodukten eines Unternehmens über geographische Teilmärkte zu Kundengruppen.[2]

Bei einer Erlösstelle handelt es sich stets um eine **Haupterlösstelle**, da sie per definitionem am Absatz von Produkten beteiligt ist. Aufgrund des Fehlens innerbetrieblicher Lieferbeziehungen zwischen Erlösstellen erübrigt sich auch eine der Kostenstellenrechnung analoge Trennung in Vor- und Enderlösstellen.

3.3.2.3 Strukturierte Erfassung von Erlösstellen und Erlösarten (Erlösabrechnungsbogen)

Die abrechnungstechnische Durchführung der Erlösstellenrechnung kann in Konten- oder tabellarischer Form erfolgen. In Tabellenform werden im **Erlösabrechnungsbogen (EAB)** die Einzel- und Gemeinerlösarten zeilenweise und die Erlösstellen spaltenweise aufgeführt und gegenübergestellt. In der Kopfzeile des EAB können darüber hinaus die Ebenen einer Erlösstellenhierarchie visualisiert werden. Auf der Grundlage der Erlösartenrechnung werden die Erlöse in erlösartenspezifischer Gliederung in die Vorspalte des EAB übertragen. Beispielhaft zeigt Abbildung 110 einen EAB.

---

[1] Vgl. Engelhardt (1993), S. 665.

[2] Vgl. Abbildung 6 und zu einem Beispiel: Kolb (1978), S. 62.

	Gesamt	Region 1				...	Region R			
		Kundengruppe 1		... Kundengruppe K			Kundengruppe 1		... Kundengruppe K	
		P_1	... P_n	P_1	... P_n		P_1	... P_n	P_1	... P_n
Bruttoerlöse										
Gemeinerlösart 1 ... Gemeinerlösart H **Gemeinerlöse**										
Nettoerlöse										

mit P_n: n-te Produktart

Abbildung 110: Aufbau eines Erlösabrechnungsbogens (EAB)

3.3.2.4 Verteilung der (Gemein)erlöse auf Erlösstellen (Primärerlösrechnung)

Die Vorgehensweise bei der Verteilung der Erlöse auf die Erlösstellen ist vom Charakter der Erlösarten abhängig. Handelt es sich um Produkt- oder Erlösstelleneinzelerlöse, so ist deren Zurechnung auf die Erlösstellen nach dem Zuordnungsprinzip eindeutig möglich. Erlösstellengemeinerlöse müssen mittels geeigneter Bezugsgrößen auf der Basis des Durchschnitts- oder Erlöstragfähigkeitsprinzips verteilt werden. Erlösstellengemeinerlöse treten z.b. dann auf, wenn konkrete Absatzgeschäfte und gebildete Erlösstellen nicht in Einklang zu bringen sind. Bildet etwa das Zementwerk Idelsdorf die folgenden fünf Erlösstellen aus der Kombination Produkt und Kunde,

* Erlösstelle 1:   CEM I (lose Ware)/Weiterverarbeitende Industrie
* Erlösstelle 2:   CEM I (Sackware)/Baustoffhandel
* Erlösstelle 3:   CEM II/Weiterverarbeitende Industrie
* Erlösstelle 4:   CEM III/Weiterverarbeitende Industrie
* Erlösstelle 5:   Zementklinker/Weiterverarbeitende Industrie

und beliefert es Kunden bei einem Absatzvorgang mit mehr als einer Produktart, so sind etwa anfallende Auftragsrabatte offensichtlich Erlösstellengemeinerlöse. Als Bezugsgröße für die Verteilung bieten sich die einzelnen Auftragsbruttoerlöse der jeweils enthaltenen Produktarten an. In Ergänzung der bisherigen Angaben aus 3.2.1.3 gelten folgende Anteilskoeffizienten für die Ermittlung der Auftragsrabatte der einzelnen Produktarten:

55,94% der gesamten Auftragsrabatte entfallen auf CEM I, 12,19% auf CEM II, 12,59 % auf CEM III, 3,67 % auf Zementklinker sowie 15,62 % auf CEM I Sackware.

Die Abbildung 111 verdeutlicht das Ergebnis der Erlösverteilung im Zementwerk Idelsdorf, die in einer differenzierten Erlösartenrechnung ermittelt werden.

| | Weiterverarbeitende Industrie | | | | | Baustoff-handel |
	CEM I	CEM II	CEM III	Zement-klinker	Gesamt	CEM I (Sackware)
Absatzmengen [t]	686.200	110.000	130.000	30.000	956.200	43.800
Listenpreis [€/t]	164,00	162,00	159,00	100,00		194,00
Bruttoerlöse [€]	112.536.800	17.820.000	20.670.000	3.000.000	154.026.800	8.497.200
Funktionsrabatte [€]	-16.880.520	-2.673.000	-3.100.500	-450.000	-23.104.020	-849.720
Auftragsrabatte [€]	-2.666.426	-581.143	-599.928	-174.799	-4.022.296	-744.521
Skonti [€]	-721.694	-129.490	-153.566	-10.453	-1.015.203	-34.515
Gemeinerlöse [€]	-20.268.640	-3.383.633	-3.853.994	-635.252	-28.141.519	-1.628.756
Nettoerlöse [€]	92.268.160	14.436.367	16.816.006	2.364.748	125.885.281	6.868.444

Abbildung 111: Erlösstellenrechnung für das Zementwerk Idelsdorf[1]

3.3.2.5   Ermittlung von Zuschlagssätzen

Zur Verteilung der Erlösstellenerlöse sind Zuschlagssätze zu bilden. Hierzu werden die Erlösstellenerlöse durch die jeweilige Bezugsgröße dividiert. Als Bezugsgrößen fungieren die Absatzmengen oder die Einzelerlöse als Bruttoerlöse:

$$\text{Zuschlagssatz der } j-\text{ten Erlösstelle} = \frac{\text{Summe der Gemeinerlöse der } j-\text{ten Erlösstelle}}{\text{Summe der Einzelerlöse der } j-\text{ten Erlösstelle}} \cdot 100 \quad (3\text{-}4)$$

Für das Zementwerk Idelsdorf ergeben sich auf der Basis der Einzelerlöse (Bruttoerlöse) die in Abbildung 112 ermittelten Zuschlagssätze.

| | Weiterverarbeitende Industrie | | | | | Baustoff-handel |
	CEM I	CEM II	CEM III	Zement-klinker	Gesamt	CEM I (Sackware)
Bruttoerlöse [€]	112.536.800	17.820.000	20.670.000	3.000.000	154.026.800	8.497.200
Gemeinerlöse [€]	-20.268.640	-3.383.633	-3.853.994	-635.252	-28.141.519	-1.628.756
Zuschlagssatz	-18,010677%	-18,987840%	-18,645351%	-21,175067%		-19,168150%

Abbildung 112: Zuschlagssätze der Erlösstellenrechnung im Zementwerk Idelsdorf

Anders als bei der Lohnzuschlagsrechnung stellt die verwendete wertmäßige Bezugsgröße „Einzelerlöse einer Erlösstelle" einen zumindest näherungsweise geeigneten, dem Verursachungsprinzip genügenden Maßstab für die Entstehung von

---

[1]   Kleinere Differenzen gehen auf Rundungen zurück.

Gemeinerlösen und deren Verteilung auf die in der Erlösstelle abgesetzten Produkte dar. Denn der Zusammenhang zwischen den Gemein- und den Einzelerlösen ist zwangsläufig eng, da sich die Gemeinerlöse aus den Einzelerlösen ableiten. Für die Entwicklung einer Bezugsgrößenrechnung auf der Basis von mengenmäßigen Bezugsgrößen, die nicht mit den Absatzmengen identisch sind, hat daher im Gegensatz zur Kostenkalkulation nie eine Notwendigkeit bestanden.

3.3.3 Erlösträgerstückrechnung als dritte Stufe der operativen Erlöskalkulation von Produkteinheiten

Zur Ermittlung der Nettoerlöse je abgesetzter Mengeneinheit der Produkte findet im Rahmen der Erlösträgerstückrechnung die **differenzierende Zuschlagsrechnung mit Rückgriff auf die Erlösstellenrechnung** Verwendung. Auf der Basis der in Abbildung 112 ermittelten Zuschlagssätze ergeben sich im Zementwerk I-delsdorf die Nettoerlöse gemäß Abbildung 113.

	CEM I	CEM I (Sackware)	CEM II	CEM III	Zement-klinker	Gesamt [€]
Einzelerlöse [€/t]	164,000000	194,000000	162,000000	159,000000	100,000000	162.524.000
Gemeinerlöse [€/t]	-29,537510	-37,186211	-30,760301	-29,646108	-21,175067	-29.770.275
Nettoerlöse [€/t]	134,462490	156,813789	131,239699	129,353892	78,824933	132.753.725

Abbildung 113: Differenzierende Zuschlagsrechnung mit Rückgriff auf die Erlösstellenrechnung auf der Basis wertmäßiger Bezugsgrößen im Zementwerk Idelsdorf

Dasselbe Ergebnis erhält man bei der Verwendung der Absatzmengen als Bezugsgrößen gemäß Abbildung 114:

	CEM I	CEM I (Sackware)	CEM II	CEM III	Zement-klinker	Gesamt [€]
Nettoerlöse [€]	92.268.160	6.868.444	14.436.367	16.816.006	2.364.748	132.753.725
Absatzmengen [t]	686.200	43.800	110.000	130.000	30.000	1.000.000
Nettoerlös je ME [€/t]	134,46249	156,81379	131,2397	129,35389	78,824933	

Abbildung 114: Differenzierende Zuschlagsrechnung mit Rückgriff auf die Erlösstellenrechnung auf der Basis mengenmäßiger Bezugsgrößen im Zementwerk Idelsdorf

Die Ermittlung von **erlösstellenübergreifenden Nettoerlösen je Mengeneinheit**, im Zementwerk Idelsdorf etwa für die von zwei Erlösstellen abgesetzten Zementsorte CEM I, ergibt sich gemäß Abbildung 115:

	CEM I
Bruttoerlöse [€]	121.034.000
Gemeinerlöse [€]	-21.897.396
Nettoerlöse [€]	99.136.604
Absatzmenge [t]	730.000
Nettoerlös je ME [€/t]	135,803567

Abbildung 115: Ermittlung des erlösstellenübergreifenden Nettoerlöses je Mengeneinheit für CEM I im Zementwerk Idelsdorf

Alternativ ist die Ermittlung des erlösstellenübergreifenden Nettoerlöses je Mengeneinheit der Zementsorte CEM I auch durch die Bildung des arithmetischen Mittels möglich:

$$\text{Nettoerlös je ME} = \frac{686.200\,t}{730.000\,t}\cdot 134{,}462489\,\frac{\text{€}}{t} + \frac{43.800\,t}{730.000\,t}\cdot 156{,}81379\,\frac{\text{€}}{t} = 135{,}803567\,\frac{\text{€}}{t}$$

3.4 Kritische Würdigung

Wie bei der Kostenkalkulation gilt auch bei der Erlöskalkulation, dass eine aufwändigere Gestaltung der Kalkulation zu differenzierteren Ergebnissen führt. Die Ergebnisse der einzelnen Kalkulationsmethoden zeigt im Überblick nachfolgende Abbildung:

	CEM I [€/t]	CEM I (Sackware) [€/t]	CEM II [€/t]	CEM III [€/t]	Zement-klinker [€/t]
Zweistufige Kalkulation					
einfache Divisionsrechnung	124,360000	124,360000	124,360000	124,360000	124,360000
Divisionsrechnung mit Äquivalenzziffern	134,942319	134,942319	120,737864	63,920046	142,044546
Summarische Zuschlagsrechnung mit Einzelkosten als Bezugsgröße	120,362111	198,139131	121,833640	114,746420	106,155703
Einfache dreistufige Kalkulation					
Einfache Divisionsrechung auf der Basis einer Kostenstellenrechnung	123,776386	123,776386	123,776386	123,776386	107,968526
Mehrfache Divisionsrechung auf der Basis einer Kostenstellenrechnung	130,225473	130,225473	119,498294	91,182207	107,968526
Divisionsrechung mit Äquivalenzziffern auf der Basis einer Kostenstellenrechnung	128,186490	128,186490	123,769223	99,018004	107,968552
Komplexe dreistufige Kalkulation					
Bezugsgrößenkalkulation	124,607357	162,370864	123,534735	106,214985	101,567571
Vierstufige Kalkulation					
Prozesskostenrechnung nach Horváth et al.	123,994789	162,293852	125,347731	107,952282	101,117372
Maximum Minimum					

Abbildung 116: Ergebnisse der unterschiedlichen Erlöskalkulationsmethoden

Beim Kernproblem der Kalkulation, der Verteilung von Gemeinerlösen auf die abgesetzten Produktmengen, ist aber per definitionem keine richtige Lösung möglich. Die Ergebnisse werden zwar „genauer", sind aber bei der Verwendung zur Lösung operativer Managementaufgaben stets auf ihren Aussagegehalt und ihre Verwendbarkeit zu hinterfragen.

4 Operative Erfolgskalkulation

4.1 Konzeptionelle Grundlagen

Ein erwerbswirtschaftliches Unternehmen kann in einer Marktwirtschaft nur dann auf Dauer existieren, wenn den entstandenen Kosten ausreichend hohe Erlöse gegenüber stehen. Die Sicherstellung dieser existenznotwendigen Bedingung erfordert eine kontinuierliche Verfolgung der wirtschaftlichen Lage eines Unternehmens. Basis ist die Ermittlung des kalkulatorischen Erfolgs oder Betriebsergebnisses als Resultat der Verfolgung des unternehmerischen Sachziels für kurze Perioden. Der **kalkulatorische Erfolg** eines Unternehmens ergibt sich aus der **Differenz von Leistungen und Kosten** eines Unternehmens. Die kalkulatorische Erfolgsrechnung kann dabei als **Stückerfolgsrechnung** oder als **Periodenerfolgsrechnung**, auch als Betriebsergebnisrechnung oder Kostenträgerzeitrechnung bezeichnet, ausgestaltet sein.

Wenn bei der Erfolgskalkulation von innerbetrieblichen Gütern und Bestandserhöhungen an fertigen und unfertigen Gütern kostenorientierte Leistungen herangezogen werden, sind die jeweiligen Erfolge je Mengeneinheit stets gleich Null. Von Null verschiedene kalkulatorische Erfolge je Mengeneinheit ergeben sich in der Regel bei der Gegenüberstellung der Nettoerlöse und der Kosten der abgesetzten Produktmengeneinheiten.

Eine Periodenerfolgsrechnung kann auf verschiedene Weise gestaltet werden. Die unterschiedlichen Gestaltungsformen resultieren aus der Gliederung der einbezogenen Kosten, die nach Kostenarten, Kostenstellen, Projekten, Kostenprozessen und Absatzprodukten (als Kostenträgern) vorgenommen werden kann.[1] Das **Gesamtkostenverfahren** als ältestes Verfahren der kalkulatorischen Periodenerfolgsrechnung beruht auf einer Erfolgsermittlung mit artenweise gegliederten Kosten. Es geht direkt aus dem Abgleich der Kostenrechnung mit der Finanzbuchhaltung hervor. Beim **Umsatzkostenverfahren** wird der kalkulatorische Erfolg auf der Basis absatzproduktweise gegliederter Kosten und Erlöse ermittelt. Beide Verfahren können in Kontenform oder in tabellarischer Form (Staffelform), die nachfolgend verwendet wird, durchgeführt werden. Andere Verfahren der Erfolgsermittlung sind nicht gebräuchlich, aber in analoger Weise möglich. Ihre Anwendung muss von der Art des jeweiligen Managementproblems abhängig gemacht werden.

---

[1] Vgl. Kosiol (1979), S. 272.

4.2 Gesamtkostenverfahren

Beim Gesamtkostenverfahren werden von den Nettoverkaufserlösen der abgesetzten Produkte eines Unternehmens einer Periode zunächst die gesamten primären Kosten nach Kostenarten gegliedert subtrahiert. Wenn die Lagerbestände an fertigen und unfertigen Gütern konstant bleiben, d.h. wenn eine absatzsynchrone Fertigung vorliegt, dann weist der Saldo den tatsächlichen kalkulatorischen Periodenerfolg aus.[1] Erhöhen sich aber die Lagerbestände in der Abrechnungsperiode, dann sind in den in Abzug gebrachten gesamten primären Kosten der Periode auch die Kosten für die Erstellung dieser Bestandszunahmen enthalten. Zur korrekten Ermittlung des kalkulatorischen Periodenerfolgs müssen die **Bestandszunahmen** daher auch als **Leistungen der Abrechnungsperiode** erfasst werden. Sinken hingegen die Bestände in der Abrechnungsperiode, dann sind offenbar Produkte abgesetzt worden, die in vergangenen Perioden hergestellt worden sind, mit denen aber in der Abrechnungsperiode Erlöse erzielt werden. Die Kosten für die Erstellung dieser Bestandsabnahmen sind aber nicht in den gesamten primären Kosten der Abrechnungsperiode erfasst. Zur korrekten Ermittlung des kalkulatorischen Periodenerfolgs müssen daher die **Kosten aus Vorperioden für** die Erstellung dieser **Lagerbestandsabnahmen** zusätzlich zu den gesamten primären Kosten der betrachteten Abrechnungsperiode berücksichtigt werden.

Zur Vereinfachung der Durchführung des Gesamtkostenverfahrens werden häufig zwei **Prämissen** gesetzt:[2]

• Bestandszunahmen werden mit kostenorientierten Herstellkosten bewertet, insbesondere also ohne Berücksichtigung von Verwaltungsgemeinkosten.

• Bei der Bewertung von Bestandsabgängen werden die Herstellkosten der betrachteten Periode angesetzt. Damit wird implizit unterstellt, dass die Herstellkosten verschiedener Perioden übereinstimmen.

Für den Fall, dass auf Lager produziert wird, ist es aber im Zuge einer beanspruchungsgerechten Verteilung durchaus möglich und unter Umständen empfehlenswert, auch den auf Lager genommenen Gütern Verwaltungsgemeinkosten zuzurechnen, wie dies auch in Abbildung 87 geschehen ist. Sollten daher aus den Vereinfachungen zu große Ergebnisverzerrungen resultieren, empfiehlt es sich daher, die vereinfachenden Prämissen aufzugeben.

---

[1]   „Aktivierbare" selbsterstellte innerbetriebliche Güter werden im Folgenden aus Vereinfachungsgründen nicht betrachtet; vgl. dazu Kloock/Sieben/Schildbach/Homburg (2005), S. 183.

[2]   Kloock/Sieben/Schildbach/Homburg (2005), S. 185.

Bei Anwendung des Gesamtkostenverfahrens gilt[1]:

Kalkulatorischer Periodenerfolg
= Gesamte Leistungen der Periode
− Gesamte Kosten der Periode
= [Erlöse der Periode + Lagerbestandszunahmen zu Herstellkosten*]
− [Gesamte primäre Kosten der Periode in kostenartenweiser Gliederung + Lagerbestandsabnahmen zu Herstellkosten*]
= Erlöse der Periode
± Lagerbestandszunahmen/-abnahmen der Periode zu Herstellkosten*
− Gesamte primäre Kosten der Periode in kostenartenweiser Gliederung

Ein negativer kalkulatorischer Erfolg wird als **Periodenverlust**, ein positiver als **Periodengewinn** bezeichnet. Es ergibt sich auf der Basis der Daten aus Abbildung 34, Abbildung 104 sowie Abbildung 87 der kalkulatorische Erfolg nach dem Gesamtkostenverfahren gemäß Abbildung 117, wobei hier den Bestandsveränderungen aber Verwaltungskostenanteile zugerechnet werden.

	Gesamt [€]
Bruttoerlöse	162.524.000
Gemeinerlöse	-29.770.275
Nettoerlöse	**132.753.725**
Bestandszunahmen an fertigen und unfertigen Erzeugnissen	1.298.792
Leistungen	**134.052.517**
Materialkosten	19.177.300
Energiekosten	26.400.000
Löhne und Gehälter	16.138.000
Gesetzliche und freiwillige Soziale Abgaben	5.648.300
Personalkosten	21.786.300
Abschreibungskosten	22.650.000
Ersatzteil- und Hilfsstoffkosten	13.310.000
Zinskosten	5.326.700
Sonstige Kosten	1.100.000
Kostensteuern	14.609.700
Gesamte primäre Kosten	**124.360.000**
Kalkulatorischer Erfolg	**9.692.517**

Abbildung 117: Kalkulatorischer Periodenerfolg nach dem Gesamtkostenverfahren im Zementwerk Idelsdorf

Das **Gesamtkostenverfahren** ist einfach aufgebaut und lässt sich problemlos in

---

[1] „*" zeigt an, dass u.U. auch die anteiligen Verwaltungsgemeinkosten in die Bewertung der Lagerbestandsänderungen eingerechnet werden. Dann differiert in Abhängigkeit von der gewählten Verfahrensweise die Höhe des kalkulatorischen Periodenerfolgs.

das System der doppelten Buchführung einfügen. Da die Kosten nicht nach Produkten, sondern nach Kostenarten gegliedert sind, **gewährt** das Gesamtkostenverfahren jedoch **keinen Einblick in die Erfolgsquellen des Unternehmens.** Damit
ist insbesondere nicht erkennbar, welchen Beitrag die verschiedenen Produktarten
oder -gruppen zum kalkulatorischen Periodenerfolg des Unternehmens leisten.

4.3 Umsatzkostenverfahren

Beim Umsatzkostenverfahren wird der kalkulatorische Periodenerfolg eines Unternehmens als Differenz der Periodenerlöse und der Selbstkosten der in der Abrechnungsperiode abgesetzten Produkte ermittelt. Dabei können sowohl die Kosten als
auch die Erlöse für jede einzelne Produktart nach Mengen- und Wertkomponente
differenziert ausgewiesen werden. Lagerbestandsänderungen finden bei Anwendung des Umsatzkostenverfahrens zum Zweck der Periodenerfolgsermittlung weder auf der Erlös- noch auf der Kostenseite Berücksichtigung: es werden lediglich
die mit den abgesetzten Produkten der Abrechnungsperiode verbundenen Erlöse
und Kosten betrachtet.[1] Wie beim Gesamtkostenverfahren werden auch beim Umsatzkostenverfahren zur Vereinfachung häufig zwei Prämissen gesetzt:

- Bestandszunahmen werden mit kostenorientierten Herstellkosten bewertet, insbesondere also ohne Berücksichtigung von Verwaltungsgemeinkosten.
- Bei der Bewertung von Bestandsabgängen werden die Herstellkosten der betrachteten Periode angesetzt. Damit wird implizit unterstellt, dass die Herstellkosten verschiedener Perioden übereinstimmen.

Bei Anwendung des Umsatzkostenverfahrens gilt:

Kalkulatorischer Periodenerfolg

= Erlöse der Periode
– Selbstkosten der Absatzmenge der Periode

= Erlöse der Periode in produktartenweiser Gliederung
– Herstellkosten der Absatzmenge der Periode in produktartenweiser
  Gliederung
– Gesamte Verwaltungs-* und Vertriebsgemeinkosten der Periode

---

Legt man der Periodenerfolgsermittlung die beiden vereinfachenden Prämissen
zugrunde, so ist bei der Anwendung des Umsatzkostenverfahrens darauf zu achten,

---

[1] Natürlich werden auch bei Anwendung des Umsatzkostenverfahrens Lagerbestandsänderungen
     für Zwecke der Lagerbuchhaltung erfasst; lediglich bei der Periodenerfolgsermittlung werden
     sie nicht explizit berücksichtigt.

dass die Selbstkosten der **abgesetzten Produkte sämtliche Verwaltungsgemein-kosten** der Abrechnungsperiode enthalten. Wie bei der Darstellung des Gesamtkostenverfahrens beschrieben, lassen sich in die Bewertung der Lagerbestandsänderungen aber auch Verwaltungsgemeinkostenanteile einbeziehen. Das Zeichen „*" soll zum Ausdruck bringen, dass je nach den gesetzten Prämissen die anteiligen Verwaltungsgemeinkosten in die Bewertung der Lagerbestandsänderungen einbezogen werden und damit bei der Ermittlung des Periodenerfolgs nach dem Umsatzkostenverfahren von den gesamten Verwaltungs- und Vertriebsgemeinkosten abgezogen werden müssen.

Für das Zementwerk Idelsdorf ergibt sich auf der Basis der Daten aus Abbildung 87 und Abbildung 113 der Periodenerfolg nach dem Umsatzkostenverfahren auf der Basis einer dreistufigen Kostenkalkulation[1] gemäß Abbildung 118, wobei auch hier den Bestandsveränderungen Verwaltungskostenanteile zugerechnet werden.

	CEM I [€]	CEM I (Sackware) [€]	CEM II [€]	CEM III [€]	Zement-klinker [€]	**Gesamt**
Bruttoerlöse	112.536.800	8.497.200	17.820.000	20.670.000	3.000.000	162.524.000
Gemeinerlöse	-20.268.640	-1.628.756	-3.383.633	-3.853.994	-635.252	-29.770.275
Nettoerlöse	**92.268.160**	**6.868.444**	**14.436.367**	**16.816.006**	**2.364.748**	**132.753.725**
Herstellkosten	72.795.459	5.521.243	11.561.069	11.596.974	2.548.286	104.023.031
Verwaltungs- und Vertriebskosten	12.710.109	1.590.601	2.027.752	2.210.974	498.741	19.038.177
Selbstkosten	**85.505.568**	**7.111.844**	**13.588.821**	**13.807.948**	**3.047.027**	**123.061.208**
Kalkulatorischer Erfolg	**6.762.592**	**-243.400**	**847.546**	**3.008.058**	**-682.279**	**9.692.517**

Abbildung 118: Kalkulatorischer Periodenerfolg nach dem Umsatzkostenverfahren im Zementwerk Idelsdorf

Die in der Abbildung 118 ausgewiesenen Selbstkosten in Höhe von 123.061.208 € entsprechen dabei der Differenz der gesamten primären Kosten in Höhe von 124.360.000 € und der bewerteten Bestandszunahmen in Höhe von 1.298.792 €.

Sofern die beiden Verfahren auf denselben Prämissen aufbauen, stimmen die Ergebnisse von Gesamt- und Umsatzkostenverfahren stets überein. Für das Zementwerk Idelsdorf ergibt sich in beiden Fällen ein kalkulatorischer Periodenerfolg von 9.692.517 €.[2]

---

[1] Hierzu sind die Herstellkosten sowie die Verwaltungs- und Vertriebskosten je Mengeneinheit mit den jeweiligen Absatzmengen zu multiplizieren.

[2] Natürlich ergeben sich durch den Einsatz anderer Kostenkalkulationsverfahren aufgrund der i.d.R. verfahrensbedingt unterschiedlich hohen Stückherstellkosten der gefertigten Produkte bzw. der Lagerbestandsänderungen Periodenerfolge, die vom Ergebnis der Abbildung 118 ab-

Dass die Höhe des nach beiden Verfahren ermittelten Periodenerfolgs identisch ist, lässt sich leicht und anschaulich nachweisen. Betrachtet man den vorliegenden Fall von Lagerbestandszunahmen im Zementwerk Idelsdorf, so gilt bei Gültigkeit der vereinfachenden Prämissen[1]:

Kalkulatorischer Periodenerfolg nach dem Umsatzkostenverfahren

$=$ Erlöse der Periode
$-$ Herstellkosten der Absatzmenge der Periode
$-$ Gesamte Verwaltungs- und Vertriebsgemeinkosten der Periode

$=$ Erlöse der Periode
$+$ [Lagerbestandszunahmen zu Herstellkosten
$-$ Lagerbestandszunahmen zu Herstellkosten]
$-$ Herstellkosten der Absatzmenge
$-$ Gesamte Verwaltungs- und Vertriebsgemeinkosten der Periode

$=$ [Erlöse der Periode + Bestandszunahme zu Herstellkosten]
$-$ [Herstellkosten der Absatzmenge + Herstellkosten der Lagerbestandszunahmen + Gesamte Verwaltungs- und Vertriebsgemeinkosten der Periode]

$=$ [Erlöse der Periode + Bestandszunahme zu Herstellkosten]
$-$ [Herstellkosten der Produktionsmenge + Gesamte Verwaltungs- und
Vertriebsgemeinkosten der Periode]

$=$ [Erlöse der Periode + Bestandszunahme zu Herstellkosten]
$-$ Gesamte primäre Kosten der Periode

$=$ Gesamte Leistungen der Periode
$-$ Gesamte (primäre) Kosten der Periode

$=$ **Kalkulatorischer Periodenerfolg nach dem Gesamtkostenverfahren**

Analog dazu lässt sich der Fall von Lagerbestandsabnahmen behandeln.

---

weichen. So ergibt sich bei Anwendung der Prozesskostenrechnung aufgrund einer anderen Bewertung der Bestandsveränderungen ein gegenüber Abbildung 118 abweichender Periodenerfolg. Für ein bestimmtes Kalkulationsverfahren stimmen die Ergebnisse von Umsatzkostenverfahren und Gesamtkostenverfahren aber jeweils wieder überein.

[1]   Die Ergebnisidentität ist auch ohne die vereinfachenden Prämissen gegeben, allerdings wird die Darstellung etwas aufwändiger. Da nur eine Aussage über die Höhe des Periodenerfolgs gemacht werden soll, ist die Gliederung der Kosten (kostenarten- bzw. produktartenweise) ohne Bedeutung und wird hier nicht weiter betrachtet.

Das Umsatzkostenverfahren erfordert einen höheren Erstellungsaufwand als das Gesamtkostenverfahren, da im Vorfeld seiner Durchführung die Herstellkosten (u.U. zuzüglich anteiliger Verwaltungsgemeinkosten) ermittelt werden müssen. Sein Vorteil liegt im Ausweis der Erfolgsbeiträge je Produktart, der aufgrund der produktartenweisen Gliederung von Erlösen und Herstellkosten möglich ist. Die Anwendung des Umsatzkostenverfahrens ist damit eine wichtige Basis für die **Erfolgsquellenanalyse** und darauf aufbauende operative Entscheidungen. Analog zur dargestellten produktartorientierten Variante des Umsatzkostenverfahrens sind auch Varianten möglich, die durch eine objektadäquate Gliederung von Erlösen und Herstellkosten eine Erfolgsanalyse nach Kundengruppen, Absatzgebieten oder Unternehmensteilen ermöglichen.[1]

4.4 Kritische Würdigung

Bei der Interpretation des kalkulatorischen Periodenerfolgs, gleichgültig mit welchem Verfahren er ermittelt wird, ist zu beachten, dass die der Erfolgsermittlung zugrunde liegende **Istkostenrechnung als Vollkostenrechnung** gestaltet ist. Das hat zur Folge, dass auch die beschäftigungsunabhängigen, lediglich zur Aufrechterhaltung der Betriebsbereitschaft notwendigen fixen Kosten auf die Kalkulationsobjekte (z.B. Produkteinheiten, Kundengruppen, Regionen oder Produktarten) verteilt werden. Das bedeutet, dass bei Produktion auf Lager (Lagerbestandszunahme) die auf die gelagerten Güter verrechneten Fixkosten

- bei Anwendung des Gesamtkostenverfahrens als Leistungsbestandteil auf der Habenseite des Erfolgskontos verbucht werden und
- bei Anwendung des Umsatzkostenverfahrens die Herstellkosten des Umsatzes auf der Sollseite des Erfolgskontos verringern.[2]

In beiden Fällen gilt, dass die Fixkosten einer Periode nicht in vollem Umfang in der jeweiligen Abrechnungsperiode erfolgsmindernd wirken. Bei einer Lagerbestandsabnahme verhält es sich genau umgekehrt. Nun werden die Fixkosten vergangener Perioden erfolgswirksam, die auf die dem Lager entnommenen Güter verrechnet wurden, und belasten den kalkulatorischen Erfolg der Abrechnungsperiode. Dieser Effekt sei an einem einfachen Beispiel verdeutlicht: Unternehmen X

---

[1] Auf diese Weise kann das Umsatzkostenverfahren für Zwecke der internen Segmentberichterstattung herangezogen werden.

[2] Der Effekt ist grundsätzlich derselbe, der bei der im vorherigen Abschnitt beschriebenen Einbeziehung oder Vernachlässigung von anteiligen Verwaltungsgemeinkosten in Lagerstandsänderungen auftritt.

fertigt in einer Periode 10.000 Mengeneinheiten des Produkts P. Es fallen 10.000 €
variable Kosten und 20.000 € fixe Kosten an. 5.000 Mengeneinheiten werden sofort zu einem Nettoerlös je Mengeneinheit von 4,- € abgesetzt, der Rest wird gelagert. Die Anwendung der Divisionsrechnung im Rahmen einer zweistufigen Kostenkalkulation ergibt Kosten je Mengeneinheit von 3,- €. Der Periodenerlös beträgt
20.000 €, und der Wert der Bestandserhöhung beläuft sich offenbar auf 15.000 €.
Bei Anwendung des Gesamtkostenverfahrens ergibt sich:

Kalkulatorischer Erfolg

= Periodenerlös + Bestandszunahmen der Periode zu Herstellkosten – Gesamte
primäre Kosten der Periode

= 20.000 + 15.000 – 30.000 = **5.000 €**

Ein vergleichbares Unternehmen Y stellt in der betrachteten Periode nur 5.000
Mengeneinheiten des Produkts P her. Es fallen demnach nur 5.000 € variable Kosten an, die fixen Kosten bleiben unverändert bei 20.000 €. Die gefertigte Menge
wird vollständig zum Nettoerlös je Mengeneinheit von 4,- € abgesetzt. Für das Unternehmen Y ergibt sich nach dem Gesamtkostenverfahren:

Kalkulatorischer Erfolg

= Periodenerlös + Bestandszunahmen der Periode zu Herstellkosten – Gesamte
primäre Kosten der Periode

= 20.000 + 0 – 25.000 = **– 5.000 €**

Die Differenz des kalkulatorischen Erfolgs beider Unternehmen beläuft sich auf
10.000 € zugunsten von Unternehmen X. Sie resultiert aus der vom Unternehmen
X auf Lager produzierten Menge von 5.000 Produkteinheiten, auf die jeweils Fixkosten von 2,- €/ME (= 20.000 €/10.000 ME) verrechnet worden sind.

Für eine kalkulatorische Erfolgsrechnung **auf Vollkostenbasis** ist damit festzuhalten, dass **Bestandsveränderungen** Auswirkungen auf den Erfolg einer Periode
haben, das heißt **erfolgswirksam** sind. Der Grund dafür liegt darin, dass die der
Bestandserhöhung beigemessene Leistung größer ist als die Kosten, die durch die
Produktion der Bestandszunahme tatsächlich **verursacht** werden.

Würde die vom Unternehmen X produzierte Bestandserhöhung von 5.000 Mengeneinheiten auf **Teilkostenbasis**, das heißt nur zu den variablen Kosten von 1,-
€/ME, bewertet werden, ergäbe sich:

Kalkulatorischer Erfolg

= Periodenerlös + Bestandszunahmen der Periode zu Herstellkosten − Gesamte primäre Kosten der Periode

= 20.000 + 5.000 − 30.000 = **− 5.000 €**

Der auf Teilkostenbasis ermittelte Periodenerfolg des Unternehmens X stimmt nun mit dem von Unternehmen Y überein. Es gilt allgemein, dass **Bestandsveränderungen**, die **auf Teilkostenbasis**, das heißt zu variablen Kosten bewertet werden, **erfolgsneutral** sind.

Die Aufdeckung von Erfolgsunterschieden aufgrund der Bewertung von Lagerbestandsveränderungen lässt noch keine Aussage darüber zu, ob nun ein Erfolgsausweis auf Teilkostenbasis richtiger ist als einer auf Vollkostenbasis. Eine Erfolgsermittlung auf Teilkostenbasis scheint vor dem Hintergrund der obigen Ausführungen im Hinblick auf Zeit- oder Betriebsvergleiche Transparenzvorteile zu gewähren. In jedem Fall sensibilisieren die gewonnenen Erkenntnisse gegenüber der bisherigen stillschweigenden Einbeziehung der Fixkosten in die Kosten- und damit auch in die kalkulatorische Erfolgsrechnung.

5 Beurteilung der dargestellten Kosten- und Leistungs-kalkulation

Die Eignung der Istkosten-, Istleistungs- und Isterfolgsrechnung auf Vollkostenbasis zur Erfüllung der grundlegenden Aufgaben des operativen Managements ist bereits an anderen Stellen vertieft untersucht und beurteilt worden.[1] Zusammenfassend lässt sich festhalten:

- Für die **Erfüllung von Aufgaben des externorientierten Managements** (Darstellung der wirtschaftlichen Lage vergangener Perioden, Bestandsbewertungen in der Bilanz, Preissetzung bei öffentlichen Aufträgen) ist eine Istkosten- und Istleistungsrechnung uneingeschränkt geeignet.
- Für die **Erfüllung von internorientierten operativen Kontrollaufgaben** (Soll-Ist-Vergleich, Betriebs- oder Zeitvergleich) ist eine Istkosten- und Istleistungsrechnung eingeschränkt geeignet. Für Soll-Ist-Vergleiche stellt sie die unverzichtbare Ist-Komponente zur Verfügung. Die Durchführung von Betriebs- und Zeitvergleichen als Ist-Ist-Vergleiche (Vergleich des kalkulatorischen Erfolgs der beiden Schwesterunternehmen X und Y in einer Periode, Vergleich der kalkulatorischen Erfolge des Unternehmens X aus der letzten und vorletzten Abrechnungsperiode) bietet jedoch bestenfalls Anhaltspunkte für eine Erfolgs- oder Wirtschaftlichkeitsanalyse. Denn auch der „bessere" Istwert kann Unwirtschaftlichkeiten beinhalten, die im Rahmen eines einfachen Ist-Ist-Vergleichs nicht aufgedeckt werden.
- Für die **Erfüllung von internorientierten operativen Entscheidungs- und Lenkungsaufgaben** ist die Istkosten- und Istleistungsrechnung kaum geeignet. Diese Aufgaben können zum einen offensichtlich **nur auf der Grundlage zukunftsgerichteter Daten** wie Prognosekosten sowie den korrespondierenden Leistungs- und Erfolgsgrößen erfolgen. Zum anderen weist die Istkosten- und Istleistungsrechnung in der bisher behandelten Form den **konzeptionellen Fehler** einer Vollkosten- und Vollleistungsrechnung auf, der sie für die Lösung von Entscheidungsaufgaben disqualifiziert.

Bereits bei der Erfolgsanalyse ist es offensichtlich geworden, dass die Verrechnung von Fixkosten zu überdenkenswerten Ergebnissen führt. Einerseits werden in einer Vollkostenrechnung alle in einer Periode angefallenen Kosten auf die in einer Periode abgesetzten Produkteinheiten verteilt. Damit wird das Absatzprogramm dieser

---

[1]   Vgl. 2.1.3, 3.1.3 sowie 3.4.

Periode auch mit Kosten für Forschung und Entwicklung, Marketing, Sales Promotion sowie Public Relations belastet, die sich auf in künftigen Perioden abzusetzende Produkteinheiten beziehen. Die Tatsache, dass die Verrechnung von Fixkosten die Erfolge je Mengeneinheit und die Periodenerfolge mitbestimmt, ist andererseits für Entscheidungsaufgaben von eminenter Bedeutung. Denn die konsequente Verrechnung von Vollkosten (und Vollleistungen) auf die zentralen Kalkulationsobjekte „Einheiten der Absatzproduktarten" unter Verwendung des Verteilungsprinzips überlagert bestehende Ursache-Wirkungs-Beziehungen. Z.B. fallen Kosteneinsparungen bei einer Managemententscheidung, in einer zukünftigen Periode weniger zu produzieren, geringer aus, als es auf den ersten Augenschein auf der Basis der vollkostenbasierten Selbstkosten je abgesetzter Mengeneinheit der Fall sein müsste. Dies liegt daran, dass Fixkosten per definitionem nicht kurzfristig abbaubar sind. Die Folgen, die diese Vernachlässigung der Zusammenhänge von Kostenentstehung und -verrechnung nach sich ziehen kann, sollen an einem kleinen Beispiel verdeutlicht werden.

Der Leiter eines Unternehmensbereichs lässt sich vom Kostenrechner die Nettoerlöse, die Selbstkosten und die daraus resultierenden Erfolge je Mengeneinheit der beiden Produkte P_1 und P_2 vorlegen, für deren Fertigung und Absatz er verantwortlich ist. Die Informationen entstammen der vergangenen Abrechnungsperiode, für die laufende Periode sind keine grundsätzlichen Veränderungen der Produktions- und Absatzbedingungen zu erwarten. Von daher scheinen die Ergebnisse der vergangenen Periode eine brauchbare Entscheidungsgrundlage für die Produktionsprogrammgestaltung der laufenden Periode zu sein. Von beiden Produkten wurden in der letzten Periode je 1.000 Mengeneinheiten abgesetzt.

	P_1 [€/ME]	P_2 [€/ME]
Nettoerlös je ME	50	70
Selbstkosten je ME	60	50
Erfolg je ME	-10	20

Abbildung 119: Beispiel zur Aussagefähigkeit von Vollkostenansätzen

Als der Bereichsleiter dieser Zahlen ansichtig wird, beschließt er, die Produktion der Produktart P_1 sofort einzustellen. Als der Kostenrechner ihn aber darauf hinweist, dass den Ergebnissen eine Kostenrechnung auf Vollkostenbasis zugrunde liegt, bittet er um eine Aufschlüsselung der Daten nach fixen und variablen Bestandteilen.

	P₁ [€/ME]	P₂ [€/ME]
Nettoerlös (variabel) je ME	50	70
Selbstkosten (variabel) je ME	40	40
Selbstkosten (fix) je ME	20	10
Erfolg je ME	-10	20

Abbildung 120: Fortsetzung des Beispiels zur Aussagefähigkeit von Vollkostenansätzen

Der Tabelle der Abbildung 120 ist zu entnehmen, dass die Differenz von variablen Nettoerlösen und variablen Selbstkosten, der so genannte **Deckungsbeitrag**, positiv ist. Offensichtlich sind Fixkosten in Höhe von 30.000 € auf die produzierten Mengen der beiden Produktarten verrechnet worden. Unterstellt man, dass in der bevorstehenden Periode die gleichen Bedingungen herrschen wie in der gerade vergangenen, so ist Produktion und Absatz beider Produkte vorteilhaft. Denn in beiden Fällen wird gemäß Abbildung 121 eine positive Überschussgröße erwirtschaftet, die zur Deckung der zwangsläufig anfallenden, da nicht abbaubaren Fixkosten verwendet werden kann (daher die Bezeichnung Deckungsbeitrag).

	P₁ [€/ME]	P₂ [€/ME]
Deckungsbeitrag je ME	10	30
Gesamtdeckungsbeitrag des Produkts	10.000	30.000

Abbildung 121: Fortsetzung des Beispiels zur Aussagefähigkeit von Vollkostenansätzen

> Der *Deckungsbeitrag je Mengeneinheit* entspricht der Differenz aus Nettoerlös sowie variablen Kosten je Mengeneinheit.

Der Bereichsleiter entscheidet damit entgegen dem ersten Impuls, beide Produkte in unveränderter Stückzahl zu produzieren. Der Vergleich der gesamten Erlöse und Kosten bestätigt die Richtigkeit seiner Entscheidung:

Kalkulatorischer Erfolg bei Ausschluss von P₁ aus dem Produktionsprogramm

= Gesamte Erlöse – Gesamte variable Kosten – Fixkosten

= 70.000 – 40.000 –30.000 = **0 €**

Kalkulatorischer Erfolg bei unverändertem Produktionsprogramm

= (50.000 + 70.000) – (40.000 + 40.000) – 30.000 = 10.000 €

= Gesamter Deckungsbeitrag der Periode – Fixkosten

$$= (10.000 + 30.000) - 30.000 = \mathbf{10.000\ €}$$

Eine Entscheidung gegen P_1 auf der Grundlage vollkostenorientierter Selbstkosten je Mengeneinheit hätte den Unternehmensbereich 10.000 € „gekostet", da in dieser Höhe auf einen erzielbaren kalkulatorischen Periodengewinn verzichtet worden wäre.

Bei der Betrachtung des Beispiels könnte die Frage aufkommen, warum überhaupt eine stückbezogene Betrachtung vorgenommen wird, wenn doch eine Periodengesamtbetrachtung von Erlösen und Kosten zur Entscheidungsfindung vollauf zu genügen scheint. Hierzu soll an dieser Stelle nur bemerkt werden, dass bei Vorliegen knapper Kapazitäten (etwa Maschinenzeit) und Produkten, die um die **knappe Kapazität eines Engpasssektors** konkurrieren, eine stückbezogene Betrachtung zur Produktionsprogrammgestaltung unerlässlich ist. Der Schlüssel zur Lösung derartiger operativer Entscheidungsprobleme liegt in der Ermittlung und dem Vergleich der Quotienten aus absolutem Stückdeckungsbeitrag und Enpassbeanspruchung (engpassbezogener oder **spezifischer Stückdeckungsbeitrag**) für jedes den Engpass beanspruchende Produkt; je nach Komplexität des gegebenen Sachverhalts (Anzahl und Interdependenz der vorliegenden Engpässe) sind dafür Verfahren des Operations Research, z.B. die Lineare Programmierung, einzusetzen. Die Lösung von operativen Entscheidungsaufgaben muss somit auf einer Teilkostenrechnung aufbauen, in der Fixkosten zwar berücksichtigt, aber nicht auf Produkte verrechnet werden.[1]

Die Ausführungen haben beleuchtet, dass die Istkosten- und die Istleistungsrechnung auf Vollkosten- oder Vollleistungsbasis für einen Teil der Aufgaben des operativen Managements (externorientierte Informationen und internorientierte Kontrolle) notwendige und manchmal nützliche Instrumente darstellen. Auch für den Aufbau eines für Zwecke der Entscheidung und Lenkung geeigneten Kosten- und Leistungsrechnungssystems ist sie von Bedeutung. Im Rahmen der Istkosten- und Istleistungsrechnung werden empirische Daten erhoben, die als **Ausgangspunkt** für die Ermittlung entsprechender zukunftsorientierter Größen dienen können. Zudem erfolgt in der Kostenartenrechnung eine erste Analyse der Kostenstruktur eines Unternehmens sowie eine Gliederung nach Einzel- und Gemeinkosten, die als Anknüpfungspunkt für die Aufteilung in fixe und variable Kosten und Erlöse verwendet werden kann.

---

[1] Wobei es hier auch die Ansicht gibt, dass auf Vollkosten basierende Angaben bei knappen Kapazitäten eine wertvolle Orientierungshilfe zur Produktionsprogrammplanung darstellen: Vgl. Kloock/Sieben/Schildbach/Homburg (2005), S. 268 f.

Die bei der Kosten- und Erlöskalkulation vorgestellten **Zurechnungsprinzipien und -methoden behalten** auch für prospektive Kosten- und Leistungsrechnungssysteme auf Teilkostenbasis ihre **Gültigkeit**. Im Rahmen des internen Rechnungswesens nimmt die Istkosten- und Istleistungsrechnung auf Vollkostenbasis und Vollleistungsbasis damit eine durchaus respektable Stellung ein. Sie bildet eine wertvolle Plattform für die Entwicklung fortgeschrittener Kosten- und Leistungsrechnungssysteme. Der Grenzen ihrer Aussagekraft muss sich der Anwender aber stets bewusst sein.

6 Klausuraufgaben

Aufgabe 1: Grundbegriffe des betrieblichen Rechnungswesens

Führen Sie für die nachfolgenden Geschäftsvorfälle bzw. Sachverhalte die Zuordnung zu den monetären Basisrechnungssystemen durch und bestimmen Sie (sofern anhand der Angaben möglich und ggf. unter Nennung spezifischer Voraussetzungen) die Höhe der Auszahlungen, Ausgaben, Aufwendungen und Kosten sowie der Einzahlungen, Einnahmen, Erträge und Leistungen.

a) Überweisung von 12.000 € zur Begleichung einer Verbindlichkeit aus dem Kreditkauf von Rohstoffen der letzten Periode.

b) Überweisung von 56.000 € für Löhne und Gehälter. In Höhe von 14.000 € handelt es sich um eine Nachzahlung für die vergangene Periode.

c) Rein karitative Barspende an das Rote Kreuz in Höhe von 500 €.

d) Eingang einer Rechnung des Steuerberaters über 5.000 €, der in der letzten Periode ein Gutachten zur geplanten Umwandlung des Unternehmens in eine GmbH angefertigt und übergeben hatte.

e) Zielkauf einer Maschine zum Preis von 120.000 €.

f) Entnahme von in der letzten Periode beschafften und bezahlten Rohstoffen im Wert von 3.200 € vom Lager und Einsatz in der Produktion.

g) Eingegangene Gutschrift von 25.000 € auf dem unternehmenseigenen Girokonto aus der Forderung gegenüber einem Kunden, der in der vergangenen Periode eine Warenlieferung erhalten hatte.

h) Verkauf einer gebrauchten Maschine für 12.500 € auf Ziel. Der Verkaufswert liegt 2.000 € über dem Buchwert der Bilanz.

i) Verkauf von fertigen Produkten im Wert von 16.400 € auf Ziel. Kalkulatorischer und bilanzieller Wertansatz stimmen überein; Waren im Wert von 7.400 € stammen aus der Produktion der letzten Periode und werden dem Lager entnommen.

j) Ein Unternehmen für industrielle ingenieur-technische Dienst- und Beratungsleistungen verkauft auf Ziel eine Lizenz im Marktwert von 30.000 €.

k) Im Rahmen einer Kapitalerhöhung fließen einem Unternehmen 100.000 € zu.

l) Übernahme einer in der Periode selbst erstellten Anlage im (bilanziellen = kalkulatorischen) Wert von 12.000 € ins Anlagevermögen.

m) Zahlung eine Betrages von 9.000 € an einen Maler, der in der laufenden Abrechnungsperiode das im Foyer der Hauptverwaltung befindliche Gemälde des Firmengründers restauriert hat.

n) Produktion, Versand und Inrechnungstellung von Waren im Wert von 48.500 €. Der Abnehmer hatte bereits in der vergangenen Rechnungsperiode eine Anzahlung von 40.000 € geleistet. Der Rest soll in der nächsten Periode beglichen werden.

o) Eine zu Beginn der Periode zum Preis von 60.000 € beschaffte Maschine, deren Nutzungspotenzial durch reinen Zeitverschleiß abnimmt, soll bei konstantem Geldwert über 10 Perioden abgeschrieben werden. Wie hoch ist die erste Abschreibungsrate?

p) Für den Firmeninhaber wird kalkulatorischer Unternehmerlohn in Höhe von 18.000 € verrechnet.

q) Erteilung einer Lizenz auf der Basis eines selbst geschaffenen Patents (als Nebenprodukt der Rationalisierung des Produktionsablaufs) gegen bar zum Preis von 20.000 €.

r) Nach Ablauf einer Periode stellt die Geschäftsleitung einen bewerteten Lagerschwund von 4.500 € fest.

s) Ein Unternehmen erhält auf festverzinsliche Wertpapiere, die es wegen permanenter Überliquidität erworben hat, eine Zinsgutschrift in Höhe von 12.400 € auf das Girokonto.

t) Barkauf eines Grundstücks zum Preis von 100.000 €.

u) Zahlung von Zinsen in Höhe von 6.000 € durch ein Vorstandsmitglied des Unternehmens, dem zu Beginn der Periode ein Kredit in Höhe von 120.000 € gewährt worden war.

v) Erzielung einer Dividende von 16.000 € aus einer Beteiligung in Form eines Aktienpakets an einem Unternehmen, das seltene Rohstoffe zuliefert.

w) Ein sachzielnotwendiges Nebengebäude im Wert von 96.000 € fällt einem Feuer zum Opfer. Der Schaden ist nicht versichert.

x) Im Zuge der Abwicklung eines Großauftrags wird eine Periode lang auf (das bis dahin leere) Lager gefertigt. Die Herstell- und Verwaltungsgemeinkosten der Fertigprodukte betragen 34.000 €; der voraussichtliche Erlös liegt bei 39.000 €.

y) Kauf von Vorprodukten in Höhe 46.000 € auf Kredit.

z) Ein Los der Glücksspirale beschert dem Unternehmen einen Gewinn von 10.000 €.

Lösung:

Geschäfts-vorfall	Auszah-lung	Ausgabe	Aufwand	Kosten	Einzahlung	Einnahme	Ertrag	Leistung
a)	12.000							
b)	56.000	42.000	42.000	42.000				
c)	500	500	500					
d)								
e)		120.000						
f)			3.200	3.200				
g)					25.000			
h)						12.500	2.000	
i)			7.400	7.400		16.400	16.400	16.400
j)						30.000	30.000	30.000
k)					100.000	100.000		
l)							12.000	12.000
m)	9.000	9.000	9.000					
n)						48.500	48.500	48.500
o)			6.000	6.000				
p)			18.000					
q)					20.000	20.000	20.000	
r)			4.500	4.500				
s)					12.400	12.400	12.400	
t)	100.000	100.000						
u)					6.000	6.000	6.000	
v)					16.000	16.000	16.000	16.000
w)			96.000	96.000				
x)			34.000	34.000			34.000	34.000/ 39.000
y)		46.000						
z)					10.000	10.000	10.000	

Aufgabe 2: Kostenartenrechnung (Materialkosten)

Aufgabenbeschreibung:

In einer Kokerei im Ruhrgebiet werden aus dem Rohstoff Steinkohle die Produkte Koks, Gas und Teer hergestellt. Die Steinkohle wird aus Südafrika bezogen. Im Abrechnungszeitraum wurden folgende Anfangsbestände, Zugänge und Abgänge erfasst:

Datum	Bezeichnung	Menge [t]
01.01.	Anfangsbestand	2.000
02.01.	Abgang	400
06.01.	Abgang	400
10.01.	Abgang	400
12.01.	Zugang	2.000
14.01.	Abgang	400
18.01.	Abgang	400
22.01.	Abgang	400
26.01.	Abgang	400
28.01.	Zugang	1.000
31.01.	Abgang	400

Aufgrund eines langfristigen Liefervertrages wurde die Steinkohle sowohl im Vorjahr als auch in diesem Jahr zu 45 US-\$ je Tonne bezogen. Bei der Begleichung der Lieferantenrechnung lagen folgende Wechselkurse zugrunde:

Anfangsbestand		1,60 €-US \$
Zugang	12.01.	1,70 €-US \$
Zugang	28.01.	1,80 €-US \$

Pro Tonne Steinkohle fielen zudem 10,- € Speditionskosten als Beschaffungsnebenkosten an.

Aufgabenstellungen:

a) Berechnen Sie in folgenden Schritten die Rohstoffkosten im Januar:

b) Wie hoch ist der Einstandspreis je Tonne pb Steinkohle in €, wenn die Güterverbräuche mit dem periodenbezogenen (gewogenen) Durchschnittspreis bewertet werden sollen?

c) Wie hoch sind die Steinkohlekosten der Kokerei im Monat Januar?

Lösung:

a)
$$pb = \frac{2.000\,t \cdot \left(45\$ \cdot 1{,}6\frac{€}{\$} + 10€\right) + 2.000\,t \cdot \left(45\$ \cdot 1{,}7\frac{€}{\$} + 10€\right) + 1.000\,t \cdot \left(45\$ \cdot 1{,}8\frac{€}{\$} + 10€\right)}{5.000\,t} = 85{,}60\frac{€}{t}$$

b)
$$\text{Steinkohlekosten} = 8 \cdot 400\,t \cdot 85{,}60\frac{€}{t} = 273.920\,€$$

Aufgabe 3: Kostenartenrechnung (Kalkulatorische Zinskosten)

Aufgabenbeschreibung:

Es liegen Ihnen Bilanzen eines Unternehmens zu zwei aufeinander folgenden Stichtagen vor:

Aktiva	31.12.05	31.12.06	Passiva	31.12.05	31.12.06
Grundstück mit Fabrikhalle	480.000	460.000	Eigenkapital	600.000	600.000
Grundstück mit Privatwohnung	320.000	300.000			
Maschinen	140.000	120.000			
Betriebs- und Geschäftsausstattung	50.000	42.000	Verbindlichkeiten gegenüber Kreditinstituten	320.000	327.000
Roh-, Hilfs- und Betriebsstoffe	120.000	100.000	Verbindlichkeiten aus Lieferung und Leistung	260.000	200.000
Fertige Erzeugnisse	40.000	40.000	Erhaltene Anzahlungen	145.000	163.000
Forderungen aus Lieferung und Leistung	55.000	55.000			
Kurzfristige Wertpapiere	0	53.000			
Kasse	120.000	120.000			
Gesamt	**1.325.000**	**1.290.000**	**Gesamt**	**1.325.000**	**1.290.000**

Aufgabenstellung:

Ermitteln Sie die kalkulatorischen Zinskosten für 2006 unter Verwendung folgender Daten:

- bei der Position „Maschinen" wird innerbetrieblich von einem kalkulatorischen Tageswert am 1.1.2005 von 180.000 € ausgegangen; Restnutzung bis Ende 2009, prognostizierter Verkaufserlös am 31.12.2009: 10.000 €, weiter wird von einer linearen Abschreibung ausgegangen,
- die restlichen kalkulatorischen Werte entsprechen den bilanziellen Werten,
- es sind generell keine Skontozahlungen vereinbart,
- der kalkulatorische reale Zinssatz beträgt 10%.

Lösung:

- **Ermittlung des durchschnittlich gebundenen Kapitals der Maschine:**

$$\text{Abschreibung } 2006 = \frac{180.000\,€ - 10.000\,€}{5\,\text{Jahre}} = 34.000\,\frac{€}{\text{Jahr}}$$

$$\text{Durchschnittlich gebundenes Vermögen} = \frac{180.000\,€ + (180.000\,€ - 34.000\,€)}{2} = 163.000\,€$$

- **Ermittlung des sachzielnotwendigen Vermögens und Kapitals sowie der kalkulatorischen Zinskosten:**

	[€]
Grundstück mit Fabrikhalle	470.000
Maschinen	163.000
Betriebs- und Geschäftsausstattung	46.000
Roh-, Hilfs- und Betriebsstoffe	110.000
Fertige Erzeugnisse	40.000
Forderungen aus Lieferung und Leistung	55.000
Kasse	120.000
Durchschnittliches sachzielnotwendiges Vermögen	**1.004.000**

Verbindlichkeiten aus Lieferung und Leistung	-230.000
Erhaltene Anzahlungen	-154.000
- Abzugskapital	**-384.000**

= Zu verzinsendes Kapital	**620.000**

Zinskosten	**62.000**

Aufgabe 4: Divisionsrechnung mit und ohne Äquivalenzziffern

Aufgabenbeschreibung:

In einem Unternehmen werden vier verschiedene Sorten von Trinkgläsern in Massenfertigung aus den selben Rohstoffen auf einer Fertigungsanlage hergestellt. Die Produktionsmengen betragen 22.000, 22.000, 16.000 und 10.000 ME. Die Gesamtkosten der Periode belaufen sich auf 63.140 €. Die Kostenverhältnisse je Mengeneinheit zur Herstellung der unterschiedlichen Glasarten werden mit 10%, 20%, 30% und 40% geschätzt.

Aufgabenstellung:

Ermitteln Sie die Stückselbstkosten einer jeden Sorte unter Verwendung
- der einfachen Divisionsrechnung sowie
- der Divisionsrechnung mit Äquivalenzziffern.

Lösung:

- **Divisionsrechnung auf der Basis gefertigter Mengen:**

Produkt	Produktions-menge [ME]
Glasart I	22.000
Glasart II	22.000
Glasart III	16.000
Glasart IV	10.000
Gesamt	**70.000**

Gesamtkosten [€]	63.140

Selbstkosten [€/ME]	0,902

- **Divisionsrechnung auf der Basis von Äquivalenzziffern:**

Produkt	Äquivalenz-ziffern	Produktions-menge [ME]	Rechnungs-einheiten [RE]
Glasart I	0,50	22.000	11.000
Glasart II	1,00	22.000	22.000
Glasart III	1,50	16.000	24.000
Glasart IV	2,00	10.000	20.000
Gesamt		**70.000**	**77.000**

Selbstkosten des Einheitsprodukts [€/RE]	0,820

Produkt	Selbstkosten des Einheits-produkts [€/RE]	Äquivalenz-ziffern	Selbstkosten [€/ME]
Glasart I	0,820	0,50	0,410
Glasart II	0,820	1,00	0,820
Glasart III	0,820	1,50	1,230
Glasart IV	0,820	2,00	1,640

Aufgabe 5: Divisionsrechnung mit mehreren Äquivalenzziffernreihen

Aufgabenbeschreibung:

Ein Fliesenbetrieb produziert drei unterschiedliche Formate von Fliesen (25 x 30 cm; 30 x 40 cm und 50 x 50 cm). Da sich das Unternehmen auf Krankenhäuser spezialisiert hat, sind alle Fliesen weiß. Die Kalkulation der Produkte erfolgt mittels einer Äquivalenzziffernrechnung. Im Fertigungsbereich werden die Fertigungskosten der Fliesen auf der Basis der Summe aus Breite und Länge, die Material- und die Vertriebskosten auf der Basis der Fläche den Produkten zugerechnet. Die sonstigen Kosten werden auf die Fertigungsmengen gleichmäßig verteilt. Als Einheitsprodukt gilt das Fliesenformat 50 x 50 cm.

Folgende Angaben sind Ihnen aus dem vergangenen Monat bekannt:

Materialkosten [€]	139.876,00
Fertigungskosten [€]	199.796,50
Sonstige Kosten [€]	86.620,00
Vertriebskosten [€]	79.811,60

Folgende Absatzmengen wurden realisiert:

25 x 30 [ME]	15.000
30 x 40 [ME]	18.000
50 x 50 [ME]	28.000

Aufgabenstellungen:

a) Bestimmen Sie die Äquivalenzziffern für den Fertigungs-, den Material- und Vertriebsbereich sowie für die sonstigen Kosten!

b) Kalkulieren Sie die Selbstkosten je ME eines jeden Produktes!

Lösung:

a) Ermittlung der Äquivalenzziffern:

	Material	Produktion	Vertrieb	Sonstige Kosten
Fliesenart 1	0,30	0,55	0,30	1,00
Fliesenart 2	0,48	0,70	0,48	1,00
Fliesenart 3	1,00	1,00	1,00	1,00

b) Ermittlung der Selbstkosten:

Material-kosten	Äquivalenz-ziffer	Absatzmenge [ME]	Rechnungs-einheiten [RE]	Materialkosten des Einheits-produkts [€/RE]	Material-kosten [€/ME]
Fliesenart 1	0,30	15.000	4.500 RE	3,40	1,020
Fliesenart 2	0,48	18.000	8.640 RE	3,40	1,632
Fliesenart 3	1,00	28.000	28.000 RE	3,40	3,400
Gesamt		61.000	41.140 RE		

Produktions-kosten	Äquivalenz-ziffer	Absatzmenge [ME]	Rechnungs-einheiten [RE]	Fertigungs-kosten des Einheitsprodukts [€/RE]	Fertigungs-kosten [€/ME]
Fliesenart 1	0,55	15.000	8.250 RE	4,09	2,2495
Fliesenart 2	0,70	18.000	12.600 RE	4,09	2,8630
Fliesenart 3	1,00	28.000	28.000 RE	4,09	4,0900
Gesamt		61.000	48.850 RE		

Sonstige Kosten	Absatzmenge [ME]	Sonstige Kosten des Einheitsprodukts [€/RE]	Sonstige Kosten [€/ME]
Fliesenart 1	15.000	1,42	1,4200
Fliesenart 2	18.000	1,42	1,4200
Fliesenart 3	28.000	1,42	1,4200
Gesamt	61.000		

Vertriebs-kosten	Äquivalenz-ziffer	Absatzmenge [ME]	Rechnungs-einheiten [RE]	Vertriebskosten des Einheitsprodukts [€/RE]	Vertriebs-kosten [€/ME]
Fliesenart 1	0,30	15.000	4.500 RE	1,94	0,5820
Fliesenart 2	0,48	18.000	8.640 RE	1,94	0,9312
Fliesenart 3	1,00	28.000	28.000 RE	1,94	1,9400
Gesamt		61.000	41.140 RE		

	Selbstkosten [€/ME]
Fliesenart 1	5,2715
Fliesenart 2	6,8462
Fliesenart 3	10,8500

Aufgabe 6: Divisionsrechnung mit mehreren Äquivalenzziffernreihen

Aufgabenbeschreibung:

Ein Safthersteller produziert vier verschiedene Saftarten. Der Abteilungsleiter der Kostenrechnung hat sich für eine Divisionsrechnung unter Berücksichtigung von Äquivalenzziffern entschieden und Sie beauftragt, diese durchzuführen. Die Kostenartenrechnung liefert folgende Daten:

Kostenart	Kosten der Periode
Fruchtkonzentrat (Einzelmaterialkosten) [€]	364.000
Einzellohnkosten [€]	285.350
Sonstige Kosten [€]	30.450

Sorte	Einzelmaterialkosten (Äquivalenzziffern)	Einzellohnkosten (prozentual)	Sonstige Kosten (Äquivalenzziffern)	Fertigungsmenge [l]
1 Zitronensprudel	1,0	10%	2,0	90.000
2 Apfelsaft	2,0	25%	1,0	180.000
3 Orangensaft	3,0	35%	2,5	240.000
4 Bananensaft	4,0	30%	1,5	90.000

Aufgabenstellungen:

a) Ermitteln Sie die Äquivalenzziffern für den Kostenblock „Einzellohnkosten" (Apfelsaft gilt als Einheitsprodukt)!

b) Wie hoch sind die Selbstkosten je Mengeneinheit der verschiedenen Sorten, wenn die gesamten Kosten der Periode ausschließlich nach den Äquivalenzziffern der Einzellohnkosten verteilt werden?

c) Ermitteln Sie die Selbstkosten je Mengeneinheit der vier Sorten unter Verwendung der verschiedenen Äquivalenzziffernreihen!

Lösung:

a) Ermittlung der Äquivalenzziffernreihe für Einzellohnkosten:

Sorte	Verhältnis der Einzellohnkosten je ME	Äquivalenzziffern
1 Zitronensprudel	10%	0,4
2 Apfelsaft	25%	1,0
3 Orangensaft	35%	1,4
4 Bananensaft	30%	1,2

b) Selbstkosten je Mengeneinheit des Einheitsprodukts:

$$\frac{\text{Gesamte Kosten}}{\text{Summe der Rechnungseinheiten}} = \frac{679.800\ €}{660.000\ RE} = 1{,}03\ \frac{€}{RE}$$

Die Selbstkosten des Apfelsafts als Standardprodukt betragen 1,03 €/l.

Ermittlung der Selbstkosten je Liter Fruchtsaft:

Sorte	Selbstkosten des Einheitsprodukts [€/RE]	Einzellohnkosten (Äquivalenzziffern)	Selbstkosten [€/l]
1 Zitronensprudel	1,03	0,4	0,412
2 Apfelsaft	1,03	1,0	1,030
3 Orangensaft	1,03	1,4	1,442
4 Bananensaft	1,03	1,2	1,236

c) **Ermittlung der Selbstkosten je Liter Fruchtsaft mit alternativen Äquivalenzziffernreihen:**

Sorte	Einzelmaterial-kosten (Äquivalenzziffern)	Einzellohnkosten (Äquivalenzziffern)	sonstige Kosten (Äquivalenzziffern)	Produktionsmenge in Stück [l]
1 Zitronensprudel	0,5	0,4	2,0	90.000
2 Apfelsaft	1,0	1,0	1,0	180.000
3 Orangensaft	1,5	1,4	2,5	240.000
4 Bananensaft	2,0	1,2	1,5	90.000
Summe der Rechnungs-einheiten SRE	765.000	660.000	1.095.000	

Ermittlung der Selbstkosten je Liter Fruchtsaft:

	Einzelmaterial-kosten [€/l]	Einzellohnkosten [€/l]	sonstige Kosten [€/l]	Selbstkosten je ME [€/l]
Kosten je Einheitsprodukt	0,475817	0,432348	0,027808	
1 Zitronensprudel	0,237908	0,172939	0,055616	0,466464
2 Apfelsaft	0,475817	0,432348	0,027808	0,935974
3 Orangensaft	0,713725	0,605288	0,069521	1,388534
4 Bananensaft	0,951634	0,518818	0,041712	1,512164

Aufgabe 7: Kuppelproduktkalkulation

Aufgabenbeschreibung:

Die Herstellung von Koks, Stadtgas sowie Teer erfolgt in der Kokerei durch Niedertemperaturentgasung bei ca. 500° C in einem Kuppelproduktionsprozess. In der Fertigungshauptkostenstelle wird die Steinkohle eingesetzt. Hier sind im Januar folgende primäre Fertigungskosten angefallen:

	[€]
Lohnkosten	20.000
Sozialkosten	6.000
Stromkosten	14.000
Sonstige Kosten	6.080
Primäre Gemeinkosten	**46.080**

Als sekundäre Kosten sind im Zeitraum lediglich Kosten für die Schlosserei weiterzuverrechnen. Diese nahm in der Fertigungshauptkostenstelle in der Abrechnungsperiode 160 Std. an Wartungs- und Instandhaltungsarbeiten vor, wobei jede Stunde mit 62,50 € abgerechnet wurde. Die Materialkosten betragen 273.920 €.

Je m^3 Gas fallen schließlich noch Weiterverarbeitungseinzelkosten in Höhe von 0,01 €/m^3 für die Zusetzung von Wasserstoff an.

Der folgenden Tabelle können Sie die Umsätze sowie die Produktionsmengen entnehmen:

	Nettoerlös [€]	Produktions- menge
Koks	280.000	2.500,00 t
Stadtgas	70.000	350.000 m³
Teer	50.000	25,00 t

Aufgabenstellung:

Kalkulieren Sie die Herstellkosten von 1 Tonne Koks, 1 m^3 Gas sowie 1 Tonne Teer mit der Restwert- **und** mit der Marktwertrechnung. Verrechnen Sie hierbei die Materialkosten und die Endkosten der Fertigungshauptkostenstelle Kokerei in einer Summe! Als Hauptprodukt wird Koks angesehen.

Lösung:

• **Ermittlung der gesamten Gemeinkosten:**

	[€]
Primäre Fertigungsgemeinkosten	46.080
Sekundäre Fertigungsgemeinkosten	10.000
Endkosten	**56.080**
Material(gemein)kosten	273.920
Gemeinkosten	**330.000**

• **Kostenträgerrechnung auf der Basis der Restwertrechnung:**

	Herstellkosten [€]	abgesetzte Mengen	Einzelkosten	Herstellkosten je ME
Koks	210.000	2.500 t		84,00 €/t
Stadtgas	70.000	350.000 m³	0,01 €/m³	0,21 €/m³
Teer	50.000	25 t		2.000,00 €/t
Gesamt	**330.000**			

• **Kostenträgerrechnung auf der Basis der Marktwertrechnung:**

- Ermittlung der Kosten je € Umsatz = $\dfrac{330.000\ €}{400.000\ €} = 0,825\ \dfrac{€}{€}$

- Ermittlung der Herstellkosten je ME der abgesetzten Produkte:

	Kosten je € Umsatz [€/RE]	Absatzpreis je ME	Einzelkosten	Herstellkosten je ME
Koks	0,825	112,00 €/t		92,40 €/t
Stadtgas	0,825	0,20 €/m³	0,01 €/m³	0,18 €/m³
Teer	0,825	2.000,00 €/t		1.650,00 €/t

Aufgabe 8: Summarische Zuschlagsrechnung

Aufgabenbeschreibung:

Ein Landmaschinenhersteller stellt bei der Produktion eines professionellen Rasenmähers folgende Einzelkosten fest:

Einzelmaterialkosten [€/ME]	1.500
Einzellohnkosten [€/ME]	1.850
Sondereinzelkosten der Fertigung [€/ME]	150
Sondereinzelkosten des Vertriebs [€/ME]	420

Das Unternehmen benötigt zur Herstellung dieses Produktes 12 Arbeitstage zu je 8 Arbeitsstunden. Aus der Istkostenrechnung sind Ihnen folgende Daten bekannt:

Einzelmaterialkosten [€]	444.500
Einzellohnkosten [€]	637.500
Sondereinzelkosten der Fertigung [€]	23.000
Sondereinzelkosten des Vertriebs [€]	60.000
Materialgemeinkosten [€]	43.000
Fertigungsgemeinkosten [€]	550.000
Verwaltungs- und Vertriebsgemeinkosten [€]	235.750

Die gesamte Fertigungszeit einer Periode wurde mit 34.531,26 Std. ermittelt.

Aufgabenstellung:

Berechnen Sie die Zuschlagssätze alternativ für folgende Bezugsgrößen

- Fertigungszeit,
- Einzellohnkosten,
- Einzelherstellkosten!

Kalkulieren Sie den Rasenmäher unter Verwendung der einzelnen Bezugsgrößen!

Lösung:

- **Bezugsgröße Fertigungszeit:**

$$\text{Gemeinkostenzuschlagssatz} = \frac{\text{Summe der Gemeinkosten}}{\text{Fertigungsstunden}} = \frac{828.750\,€}{34.531,26\,\text{Std.}} = 24,-\frac{€}{\text{Std.}}$$

Selbstkosten des Rasenmähers:

	[€/ME]
Einzelmaterialkosten	1.500
Einzellohnkosten	1.850
SEK der Fertigung	150
SEK des Vertriebs	420
Einzelkosten	**3.920**
Gemeinkosten	2.304
Selbstkosten	**6.224**

- **Bezugsgröße Einzellohnkosten:**

$$\text{Gemeinkostenzuschlagssatz} = \frac{\text{Summe der Gemeinkosten}}{\text{Einzellohnkosten}} = \frac{828.750\,€}{637.500\,€} \cdot 100 = 130\%$$

Selbstkosten des Rasenmähers:

	[€/ME]
Einzelmaterialkosten	1.500
Einzellohnkosten	1.850
SEK der Fertigung	150
SEK des Vertriebs	420
Einzelkosten	**3.920**
Gemeinkosten	2.405
Selbstkosten	**6.325**

- **Bezugsgröße Einzelherstellkosten:**

$$\text{Gemeinkostenzuschlagssatz} = \frac{\text{Summe der Gemeinkosten}}{\text{Einzelfherstellkosten}} = \frac{828.750\,€}{1.105.000\,€} \cdot 100 = 75\%$$

Selbstkosten des Rasenmähers:

	[€/ME]
Einzelmaterialkosten	1.500
Einzellohnkosten	1.850
SEK der Fertigung	150
SEK des Vertriebs	420
Einzelkosten	**3.920**
Gemeinkosten	2.625
Selbstkosten	**6.545**

Aufgabe 9: Einfache differenzierende Zuschlagsrechnung

Aufgabenbeschreibung:

Ein Unternehmen stellt ein exklusives Sonnenschirmmodell her. Folgende Einzelkosten fallen hierbei an:

Einzelmaterialkosten [€/ME]	80,00
Einzellohnkosten [€/ME]	37,00
Sondereinzelkosten der Fertigung [€/ME]	15,00
Sondereinzelkosten des Vertriebs [€/ME]	12,00

Folgende Zuschlagssätze wurden ermittelt:

Materialgemeinkostenzuschlagssatz	Bezugsgröße: Einzelmaterialkosten	5%
Fertigungsgemeinkostenzuschlagssatz	Bezugsgröße: Einzellohnkosten	40%
Verwaltungsgemeinkostenzuschlagssatz	Bezugsgröße: Herstellkosten	10%
Vertriebsgemeinkostenzuschlagssatz	Bezugsgröße: Herstellkosten	15%

Aufgabenstellung:

Berechnen Sie die Selbstkosten je Mengeneinheit des Produktes! Verwenden Sie hierbei die differenzierende Zuschlagsrechnung!

Lösung:

	Zuschlagssatz	[€/ME]
Einzelmaterialkosten		80,00
Materialgemeinkosten	5,00%	4,00
Materialkosten		**84,00**
Einzellohnkosten		37,00
Fertigungsgemeinkosten	40,00%	14,80
Sondereinzelkosten der Fertigung		15,00
Fertigungskosten		**66,80**
Herstellkosten je ME		**150,80**
Verwaltungsgemeinkosten	10,00%	15,08
Vertriebsgemeinkosten	15,00%	22,62
Sondereinzelkosten des Vertriebs		12,00
Selbstkosten je ME		**200,50**

Aufgabe 10: Summarische Zuschlagsrechnung und Maschinenstundensatzrechnung

Aufgabenbeschreibung:

Ein kleines Unternehmen, das sich auf den Hochglanzplakatdruck spezialisiert hat, teilt sich in zwei Kostenstellen auf (KS$_1$ und KS$_2$). Folgende Informationen liegen Ihnen vor:

	Kostenstelle 1	Kostenstelle 2
Einzelmaterialkosten [€]	1.250	1.500
Einzellohnkosten [€]	3.300	1.650
Gemeinkosten [€]	13.100	10.000
geleistete Maschinenstunden [Std.]	500	400

Für den Kundenauftrag einer Kunstausstellung ergeben sich folgende Einzelkosten:

	Kostenstelle 1	Kostenstelle 2
Einzelmaterialkosten [€/ME]	22,50	11,30
Einzellohnkosten [€/ME]	75,00	20,00
geleistete Maschinenstunden [Std./Min.]	9,5	8

Aufgabenstellung:

a) Ermitteln Sie die Herstellkosten dieses Auftrages unter Verwendung der summarischen Zuschlagsrechnung und anschließend unter Berücksichtigung der Maschinenstundensatzrechnung unter der Annahme, dass sämtliche Gemeinkosten der Kostenstellen maschinenbedingt sind!

b) Wodurch könnten die Differenzen zu erklären sein?

Lösung:

a) **Ermittlung der Herstellkosten:**

- **Ermittlung der Herstellkosten anhand der summarischen Zuschlagsrechnung:**

  Berechnung des Gemeinkostenzuschlagssatzes:

$$\frac{\text{Summe der Gemeinkosten}}{\text{Summe der Einzelkosten}} = \frac{23.100 \ \text{€}}{7.700 \ \text{€}} \cdot 100 = 300 \ \%$$

	Zuschlags-satz	[€/ME]
Einzelmaterialkosten		33,80
Einzellohnkosten		95,00
Einzelkosten		**128,80**
Gemeinkosten	300%	386,40
erstellkosten		**515,20**

- **Ermittlung der Herstellkosten anhand der Maschinenstundensatzrechnung:**

  Ermittlung des Maschinenstundensatzes: $\dfrac{\text{Maschinenkosten (Gemeinkosten)}}{\text{Anzahl der Maschinenstunden}}$

$$\text{Maschinenstundensatz KS}_1 = \frac{13.100 \ \text{€}}{500 \ \text{Std.}} = 26,20 \ \frac{\text{€}}{\text{Std.}}$$

$$\text{Maschinenstundensatz KS}_2 = \frac{10.000 \ \text{€}}{400 \ \text{Std.}} = 25,00 \ \frac{\text{€}}{\text{Std.}}$$

	KS$_1$ [€/ME]	KS$_2$ [€/ME]	Gesamt [€/ME]
Einzelmaterialkosten	22,50	11,30	**33,80**
Einzellohnkosten	75,00	20,00	**95,00**
Einzelkosten	97,50	31,30	**128,80**
Gemeinkosten	248,90	200,00	**448,90**
Herstellkosten	346,40	231,30	**577,70**

b) Die Einzelkosten fallen für das betrachtete Produkt zu gering aus.

Aufgabe 11: Kostenarten- und Kostenstellenrechnung (Primärkostenrechnung)

Aufgabenbeschreibung a:

Zur Ermittlung der kalkulatorischen Zinsen in der Kostenartenrechnung liegen Ihnen folgende Daten vor:

- Kalkulatorischer realer Zinssatz: 9%.
- Maschinen: Der kalkulatorische Tageswert beträgt am 31.12.2005 115.000 €; die Restnutzung erfolgt bis inklusive 2009, der voraussichtliche Verkaufserlös am 31.12.2009 ist 15.000 €, die Maschinen werden linear abgeschrieben.
- Gebäude: Die Gebäude sind am 31.12.2005 mit 480.000 € in der Handelsbilanz bilanziert. Die handelsrechtlichen Abschreibungen betrugen in 2005 40.000 €. Bei der Ermittlung des kalkulatorischen Wertes ist zu berücksichtigen, dass in dieser Position stille Reserven in Höhe von 50% enthalten sind.
- Des Weiteren liegen folgende kalkulatorische Tageswertansätze vor:

	durchschnittlich in 2005 gebundenes Vermögen [€]
Sonstiges sachzielnotwendiges Anlagevermögen	300.000
Roh-, Hilfs-, Betriebsstoffe sowie Erzeugnisse	153.600
Kurzfristige Wertpapiere	78.000
Forderungen aus Lieferung und Leistung	215.150
Kasse, Bank	134.000
Kundenanzahlungen	19.750
Verbindlichkeiten aus Lieferung und Leistung	471.000
Verbindlichkeiten gegenüber Kreditinstituten	450.000

Die Verbindlichkeiten aus Lieferung und Leistung beinhalten zu 50% die Möglichkeit, Skonto in Anspruch zu nehmen.

Aufgabenstellung:
Ermitteln Sie die kalkulatorischen Zinsen für das Jahr 2005!

Aufgabenbeschreibung b:

Aus der Kostenartenrechnung des Jahres 2005 liegen Ihnen folgende Informationen vor:

Personalkosten	150.000 €
Mietkosten	230.000 €
Sonstige Kosten	704.800 €

Die primären Gemeinkosten werden aufgrund folgender Tabelle den einzelnen Kostenstellen zugerechnet:

	KS$_1$	KS$_2$	KS$_3$	KS$_4$	KS$_5$	KS$_6$
Personalkosten [Std.]	200	280	400	350	100	170
Mietkosten [m²]	180	800	400	500	300	120
Zinskosten [kalk. geb. Kapital €]	20.400	12.750	35.700	30.600	22.950	5.100
Sonstige Kosten [€]	85.000	224.000	?	102.800	60.000	34.000

Aufgabenstellung:

Führen Sie eine Primärkostenrechnung durch!

Lösung:

a) Ermittlung der kalkulatorischen Zinskosten:

	Gebundenes Kapital		
	31.12.2004 [€]	31.12.2005 [€]	Durchschnitt [€]
Gebäude	780.000	720.000	750.000
Maschinen	140.000	115.000	127.500
Sonstiges sachzielnotwendiges Anlagevermögen			300.000
Roh-, Hilfs-, Betriebsstoffe sowie Erzeugnisse			153.600
Forderungen aus Lieferungen und Leistung			215.150
Kasse, Bank			134.000
Sachzielnotwendiges Kapital			**1.680.250**
- Abzugskapital			**-255.250**
= Zu verzinsendes Kapital			**1.425.000**
Zinskosten			**128.250**

b) Primärkostenrechnung:

	KS$_1$	KS$_2$	KS$_3$	KS$_4$	KS$_5$	KS$_6$	Gesamt
Personalkosten [€]	20.000	28.000	40.000	35.000	10.000	17.000	**150.000**
Mietkosten [€]	18.000	80.000	40.000	50.000	30.000	12.000	**230.000**
Zinskosten [€]	20.520	12.825	35.910	30.780	23.085	5.130	**128.250**
Sonstige Kosten [€]	85.000	224.000	199.000	102.800	60.000	34.000	**704.800**
Primäre Gemeinkosten [€]	**143.520**	**344.825**	**314.910**	**218.580**	**123.085**	**68.130**	**1.213.050**

Aufgabe 12: Kostenarten- und Kostenstellenrechnung (Primärkostenrechnung)

Aufgabenbeschreibung:

Ein Unternehmen der chemischen Industrie weist im Produktionsbereich fünf Kostenstellen auf. Neben kalkulatorischen Abschreibungen und Zinsen fallen als Gemeinkosten Betriebsstoffkosten sowie sonstige Gemeinkosten an. Im August 2006 beträgt die Summe der sonstigen Gemeinkosten 510.000 €. Das durchschnittliche kalkulatorische Kapital wird mit 1.100.000 € angesetzt. Die durchschnittlichen Verbindlichkeiten aus Lieferung und Leistung betragen 100.000 € (zinslos). Darüber hinaus verfügt das Unternehmen durchschnitt-

lich über 50.000 € Anzahlungen. Es wird ein kalkulatorischer Zinssatz von 9% unterstellt.
Die Betriebsstoffkosten lassen sich aus folgenden Daten ermitteln:

Datum	Bestand [kg]	Verbrauch [kg]	Zugang [kg]	Preis pro kg [€/kg]
01.08.2006	3.600			1,20
02.08.2006		1.800		
10.08.2006			2.400	1,30
15.08.2006		2.160		
31.08.2006	1.800			

Für die Kostenstellenrechnung sind bereits folgende Daten ermittelt worden:

	KS$_1$ [€]	KS$_2$ [€]	KS$_3$ [€]	KS$_4$ [€]	KS$_5$ [€]
Zinskosten	10.000 €	15.000 €	23.000 €	12.000 €	?
Abschreibungskosten	?	8.000 €	32.000 €	16.000 €	8.000 €
Betriebsstoffkosten	?	?	?	?	?
Sonstige primäre Kosten	70.000 €	200.000 €	120.000 €	?	40.000 €

Primäre Gemeinkosten					

Die Maschine in KS$_1$ wird linear abgeschrieben. Ihre voraussichtliche Restnutzungsdauer
ist von der technischen Betriebsleitung mit Ende 2008 prognostiziert worden. Der kalkulatorische Restbuchwert betrug am 1.1.2006 262.000 €, ihr Schrottwert wird mit 10.000 €
kalkuliert. Die Betriebsstoffkosten werden auf der Basis der Anzahl der in einer Kostenstelle betriebenen Maschinen verrechnet. In KS$_1$ wurden zwei, in KS$_2$ eine, in KS$_3$ vier, in
KS$_4$ zwei sowie in KS$_5$ eine Maschine eingesetzt.

Aufgabenstellungen:

a) Ermitteln Sie den Verbrauch an Betriebsstoffkosten mit Hilfe der Befundrechnung!

b) Wie hoch sind die Betriebsstoffkosten, wenn das FIFO-Verfahren angewendet wird?

c) Ermitteln Sie die kalkulatorischen Zinskosten!

d) Wie hoch sind die gesamten primären Gemeinkosten in den einzelnen Kostenstellen
   für August 2006?

Lösung:

a) **Güterverbrauch**   = Anfangsbestand – Endbestand + Güterzugänge

   = 3.600 kg – 1.800 kg + 2.400 kg = 4.200 kg

b) **Betriebsstoffkosten** = 3.600 kg · 1,20 €/kg + 600 kg · 1,30 €/kg = 5.100 €

c) **Ermittlung der kalkulatorischen Zinskosten:**

	[€]
sachzielnotwendiges Vermögen	**1.100.000**

zinslose Verbindlichkeiten	-100.000
Anzahlungen	-50.000
- **Durchschnittliches Abzugskapital**	**-150.000**
= Zu verzinsendes Kapital	**950.000**
Zinskosten	**85.500**

d) **Ermittlung der primären Gemeinkosten je Kostenstelle:**

	KS_1 [€]	KS_2 [€]	KS_3 [€]	KS_4 [€]	KS_5 [€]	Gesamt [€]
Zinskosten	10.000	15.000	23.000	12.000	25.500	85.500
Abschreibungskosten	7.000	8.000	32.000	16.000	8.000	71.000
Betriebsstoffkosten	1.020	510	2.040	1.020	510	5.100
Sonstige primäre Kosten	70.000	200.000	120.000	80.000	40.000	510.000
Primäre Gemeinkosten	**88.020**	**223.510**	**177.040**	**109.020**	**74.010**	**671.600**

Aufgabe 13: Kostenstellenrechnung (Primär- und Sekundärkostenrechnung)

Aufgabenbeschreibung:

Ein Unternehmen besteht aus sechs Kostenstellen (KS_1 – KS_6). KS_1 (Fuhrpark) und KS_2 (Werkstatt) sind Vorkostenstellen.

Die Miete des Monats Mai beträgt 23.000 €. Außerdem wurden 3.120 € an das Elektrizitätswerk für den Stromverbrauch überwiesen. Zudem liegen noch folgende Daten vor:

	KS_1 (Fuhrpark)	KS_2 (Werkstatt)	KS_3 (Lager)	KS_4 (Fertigung)	KS_5 (Verwaltung)	KS_6 (Vertrieb)	Gesamt
Gehaltskosten [€]	7.255	3.640	7.500	8.250	25.000	12.000	63.645
Lohnkosten [€]	0	7.250	8.725	45.000	0	0	60.975
Fläche [m²]	54,00	105,75	67,50	776,25	99,00	67,50	1.170
Stromverbrauch [kWh]	250	2.250	1.300	11.000	450	350	15.600

Die innerbetrieblichen Lieferbeziehungen stellen sich wie folgt dar:

KS	KS_1 (Fuhrpark)	KS_2 (Werkstatt)	KS_3 (Lager)	KS_4 (Fertigung)	KS_5 (Verwaltung)	KS_6 (Vertrieb)	Gesamt
Gefahrene Strecke [km]	0	0	15	75	1.100	6.560	7.750
Reparaturzeit [Std.]	15	0	31	98	0	6	150

Aufgabenstellungen:

a) Führen Sie zunächst eine Primärkostenrechnung durch!

b) Führen Sie die innerbetriebliche Leistungsrechnung nach dem Treppenverfahren durch! Ermitteln Sie die Endkosten einer jeden Kostenstelle!

Lösung:

a) Primärkostenrechnung:

Kostenstellen Kostenarten	KS₁ [€]	KS₂ [€]	KS₃ [€]	KS₄ [€]	KS₅ [€]	KS₆ [€]	Gesamt [€]
Gehaltskosten [€]	7.255,00	3.640,00	7.500,00	8.250,00	25.000,00	12.000,00	63.645
Lohnkosten [€]	0,00	7.250,00	8.725,00	45.000,00	0,00	0,00	60.975
Mietkosten [€]	1.061,54	2.078,85	1.326,92	15.259,62	1.946,15	1.326,92	23.000
Stromkosten [€]	50,00	450,00	260,00	2.200,00	90,00	70,00	3.120
Gesamt [€]	8.366,54	13.418,85	17.811,92	70.709,62	27.036,15	13.396,92	150.740

b) Sekundärkostenrechnung:

Kostenstellen Kostenarten	KS₂ [€]	KS₁ [€]	KS₃ [€]	KS₄ [€]	KS₅ [€]	KS₆ [€]	Gesamt
Gehaltskosten [€]	3.640,00	7.255,00	7.500,00	8.250,00	25.000,00	12.000,00	63.645
Lohnkosten [€]	7.250,00	0,00	8.725,00	45.000,00	0,00	0,00	60.975
Mietkosten [€]	2.078,85	1.061,54	1.326,92	15.259,62	1.946,15	1.326,92	23.000
Stromkosten [€]	450,00	50,00	260,00	2.200,00	90,00	70,00	3.120
Primäre Gemeinkosten	13.418,85	8.366,54	17.811,92	70.709,62	27.036,15	13.396,92	150.740
Umlage der KS₂	-13.418,85	1.341,88	2.773,23	8.766,98	0,00	536,75	0
Umlage der KS₁		-9.708,42	18,79	93,95	1.377,97	8.217,71	0
Endkosten	0,00	0,00	20.603,94	79.570,55	28.414,12	22.151,39	150.740

Aufgabe 14: Kostenstellenrechnung (Sekundärkostenrechnung)

Aufgabenbeschreibung:

Ein Unternehmen unterteilt sich in fünf Kostenstellen (KS₁ - KS₅). Die primären Gemein-kosten teilen sich wie folgt auf diese Kostenstellen auf:

	KS₁	KS₂	KS₃	KS₄	KS₅
Primäre Gemeinkosten [€]	38.000	55.000	17.500	80.000	45.000

Es bestehen folgende Lieferverpflichtungen zwischen den einzelnen Kostenstellen:

an \ von	KS₁	KS₂	KS₃	KS₄	KS₅
KS₁	0	0	0	0	0
KS₂	1/3	0	1/3	0	0
KS₃	1/6	0	0	0	0
KS₄	1/6	1/2	1/3	0	0
KS₅	1/3	1/2	1/3	0	0

Aufgabenstellungen:

a) Formulieren Sie das Gleichungssystem des Kostenstellenausgleichsverfahren zur Bestimmung der Gesamtkosten der fünf Kostenstellen!

b) Ermitteln Sie die Endkosten jeder Kostenstelle durch das Treppenverfahren im BAB!

Lösung

a) Aufstellung des Gleichungssystems:

$$GK_1 = PK_1$$

$$GK_2 = PK_2 + \frac{1}{3} \cdot GK_1 \qquad + \frac{1}{3} \cdot GK_3$$

$$GK_3 = PK_3 + \frac{1}{6} \cdot GK_1$$

$$GK_4 = PK_4 + \frac{1}{6} \cdot GK_1 + \frac{1}{2} \cdot GK_2 + \frac{1}{3} \cdot GK_3$$

$$GK_5 = PK_5 + \frac{1}{3} \cdot GK_1 + \frac{1}{2} \cdot GK_2 + \frac{1}{3} \cdot GK_3$$

b) Ermittlung der Endkosten:

	KS_1	KS_3	KS_2	KS_4	KS_5	Gesamt
Primäre Gemeinkosten [€]	38.000,00	17.500,00	55.000,00	80.000,00	45.000,00	235.500,00
Umlage von KS_1 [€]	-38.000,00	6.333,33	12.666,67	6.333,33	12.666,67	0,00
Umlage von KS_3 [€]		-23.833,33	7.944,44	7.944,44	7.944,44	0,00
Umlage von KS_2 [€]			-75.611,11	37.805,56	37.805,56	0,00
Endkosten [€]	0,00	0,00	0,00	132.083,33	103.416,67	235.500,00

Aufgabe 15: Kostenstellenrechnung (Sekundärkostenrechnung)

Aufgabenbeschreibung:

Ein Unternehmen besteht aus fünf Kostenstellen. KS_1 (Klärwerk) und KS_2 (Stromerzeugung) stellen Vorkostenstellen dar. KS_3 (Materialwirtschaft), KS_4 (Produktion) und KS_5 (Verwaltungs- und Vertriebsstelle) sind die Endkostenstellen des Unternehmens. Nach Buchungsschluss stehen dem Controlling folgende Daten zur Verfügung:

	KS_1 (Klärwerk)	KS_2 (Stromerzeugung)	KS_3 (Materialwirtschaft)	KS_4 (Produktion)	KS_5 (Verwaltung & Vertrieb)	Gesamt
Klärmenge [m³]	0	750	750	12.750	750	15.000
Stromverbrauch [kWh]	34.000	0	11.000	145.000	25.000	215.000
Primäre Gemeinkosten [€]	7.500	10.550	5.200	49.000	10.000	82.250

Die Einzelmaterialkosten betrugen in der letzten Abrechnungsperiode 123.000 €, die Einzellohnkosten 134.000 €.

Aufgabenstellungen:

a) Erstellen Sie den Betriebsabrechnungsbogen des Unternehmens. Verwenden Sie hierbei das Treppenverfahren! Welche Gemeinkostenverrechnungssätze ergeben sich für die Vorkostenstellen?

b) Welche Zuschlagssätze ergeben sich für den unter a) geschilderten Sachverhalt, wenn das Unternehmen nach der differenzierenden Zuschlagsrechnung mit Rückgriff auf die Kostenstellenrechnung vorgeht?

Lösung:

a) Sekundärkostenrechnung:

Der Stromverbrauch von KS_1 wird vernachlässigt, da sonst das Treppenverfahren nicht anwendbar ist.

	KS_1 (Klärwerk)	KS_2 (Stromerzeugung)	KS_3 (Materialwirtschaft)	KS_4 (Produktion)	KS_5 (Verwaltung & Vertrieb)	Gesamt
Primäre Gemeinkosten [€]	7.500,00	10.550,00	5.200,00	49.000,00	10.000,00	82.250,00
Verrechnung KS_1 [€]	-7.500,00	375,00	375,00	6.375,00	375,00	0,00
Verrechnung KS_2 [€]		-10.925,00	663,95	8.752,07	1.508,98	0,00
Endkosten [€]	0,00	0,00	6.238,95	64.127,07	11.883,98	82.250,00

Verrechnungspreis	0,50 €/m³	0,06 €/kWh

b) Ermittlung der Zuschlagssätze:

Materialgemeinkostenzuschlagssatz =

$$\frac{\text{Materialgemeinkosten}}{\text{Materialeinzelkosten}} = \frac{6.238,95\,€}{123.000\,€} \cdot 100 = 5,072317\%$$

Fertigungsgemeinkostenzuschlagssatz =

$$\frac{\text{Fertigungsgemeinkosten}}{\text{Einzellohnkosten}} = \frac{64.127,07\,€}{134.000\,€} \cdot 100 = 47,8560223\%$$

Verwaltungs- und Vertriebsgemeinkostenzuschlagssatz =

	[€]
Einzelmaterialkosten	123.000,00
Materialgemeinkosten	6.238,95
Einzellohnkosten	134.000,00
Fertigungsgemeinkosten	64.127,07
Herstellkosten	**327.366,02**

$$\frac{\text{Verwaltungs} - \text{und Vertriebsgemeinkosten}}{\text{Herstellkosten}} = \frac{11.883,98\,€}{327.366,02\,€} \cdot 100 = 3,6301812\%$$

Aufgabe 16: Differenzierende Zuschlagsrechnung auf Basis einer dreistufigen Kalkulation

Aufgabenbeschreibung:

Ein Unternehmen stellt Taschenrechner und Pockettranslator her. Aus der vergangenen Periode sind folgende Informationen bekannt:

	Taschenrechner	Pockettranslator
Absatzmenge der Periode [ME]	10.000	4.000
Einzelmaterialkosten [€/ME]	18,00	32,00
Einzellohnkosten [€/ME]	20,00	34,00

Die gesamten primären Gesamtkosten in Höhe von 355.400 € werden den Endkostenstellen wie folgt zugerechnet:

Endkostenstellen	Endkosten [€]	Bezugsgröße
Materiallager	92.400	Einzelmaterialkosten der Periode
Fertigungsstelle	168.000	Einzellohnkosten der Periode
Verwaltung	45.000	Herstellkosten des Absatzes der Periode
Vertrieb	50.000	Herstellkosten des Absatzes der Periode

Aufgabenstellung:

Ermitteln Sie die Selbstkosten der Absatzprodukteinheiten auf der Basis der differenzierenden Zuschlagsrechnung unter Verwendung der angegebenen Bezugsgrößen für die einzelnen Gemeinkostenblöcke!

Lösung:

- **Ermittlung der Bezugsgrößenausprägungen:**

	[€]
Einzelmaterialkosten	308.000
Materialgemeinkosten	92.400
Einzellohnkosten	336.000
Fertigungsgemeinkosten	168.000
Herstellkosten	**904.400**

- **Ermittlung der Zuschlagssätze:**

Materialgemeinkostenzuschlagssatz	30,000000%
Fertigungsgemeinkostenzuschlagssatz	50,000000%
Verwaltungsgemeinkostenzuschlagssatz	4,975674%
Vertriebsgemeinkostenzuschlagssatz	5,528527%

- **Ermittlung der Selbstkosten je abgesetzter Mengeneinheit:**

	Zuschlags-satz	Taschenrechner [€/ME]	Pockettranslator [€/ME]
Einzelmaterialkosten		18,000000	32,000000
Materialgemeinkosten	30%	5,400000	9,600000
Materialkosten		23,400000	41,600000
Einzellohnkosten		20,000000	34,000000
Fertigungsgemeinkosten	50%	10,000000	17,000000
Fertigungskosten		30,000000	51,000000
Herstellkosten je ME		53,400000	92,600000
Verwaltungsgemeinkosten	4,975674%	2,657010	4,607475
Vertriebsgemeinkosten	5,528527%	2,952234	5,119416
Selbstkosten je ME		59,009244	102,326891

Aufgabe 17: Differenzierende Zuschlagsrechnung auf Basis einer dreistufigen Kalkulation

Aufgabenbeschreibung:

Ihre Kostenrechnung hat Ihnen für den Monat August folgende Informationen geliefert:

	Fußball	Volleyball
Produktionsmenge [ME]	2.000	3.000
Absatzmenge [ME]	2.400	2.250
Absatzpreis [€/ME]	25,00	22,00
Einzelmaterialkosten [€/ME]	2,50	5,50
Einzellohnkosten [€/ME]	6,00	4,00

Die gesamten primären Gemeinkosten betragen 27.238 €, die folgendermaßen zugerechnet werden:

Endkostenstelle	Endkosten [€]	Bezugsgröße
Fertigung	21.000	Einzellohnkosten (**erstellte** ME)
Materialwirtschaft	4.000	Einzelmaterialkosten (**erstellte** ME)
Verwaltung und Vertrieb	2.238	Herstellkosten (**abgesetzte** ME)

Die Lagerbestandsveränderungen der Fertigerzeugnisse wurden mit Herstellkosten bewertet, wobei die Herstellkosten sich nicht verändert haben.

Aufgabenstellung:

Ermitteln Sie die Selbstkosten je Fuß- und Volleyball mittels der differenzierenden Zuschlagsrechnung!

Lösung:

- **Ermittlung der Zuschlagssätze:**

Einzelmaterialkosten der erstellten Mengeneinheiten =

$$2.000 \text{ ME} \cdot 2,50 \frac{€}{\text{ME}} + 3.000 \text{ ME} \cdot 5,50 \frac{€}{\text{ME}} = 21.500 €$$

Materialgemeinkostenzuschlagssatz = $\dfrac{4.000\,€}{21.500\,€}\cdot 100 = 18{,}604651\%$

Einzellohnkosten der erstellten Mengeneinheiten =

$2.000\,\text{ME}\cdot 6{,}00\,\dfrac{€}{\text{ME}} + 3.000\,\text{ME}\cdot 4{,}00\,\dfrac{€}{\text{ME}} = 24.000\,€$

Fertigungsgemeinkostenzuschlagssatz = $\dfrac{21.000\,€}{24.000\,€}\cdot 100 = 87{,}5\%$

	[€]
Einzelmaterialkosten der abgesetzten Mengeneinheiten	18.375,00
Materialgemeinkosten der abgesetzten Mengeneinheiten	3.418,60
Einzellohnkosten der abgesetzten Mengeneinheiten	23.400,00
Fertigungsgemeinkosten der abgesetzten Mengeneinheiten	20.475,00
Herstellkosten der abgesetzten Mengen	**65.668,60**

Verwaltungs- und Vertriebsgemeinkostenzuschlagssatz =

$\dfrac{2.238\,€}{65.668{,}60\,€}\cdot 100 = 3{,}4080214\%$

- **Ermittlung der Selbstkosten je abgesetzter Mengeneinheit:**

			Fußball [€/ME]	Volleyball [€/ME]
		Einzelmaterialkosten	2,500000	5,500000
		Materialgemeinkosten	0,465116	1,023256
	Materialkosten		**2,965116**	**6,523256**
		Einzellohnkosten	6,000000	4,000000
		Fertigungsgemeinkosten	5,250000	3,500000
	Fertigungskosten		**11,250000**	**7,500000**
Herstellkosten je ME			**14,215116**	**14,023256**
Verwaltungs- und Vertriebsgemeinkosten			0,484454	0,477916
Selbstkosten je ME			**14,699570**	**14,501171**

Aufgabe 18: Differenzierende Zuschlagsrechnung auf Basis einer dreistufigen Kalkulation

Aufgabenbeschreibung:

Ein Unternehmen gliedert sich in 7 Kostenstellen. Die Kostenstellen KS_{101} (Technische Dienste) sowie KS_{102} (Elektrizitätsversorgung) stellen Vorkostenstellen dar. In der Fertigungskostenstelle KS_{201} wird das Produkt PA_1 gefertigt. Zudem beliefert KS_{201} die zweite Fertigungskostenstelle KS_{202} mit einem Vorprodukt, das separat gefertigt werden muss. Die Fertigungskostenstelle KS_{202} stellt schließlich das zweite Produkt PA_2 her. Die Kostenstellen KS_{910} (Materialwirtschaft), KS_{920} (Verwaltung) und KS_{930} (Vertrieb) bilden den indirekten Bereich des Unternehmens.

Je ME der Produktart PA_2 werden 1,7 ME des Vorprodukts benötigt. KS_{201} liefert insgesamt 17.000 ME des Vorprodukts an KS_{202}. Von Produktart PA_1 werden 8.500 ME hergestellt und abgesetzt, von Produktart PA_2 10.000 ME. KS_{201} benötigt zur Fertigung einer ME von PA_1 4 Minuten je ME, zur Herstellung des **Vorprodukts** lediglich 2 Minuten je ME. Der folgenden Tabelle entnehmen Sie die innerbetrieblichen Lieferungen der Vorkostenstellen.

	KS_{101}	KS_{102}	KS_{201}	KS_{202}	KS_{910}	KS_{920}	KS_{930}
KS_{101} [Std.]	45	30	90	90	30	6	9
KS_{102} [kWh]	1.500	1.000	24.000	21.000	1.200	800	500

Die nachfolgende Tabelle gibt Ihnen einen Überblick über die Verteilung der Kostenstelleneinzelkosten auf die Kostenstellen. Die Mieten in Höhe von 10.000 € sollen als Kostenstellengemeinkosten auf der Basis der in Anspruch genommenen Fläche auf die Kostenstellen verteilt werden.

	KS_{101}	KS_{102}	KS_{201}	KS_{202}	KS_{910}	KS_{920}	KS_{930}
Flächen [m²]	70 qm	160 qm	140 qm	180 qm	120 qm	80 qm	50 qm
Gehaltskosten [€]	15.360	7.600	13.880	8.010	8.100	20.340	26.710
Abschreibungskosten [€]	5.165	7.120	20.350	19.560	15.680	3.310	8.815
Zinskosten [€]	800	1.300	3.850	3.800	3.900	870	480
Mietkosten [€]							
Sonstige Kosten [€]	6.800	2.980	5.670	7.380	11.720	3.380	7.070
Primäre Gemeinkosten [€]							

Aufgabenstellungen:

a) Verrechnen Sie zunächst die Mieten in Höhe von 10.000 € auf die Kostenstellen anhand der Schlüsselgröße „m²" und berechnen Sie dann die Summe der primären Gemeinkosten je Kostenstelle.

Welches Zurechnungsprinzip kommt dabei zur Anwendung?

Welches Zurechnungsprinzip kam bei der Zurechnung der Kostenstelleneinzelkosten zur Anwendung?

Führen Sie eine Sekundärkostenrechnung durch, indem Sie **ausschließlich** die Gemeinkosten der Vorkostenstellen auf der Basis des Kostenstellenausgleichsverfahrens verrechnen.

b) Berechnen Sie hiernach die Zuschlagssätze für die Kostenträgerrechnung, indem Sie für KS_{201} die Fertigungsminuten, für KS_{202} die erstellten Mengeneinheiten, für KS_{910} die Einzelmaterialkosten, für KS_{920} und KS_{930} die Herstellkosten als Zuschlagsbasis verwenden. Unterstellen Sie hierbei Einzelmaterialkosten von 300.000 € sowie Einzellohnkosten von 207.000 €.

c) Führen Sie eine zweistufige Kalkulation auf der Basis der einfachen Divisionsrechnung sowie der summarischen Zuschlagsrechnung durch! Unterstellen Sie hierbei folgende Daten:

In dem Unternehmen sind folgende Einzelkosten je Produktart angefallen:

	PA$_1$	PA$_2$
Einzelmaterialkosten [€/ME]	7,600	23,540
Einzellohnkosten [€/ME]	5,500	16,025

d) Führen Sie eine dreistufige Kalkulation auf der Basis der differenzierenden Zuschlagsrechnung durch!

Lösung:

a) Ermittlung der Mietkosten je Kostenstelle:

Bei der Verteilung der Mietkosten kommt das Durchschnittsprinzip, bei den Kostenstelleneinzelkosten im Wesentlichen das Einwirkungsprinzip zur Anwendung.

Sekundärkostenrechnung:

(1) $GK_{101} = 29.000 + 0,15 \cdot GK_{101} + 0,03 \cdot GK_{102}$

(2) $GK_{102} = 21.000 + 0,10 \cdot GK_{101} + 0,02 \cdot GK_{102}$

(1') $0,85 \cdot GK_{101} = 29.000 + 0,03 \cdot GK_{102}$

$\qquad GK_{101} = 34.117,65 + 0,03529 \cdot GK_{102}$

(1') in (2) =

(2') $GK_{102} = 0,1 \cdot 0,03529 \cdot GK_{102} + 3.411,765 + 0,02 \cdot GK_{102} + 21.000$

$\qquad GK_{102} = 25.000 \,€$

(1') $GK_{101} = 35.000 \,€$

	KS$_{101}$	KS$_{102}$	KS$_{201}$	KS$_{202}$	KS$_{910}$	KS$_{920}$	KS$_{930}$	Gesamt
Primäre Gemeinkosten [€]	29.000	21.000	45.500	41.000	40.900	28.900	43.700	250.000

	KS$_{101}$	KS$_{102}$	KS$_{201}$	KS$_{202}$	KS$_{910}$	KS$_{920}$	KS$_{930}$	Gesamt
Gesamtkosten [€]	35.000	25.000	45.500	41.000	40.900	28.900	43.700	
KS101 [€]	5.250	3.500	10.500	10.500	3.500	700	1.050	35.000
KS102 [€]	750	500	12.000	10.500	600	400	250	25.000
Endkosten [€]	0	0	68.000	62.000	45.000	30.000	45.000	250.000

b) Berechnung der Zuschlagssätze:

Zuschlagsbasis KS$_{201}$ = 8.500 ME · 4 Min./ME + 1,7 ME/ME · 10.000 ME · 2 Min./ME = 68.000 Min.

Zuschlagsbasis KS$_{910}$ = 7,6 €/ME · 8.500 ME + 23,54 · 10.000 ME = 300.000 €

Zuschlagsbasis KS$_{920}$ = Zuschlagsbasis KS$_{920}$ = 300.000 € + 207.000 € + (250.000 € – 30.000 € – 45.000 €) = 682.000 €

	KS$_{201}$	KS$_{202}$	KS$_{910}$	KS$_{920}$	KS$_{930}$
Endkosten [€]	68.000	62.000	45.000	30.000	45.000
Zuschlagsbasis	68.000 Min	10.000 ME	300.000 €	682.000 €	682.000 €
Zuschlagssatz	1,00 €/Min	6,20 €/ME	15,00%	4,40%	6,60%

c) **Zweistufige Kalkulation:**

Einfache Divisionsrechnung: $k = \dfrac{\text{Gesamte Kosten}}{\text{Produktionsmenge}} = \dfrac{757.000\,\text{€}}{18.500\,\text{ME}} = 40,9189189\,\dfrac{\text{€}}{\text{ME}}$

Summarische Zuschlagsrechnung:

Gemeinkostenzuschlagssatz $= \dfrac{\text{Gemeinkosten}}{\text{Einzelkosten}} = \dfrac{250.000\,\text{€}}{507.000\,\text{€}} \cdot 100 = 49,3096646\,\%$

	PA_1 [€/ME]	PA_2 [€/ME]
Einzelkosten	13,100000	39,565000
Gemeinkosten	6,459566	19,509369
Selbstkosten je ME	**19,559566**	**59,074369**

d) **Dreistufige Kalkulation:**

		PA_1	PA_2
Einzelmaterialkosten		7,6000	23,5400
Materialgemeinkosten	15,0%	1,1400	3,5310
Einzellohnkosten		5,5000	16,0250
Fertigungsgemeinkosten KS_{201}	1,00 €/Min	4,0000	3,4000
KS_{202}	6,20 €/ME		6,2000
Herstellkosten		**18,2400**	**52,6960**
Verwaltungskosten	4,4%	0,8023	2,3180
Vertriebskosten	6,6%	1,2035	3,4770
Stückselbstkosten		**20,2459**	**58,4910**

Aufgabe 19: Differenzierende Zuschlagsrechnung auf Basis einer dreistufigen Kalkulation

Aufgabenbeschreibung:

Ein Unternehmen A besteht aus den Vorkostenstellen KS_1 (Stromerzeugung), KS_2 (Wasserwerk) und KS_3 (Reparaturwerkstatt), den Fertigungskostenstellen KS_4, KS_5 und KS_6, einem Materiallager KS_7 sowie einer Verwaltungskostenstelle KS_8 und einer Vertriebskostenstelle KS_9. Es werden drei Produktarten gefertigt.

In der Fertigungsstelle KS_4 wird das Produkt P_1 (in einer Menge von 2.500 Stück), in der Fertigungsstelle KS_5 das Produkt P_2 (in einer Menge von 2.000 Stück) und in der Fertigungsstelle KS_6 das Produkt P_3 (in einer Menge von 5.000 Stück) hergestellt.

Die Einzelkosten ergeben sich aus der folgenden Tabelle:

	Einzellohnkosten [€/ME]	Einzelmaterialkosten [€/ME]
P_1	20	120
P_2	20	40
P_3	15	40

Die primären Gemeinkosten der Kostenstellen lauten wie folgt:

	KS$_1$ [€]	KS$_2$ [€]	KS$_3$ [€]	KS$_4$ [€]	KS$_5$ [€]	KS$_6$ [€]	KS$_7$ [€]	KS$_8$ [€]	KS$_9$ [€]	Gesamt [€]
Primäre Gemeinkosten	16.000	70.000	20.000	100.000	60.000	120.000	54.000	60.000	40.000	**540.000**

Die Kosten der Vorkostenstellen werden nach den folgenden (Anteils-)Schlüsseln auf die anderen Kostenstellen verteilt:

Umlage der Kosten von KS$_1$:   KS$_1$:KS$_2$:KS$_3$:KS$_4$:KS$_5$:KS$_6$:KS$_7$:KS$_8$:KS$_9$ =
0:0:3:7:7:7:2:2:2

Umlage der Kosten von KS$_2$:   KS$_1$:KS$_2$:KS$_3$:KS$_4$:KS$_5$:KS$_6$:KS$_7$:KS$_8$:KS$_9$ =
2:3:3:6:6:6:0:2:2

Umlage der Kosten von KS$_3$:   KS$_1$:KS$_2$:KS$_3$:KS$_4$:KS$_5$:KS$_6$:KS$_7$:KS$_8$:KS$_9$ =
0:2:1:0:7:0:0:0:0

Alle in der Abrechnungsperiode gefertigten Produkte werden abgesetzt.

Als Zuschlagsgrundlagen für die Ermittlung der Zuschlagsätze werden

-    bei den Fertigungsstellen die Produktionsmengen der dort jeweils gefertigten Produkte,
-    beim Materiallager die gesamten Einzelmaterialkosten,
-    bei der Verwaltungs- und der Vertriebskostenstelle die Herstellkosten herangezogen.

Aufgabenstellungen:

a)   Führen Sie die Sekundärkostenrechnung unter Verwendung des Kostenstellenausgleichsverfahrens für die Vorkostenstellen durch! Ermitteln Sie alsdann die Endkosten der Kostenstellen auf der Basis des Treppenverfahrens!

b)   Ermitteln Sie die Zuschlagsätze für die Kostenstellen KS$_4$ bis KS$_9$!

c)   Ermitteln Sie nachvollziehbar und unter Verwendung eines anschaulichen Schemas die Selbstkosten je Mengeneinheit der Produktart P$_2$!

Lösung:

a)   Ermittlung der Gesamtkosten:

$$GK_1 = PK_1 + \frac{1}{15} \cdot GK_2$$

$$GK_2 = PK_2 + \frac{1}{10} \cdot GK_2 + \frac{1}{5} \cdot GK_3$$

$$GK_3 = PK_3 + \frac{1}{10} \cdot GK_1 + \frac{1}{10} \cdot GK_2 + \frac{1}{10} \cdot GK_3$$

...

$GK_1 = 21.690,62 €$

$GK_2 = 85.359,26 €$

$GK_3 = 34.116,65 €$

Ermittlung der Endkosten:

	KS₁ [€]	KS₂ [€]	KS₃ [€]	KS₄ [€]	KS₅ [€]	KS₆ [€]	KS₇ [€]	KS₈ [€]	KS₉ [€]	Gesamt [€]
Primäre Gemeinkosten	16.000	70.000	20.000	100.000	60.000	120.000	54.000	60.000	40.000	**540.000**
Umlage KS₁	-21.691		2.169	5.061	5.061	5.061	1.446	1.446	1.446	0
Umlage KS₂	5.691	-85.359 / 8.536	8.536	17.072	17.072	17.072	0	5.691	5.691	0
Umlage KS₃	0	6.823	-34.117 / 3.412	0	23.882	0	0	0	0	0
Endkosten	**0**	**0**	**0**	**122.133**	**106.015**	**142.133**	**55.446**	**67.137**	**47.137**	**540.000**

b) Ermittlung der Zuschlagssätze:

$$\text{Zuschlagssatz KS}_4 = \frac{\text{Endkosten KS}_4}{\text{produzierte ME}} = \frac{122.133\,€}{2.500\,\text{ME}} = 48,8532\,\frac{€}{\text{ME}}$$

$$\text{Zuschlagssatz KS}_5 = \frac{\text{Endkosten KS}_5}{\text{produzierte ME}} = \frac{106.014,7\,€}{2.000\,\text{ME}} = 53,00735\,\frac{€}{\text{ME}}$$

$$\text{Zuschlagssatz KS}_6 = \frac{\text{Endkosten KS}_6}{\text{produzierte ME}} = \frac{142.133\,€}{5.000\,\text{ME}} = 28,4266\,\frac{€}{\text{ME}}$$

$$\text{Zuschlagssatz KS}_7 = \frac{\text{Endkosten KS}_7}{\text{Einzelmaterialkosten}} = \frac{55.446\,€}{580.000\,€} \cdot 100 = 9,559655\,\%$$

$$\text{Zuschlagssatz KS}_8 = \frac{\text{Endkosten KS}_8}{\text{Herstellkosten}} = \frac{67.137\,€}{1.170.727\,€} \cdot 100 = 5,734642\,\%$$

$$\text{Zuschlagssatz KS}_9 = \frac{\text{Endkosten KS}_9}{\text{Herstellkosten}} = \frac{47.137\,€}{1.170.727\,€} \cdot 100 = 4,026302\,\%$$

c) Ermittlung der Selbstkosten je ME von P₂:

		P₂
Einzelmaterialkosten		40,000000
Materialgemeinkosten	9,5597%	3,823865
Einzellohnkosten		20,000000
Fertigungsgemeinkosten	53,007326	53,007326
Herstellkosten je ME		**116,831191**
Verwaltungsgemeinkosten	5,7346%	6,699818
Vertriebsgemeinkosten	4,0263%	4,703943
Selbstkosten je ME		**128,234952**

Aufgabe 20: Kostenartenrechnung und Maschinenstundensatzkalkulation

Aufgabenbeschreibung:

Ein Unternehmen fertigt seine Produkte (elektrische Werkzeuge) an zwei Maschinen (Maschine A und Maschine B). Die Anschaffungskosten der Maschine B betrugen vor drei

Jahren (zu Beginn 2003) 60.000 €. Derzeit liegen sie um 10% über dem historischen Anschaffungskosten. Die Nutzungsdauer wird mit 8 Jahren kalkuliert. Des Weiteren sind folgende Daten bekannt:

- Die kalkulatorischen Zinskosten sind nach der Restwertmethode real 9%.
- Es sind mit 1.720 € Reparaturkosten über die gesamte Nutzungsdauer zu rechnen.
- Der Strombedarf einer Maschinenstunde der Maschine B beläuft sich auf 7 kWh zu 0,08 €/kWh.
- Die Maschine B hat einen Raumbedarf von 21 m². Der Raumkostensatz beträgt 258,08 €/m² in diesem Jahr.
- Der Abschreibungsbetrag ändert sich über die gesamte Nutzungsdauer nicht.

Die Selbstkosten für einen Fräskopf sollen bei Anwendung der differenzierenden Zuschlagsrechnung unter Berücksichtigung der Maschinenstundensatzrechnung berechnet werden. Hierfür sind noch folgende Informationen zu verwenden:

- Der Fräskopf benötigt an Maschine A 3,0 Std. und an Maschine B 2,0 Std. Maschinenarbeitszeit.
- In der Fertigungsstelle der Maschine A entstehen Fertigungsakkordlöhne (Einzelkosten) von 10.000 € und nicht-maschinenabhängige Gemeinkosten (als Endkosten) von 4.000 €.
- Die Maschinenlaufzeit der Maschine A beträgt 200 Std. bei einem Maschinenstundensatz von 7,50 €/Std. Die Maschine B ist 1.800 Std. im Jahr in Betrieb.

Außerdem sind noch folgende Informationen gegeben:

Einzelmaterialkosten:	17,50 €
Fertigungsakkordlöhne (Maschine A):	9,80 € (Stückakkord)
Fertigungsakkordlöhne (Maschine B):	13,70 € (Stückakkord)
Materialgemeinkostenzuschlag:	5%
Verwaltungsgemeinkostenzuschlag:	7%
Vertriebsgemeinkostenzuschlag:	8%

Aufgabenstellungen:

a) Wie hoch ist der Maschinenstundensatz der Maschine B zu Beginn des Jahres 2006?
b) Ermitteln Sie die Selbstkosten des Fräskopfes!

Lösung:

a) Ermittlung der kalkulatorischen Abschreibungen:

$$\text{lineare Abschreibungskosten} = \frac{\text{Tageswert} - \text{Restwert}}{\text{Nutzungsdauer}} = \frac{66.000\,€}{8\,\text{Jahre}} = 8.250\,\frac{€}{\text{Jahr}}$$

Ermittlung der kalkulatorischen Zinskosten:

$$\frac{\text{Gebundenes Kapital}\,(1.1.2006) - \text{Gebundenes Kapital}\,(31.12.2006)}{2} \cdot \text{Kalkulationzinsfuß} =$$

$$\frac{41.250 - 33.000}{2} \cdot 9\% = 3.341,25\,€$$

Ermittlung des Maschinenstundensatzes:

	[€]
Abschreibungskosten	8.250,00
Zinskosten	3.341,25
Reparaturkosten	215,00
Stromkosten	1.008,00
Mietkosten	5.419,75
Zu verteilende Gemeinkosten	**18.234,00**

Maschinenlaufzeit im Jahr [Std.]	**1.800**

Maschinenstundensatz [€/Std.]	**10,13**

b) Ermittlung des Fertigungsgemeinkostenzuschlagssatzes für Maschine A:

$$\frac{\text{Fertigungsgemeinkosten der Maschine A}}{\text{Fertigunglöhne der Maschine A}} = \frac{4.000\,€}{10.000\,€} \cdot 100 = 40\,\%$$

Ermittlung der Selbstkosten des Fräskopfes:

	Zuschlagssatz	[€/ME]
Einzelmaterialkosten		17,500000
Materialgemeinkosten	5%	0,875000
Materialkosten		**18,375000**
Einzellohnkosten Maschine A		9,800000
Einzellohnkosten Maschine B		13,700000
Fertigungsgemeinkosten Maschine A	40%	3,920000
Maschinenstundenzuschlag Maschine A		22,500000
Maschinenstundenzuschlag Maschine B		20,260000
Fertigungskosten		**70,180000**
Herstellkosten je ME		**88,555000**
Verwaltungsgemeinkosten	7%	6,198850
Vertriebsgemeinkosten	8%	7,084400
Selbstkosten je ME		**101,838250**

Aufgabe 21: Erlösrechnung

Aufgabenbeschreibung:

Die Getränke-GmbH stellt Zitronen- und Orangenlimonade her. Die Limonaden werden über Groß- und Einzelhändler vertrieben.

Ihnen sind folgende Angaben bekannt:

	Großhändler		Einzelhändler	
	Zitronenlimonade	Orangenlimonade	Zitronenlimonade	Orangenlimonade
Absatzpreise [€/Kiste]	12,00	15,00	12,00	15,00
Absatzmenge [Kisten]	9.000	6.000	2.000	3.000

Des Weiteren sind Ihnen noch folgende Informationen gegeben:

- Es wird ein Funktionsrabatt von 25% für Großhändler auf den Bruttoumsatz gewährt.

- Bei Zahlung innerhalb von 10 Tagen erhalten die Großhändler 3% Skonto auf den Auftragsbruttoumsatz (= Bruttoumsatz – Funktionsrabatt). 85% der Großhändler nehmen den Skonto in Anspruch.

- Bei Zahlung innerhalb von 10 Tagen erhalten die Einzelhändler 3% Skonto auf den Bruttoumsatz. 50% der Einzelhändler nehmen den Skonto in Anspruch.

Aufgabenstellungen:

a) Ermitteln Sie die Nettoerlöse der beiden Produkte für jede der vier Erlösstellen!

b) Ermitteln Sie die Nettoerlöse je Mengeneinheit der beiden Produkte je Erlösstelle auf der Basis der abgesetzten Mengeneinheiten als Bezugsgröße!

c) Ermitteln Sie die Nettoerlöse je Mengeneinheit je Erlösstelle mit Hilfe von Zuschlagssätzen im Rahmen der differenzierenden Zuschlagsrechnung!

d) Ermitteln Sie erlösstellenübergreifend die Nettoerlöse je Mengeneinheit der beiden Produkte!

Lösung:

a) Ermittlung der Erlösstellengesamterlöse:

	Großhändler		Einzelhändler	
	Zitronen-limonade	Orangen-limonade	Zitronen-limonade	Orangen-limonade
Einzelerlöse (Bruttoumsatz) [€]	108.000	90.000	24.000	45.000
Auftragsbruttoumsatz [€]	81.000	67.500	24.000	45.000
Gemeinerlöse:				
Funktionsrabatt [€]	-27.000,00	-22.500,00	0	0
Skonto [€]	-2.065,50	-1.721,25	-360	-675
Gemeinerlöse [€]	**-29.065,50**	**-24.221,25**	**-360,00**	**-675,00**
Nettoerlös [€]	**78.934,50**	**65.778,75**	**23.640,00**	**44.325,00**

b) Ermittlung der Nettoerlöse je Mengeneinheit auf der Basis mengenmäßiger Bezugsgrößen:

	Großhändler		Einzelhändler	
	Zitronen-limonade	Orangen-limonade	Zitronen-limonade	Orangen-limonade
Nettoerlös [€]	**78.934,50**	**65.778,75**	**23.640,00**	**44.325,00**
Absatzmenge [Kisten]	9.000	6.000	2.000	3.000
Nettoerlös je ME [€/Kiste]	**8,7705**	**10,9631**	**11,8200**	**14,7750**

c) Ermittlung der Nettoerlöse je Mengeneinheit auf der Basis wertmäßiger Bezugsgrößen:

	Großhändler		Einzelhändler	
	Zitronen-limonade	Orangen-limonade	Zitronen-limonade	Orangen-limonade
Funktionsrabatt	-27.000,00	-22.500,00	0	0
Skonto	-2.065,50	-1.721,25	-360	-675
Gemeinerlöse	**-29.065,50**	**-24.221,25**	**-360,00**	**-675,00**
Einzelerlöse	108.000	90.000	24.000	45.000
Zuschlagssatz	**-26,9125%**	**-26,9125%**	**-1,5000%**	**-1,5000%**
Einzelerlöse je ME [€/ME]	12,0000	15,0000	12,0000	15,0000
Gemeinerlöse je MR [€/ME]	-3,2295	-4,0369	-0,1800	-0,2250
Nettoerlös je ME [€]	**8,7705**	**10,9631**	**11,8200**	**14,7750**

d) **Erlösstellenübergreifende Ermittlung der Nettoerlöse je Mengeneinheit:**

1. Variante:

	Zitronen-limonade	Orangen-limonade
Nettoerlös [€]	102.574,50	110.103,75
Absatzmenge [Kisten]	11.000	9.000
Nettoerlös je ME [€/Kiste]	9,3250	12,2338

2. Variante:

$$\text{Nettoerlös je ME Zitronenlimonade} = \frac{9.000}{11.000} \cdot 8,7705 + \frac{2.000}{11.000} \cdot 11,82 = 9,325 \frac{€}{\text{Kiste}}$$

$$\text{Nettoerlös je ME Orangenlimonade} = \frac{6.000}{9.000} \cdot 10,9631 + \frac{3.000}{9.000} \cdot 14,775 = 12,2338 \frac{€}{\text{Kiste}}$$

Aufgabe 22: Erfolgsrechnung

Aufgabenbeschreibung:

Ein Unternehmen fertigt vier Produktarten A, B, C und D. Die im Rahmen der Kostenträgerstückrechnung ermittelten – über die Perioden als konstant unterstellten – Stückherstellkosten der abgesetzten Produkte betragen 3,30 €/ME für Produktart A, 3,75 €/ME für Produktart B, 4,60 €/ME für Produktart C und 5,50 €/ME für Produktart D. Die korrespondierenden Stückerlöse belaufen sich auf 3,75 €/ME, 3,95 €/ME, 5,45 €/ME und 8,00 €/ME. Die primären Verwaltungs- und Vertriebsgemeinkosten betragen 27.270 €. Von Produktart A wurden in der Abrechnungsperiode 7.500 ME, von Produktart B 12.300 ME, von Produktart C 4.650 ME und von Produktart D 17.200 ME gefertigt. Die Produktion war dabei nicht absatzsynchron: bei Produktart B kommt es zu einer Lagerbestandsminderung von 650 ME, bei Produktart D hingegen zu einer Lagerbestandserhöhung von 800 ME.

Aus der (verkürzt dargestellten) Kostenartenrechnung ergeben sich die folgenden Kosten:

Materialkosten: 116.790,00 €

Fertigungskosten:	70.075,00 €
Verwaltungs- und Vertriebsgemeinkosten:	27.270,00 €

Aufgabenstellungen:

a) Zeigen Sie allgemein für den Fall einer Lagerbestandsminderung die Identität des kalkulatorischen Periodenerfolgs nach Gesamt- und Umsatzkostenverfahren!

b) Ermitteln Sie auf der Grundlage der obigen Angaben den kalkulatorischen Periodenerfolg nach Gesamt- und Umsatzkostenverfahren!

Lösung:

a) Ergebnisidentität von GKV und UKV bei Bestandsminderung:

Kalkulatorischer Periodenerfolg nach dem Umsatzkostenverfahren

=   Erlöse der Periode
−   Herstellkosten der Absatzmenge der Periode
−   Gesamte Verwaltungs- und Vertriebsgemeinkosten der Periode
=   Erlöse der Periode
+   [Lagerbestandsabnahmen zu Herstellkosten
−   Lagerbestandsabnahmen zu Herstellkosten]
−   Herstellkosten der Absatzmenge
−   Gesamte Verwaltungs- und Vertriebsgemeinkosten der Periode
=   Erlöse der Periode
−   Lagerbestandsabnahmen zu Herstellkosten
−   [Herstellkosten der Absatzmenge − Herstellkosten der Lagerbestandsabnahmen]
−   Gesamte Verwaltungs- und Vertriebsgemeinkosten der Periode
=   Erlöse der Periode
−   Lagerbestandsabnahmen zu Herstellkosten
−   Herstellkosten der Produktionsmenge
−   Gesamte Verwaltungs- und Vertriebsgemeinkosten der Periode
=   Erlöse der Periode
−   Bestandsabnahme zu Herstellkosten]
−   Gesamte primäre Kosten der Periode
=   **Kalkulatorischer Periodenerfolg nach dem Gesamtkostenverfahren**

b) Ermittlung des kalkulatorischen Periodenerfolgs nach GKV und UKV:

Kalk. Periodenerfolg nach GKV

= Erlöse der Periode
+ Bestandszunahmen der Periode zu Herstellkosten

– Bestandsabnahmen der Periode zu Herstellkosten

– Gesamte primäre Kosten der Periode

= 7.500 • 3,75 + (12.300 + 650) • 3,95 + 4.650 • 5,45 + (17.200 – 800) • 8,00 €

+ 800 • 5,50€

– 650 • 3,75 €

– (116.790,00 + 70.075,00 + 27.270,00) €

= 23.647,50 €

Kalk. Periodenerfolg nach UKV

= Erlöse der Periode

– Herstellkosten der abgesetzten Produkte der Periode

– Verwaltungs- und Vertriebsgemeinkosten der Periode

= 7.500 • 3,75 + (12.300 + 650) • 3,95+4.650 • 5,45 + (17.200 – 800) • 8,00 €

– 7.500 • 3,30 + (12.300 + 650) • 3,75+4.650 • 4,60 + (17.200 – 800) • 5,50 €

– 27.270,00 €

= 7.500 • 0,45 + (12.300 + 650) • 0,20 + 4.650 • 0,85 + (17.200 – 800) • 2,50 €

– 27.270,00 €

= 23.647,50 €

Aufgabe 23: Erfolgsrechnung

Aufgabenstellung:

Zeigen Sie an einem kleinen selbst gewählten Beispiel, dass unterschiedliche Kalkulationsmethoden zu einem unterschiedlichen Periodenerfolg führen, sofern Bestandsveränderungen zu verzeichnen sind.

Lösung:

Betrachtet sei ein Einproduktunternehmen, dessen gesamte Kosten sich auf 100 € belaufen.

Die erste Kalkulationsmethode rechnet den abgesetzten Produkten 80 € und der Bestandserhöhung 20 € zu, die zweite Kalkulationsmethode den abgesetzten Produkten 60 € und der Bestandserhöhung 40 €. Für die abgesetzten Produkte wurden Erlöse von 160 € erzielt.

1. Kalkulationsmethode:

Kalk. Periodenerfolg nach GKV = (160 + 20) – 100 = 80 €

Kalk. Periodenerfolg nach UKV = 160 – 80 = 80 €

2. Kalkulationsmethode:

Kalk. Periodenerfolg nach GKV = (160 + 40) – 100 = 100 €

Kalk. Periodenerfolg nach UKV = 160 – 60 = 100 €

Abkürzungsverzeichnis

Abb.	Abbildung
Abs.	Absatz
AG	Aktiengesellschaft
a.M.	anderer Meinung
AO	Abgabenordnung
ÄZ	Äquivalenzziffer
BAB	Betriebsabrechnungsbogen
Bsp.	Beispiel
BVÄ	Bestandsveränderung
bzw.	beziehungsweise
CEM	Zement(sorte)
d.h.	das heißt
e.V.	eingetragener Verein
EAB	Erlösabrechnungsbogen
EK	Einzelkosten
EKS	Endkostenstelle
EStG	Einkommensteuergesetz
EStR	Einkommensteuerrichtlinien
€	Euro
et al.	et alii
f.	folgende
ff.	fortfolgende
FGK	Fertigungsgemeinkosten
Fn	Fußnote
F&E	Forschung und Entwicklung
GK	Gemeinkosten

GKR	Gemeinschaftskontenrahmen
GKV	Gesamtkostenverfahren
GLS	Gleichungssystem
GmbH	Gesellschaft mit beschränkter Haftung
GuV	Gewinn- und Verlustrechnung
HGB	Handelsgesetzbuch
HP	Hauptprozess
hrsg.	herausgegeben
Hrsg.	Herausgeber
IHK	Industrie- und Handelskammer
IKR	Industriekontenrahmen
i.S.v.	im Sinne von
Jg.	Jahrgang
Kap.	Kapitel
kg	Kilogramm
kJ	Kilojoule
KS	Kostenstelle
KWh	Kilowattstunde
l	Liter
lmi	leistungsmengeninduziert
lmn	leistungsmengenneutral
m^2	Quadratmeter
m^3	Kubikmeter
ME	Mengeneinheit
Min	Minute
MKS	Material(kosten)stelle
p.a.	per annum
P	Produktart

Pr	Prozess
s.	siehe
S.	Seite
SEK	Sondereinzelkosten
Std.	Stunde
t	Tonne
u.a.	und andere
UKV	Umsatzkostenverfahren
vgl.	vergleiche
Vw&Vt	Verwaltung und Vertrieb
WACC	weighted average cost of capital
z.B.	zum Beispiel
ZE	Zeiteinheit
ZS	Zuschlagsatz
z.T.	zum Teil

Symbolverzeichnis

a_{ij}	Element der Verflechtungstabelle (Strukturmatrix) $\underline{A}$; gibt den (prozentualen) Anteil der innerbetrieblichen Güter der Kostenstelle KS_j an, den diese an die Stelle KS_i liefert
a_t	Abschreibungskosten der t-ten Periode
A	Einstandspreis Potenzialfaktor
$\underline{A}$	Verflechtungstabelle (Strukturmatrix) zur Abbildung der Lieferbeziehungen von Kostenstellen
e	Stückerlös
E	Gesamterlös
$\underline{E}$	Einheitsmatrix
EK_i	Endkosten der i-ten Kostenstelle
GK_j	gesamtkostenbasierter Verrechnungspreis je ME des innerbetrieblichen Guts der Kostenstelle KS_j
GK_i	Gesamtkosten der i-ten Kostenstelle
k_{EK}^{F}	Kapitalkosten des Eigenkapitals (eines verschuldeten Unternehmens)
k_{FK}	Kapitalkosten des Fremdkapitals
KG	Gemeinkosten
KG_k	Gemeinkostenanteil des k-ten Kalkulationsobjektes
kh_i	Stückherstellkosten (einer Stufe/eines Produkts i)
ks_i	Stückselbstkosten (eines Produkts i)
MW_{EK}	Marktwert des Eigenkapitals
MW_{FK}	Marktwert des Fremdkapitals
MW_{U}	Marktwert des (gesamten) Unternehmens
ne	Stück-Nettoerlös
NE	Nettoerlös einer Periode
PK_i	Primäre (Gemein-)Kosten der i-ten Kostenstelle

R	Restwert
RE_n	Rechnungseinheiten der n-ten Produktsorte im Rahmen der Äquivalenzziffernrechnung
s_k	Bezugsgrößenausprägung des k-ten Kalkulationsobjekts
SK_i	Sekundäre (Gemein-)Kosten der i-ten Kostenstelle
SRE	Summe der Rechnungseinheiten einer Äquivalenzziffernrechnung
T	Nutzungsdauer
$\overline{X}$	Nutzungspotenzial
xa	Absatzmenge
$xl_{i,h}$	Liefermenge der Produktionsstufe h an die Produktionsstufe i
xp_j	Produktionsmenge des Produkts j
xp_{jj}	Liefermenge eines innerbetrieblichen Guts von KS_j an KS_i
z_n	Äquivalenzziffer der n-ten Produktsorte

Literaturverzeichnis

ADAM, D.: Entscheidungsorientierte Kostenbewertung, Wiesbaden 1970.

ADAM, D.: Investitionscontrolling, 3. Auflage, München 2000.

ADAM, D.: Philosophie der Kostenrechnung oder Der Erfolg des F.S. Felix, Stuttgart 1997.

ADAM, D.: Produktionsmanagement, 9. Auflage, Wiesbaden 1998.

ALBACH, H.: Kosten, Transaktionen und externe Effekte im betriebswirtschaftlichen Rechnungswesen, in: Zeitschrift für Betriebswirtschaft, 58. Jg. (1988), S. 1143 – 1170.

ALTENBURGER, O.A.: Kostenartenrechnung und Unsicherheit, in: Zeitschrift für Betriebswirtschaft, 65. Jg. (1995), S. 729 – 739.

ARBEITSKREIS „FINANZIERUNG" DER SCHMALENBACH GESELLSCHAFT DEUTSCHE GESELLSCHAFT FÜR BETRIEBSWIRTSCHAFT E.V.: Wertorientierte Unternehmenssteuerung mit differenzierten Kapitalkosten, in Zeitschrift für betriebswirtschaftliche Forschung 48. Jg. (1996), S. 543 – 578.

BADEN, A.: Die strategische Kostenrechnung – Eine „revolutionäre Umorientierung des Rechnungswesens"? –, in Zeitschrift für Betriebswirtschaft, 68. Jg. (1998), S. 605 – 626.

BAUM, H.–G./COENENBERG, A.G./GÜNTHER, T.: Strategisches Controlling, 3. Auflage, Stuttgart 2004.

BITZ, M./DELLMANN, K./DOMSCH, M./WAGNER, F.W. (Hrsg.): Vahlens Kompendium der Betriebswirtschaftslehre Band 1/Band 2, 4. Auflage, München 1998/1999.

BLOHM, H./LÜDER, K.: Investition, 8. Auflage, München 2006.

BODE, J.: Betriebliche Produktion von Information, Wiesbaden 1993.

BODE, J: Der Informationsbegriff in der Betriebswirtschaftslehre, in: Zeitschrift für betriebswirtschaftliche Forschung, 49. Jg. (1997), S. 449 – 468.

BÖRNER, D.: Kostenverteilung, in: CHMIELEWICZ, K./SCHWEITZER, M. (Hrsg.): Handwörterbuch des Rechnungswesens, 3. Auflage, Stuttgart 1993, Sp. 1280 – 1289.

BREALEY, R.A./MYERS, S.C.: Principles of corporate Finance, 7th edition, New York 1996.

BROCKHOFF, K.: Forschung und Entwicklung – Planung und Kontrolle –, 5. Auflage, München 1999.

BRÜHL, R.: Führungsorientierte Kosten– und Erfolgsrechnung, München 1996.

BUSSE VON COLBE, W./PELLENS, B. (Hrsg.): Lexikon des Rechnungswesens, 4. Auflage, München 1998.

BUSSE VON COLBE, W./LAßMANN, G.: Betriebswirtschaftstheorie Band 1: Grundlagen, Produktions- und Kostentheorie, 5. Auflage, Berlin – Heidelberg – New York 1991.

BUTTERMANN, H.G.: Ein Modell zur Erklärung des Faktoreinsatzes in der deutschen Zementindustrie, Essen 1997.

CHMIELEWICZ, K.: Betriebliches Rechnungswesen 2: Erfolgsrechnung, 2. Auflage, Opladen 1981.

CHMIELEWICZ, K./SCHWEITZER, M. (Hrsg.): Handwörterbuch des Rechnungswesens, 3. Auflage, Stuttgart 1993.

COENENBERG, A.G.: Zur Bedeutung der Anspruchsniveau–Theorie für die Ermittlung von Vorgabekosten, in: Der Betrieb, 23. Jg. (1970), S. 1137 – 1141.

COENENBERG, A.G.: Kostenrechnung und Kostenanalyse, 5. Auflage, Stuttgart 2003.

COENENBERG, A.G./FISCHER, T. M.: Prozeßkostenrechnung – Strategische Neuorientierung der Kostenrechnung, in: Die Betriebswirtschaft, 51. Jg. (1991), S. 21 – 38.

COOPER, R./KAPLAN, R.S.: How cost accounting distorts product costs, in: Management Accounting, 69. Jg. (1988), S. 20 – 27.

COOPER, R.: Activity-Based-Costing – Was ist ein Activity-Based-Costing-System? (Teil 1) – Wann brauche ich ein Activity-Based-Costing-System und welche Kostentreiber sind notwendig? (Teil 2) – Einführung von Systemen des Activity-Based-Costing (Teil 3), in: Kostenrechnungspraxis (1990), S. 210 – 220, 271 – 279, 345 – 351.

CORSTEN, H./STUHLMANN, S.: Grundlagen eines rechtzeitigen Kostenmanagements, in: MÄNNEL, W. (Hrsg.): Frühzeitiges Kostenmanagement, Wiesbaden 1997, S. 19 – 36.

DELLMANN, K.: Kosten– und Leistungsrechnungen, in: BITZ, M./DELLMANN, K./DOMSCH, M./WAGNER, F.W. (Hrsg.): Vahlens Kompendium der Betriebswirtschaftslehre Band 1, 4. Auflage, München 1998, S. 587 – 676.

DIERKES, S.: Planung und Kontrolle von Prozeßkosten – Kostenmanagement im indirekten Leistungsbereich, Wiesbaden 1998.

DIERKES, S./KLOOCK, J.: Kostenzurechnung, in: KÜPPER, H.–U./WAGENHOFER, A. (Hrsg): Handwörterbuch Unternehmensrechnung und Controlling, 4. Aufl., Stuttgart 2002, Sp. 1177 – 1186.

DIRRIGL, H.: Wertorientierung und Konvergenz in der Unternehmensrechnung, in: Betriebswirtschaftliche Forschung und Praxis 50. Jg. (1998), S. 540 – 579.

DÖRING, U.: Kostensteuern – Der Einfluß von Steuern auf kurzfristige Produktions– und Absatzentscheidungen –, Stuttgart 1984.

DRUKARCZYK, J.: Unternehmensbewertung, 4. Auflage, München 2003.

EHRLENSPIEL, K./KIEWERT, A./LINDEMANN, U.: Kostengünstig Entwickeln und Konstruieren: Kostenmanagement bei der integrierten Produktentwicklung, 5. Auflage, Berlin – Heidelberg – New York 2005.

EISELE, W. Technik des betrieblichen Rechnungswesens, 7. Auflage, München 2002.

ENGELHARDT, W.H.: Erlösplanung und Erlöskontrolle, in: MÄNNEL, W. (Hrsg.): Handbuch der Kostenrechnung, Wiesbaden 1993, S. 656 – 670.

EWERT, R./WAGENHOFER, A.: Interne Unternehmensrechnung, 6. Auflage, Berlin – Heidelberg – New York 2005.

FARNY, D.: Risikomanagement in der Produktion, in: KERN, W./SCHRÖDER, H.–H./WEBER, J. (Hrsg.): Handwörterbuch der Produktionswirtschaft, 2. Auflage, Stuttgart 1996, Sp. 1798 – 1806.

FRANKE, G./HAX, H.: Finanzwirtschaft des Unternehmens und Kapitalmarkt, 5. Auflage, Berlin – Heidelberg – New York 2004.

FRANKE, G.: Kalkulatorische Kosten: Ein funktionsgerechter Bestandteil der Kostenrechnung, in: Die Wirtschaftsprüfung, 29. Jg. (1976), S. 185 – 194.

FRANZ, K.–P.: Die Verrechnung kalkulatorischer Zinsen in Entscheidungsrechnungen über das betriebliche Leistungsprogramm, in: Kostenrechnungspraxis (1981), S. 227 – 235.

FRANZ, K.–P.: Moderne Methoden der Kostenbeeinflussung, in: MÄNNEL, W. (Hrsg.): Frühzeitiges Kostenmanagement, Wiesbaden 1997, S. 1492 – 1523.

FRANZ, K.–P./KAJÜTER, P.: Proaktives Kostenmanagement als Daueraufgabe, in: FRANZ, K.–P./KAJÜTER, P. (Hrsg.): Kostenmanagement – Wettbewerbsvorteile durch systematische Kostensteuerung –, Stuttgart 1997, S. 5 – 27.

FRESE, E.: Grundlagen der Organisation, 9. Auflage, Wiesbaden 2005.

FRIEDL, B.: Anforderungen unterschiedlicher Rechnungsziele an die Kostenrechnung, in: MÄNNEL, W. (Hrsg.): Prozeßkostenrechnung – Bedeutung, Methoden, Branchenkonzepte, Softwarelösungen – Wiesbaden 1995, S. 103 – 113.

FRIEDL, B.: Konstruktionsbegleitende Kostenrechnung, in: KÜPPER, H.–U./WAGENHOFER, A. (Hrsg): Handwörterbuch Unternehmensrechnung und Controlling, 4. Aufl., Stuttgart 2002, Sp. 967 – 975.

GLASER, H.: Prozeßkostenrechnung – Darstellung und Kritik –, in: Zeitschrift für betriebswirtschaftliche Forschung, 44. Jg. (1992), S. 275 – 288.

GLASER, H.: Prozeßkostenrechnung, in: CHMIELEWICZ, K./SCHWEITZER, M. (Hrsg.): Handwörterbuch des Rechnungswesens, 3. Auflage, Stuttgart 1993, Sp. 1643 – 1651.

GÜNTHER, H.–O./TEMPELMEIER, H.: Produktion und Logistik, 6. Auflage, Berlin – Heidelberg – New York 2004.

GUTENBERG, E.: Grundlagen der Betriebswirtschaftslehre – Erster Band: Die Produktion, 24. Auflage, Berlin – Heidelberg – New York 1983.

HABERLANDT, K.: Kostenrechnung im Maschinenbau, in: MÄNNEL, W. (Hrsg.): Handbuch der Kostenrechnung, Wiesbaden 1993, S. 967 – 983.

HABERSTOCK, L: Kostenrechnung 1 – Einführung –, 12. Auflage, bearbeitet von BREITHECKER, V., Berlin 2004.

HABERSTOCK, L./BREITHECKER, V.: Einführung in die betriebswirtschaftliche Steuerlehre, 13. Auflage, Berlin 2004.

HAX, H.: Finanzierung, in: BITZ, M./DELLMANN, K./DOMSCH, M./WAGNER, F.W. (Hrsg.): Vahlens Kompendium der Betriebswirtschaftslehre Band 1, 4. Auflage, München 1998, S. 175 – 233.

HILL, W./FEHLBAUM, R./ULRICH, P.: Organisationslehre 1: Bedingungen der Organisation sozialer Systeme, 5. Auflage, Bern – Stuttgart – Wien 1994.

HINTERHUBER, H.H.: Strategische Unternehmensführung – I. Strategisches Denken –, 7. Auflage, Berlin 2004a.

HINTERHUBER, H.H.: Strategische Unternehmensführung – II. Strategisches Handeln –, 7. Auflage, Berlin 2004b.

HORVÁTH, P./MAYER, R.: Prozeßkostenrechnung. Der neue Weg zu mehr Kostentransparenz und wirkungsvolleren Unternehmensstrategien, in: Controlling, 1. Jg. (1989), S. 214 – 219.

HORVÁTH, P./MAYER, R.: Konzeption und Entwicklungen der Prozeßkostenrechnung, in: MÄNNEL, W. (Hrsg.): Prozeßkostenrechnung – Bedeutung, Methoden, Branchenkonzepte, Softwarelösungen –, Wiesbaden 1995, S. 59 – 86.

HUMMEL, S./MÄNNEL, W.: Kostenrechnung 1 – Grundlagen, Aufbau und Anwendung –, 4. Auflage, Wiesbaden 1986.

JEHLE, E.: Der Beitrag der verhaltenswissenschaftlich orientierten Rechnungswesenforschung für die Gestaltung der Plankostenrechnung, in: Kostenrechnungspraxis (1982), S. 205 – 214.

KEILUS, M.: Produktions– und kostentheoretische Grundlagen einer Umweltplankostenrechnung, Bergisch Gladbach – Köln 1993.

KILGER, W.: Optimale Produktions– und Absatzplanung, Opladen 1973.

KILGER, W.: Einführung in die Kostenrechnung, 3. Auflage, Wiesbaden 1987.

KILGER, W.: Flexible Plankostenrechnung und Deckungsbeitragsrechnung, 10. Auflage, bearbeitet durch VIKAS, K., Wiesbaden 1993.

KILGER, W./PAMPEL, J./VIKAS, K.: Flexible Plankostenrechnung und Deckungsbeitragsrechnung, 11. Auflage, Wiesbaden 2002.

KISTNER, K.–P./STEVEN, M.: Betriebswirtschaftslehre im Grundstudium 2: Buchführung, Kostenrechnung, Bilanzen, Heidelberg 1997.

KLOOCK, J.: Betriebswirtschaftliche Input-Output-Modelle – Ein Beitrag zur Produktionstheorie –, Wiesbaden 1969.

KLOOCK, J.: Mehrperiodige Investitionsrechnungen auf der Basis kalkulatorischer und handelsrechtlicher Erfolgsrechnung, in: Zeitschrift für betriebswirtschaftliche Forschung, 33. Jg. (1981), S. 873 – 890.

KLOOCK, J.: Umweltkostenrechnung, in: SCHEER, A.–W. (Hrsg.): Rechnungswesen und EDV –, 11. Saarbrücker Arbeitstagung 1990: Wandel der Kalkulationsobjekte –, Heidelberg 1990, S. 129 – 156.

KLOOCK, J.: Prozeßkostenrechnung als Rückschritt und Fortschritt der Kostenrechnung, in: Kostenrechnungspraxis (1992), S. 183 – 193 und S. 237 – 245.

KLOOCK, J.: Neuere Entwicklungen des Kontrollmanagements, in: DELLMANN, K./FRANZ, K.-P. (Hrsg.): Neuere Entwicklungen im Kostenmanagement, Wien 1994.

KLOOCK, J.: Bilanz– und Erfolgsrechnung, 3. Auflage, Düsseldorf 1996.

KLOOCK, J.: Betriebliches Rechnungswesen, 2. Auflage, Lohmar 1997.

KLOOCK, J./GROENEVELD, R./MALTRY, H.: Grundlagen des Rechnungswesens und der Finanzierung, Lohmar – Köln 2005.

KLOOCK, J./MALTRY, H.: Kalkulatorische Zinsrechnung im Rahmen der kurz– und langfristigen Preisplanungen, in: MATSCHKE, M.J./SCHILDBACH, TH. (Hrsg.): Unternehmensberatung und Wirtschaftsprüfung, Stuttgart 1998, S. 85 – 106.

KLOOCK, J./SIEBEN, G./SCHILDBACH, TH.: Kosten– und Leistungsrechnung, 7. Auflage, Düsseldorf 1993.

KLOOCK, J./SIEBEN, G./SCHILDBACH, TH./HOMBURG, C.: Kosten– und Leistungsrechnung, 9. Auflage, Stuttgart 2005.

KOCH, H.: Grundprobleme der Kostenrechnung, Köln – Opladen 1966.

KOCH, H.: Die Sicherungskosten – Begriff, Verwendung und Ermittlung, in: Zeitschrift für Betriebswirtschaft, 61. Jg. (1991), S. 489 – 508.

KÖHLER, R.: Kostenrechnung für Marketing–Entscheidungen (Marketing–Accounting), in: MÄNNEL, W. (Hrsg.): Handbuch der Kostenrechnung, Wiesbaden 1993, S. 837 – 857.

KOLB, J.: Industrielle Erlösrechnung, Wiesbaden 1978.

KOSIOL, E.: Kalkulatorische Buchhaltung (Betriebsbuchhaltung) – Systematische Darstellung der Betriebsabrechnung auf der kurzfristigen Erfolgsrechnung –, 5. Auflage, Wiesbaden 1953.

KOSIOL, E.: Kostenrechnung und Kalkulation, 2. Auflage, Berlin 1972.

KOSIOL, E.: Organisation der Unternehmung, 2. Auflage, Berlin 1976.

KOSIOL, E.: Kostenrechnung der Unternehmung, 2. Auflage, Wiesbaden 1979.

KRÖKEL, E.: Kalkulatorische Vermögens– und Kapitalrechnung, in: MÄNNEL, W. (Hrsg.): Handbuch der Kostenrechnung, Wiesbaden 1993, S. 31 – 37.

KRUSCHWITZ, L.: Finanzierung und Investition, 4. Aufl., Berlin – New York 2004.

KRUSCHWITZ, L.: Innerbetriebliche Leistungsverrechnung mit nicht-exakten und iterativen Methoden, in: Kostenrechnungspraxis (1979), S. 105 – 116.

KÜPPER, H.–U./WAGENHOFER, A.: Handwörterbuch Unternehmensrechnung und Controlling, 4. Aufl., Stuttgart 2002.

KUHNER, C./MALTRY, H.: Unternehmensbewertung, Berlin – Heidelberg – New York 2006.

LENGSFELD, ST.: Kostenkontrolle und Kostenänderungspotentiale, Wiesbaden 1999.

LENGSFELD, S./SCHILLER, U.: Mengen– und wertbasierte Kostenplanung in der Grenzplan– und der Prozeßkostenrechnung, in: Betriebswirtschaftliche Forschung und Praxis, 50. Jg. (1998), S. 118 – 139.

LÜCKE, W.: Die kalkulatorischen Zinsen im betrieblichen Rechnungswesen, in: Zeitschrift für Betriebswirtschaft, 35. Jg. (1965), Ergänzungsheft, S. 3 – 28.

MACHA, R.: Grundlagen der Kosten- und Leistungsrechnung, 3. Aufl., München 2003.

MAG, W.: Unternehmungsplanung, München 1995.

MALTRY, H.: Finanzierung aus Abschreibung – der Lohmann-Ruchti-Effekt, in: BURCHERT, H./HERING, TH. (Hrsg.): Betriebliche Finanzwirtschaft – Aufgaben und Lösungen –, München 1999, S. 28 – 39.

MALTRY, H.: Innerbetriebliche Leistungsrechnung bei wechselseitigen Lieferbeziehungen, in: Das Wirtschaftsstudium, 26. Jg. (1997), S. 461 – 468 und S. 549 – 556.

MALTRY, H.: Plankosten- und Prospektivkostenrechnung, Bergisch Gladbach 1989.

MALTRY, H./KEILUS, M.: Bewertungsansätze in der Kostenrechnung, in: BURCHERT, H./ HERING, T./KEUPER, F. (Hrsg.):Kostenrechnung – Aufgaben und Lösungen, München 2001, S. 101 – 109.

MANDL, G./RABEL, K.: Unternehmensbewertung – Eine praxisorientierte Einführung –, Wien – Frankfurt 1997.

MÄNNEL, W.: Aufgaben, Schwerpunkte und Instrumente des Kostenmanagements, in: KÜPPER, H.–U./TROßMANN, E. (Hrsg.): Das Rechnungswesen im Spannungsfeld zwischen strategischem und operativem Management, Berlin 1997, S. 161 – 184.

MÄNNEL, W. (Hrsg.): Handbuch der Kostenrechnung, Wiesbaden 1993.

MAYER, E.: Kostenrechnung I für Studium und Praxis – Einstieg in die Kostenrechnungsverfahren –, 2. Auflage, Baden-Baden – Bad Homburg 1985.

MAYER, R.: Prozeßkostenrechnung, in: Kostenrechnungspraxis (1990), S. 307 – 312 .

MAYER, R.: Prozeßkostenrechnung als Controllinginstrument – Pro und Contra –, in: Controlling, 3. Jg. (1991), S. 296 – 299.

MAYER, R.: Prozesskostenrechnung, in: KÜPPER, H.–U./WAGENHOFER, A. (Hrsg): Handwörterbuch Unternehmensrechnung und Controlling, 4. Aufl., Stuttgart 2002, Sp. 1622 – 1630.

MEFFERT, H.: Marketing. Grundlagen marktorientierter Unternehmensführung – Konzepte, Instrumente, Praxisbeispiele –, 9. Auflage, Wiesbaden 2000.

MELLEROWICZ, K.: Kosten und Kostenrechnung, Band I: Theorie der Kosten, 2. Auflage, Berlin 1951.

MILLER, J.G./VOLLMANN, T.E.: The Hidden Factory, in: Harvard Business Review, 63. Jg. (1985), S. 142 – 150.

MÜLLER, H.: Prozeßkonforme Grenzplankostenrechnung, – Stand - Nutzanwendungen - Tendenzen –, 2. Auflage, Wiesbaden 1996.

NEUS, W.: Einführung in die Betriebswirtschaftslehre aus institutionenökonomischer Sicht, 4. Aufl., Tübingen 2005.

NIESCHLAG, R./DICHTL, E./HÖRSCHGEN, H.: Marketing, 19. Auflage, Berlin 2002.

PFOHL, H.–CH.: Logistiksysteme, 7. Auflage, Berlin – Heidelberg 2003.

PFOHL, H.–C./STÖLZLE, W.: Planung und Kontrolle – Konzeption, Gestaltung, Implementierung –, 2. Auflage, München 1997.

PFOHL, H.–CH./STÖLZLE, W.: Anwendungsbedingungen, Verfahren und Beurteilung der Prozeßkostenrechnung in industriellen Unternehmen, in: Zeitschrift für Betriebswirtschaft, 61. Jg. (1991), S. 1281 – 1305.

PICOT, A.: Rationalisierung im Verwaltungsbereich als betriebswirtschaftliches Problem, in: Zeitschrift für Betriebswirtschaft, 49. Jg. (1979), S. 1145 – 1165.

PICOT, A.: Organisation, in: BITZ, M./DOMSCH, M./EWERT, R./WAGNER, F.W. (Hrsg.): Vahlens Kompendium der Betriebswirtschaftslehre Band 2, 5. Auflage, München 2005, S. 43 – 121.

PICOT, A./RISCHMÜLLER, G.: Planung und Kontrolle der Verwaltungskosten, in: Zeitschrift für Betriebswirtschaft, 51. Jg. (1981), S. 331 – 346.

PLAUT, H.-G./MÜLLER, H./MEDICKE, W.: Grenzplankostenrechnung und Datenverarbeitung, 2. Auflage, München 1971.

RENNER, A.: Kostenorientierte Produktionssteuerung – Anwendung der Prozeßkostenrechnung in einem datenbankgestützten Modell für flexibel automatisierte Produktionssysteme –, München 1991.

RIEBEL, P.: Die Kuppelproduktion – Betriebs– und Marktprobleme –, Köln – Opladen 1955.

RIEBEL, P.: Kalkulation der Kuppelprodukte, in: KOSIOL, E. (Hrsg.): Handwörterbuch des Rechnungswesens, Stuttgart 1970, Sp. 994 – 1006.

RIEBEL, P.: Einzelkosten– und Deckungsbeitragsrechnung, – Grundfragen einer markt– und entscheidungsorientierten Unternehmensrechnung –, 7. Auflage, Wiesbaden 1994.

ROGLER, S.: Inflation, in: KÜPPER, H.–U./WAGENHOFER, A. (Hrsg): Handwörterbuch Unternehmensrechnung und Controlling, 4. Aufl., Stuttgart 2002, Sp. 713 – 722.

RUMMEL, E.: Einheitliche Kostenrechnung auf der Grundlage einer vorausgesetzten Proportionalität der Kosten zu betrieblichen Größen, 3. Auflage, Düsseldorf 1949.

SCHERRER, G.: Kostenrechnung, 3. Auflage, Stuttgart 1999.

SCHILDBACH, TH.: Substanz- und Kapitalerhaltung, in: CHMIELEWICZ, K./SCHWEITZER, M. (Hrsg.): Handwörterbuch des Rechnungswesens, 3. Auflage, Stuttgart 1993, Sp. 1888 – 1901.

SCHILLER, U./LENGSFELD, ST.: Strategische und operative Planung mit der Prozeßkostenrechnung, in: Zeitschrift für Betriebswirtschaft, 68. Jg. (1998), S. 525 – 547.

SCHMALENBACH, E.: Pretiale Wirtschaftslenkung. Band 2: Pretiale Lenkung des Betriebs, Bremen – Horn 1948.

SCHMALENBACH, E.: Kostenrechnung und Preispolitik, bearbeitet von BAUER, R., 8. Auflage, Köln – Opladen 1963.

SCHMIDT, R.H./TERBERGER, E.: Grundzüge der Investitions– und Finanzierungstheorie, 4. Auflage, Wiesbaden 1997.

SCHNEIDER, D.: Entscheidungsrelevante fixe Kosten, Abschreibungen und Zinsen zur Substanzerhaltung, in: Der Betrieb, 37. Jg. (1984), S. 2521 – 2528.

SCHNEIDER, D.: Betriebswirtschaftslehre Band 2: Rechnungswesen, 2. Auflage, München 1997.

SCHOENFELD, H.-M./MÖLLER, H.P.: Kostenrechnung, 8. Auflage, Stuttgart 1995.

SCHREYÖGG, G./STEINMANN, H.: Strategische Kontrolle, in: Zeitschrift für betriebswirtschaftliche Forschung, 37. Jg. (1985), S. 391 – 411.

SCHWANTAG, K.: Zins und Kapital in der Kostenrechnung, Frankfurt/Main 1949.

SCHWEITZER, M.: Axiomatik, in: CHMIELEWICZ, K./SCHWEITZER, M. (Hrsg.): Handwörterbuch des Rechnungswesens, 3. Auflage, Stuttgart 1993, Sp. 113 – 124.

SCHWEITZER, M.: Prozeßorientierung der Kostenrechnung, in: KÖTZLE, A. (Hrsg.): Strategisches Management – Theoretische Ansätze, Instrumente und Anwendungskonzepte für Dienstleistungsunternehmen –, Stuttgart 1997, S. 85 – 110.

SCHWEITZER, M.: Unternehmensrechnung, Gestaltung und Wirkungen, in: KÜPPER, H.–U./WAGENHOFER, A. (Hrsg): Handwörterbuch Unternehmensrechnung und Controlling, 4. Aufl., Stuttgart 2002, Sp. 2018 – 2030.

SCHWEITZER, M./KÜPPER, H.–U.: Systeme der Kosten- und Erlösrechnung, 8. Auflage, München 2003.

SEICHT, G.: Die Prozesskostenrechnung – Fortschritt oder Weg in die Sackgasse? – in: SEICHT, G. (Hrsg.): Kostenrechnung und Controlling, 2. Auflage, Wien 1994, S. 163 – 185.

SEICHT, G.: Moderne Kosten- und Leistungsrechnung, 11. Auflage, Wien 2001.

SIEBEN, G./MALTRY, H.: Zur Bemessung kalkulatorischer Abschreibungen und kalkulatorischer Zinsen bei der kostenbasierten Preisermittlung von Unternehmen der öffentlichen Energieversorgung, in: Betriebswirtschaftliche Forschung und Praxis, 54. Jg. (2002), S. 402 – 418.

SIEPERT, H.–M.: Projektcontrolling im Großanlagenbau, in: MÄNNEL, W. (Hrsg.): Handbuch der Kostenrechnung, Wiesbaden 1993, S. 995 – 1007.

STEGER, J.: Kosten- und Leistungsrechnung, 3. Aufl., München 2001.

STREITFERDT, L.: Kostenmanagement, in: CHMIELEWICZ, K./SCHWEITZER, M. (Hrsg.): Handwörterbuch des Rechnungswesens, 3. Auflage, Stuttgart 1993, Sp. 1216 – 1227.

SWOBODA, P: Zur Anschaffungswertorientierung administrierter Preise (speziell in der Elektrizitätswirtschaft), in: Betriebswirtschaftliche Forschung und Praxis, 48. Jg. (1996), S. 364 – 381.

SWOBODA, P.: Kostenrechnung und Preispolitik, 21. Auflage, Wien 2001.

VAN AMERONGEN, C.: Zement-Wörterbuch – Herstellung und Technologie –, 2. Auflage, Wiesbaden 1986.

WAGENHOFER, A.: Rechnungslegung, in: BITZ, M./DOMSCH, M./EWERT, R./WAGNER, F.W. (Hrsg.): Vahlens Kompendium der Betriebswirtschaftslehre Band 1, 5. Auflage, München 2005, S. 449 – 536.

WEBER, H.K./ROGLER, S.: Betriebswirtschaftliches Rechnungswesen, Band 1: Bilanz sowie Gewinn- und Verlustrechnung, 5. Auflage, München 2004.

WEBER, H.K.: Grundgrößen des Rechnungswesens, in: BUSSE VON COLBE, W. (Hrsg.): Lexikon des Rechnungswesens, 4. Auflage, München 1994, S. 318 – 323.

WEIDNER, W.: Kosten der Qualitätssicherung, in: MÄNNEL, W. (Hrsg.): Handbuch der Kostenrechnung, Wiesbaden 1998, S. 898 – 906.

WEIGAND, C.: Entscheidungsorientierte Vertriebskostenrechnung, Wiesbaden 1989.

WILD, J.: Grundlagen der Unternehmungsplanung, 4. Auflage, Reinbek bei Hamburg 1982.

WÖHE, G.: Betriebswirtschaftliche Steuerlehre Band II 2. Halbband, 2. Auflage, Berlin – Frankfurt/Main 1965.

ZIEGENBEIN, K.: Controlling, 8. Auflage, Ludwigshafen 2004.

ZIMMERMANN, G.: Unternehmenserhaltung, Kostenhöhe und Finanzstruktur, in: Kostenrechnungspraxis (1997), Sonderheft I/97, S. 25 – 33.

ZIMMERMANN, G.: Grundzüge der Kostenrechnung, 8. Auflage, München 2001.

Index

Teubner Lehrbücher: einfach clever

Luderer/Nollau/Vetters

Mathematische Formeln für Wirtschaftswissenschaftler

5., durchges. Aufl. 2005. 144 S.
Br. € 15,90
ISBN 3-519-30247-0

Luderer/Würker

Einstieg in die Wirtschaftsmathematik

5., überarb. u. erw. Aufl. 2003. 438 S. Br.
€ 24,90
ISBN 3-519-42098-8

Luderer/Paape/Würker

Arbeits- und Übungsbuch Wirtschaftsmathematik

Beispiele - Aufgaben - Formeln

4., durchges. Aufl. 2005. II, 350 S.
Br. € 28,90
ISBN 3-519-32573-X

Bernd Luderer

Klausurtraining Mathematik und Statistik für Wirtschaftswissenschaftler

Aufgaben - Hinweise - Lösungen

2., überarb. u. erw. Aufl. 2003. 234 S.
Br. € 19,90
ISBN 3-519-22130-6

Grundmann/Luderer

Formelsammlung
Finanzmathematik,
Versicherungsmathematik,
Wertpapieranalyse

2., überarb. u. erw. Aufl. 2003. 163 S.
Br. € 18,90
ISBN 3-519-10290-0

Stand Juli 2005.
Änderungen vorbehalten.
Erhältlich im Buchhandel
oder beim Verlag.

B. G. Teubner Verlag
Abraham-Lincoln-Straße 46
65189 Wiesbaden
Fax 0611.7878-400
Teubner www.teubner.de